数据科学与大数据技术专业系列规划教材

Applied Multivariate Statistical Analysis

应用多元统计分析

R语言版

刘金山 夏强 / 编著

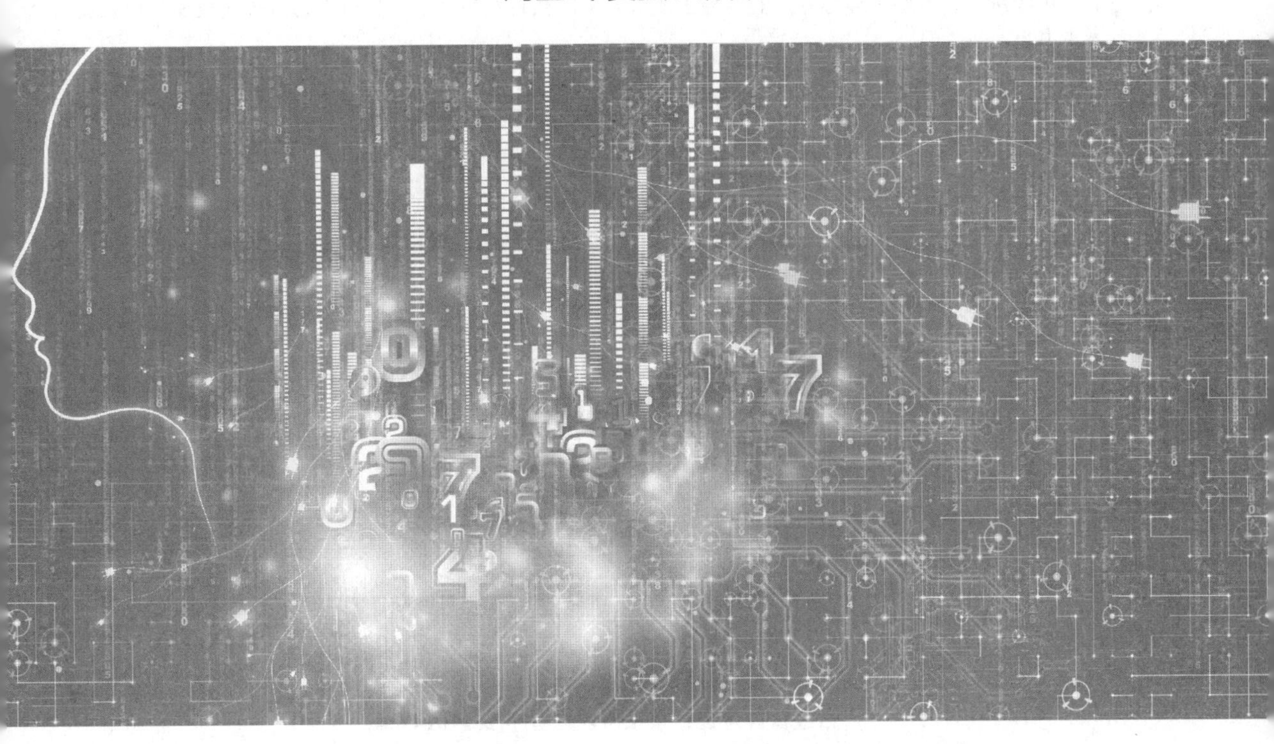

人民邮电出版社
北京

图书在版编目（CIP）数据

应用多元统计分析 : R语言版 / 刘金山, 夏强编著
. -- 北京 : 人民邮电出版社, 2021.8
数据科学与大数据技术专业系列规划教材
ISBN 978-7-115-55752-0

Ⅰ. ①应… Ⅱ. ①刘… ②夏… Ⅲ. ①多元分析－统计分析－高等学校－教材 Ⅳ. ①O212.4

中国版本图书馆CIP数据核字(2020)第260047号

内 容 提 要

本书系统讲解了多元统计分析的基本理论和一些常用的多元统计方法。本书共9章，第1章为绪论，第2～3章介绍多元统计推断的基本理论，包括多元正态抽样分布理论、参数估计和多元正态总体的假设检验；第4～9章分别介绍各种常用的多元统计方法，包括判别分析、聚类分析、主成分分析、因子分析、对应分析和典型相关分析。本书各种统计方法的算法采用R软件实现，它是国际上流行的数据分析软件。除第2章和第3章外，其他各章的章末提供了本章例题的R程序及相应的输出结果。

本书可作为普通高等学校统计学、金融数学、数据科学与大数据技术、信息与计算科学、应用数学、应用经济学、金融工程等专业的本科生或研究生的教材及参考书，也可作为有关科技和管理人员的参考书。

◆ 编　　著　刘金山　夏　强
责任编辑　张　斌
责任印制　王　郁　马振武
◆ 人民邮电出版社出版发行　　北京市丰台区成寿寺路11号
邮编　100164　　电子邮件　315@ptpress.com.cn
网址　https://www.ptpress.com.cn
山东百润本色印刷有限公司印刷
◆ 开本：787×1092　1/16
印张：15　　2021年8月第1版
字数：354千字　　2021年8月山东第1次印刷

定价：58.00元

读者服务热线：(010)81055256　印装质量热线：(010)81055316
反盗版热线：(010)81055315
广告经营许可证：京东市监广登字20170147号

前　言

多元统计分析是统计学中应用性很强的一个重要分支，它不仅是对一元统计分析的推广，而且包含了一元统计分析中涉及不到的大量内容和方法，这些内容和方法有着非常广泛的应用背景，在自然科学、社会科学和工程技术等领域都有重要应用。随着现代信息技术的迅猛发展，近年来，多元统计方法在经济、金融、生物、医学、环境等许多领域中得到了广泛应用和深入发展。正是这种广泛的应用，使多元统计分析课程成为高等学校许多专业开设的一门重要的必修或选修课。

随着互联网、物联网、云计算、大数据等现代信息技术的快速发展和广泛应用，科学技术领域和日常生活中需要解决的数据分析问题涉及的数据容量和维数越来越大，当人们需要采用多元统计方法分析实际数据时，仅靠那些传统和经典的内容、方法和手段就显得不够了，这就为统计学的学科发展和教学内容的改革提出了新的挑战。

关于多元统计分析的专著或教材，目前国内外出版的比较少，因此开设本课程的教材选择余地还比较小。国内已有教材主要有两类：一类主要是将一元统计分析的理论推广到多元的情况，重点介绍多元统计推断理论，并在此基础上介绍多元统计方法的基本原理及涉及少量数据的实例分析，在有限的课时条件下，学生通常很难掌握好这些内容，特别是在应用所学方法解决实际问题方面有所欠缺；另一类则主要通过统计软件介绍一些常用多元统计方法，这类教材虽然比较实用，但会导致学生对概念的理解和方法原理的掌握有所不足。本书力求在两者的权衡及融合方面做一些尝试和改进。另外，目前国内已有教材多数是基于 SAS 或 SPSS 软件编写的，这些软件通常价格昂贵且使用起来不够灵活。本书中的程序是基于广泛使用的 R 语言编写的。

R 软件是一款优秀的开源软件，是 R 语言的实现环境，是一套完整的用于数据处理、统计计算和统计制图的软件系统。它是国际上流行的通用统计计算软件，可随时在互联网上下载，免费使用。该软件本身占用的空间很小，在使用时可通过国内外任意一个镜像网站下载所需要的程序包，包括统计学家最新创建或更新的程序包。

本书的特点是论述严谨、内容精练、通俗易懂、深入浅出。通过学习本书，读者不仅可以快速掌握多元统计的基本概念和方法原理，而且可以将所学统计方法的 R 程序直接应用于实际问题的数据分析。本书各章有适量的习题供读者练习。

由于编者水平有限，书中难免有疏漏和不足之处，敬请读者批评指正。

刘金山　夏强
2020 年 9 月

目　录

第 1 章　绪论 ………………………………… 1

1.1　多元统计分析概述 ………………… 1

1.2　多元数据的直观表示 ……………… 3

习题 1 ………………………………………… 9

第 2 章　多元正态抽样分布 …………… 13

2.1　随机向量 …………………………… 13

2.1.1　随机向量的分布 ……………… 13

2.1.2　均值向量和协方差矩阵 ……… 15

2.1.3　随机向量的二次型 …………… 17

2.2　多元正态分布 ……………………… 17

2.2.1　多元正态分布的定义和性质 … 17

2.2.2　条件分布和独立性 …………… 21

2.2.3　矩阵正态分布 ………………… 23

2.3　多元抽样分布 ……………………… 25

2.3.1　样本均值向量和样本协方差矩阵 …………………………… 25

2.3.2　样本均值向量和离差矩阵的分布 …………………………… 26

2.4　极大似然估计 ……………………… 29

2.4.1　多元正态总体参数的极大似然估计 …………………………… 29

2.4.2　极大似然估计的性质 ………… 30

习题 2 ………………………………………… 32

第 3 章　多元正态总体的假设检验 …… 35

3.1　几个重要统计量的分布 ………… 35

3.1.1　霍特林 T^2 分布 ………………… 35

3.1.2　威尔克斯 Λ 分布 ………………… 36

3.2　单总体均值向量的统计推断 … 37

3.2.1　单总体均值向量的假设检验 … 37

3.2.2　置信域 ………………………… 40

3.3　多总体均值向量的统计推断 … 41

3.3.1　两总体均值向量的假设检验 … 41

3.3.2　多元方差分析 ………………… 44

习题 3 ………………………………………… 48

第 4 章　判别分析 ………………………… 51

4.1　距离判别 …………………………… 51

4.1.1　马氏距离 ……………………… 51

4.1.2　两总体的距离判别 …………… 52

4.1.3　多总体的距离判别 …………… 56

4.2　贝叶斯判别 ………………………… 57

4.2.1　贝叶斯判别准则 ……………… 58

4.2.2　两总体贝叶斯判别 …………… 58

4.2.3　多总体贝叶斯判别 …………… 59

4.3　费希尔判别 ………………………… 61

4.3.1　费希尔判别的基本思想 ……… 61

4.3.2　费希尔判别准则 ……………… 63

习题 4 ………………………………………… 76

第 5 章　聚类分析 ………………………… 80

5.1　距离和相似系数 ………………… 80

5.1.1　样品之间的距离 ……………… 81

5.1.2　变量之间的距离 ……………… 82

5.1.3　定性数据的距离和相似系数 … 83

5.2　系统聚类法 ………………………… 85

5.2.1　常用系统聚类法 ………………… 85
5.2.2　系统聚类法的性质及类数的确定 ………………… 94
5.3　动态聚类法 ………………… 97
5.3.1　动态聚类法的基本思想 ……… 97
5.3.2　k 均值聚类法 ………………… 97
习题 5 ………………… 105

第 6 章　主成分分析 ………………… 109

6.1　总体主成分 ………………… 109
6.1.1　主成分的定义及导出 ……… 109
6.1.2　主成分的性质 ………………… 110
6.1.3　从相关矩阵出发求主成分 …… 112
6.2　样本主成分 ………………… 114
6.2.1　从样本协方差矩阵出发求主成分 ………………… 114
6.2.2　从样本相关矩阵出发求主成分 ………………… 115
6.2.3　主成分的含义 ………………… 116
6.3　主成分方法的应用 ………………… 118
6.3.1　指标的分类 ………………… 118
6.3.2　样品的分类及排序 ……… 121
6.3.3　主成分回归 ………………… 126
6.3.4　分层聚类 ………………… 128
习题 6 ………………… 143

第 7 章　因子分析 ………………… 146

7.1　简介 ………………… 146
7.2　正交因子模型 ………………… 147
7.3　因子载荷的估计 ………………… 149
7.3.1　主成分法 ………………… 149
7.3.2　主因子法 ………………… 150
7.3.3　极大似然法 ………………… 151
7.4　因子正交旋转 ………………… 153
7.4.1　理论依据 ………………… 154
7.4.2　因子载荷方差 ………………… 154
7.4.3　正交旋转法 ………………… 155
7.5　因子得分 ………………… 156
7.5.1　加权最小二乘法 ………………… 156
7.5.2　回归法 ………………… 157
7.6　多重因子分析 ………………… 166
7.6.1　多重因子分析方法 ………… 166
7.6.2　分层因子分析方法 ………… 168
习题 7 ………………… 177

第 8 章　对应分析 ………………… 181

8.1　简介 ………………… 181
8.2　对应分析原理 ………………… 181
8.3　对应分析的计算步骤 ………………… 184
习题 8 ………………… 192

第 9 章　典型相关分析 ………………… 196

9.1　简介 ………………… 196
9.2　典型相关分析原理 ………………… 197
9.2.1　总体典型相关 ………………… 197
9.2.2　典型相关变量的性质 ……… 199
9.3　样本典型相关 ………………… 200
9.3.1　样本典型相关变量的计算 …… 200
9.3.2　典型相关系数的显著性检验 ………………… 205
习题 9 ………………… 220

附录 A　t 分布上侧分位数表 ………… 225

附录 B　χ^2 分布上侧分位数表 ………… 226

附录 C　F 分布上侧分位数表 ………… 227

参考文献 ………………… 232

第1章 绪　论

1.1 多元统计分析概述

在理论和实际中，大量问题涉及多个变量，这些变量又是随机的。多元统计分析是研究多个随机变量之间相互依赖关系及内在统计规律的一门统计学科。“多元统计分析”这个称谓是讨论多维随机变量的理论和统计方法的总称，其内容既包括一元抽样分布理论的推广，也包括多个随机变量特有的一些理论和方法，后者有大量的实际应用背景。

一些问题中涉及的随机变量可能有多个，且这些变量之间存在一定的联系。例如，一个国家的经济状况需要用多项指标来衡量；人的体能需要用年龄、体重、肺活量等多项指标来反映。

例 1.1　考察学生的学习情况时，需要了解学生在几个主要科目的学习成绩。表 1.1 为 20 名中学生 5 门课程期末考试成绩。我们希望根据表 1.1 提供的数据对这 20 名中学生的学习情况进行评价。

表 1.1　20 名中学生 5 门课程期末考试成绩

序号	政治(x_1)	语文(x_2)	外语(x_3)	数学(x_4)	物理(x_5)
1	85	77	70	86	90
2	99	87	88	98	99
3	76	82	82	85	78
4	100	90	89	96	100
5	95	82	90	73	80
6	93	78	85	96	89
7	87	95	96	97	99
8	99	92	85	88	87
9	98	88	92	98	90
10	88	90	75	77	65
11	92	96	95	83	80
12	97	89	80	85	93
13	78	98	65	81	90
14	83	82	62	72	63
15	95	78	85	65	86
16	94	89	92	93	95
17	93	90	76	88	90
18	88	93	90	86	76
19	90	76	68	73	75
20	100	91	95	96	100

如果用一元统计方法，就需要对各门课程成绩分别进行分析。但这样处理，由于忽视了课程之间可能存在的相关性，因此会丢失许多信息，分析的结果不能客观全面地反映学生的学习情况。如果采用多元统计方法，就可以同时对多门课程的成绩进行综合分析，并给出比较客观和全面的分析结果。

多元统计方法涉及的范围非常广泛，是解决大量实际问题的有效数据处理方法。随着现代信息技术的快速发展，多元统计方法已广泛应用于自然科学和社会科学的各个方面。一般来说，多元统计分析以 p 个变量 $x_1,\cdots,x_p$ 的 n 次观测数据所组成的数据矩阵

$$\boldsymbol{X}=\begin{pmatrix} x_{11} & x_{12} & \cdots & x_{1p} \\ x_{21} & x_{22} & \cdots & x_{2p} \\ \vdots & \vdots & & \vdots \\ x_{n1} & x_{n2} & \cdots & x_{np} \end{pmatrix}$$

为依据来研究问题。本书后面几章内容的讨论及大部分统计程序的实现都是基于这个数据矩阵进行的。多元统计分析的内容和方法主要有以下几个方面。

1. 多元统计理论基础

多元统计理论基础包括多维随机向量，特别是多维正态随机向量和由此定义的各种统计量的分布情况及其性质，以及多元抽样分布理论。

2. 多元统计推断

多元统计推断包括多元正态总体的参数估计和假设检验问题，特别是均值向量、协方差矩阵的估计和假设检验等问题。

3. 变量之间的相互关系

(1)多元回归分析：分析变量之间的因果关系，建立一个变量或几个变量与另一些变量的定量关系式，并用于预测或控制。

(2)典型相关分析：分析两组变量之间的相关关系。

4. 分类与判别

(1)判别分析：根据已知类型的观测数据(或称为训练样本)，按相似程度大小对新样品进行分类(归类)，即判别新样品属于已知类型中的某一类，常称其为“有监督的分类方法”。

(2)聚类分析：对观测到的数据，按相似程度大小对样品或变量进行分类。常称其为“无监督的分类方法”。

5. 简化数据结构(降维)

将高维数据降为低维数据，使数据结构得到有效简化，并在此基础上分析变量之间或样品之间的复杂关系。这类问题的分析方法包括主成分分析、因子分析、对应分析以及典型相关分析等。

多元统计分析起源于 20 世纪初。1928 年，维希特(Wishart)发表的一篇论文《多元正态总体样本协方差矩阵的精确分布》被公认为是多元统计分析的开端。之后费希尔(Fisher)、霍特林(Hotelling)、罗伊(Roy)和许宝禄等著名统计学家进行了许多开创性工作，多元统计分析在理论上得到了迅速的发展，并在许多领域得到实际应用。但是，由于使用多元统计分析解决实际问题时需要的计算量往往很大，其发展受到一定限制。到了 20

世纪中后期，随着电子计算机的出现和发展，多元统计分析在自然科学和社会科学的许多领域得到了广泛的应用，并由此带来其理论的进一步发展。另外，不断提出的一些新理论、方法和技术，又促使其应用范围进一步扩大。21 世纪初，随着现代信息技术的高速发展和广泛应用，人类进入了大数据时代。海量数据和超高维数据的大量涌现，对统计理论、方法和技术的发展提出新的挑战。近年来，我国学者在多元统计分析的理论研究和应用方面取得了显著成绩，有不少研究工作已达到国际领先水平，并形成许多高水平的科研团队，活跃在各个领域。

1.2 多元数据的直观表示

多元数据可以通过图形直观地表示，以便人们对所研究的数据有直观的了解。另外，对具体问题的多元分析结果或过程也可以通过图形来展示，以便人们对分析结果或计算过程有直观的理解。这里主要介绍多元数据的几个常用的直观表示方法，对于多元统计方法的结果或过程的直观表示方法，将在本书后面几章的各种多元统计方法的内容中介绍。

设变量个数为 p，样品个数为 n，第 i 个样品观测值为 $x_{(i)}=(x_{i1},\cdots,x_{ip})'$，$i=1,\cdots,n$，$n$ 个样品数据组成的观测数据矩阵为 $\boldsymbol{X}=(x_{ij})_{n\times p}$。

例 1.2 为了研究 2018 年我国 31 个省、自治区、直辖市(本数据不含港、澳、台地区)城镇居民家庭平均消费支出的分布规律，根据调查资料做区域消费类型划分，对每个地区调查了 8 项平均消费指标，各指标名称为：人均食品支出(x_1)、人均衣着支出(x_2)、人均居住支出(x_3)、人均生活用品及服务支出(x_4)、人均交通通信支出(x_5)、人均教育文化娱乐支出(x_6)、人均医疗保健支出(x_7)、人均其他用品及服务支出(x_8)。观测数据见表 1.2。

表 1.2 2018 年 31 个省、自治区、直辖市城镇居民家庭平均消费支出数据 单位：元

省、自治区、直辖市	x_1	x_2	x_3	x_4	x_5	x_6	x_7	x_8
北京	8064.9	2175.5	14110.3	2371.9	4767.4	3999.4	3274.5	1078.6
天津	8647.5	1990.0	6406.3	1818.4	4280.9	3186.6	2676.9	896.3
河北	4271.3	1257.4	4050.4	1138.7	2355.4	1734.5	1540.5	373.8
山西	3688.2	1261.0	3228.5	855.6	1845.2	1940.0	1635.1	356.4
内蒙古	5324.3	1751.2	3680.0	1204.6	3074.3	2245.4	1847.5	537.9
辽宁	5727.8	1628.1	4169.5	1259.4	2968.2	2708.0	2257.1	680.2
吉林	4417.4	1397.0	3294.8	899.4	2479.7	2193.4	2012.0	506.7
黑龙江	4573.2	1405.4	3176.3	866.4	2196.6	2030.3	2235.3	490.4
上海	10728.2	2036.8	14208.5	2095.5	4881.2	5049.4	3070.2	1281.5
江苏	6529.8	1541.0	6731.2	1493.3	3522.8	2582.6	2016.4	590.4

续表

省、自治区、直辖市	x_1	x_2	x_3	x_4	x_5	x_6	x_7	x_8
浙江	8198. 3	1813. 5	7721. 2	1652. 4	4302. 0	3031. 3	2059. 4	692. 6
安徽	5414. 7	1137. 4	3941. 9	1041. 2	2082. 1	1810. 4	1224. 0	392. 8
福建	7572. 9	1212. 1	6130. 0	1223. 1	2923. 3	2194. 0	1234. 8	505. 8
江西	4809. 0	1074. 1	3795. 2	1047. 7	1872. 1	1813. 0	1000. 0	381. 0
山东	5030. 9	1391. 8	3928. 5	1394. 3	2834. 3	2174. 4	1627. 6	398. 1
河南	3959. 8	1172. 8	3512. 0	1054. 4	1838. 0	1769. 1	1541. 5	321. 0
湖北	5491. 3	1316. 2	4310. 6	1253. 2	2584. 1	2187. 5	1907. 9	487. 0
湖南	5260. 0	1215. 5	3976. 1	1190. 2	2322. 9	2786. 2	1705. 5	351. 5
广东	8480. 8	1135. 3	6643. 3	1440. 8	3423. 9	2750. 9	1520. 8	658. 2
广西	4545. 7	616. 7	3268. 5	898. 2	2150. 1	1798. 9	1364. 6	291. 9
海南	6552. 2	655. 9	3744. 0	826. 6	1919. 0	2185. 5	1236. 1	409. 2
重庆	6220. 8	1454. 5	3498. 8	1338. 9	2545. 0	2087. 8	1660. 0	442. 8
四川	5937. 9	1173. 8	3368. 0	1182. 2	2398. 8	1599. 7	1568. 6	434. 5
贵州	3792. 9	934. 7	2760. 7	878. 1	2408. 0	1660. 0	1083. 5	280. 1
云南	3983. 4	789. 1	3081. 1	859. 9	2212. 8	1772. 7	1267. 7	283. 2
西藏	4330. 5	1285. 2	2102. 6	622. 3	1847. 7	609. 3	460. 1	262. 6
陕西	4292. 5	1141. 1	3388. 2	1200. 8	2005. 8	2008. 8	1749. 4	373. 2
甘肃	4253. 3	1111. 5	3095. 0	896. 9	1640. 7	1710. 3	1573. 9	342. 4
青海	4671. 6	1350. 6	2990. 0	932. 0	2671. 4	1655. 6	1842. 0	444. 0
宁夏	4234. 1	1388. 2	3014. 3	1067. 1	2724. 4	2139. 5	1727. 1	420. 4
新疆	4691. 6	1456. 0	2894. 3	1082. 8	2274. 4	1762. 5	1592. 6	434. 9

对于表 1. 2 给出的数据矩阵，我们可以作各种图形来直观地表达其特性。

1. 散布矩阵图

散布矩阵图在一张图上给出 p 个变量相互之间的散点图，由此可以直观看出 p 个变量两两之间的相关情况。图 1. 1 为 31 个省、区、市城镇居民家庭平均消费性支出的散布矩阵图，从该图可以看出，人均食品支出与人均生活用品及服务支出、人均教育文化娱乐支出之间存在显著线性相关关系，而人均教育文化娱乐支出又与人均居住支出、人均其他用品及服务支出之间存在显著线性相关关系等。

2. 均值条形图

均值条形图常用来比较各个样本的样本均值的大小，也可以比较各个变量的样本均值的大小。对例 1. 2 中 31 个地区的样本观测值及 8 项指标的观测值分别作均值条形图，从图 1. 2 上可以看到，西藏、贵州、云南、甘肃居民的消费水平低于上海、北京、天津、浙江和广东居民的消费水平；从图 1. 3 可以看到，居民在食品和居住方面的支出远大于其他方面等。

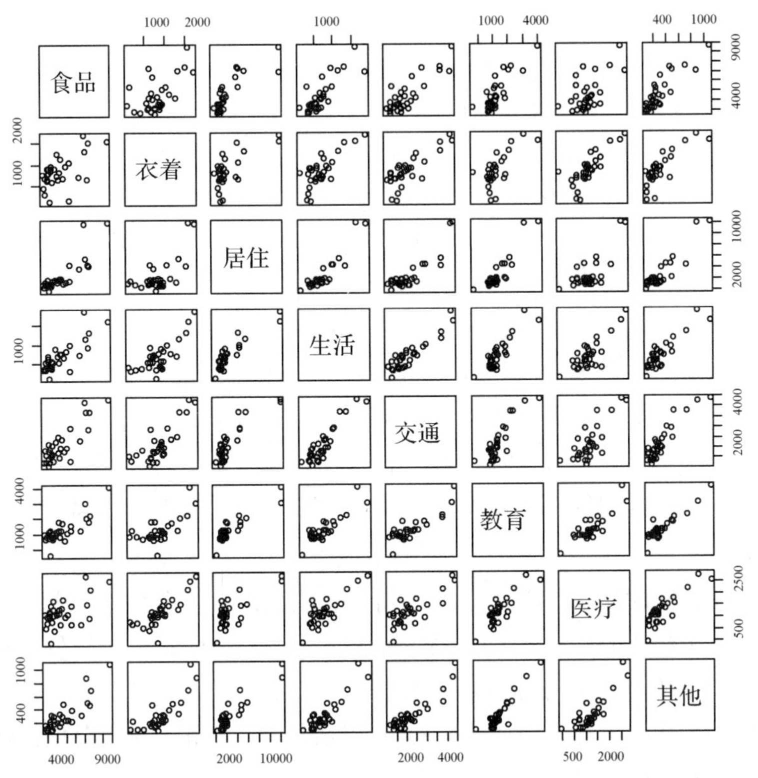

图 1.1　31 个省、区、市城镇居民家庭平均消费性支出的散布矩阵图

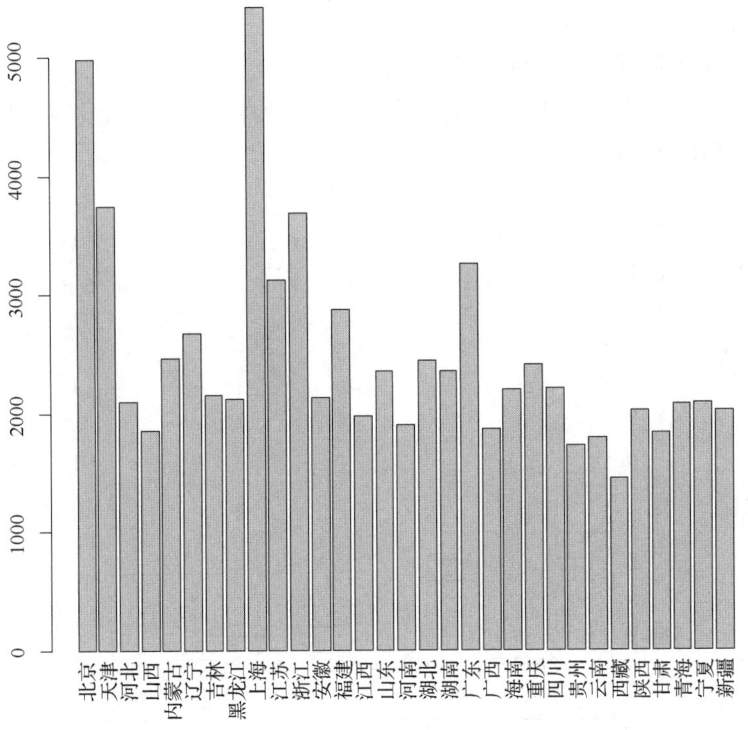

图 1.2　31 个省、区、市城镇居民家庭平均消费性支出的均值条形图

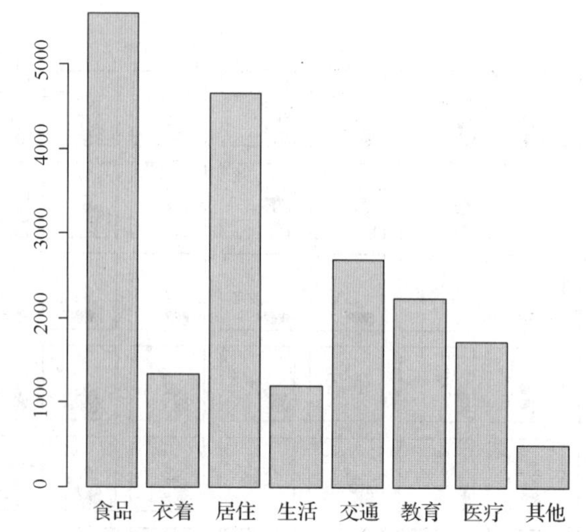

图 1.3　城镇居民家庭 8 项平均消费性支出指标的均值条形图

3. 箱线图

箱线图可以比较清晰地展示数据的分布特征，它由以下 4 个部分组成。

(1)箱子上、下横线分别为样本的 75%和 25%分位数，即第三 4 分位数和第一 4 分位数。这个箱子的内部包含了样本中 50%的数据。

(2)箱子中间的横线为样本中位数。若该横线没有位于箱子的正中央，则说明数据存在偏度。

(3)箱子向上和向下延伸的直线称为“尾线”。若没有异常值，样本的极大值为上尾线的顶部，样本的极小值为下尾线的底部。

(4)图中端部的圆圈表示该处数据为异常值。

图 1.4 为城镇居民家庭 8 项平均消费性支出指标的箱线图，从该图可以看出，食品消费支出远高于其他指标的支出。

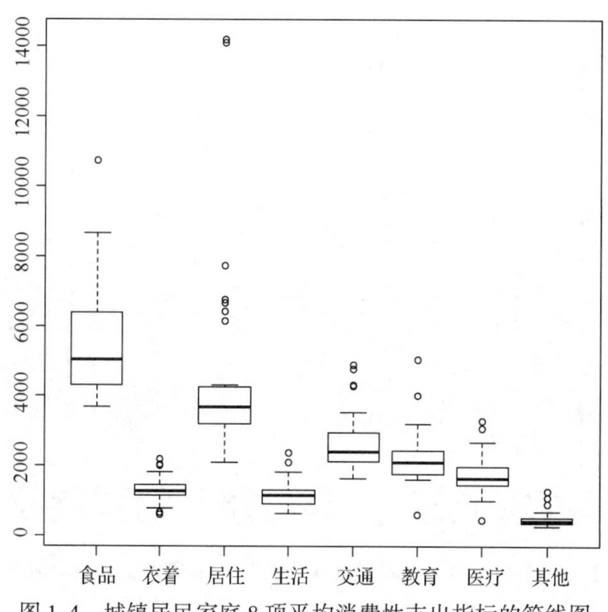

图 1.4　城镇居民家庭 8 项平均消费性支出指标的箱线图

4. 星相图

星相图是雷达图的多元表达形式，它将各个观测样品点表现为一个图形，n 个样品点就有 n 个图形，每个图形的每个角表示一个变量。图 1.5 是 31 个省、区、市城镇居民家庭平均消费性支出的星相图。从该图可以看出，北京、上海、天津、浙江和广东五个地区的消费支出较高。另外，从该图也可以看出，有些地区在各项消费指标上的支出比较均匀，如北京和上海，有些地区的不够均匀，如西藏和新疆。

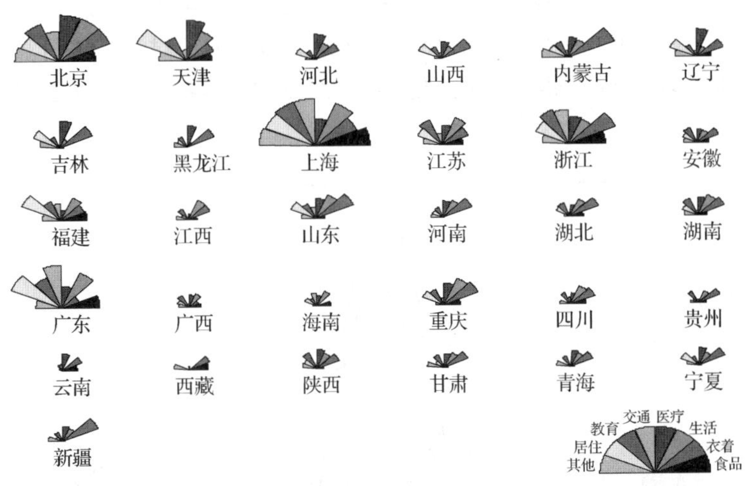

图 1.5　31 个省、区、市城镇居民家庭平均消费性支出的星相图

5. 脸谱图

每个样品点的 p 项指标数值可以勾画一张脸谱，n 个样品点就有 n 张脸谱，而这些脸谱之间的差异反映了所对应样品之间的差异。脸谱图生动、直观，能非常形象地表现样品的特征及样品之间的差异。一般来说，较为丰满、生动的脸谱代表比较理想的样品数据。图 1.6 是 31 个省、区、市城镇居民家庭平均消费性支出的脸谱图。

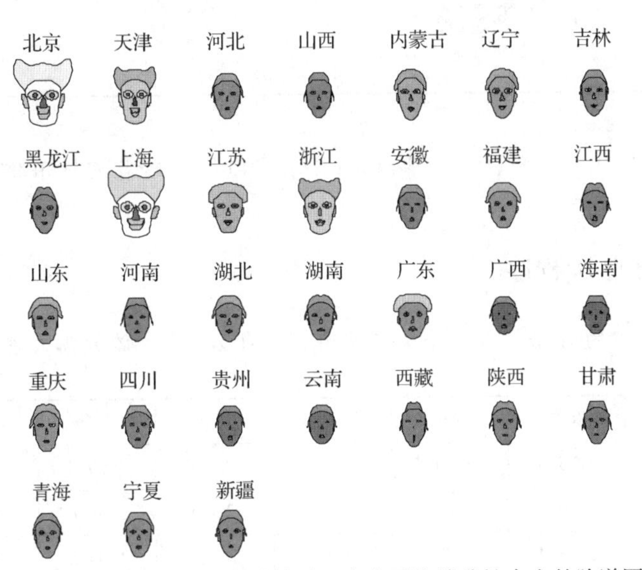

图 1.6　31 个省、区、市城镇居民家庭平均消费性支出的脸谱图

6. 调和曲线图

调和曲线图是安德鲁斯(Andrews)提出的一种利用三角多项式进行作图的方法，其思想是把高维空间中的一个样品点对应于二维平面上的一条曲线。设 p 项指标对应的数据点为 $x=(x_1,x_2,\cdots,x_p)'$，它在平面图形上对应的曲线函数为：

$$f_x(t)=\frac{1}{\sqrt{2}}x_1+x_2\sin t+x_3\cos t+x_4\sin 2t+\cdots \quad (-\pi\leqslant t\leqslant\pi)$$

称该函数为三角多项式函数，其图形是一条曲线。n 个样品点对应 n 条曲线，画在一个平面上所形成的图形就是一张调和曲线图。这种图形有利于对样品进行直观分类，同类样品的曲线之间比较靠近，而不同类样品的曲线之间界限分明，非常直观，如图 1.7 所示。

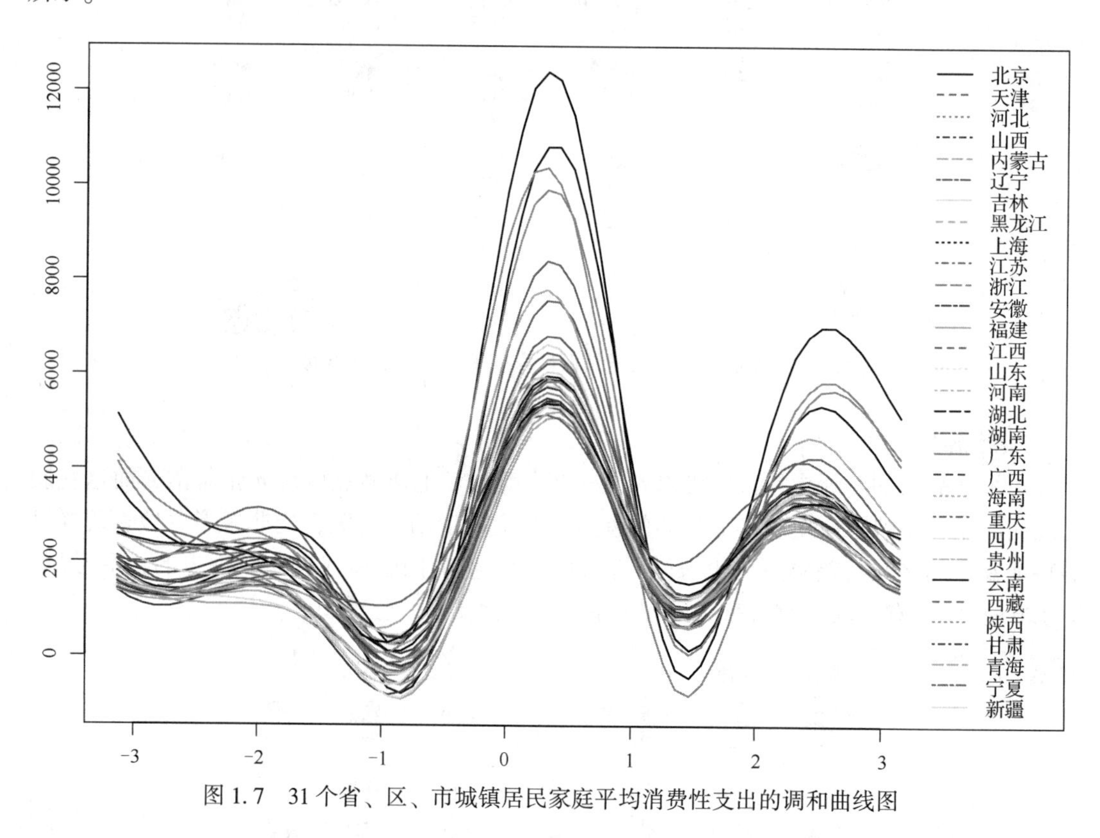

图 1.7 31 个省、区、市城镇居民家庭平均消费性支出的调和曲线图

本章例题的 R 程序

首先将表 1.2 中的数据存入一个文本文件(biao1.2.txt)，该数据文件的前 3 行为：

	食品	衣着	居住	生活	交通	教育	医疗	其他
北京	8064.9	2175.5	14110.3	2371.9	4767.4	3999.4	3274.5	1078.6
天津	8647.5	1990.0	6406.3	1818.4	4280.9	3186.6	2676.9	896.3
河北	4271.3	1257.4	4050.4	1138.7	2355.4	1734.5	1540.5	373.8

可利用下列 R 程序代码绘制图 1.1~图 1.7：

```
X=read.table("biao1.2.txt", header=T)  #将数据读入 X 中
head(X)  #查看数据文件的前 6 行
pairs(X)  #画散布矩阵图 1.1
barplot(apply(X, 1, mean), las=3)  #按行画均值条形图 1.2
barplot(apply(X, 2, mean))  #按列画均值条形图 1.3
boxplot(X)  #按列画箱线图 1.4
stars(X, full=F, key.loc=c(13, 1.5)) #画具有图例的 180°星相图 1.5
library(aplpack)  #加载 aplpack 包
faces(X, ncol.plot=8)  #按每行 7 个画脸谱图 1.6
library(mvstats)  #加载 mvstats 包
plot.andrews(X)  #绘制调和曲线图 1.7
#也可以直接从镜像站加载 andrews 包绘制调和曲线图
library(andrews)
andrews(X, type=4, clr=5, ymax=3)
```

习题 1

1.1 现有 48 名求职者应聘某公司某职位，公司对这些求职者按 15 项指标进行打分，15 项指标是：求职信的形式(*fl*)、外貌(*app*)、专业能力(*aa*)、讨人喜欢的程度(*la*)、自信心(*sc*)、洞察力(*lc*)、诚实(*hon*)、推荐能力(*sms*)、经验(*exp*)、驾驶水平(*drv*)、事业心(*amb*)、理解能力(*gsp*)、潜在能力(*pot*)、交际能力(*kj*)、适应性(*suit*)。每项指标的分数均为 0~10 分，15 项指标的数据见表 1.3。

(1)绘出 48 名求职者数据的散布矩阵图、均值条形图、箱线图、星相图和脸谱图，并绘制 15 项指标的均值条形图和箱线图。

(2)设

$$g_1=(sc+lc+sms+drv+amb+gsp+pot)/7$$

$$g_2=(fl+exp+suit)/3$$

$$g_3=(la+hon+kj)/3$$

$$g_4=aa$$

$$g_5=app$$

每位求职者得分为

$$avg=(g_1+g_2+g_3+g_4+g_5)/5$$

通过 48 名求职者的得分情况选出 6 名求职者：以 $g_1,\cdots,g_5$ 为星相图的轴绘出 48 名求职者的星相图，通过这些星相图，说明应选出哪 6 名求职者。

表 1.3　48 名求职者 15 项指标数据

序号	*fl*	*app*	*aa*	*la*	*sc*	*lc*	*hon*	*sms*	*exp*	*drv*	*amb*	*gsp*	*pot*	*kj*	*suit*
1	6	7	2	5	8	7	8	8	3	8	9	7	5	7	10

续表

序号	*fl*	*app*	*aa*	*la*	*sc*	*lc*	*hon*	*sms*	*exp*	*drv*	*amb*	*gsp*	*pot*	*kj*	*suit*
2	9	10	5	8	10	9	9	10	5	9	9	8	8	8	10
3	7	8	3	6	9	8	9	7	4	9	9	8	6	8	10
4	5	6	8	5	6	5	9	2	8	4	5	8	7	6	5
5	6	8	8	8	4	4	9	5	8	5	5	8	8	7	7
6	7	7	7	6	8	7	10	5	9	6	5	8	6	6	6
7	9	9	8	8	8	8	8	8	10	8	10	8	9	8	10
8	9	9	9	8	9	9	8	8	10	9	10	9	9	9	10
9	9	9	7	8	8	8	8	5	9	8	9	8	8	8	10
10	4	7	10	2	10	10	7	10	3	10	10	10	9	3	10
11	4	7	10	0	10	8	3	9	5	9	10	8	10	2	5
12	4	7	10	4	10	10	7	8	2	8	8	10	10	3	7
13	6	9	8	10	5	4	9	4	4	4	5	4	7	6	8
14	8	9	8	9	6	3	8	2	5	2	6	6	7	5	6
15	4	8	8	7	5	4	10	2	7	5	3	6	6	4	6
16	6	9	6	7	8	9	8	9	8	8	7	6	8	6	10
17	8	7	7	7	9	5	8	6	6	7	8	6	6	7	8
18	6	8	8	4	8	8	6	4	3	3	6	7	2	6	4
19	6	7	8	4	7	8	5	4	4	2	6	8	3	5	4
20	4	8	7	8	8	9	10	5	2	6	7	9	8	8	9
21	3	8	6	8	8	8	10	5	3	6	7	8	8	5	8
22	9	8	7	8	9	10	10	10	3	10	8	10	8	10	8
23	7	10	7	9	9	9	10	10	3	9	9	10	9	10	8
24	9	8	7	10	8	10	10	10	2	9	7	9	9	10	8
25	6	9	7	7	4	5	9	3	2	4	4	4	4	5	4
26	7	8	7	8	5	4	8	2	3	4	5	6	5	5	6
27	2	10	7	9	8	9	10	5	3	5	6	7	6	4	5
28	6	3	5	3	5	3	5	0	0	3	3	0	0	5	0
29	4	3	4	3	3	0	0	0	0	4	4	0	0	5	0
30	4	6	5	6	9	4	10	3	1	3	3	2	2	7	3
31	5	5	4	7	8	4	10	3	2	5	5	3	4	8	3
32	3	3	5	7	7	9	10	3	2	5	3	7	5	5	2
33	2	3	5	7	7	9	10	3	2	2	3	6	4	5	2
34	3	4	6	4	3	3	8	1	1	3	3	3	2	5	2
35	6	7	4	3	3	0	9	0	1	0	2	3	1	5	3
36	9	8	5	5	6	6	8	2	2	2	4	5	6	6	3
37	4	9	6	4	10	8	8	9	1	3	9	7	5	3	2
38	4	9	6	6	9	9	7	9	1	2	10	8	5	5	2

续表

序号	*fl*	*app*	*aa*	*la*	*sc*	*lc*	*hon*	*sms*	*exp*	*drv*	*amb*	*gsp*	*pot*	*kj*	*suit*
39	10	6	9	10	9	10	10	10	10	10	8	10	10	10	10
40	10	6	9	10	9	10	10	10	10	10	10	10	10	10	10
41	10	7	8	0	2	1	2	0	10	2	0	3	0	0	10
42	10	3	8	0	1	1	0	0	10	0	0	0	0	0	10
43	3	4	9	8	2	4	5	3	6	2	1	3	3	3	8
44	7	7	7	6	9	8	8	6	8	8	10	8	8	6	5
45	9	6	10	9	7	7	10	2	1	5	5	7	8	4	5
46	9	8	10	10	7	9	10	3	1	5	7	9	9	4	4
47	0	7	10	3	5	0	10	0	0	2	2	0	0	0	0
48	0	6	10	1	5	0	10	0	0	2	2	0	0	0	0

1.2 为了研究人体的心肺功能，研究人员测量了 31 个成年男子的肺活量(*OXY*)，并记录了他们的年龄(*age*)、体重(*weight*)以及简单训练后的数据：跑 1.5 英里(1 英里≈1.6 千米)的时间(*time*)、休息时的脉搏(*spulse*)、跑步时的脉搏(*rpulse*)和跑步时记录的最大脉搏(*mpulse*)，共 7 项指标(数据见表 1.4)。

(1)绘制 7 项指标的散布矩阵图，从图上可以得出什么结论?

(2)分别绘制 31 个成年男子的星相图和序号为 1、2、21、22 的这 4 个男子的脸谱图。

表 1.4　31 个成年男子 7 项指标数据

序号	*age*	*weight*	*time*	*spulse*	*rpulse*	*mpulse*	*OXY*
1	57	73.37	12.63	58	174	176	39.407
2	54	79.38	11.17	62	156	165	46.080
3	52	76.32	9.63	48	164	166	45.441
4	50	70.87	8.92	48	146	155	54.625
5	51	67.25	11.08	48	172	172	45.118
6	54	91.63	12.88	44	168	172	39.203
7	51	73.71	10.47	59	186	188	45.790
8	57	59.08	9.93	49	148	155	50.545
9	49	76.32	9.40	56	186	188	48.673
10	48	61.24	11.50	52	170	176	47.920
11	52	82.78	10.50	53	170	172	47.467
12	44	73.03	10.13	45	168	168	50.541
13	45	87.66	14.03	56	186	192	37.388
14	45	66.45	11.12	51	176	176	44.754
15	47	79.15	10.60	47	162	164	47.273
16	54	83.12	10.33	50	166	170	51.855

续表

序号	*age*	*weight*	*time*	*spulse*	*rpulse*	*mpulse*	*OXY*
17	49	81.42	8.95	44	180	185	49.165
18	51	69.63	10.95	57	168	172	40.836
19	51	77.91	10.00	48	162	168	46.672
20	48	91.63	10.25	48	162	164	46.774
21	49	73.37	10.08	76	168	168	50.388
22	44	89.47	11.37	62	178	182	44.609
23	40	75.07	10.07	62	185	185	45.313
24	44	85.84	8.65	45	156	168	54.297
25	42	68.15	8.17	40	166	172	59.571
26	38	89.02	9.22	55	178	180	49.874
27	47	77.45	11.63	58	176	176	44.811
28	40	75.98	11.95	70	176	180	45.681
29	43	81.19	10.85	64	162	170	49.091
30	44	81.42	13.08	63	174	176	39.442
31	38	81.87	8.63	48	170	186	60.055

第 2 章　多元正态抽样分布

我们知道，在数理统计中，基于一维正态分布的随机观测值构成的随机样本的抽样分布理论，是数理统计学的理论基础。本章我们把一元统计中的抽样分布理论推广到多元的情况。

2.1　随机向量

许多随机现象需要用多个变量来反映。例如，人的身材需要用身高、体重和胸围等多个变量来反映，一个国家的经济状况需要用多项指标来衡量。多元统计分析讨论的是多变量总体。把以 p 个随机变量作为分量构成的向量

$$\boldsymbol{X}=(x_1,\cdots,x_p)'=\begin{pmatrix}x_1\\ \vdots\\ x_p\end{pmatrix}$$

称为 p 维**随机向量**。我们同时对 p 个变量做一次观测，得到观测值 $\boldsymbol{X}_{(1)}=(x_{11},x_{12},\cdots,x_{1p})'$，它就是一个样品。如果我们观察 n 次得到 n 个样品 $\boldsymbol{X}_{(i)}=(x_{i1},x_{i2},\cdots,x_{ip})'$，$i=1,2,\cdots,n$，那么 n 个样品就构成一个样本。

常把 n 个样品排成一个 $n\times p$ 矩阵，称其为**样本数据矩阵**(或样本资料矩阵)，记为

$$\boldsymbol{M}=\begin{pmatrix}x_{11} & x_{12} & \cdots & x_{1p}\\ x_{21} & x_{22} & \cdots & x_{2p}\\ \vdots & \vdots & & \vdots\\ x_{n1} & x_{n2} & \cdots & x_{np}\end{pmatrix}=\begin{pmatrix}\boldsymbol{X}'_{(1)}\\ \boldsymbol{X}'_{(2)}\\ \vdots\\ \boldsymbol{X}'_{(n)}\end{pmatrix}$$

样本数据矩阵 $\boldsymbol{M}$ 的第 i 行 $\boldsymbol{X}'_{(i)}=(x_{i1},x_{i2},\cdots,x_{ip})$ 表示随机向量 $\boldsymbol{X}$ 的第 i 次观测值，在具体观测之前，它是一个 p 维随机变量，而样本数据矩阵 $\boldsymbol{M}$ 是一个随机矩阵。

在多元统计分析理论中涉及的向量一般都是随机向量，或是由多个随机向量构成的随机矩阵。本节我们首先回顾一下随机向量的有关内容。

2.1.1　随机向量的分布

1. 联合分布

设 $\boldsymbol{X}=(x_1,\cdots,x_p)'$ 是一个 p 维随机向量，称 p 元函数

$$F(t_1,\cdots,t_p)=P(x_1\leqslant t_1,\cdots,x_p\leqslant t_p)$$

为向量 $\boldsymbol{X}$ 的联合分布函数。

若存在非负函数 $f(x_1,\cdots,x_p)$，使得随机向量 $\boldsymbol{X}$ 的联合分布函数对一切 $(t_1,\cdots,t_p)\in$

$\mathbf{R}^p$ 均可表示为

$$F(t_1,\cdots,t_p)=\int_{-\infty}^{t_1}\cdots\int_{-\infty}^{t_p}f(x_1,\cdots,x_p)\,\mathrm{d}x_1\cdots\mathrm{d}x_p$$

则称 $\boldsymbol{X}$ 为连续型随机向量，并称 $f(x_1,\cdots,x_p)$ 为 $\boldsymbol{X}$ 的联合密度函数，简称密度函数。

密度函数 $f(x_1,\cdots,x_p)$ 满足以下性质。

(1) $f(x_1,\cdots,x_p)\geqslant 0$，对一切实数 $x_1,\cdots,x_p$ 成立。

(2) $\int_{-\infty}^{\infty}\cdots\int_{-\infty}^{\infty}f(x_1,\cdots,x_p)\,\mathrm{d}x_1\cdots\mathrm{d}x_p=1$。

2. 边缘分布

随机向量 $\boldsymbol{X}$ 的部分分量 $(x_{i1},\cdots,x_{im})$ $(1\leqslant m\leqslant p)$ 的分布称为**边缘分布**。

设 $\boldsymbol{X}^{(1)}$ 为 r 维随机向量，$\boldsymbol{X}^{(2)}$ 为 $p-r$ 维随机向量。若连续型随机向量 $\boldsymbol{X}=\begin{pmatrix}\boldsymbol{X}^{(1)}\\ \boldsymbol{X}^{(2)}\end{pmatrix}$ 的密度函数为 $f(x_1,\cdots,x_p)$，则 $\boldsymbol{X}^{(1)}$ 的边缘密度函数为

$$f_1(\boldsymbol{x}^{(1)})=f_1(x_1,\cdots,x_r)=\int_{-\infty}^{\infty}\cdots\int_{-\infty}^{\infty}f(x_1,\cdots,x_p)\,\mathrm{d}x_{r+1}\cdots\mathrm{d}x_p$$

$\boldsymbol{X}^{(2)}$ 的边缘密度函数为

$$f_2(\boldsymbol{x}^{(2)})=f_2(x_{r+1},\cdots,x_p)=\int_{-\infty}^{\infty}\cdots\int_{-\infty}^{\infty}f(x_1,\cdots,x_p)\,\mathrm{d}x_1\cdots\mathrm{d}x_r$$

例 2.1　设二维随机向量 $\boldsymbol{X}=(x_1,x_2)'$ 的联合密度函数为

$$f(x_1,x_2)=\frac{1}{2\pi}\exp\left\{-\frac{1}{2}(x_1^2+x_2^2)\right\}\left(1+x_1x_2\exp\left\{-\frac{1}{2}(x_1^2+x_2^2)\right\}\right)$$

试求 x_1 和 x_2 的边缘分布。

解　首先可验证 $f(x_1,x_2)$ 满足多元密度函数的两条性质，再由边缘密度函数计算公式得

$$\begin{aligned}f_1(x_1)&=\int_{-\infty}^{\infty}f(x_1,x_2)\,\mathrm{d}x_2\\&=\frac{1}{2\pi}\exp\left\{-\frac{1}{2}x_1^2\right\}\left[\int_{-\infty}^{\infty}\exp\left\{-\frac{1}{2}x_2^2\right\}\mathrm{d}x_2+x_1\exp\left\{-\frac{1}{2}x_1^2\right\}\int_{-\infty}^{\infty}x_2\exp\left\{-\frac{1}{2}x_2^2\right\}\mathrm{d}x_2\right]\\&=\frac{1}{2\pi}\exp\left\{-\frac{1}{2}x_1^2\right\}[\sqrt{2\pi}+0]=\frac{1}{\sqrt{2\pi}}\exp\left\{-\frac{1}{2}x_1^2\right\}\end{aligned}$$

即 $x_1\sim N(0,1)$，同理可知 $x_2\sim N(0,1)$。

3. 条件分布

设 $\boldsymbol{X}=\begin{pmatrix}\boldsymbol{X}^{(1)}\\ \boldsymbol{X}^{(2)}\end{pmatrix}$，其中 $\boldsymbol{X}^{(1)}$ 为 r 维随机向量，$\boldsymbol{X}^{(2)}$ 为 $p-r$ 维随机向量，则在给定 $\boldsymbol{X}^{(2)}=x^{(2)}$ 条件下，$\boldsymbol{X}^{(1)}$ 的分布称为条件分布。当 $\boldsymbol{X}$ 的密度函数为 $f(x^{(1)},x^{(2)})$ 时，在给定 $\boldsymbol{X}^{(2)}=x^{(2)}$ 条件下，$\boldsymbol{X}^{(1)}$ 的条件密度为

$$f(x^{(1)}\mid x^{(2)})=\frac{f(x^{(1)},x^{(2)})}{f_2(x^{(2)})}$$

其中 $f_2(x^{(2)})>0$ 是 $\boldsymbol{X}^{(2)}$ 的边缘密度函数。

4. 独立性

设 $x_1,\cdots,x_p$ 是 p 个随机变量，x_i 的分布函数为 $F_i(t_i)$，$i=1,\cdots,p$，$F(t_1,\cdots,t_p)$ 是 $(x_1,\cdots,x_p)'$ 的联合分布函数，若对一切实数 $t_1,\cdots,t_p$，

$$F(t_1,\cdots,t_p)=F_1(t_1)\cdots F_p(t_p)$$

均成立，则称 $x_1,\cdots,x_p$ 相互独立。对于连续型随机变量，$x_1,\cdots,x_p$ 相互独立，当且仅当 $(x_1,\cdots,x_p)'$ 的联合密度函数 $f(x_1,\cdots,x_p)$ 等于边缘密度函数的乘积，即

$$f(x_1,\cdots,x_p)=f_1(x_1)\cdots f_p(x_p)$$

对一切实数 $x_1,\cdots,x_p$ 成立，其中 $f_i(x_i)$ 是 x_i 的边缘密度函数。

在例 2.1 中，随机向量 $\boldsymbol{X}$ 的两个分量 x_1 和 x_2 不相互独立。

2.1.2 均值向量和协方差矩阵

设 $\boldsymbol{X}=(x_1,\cdots,x_p)'$、$\boldsymbol{Y}=(y_1,\cdots,y_q)'$ 是两个随机向量。

1. 随机向量 $\boldsymbol{X}$ 的均值向量

若 $E(x_i)=\mu_i(i=1,\cdots,p)$ 存在，则称

$$E(\boldsymbol{X})=\begin{pmatrix}E(x_1)\\ \vdots \\ E(x_p)\end{pmatrix}=\begin{pmatrix}\mu_1\\ \vdots \\ \mu_p\end{pmatrix}=\boldsymbol{\mu}$$

为随机向量 $\boldsymbol{X}$ 的均值向量。

2. 随机向量 $\boldsymbol{X}$ 的协方差矩阵

若 x_i 和 x_j 的协方差 $\mathrm{Cov}(x_i,x_j)=\sigma_{ij}(i,j=1,\cdots,p)$ 存在，则称矩阵

$$\mathrm{Var}(\boldsymbol{X})=E[(\boldsymbol{X}-E(\boldsymbol{X}))(\boldsymbol{X}-E(\boldsymbol{X}))']$$

$$=\begin{pmatrix}\sigma_{11} & \sigma_{12} & \cdots & \sigma_{1p}\\ \sigma_{21} & \sigma_{22} & \cdots & \sigma_{2p}\\ \vdots & \vdots & & \vdots\\ \sigma_{p1} & \sigma_{p2} & \cdots & \sigma_{pp}\end{pmatrix}_{p\times p}=\boldsymbol{\Sigma}$$

为随机向量 $\boldsymbol{X}$ 的协方差矩阵。

3. 随机向量 $\boldsymbol{X}$ 和 $\boldsymbol{Y}$ 的协方差矩阵

若 x_i 和 y_j 的协方差 $\mathrm{Cov}(x_i,y_j)=\sigma_{ij}(i=1,\cdots,p;j=1,\cdots,q)$ 存在，则称矩阵

$$\mathrm{Cov}(\boldsymbol{X},\boldsymbol{Y})=E[(\boldsymbol{X}-E(\boldsymbol{X}))(\boldsymbol{Y}-E(\boldsymbol{Y}))']$$

$$=\begin{pmatrix}\sigma_{11} & \sigma_{12} & \cdots & \sigma_{1q}\\ \sigma_{21} & \sigma_{22} & \cdots & \sigma_{2q}\\ \vdots & \vdots & & \vdots\\ \sigma_{p1} & \sigma_{p2} & \cdots & \sigma_{pq}\end{pmatrix}_{p\times q}$$

为随机向量 $\boldsymbol{X}$ 和 $\boldsymbol{Y}$ 的协方差矩阵。若 $\mathrm{Cov}(\boldsymbol{X},\boldsymbol{Y})=\boldsymbol{O}$，则称 $\boldsymbol{X}$ 与 $\boldsymbol{Y}$ 不相关。

4. 随机向量 $\boldsymbol{X}$ 的相关矩阵

若 $\boldsymbol{\Sigma}=\mathrm{Var}(\boldsymbol{X})=(\sigma_{ij})_{p\times p}$ 为 $\boldsymbol{X}$ 的协方差矩阵，则称 $\boldsymbol{R}=(r_{ij})_{p\times p}$ 为 $\boldsymbol{X}$ 的相关矩阵，其中

$$r_{ij}=\frac{\sigma_{ij}}{\sqrt{\sigma_{ii}\sigma_{jj}}}\quad(i,j=1,\cdots,p)$$

若记 $\boldsymbol{V}^{1/2}=\mathrm{diag}(\sqrt{\sigma_{11}},\cdots,\sqrt{\sigma_{pp}})$，则有

$$\boldsymbol{\Sigma}=\boldsymbol{V}^{1/2}\boldsymbol{R}\boldsymbol{V}^{1/2}$$

或

$$\boldsymbol{R}=(\boldsymbol{V}^{1/2})^{-1}\boldsymbol{\Sigma}(\boldsymbol{V}^{1/2})^{-1}=\boldsymbol{V}^{-1/2}\boldsymbol{\Sigma}\boldsymbol{V}^{-1/2}$$

5. 均值向量和协方差矩阵的性质

性质 1　设 $\boldsymbol{X}$ 和 $\boldsymbol{Y}$ 是适当维数的随机向量，$\boldsymbol{A}$ 和 $\boldsymbol{B}$ 是适当阶数的常数矩阵，则有

$$\begin{aligned}&E(\boldsymbol{AX})=\boldsymbol{A}E(\boldsymbol{X})\\&E(\boldsymbol{AXB})=\boldsymbol{A}E(\boldsymbol{X})\boldsymbol{B}\\&\mathrm{Var}(\boldsymbol{AX})=\boldsymbol{A}\mathrm{Var}(\boldsymbol{X})\boldsymbol{A}'\\&\mathrm{Cov}(\boldsymbol{AX},\boldsymbol{BY})=\boldsymbol{A}\mathrm{Cov}(\boldsymbol{X},\boldsymbol{Y})\boldsymbol{B}'\end{aligned}$$

证明　我们只证明最后一个公式，其余公式的证明是直接的，故省略。

$$\begin{aligned}\mathrm{Cov}(\boldsymbol{AX},\boldsymbol{BY})&=E[(\boldsymbol{AX}-E(\boldsymbol{AX}))(\boldsymbol{BY}-E(\boldsymbol{BY}))']\\&=E[\boldsymbol{A}(\boldsymbol{X}-E(\boldsymbol{X}))(\boldsymbol{Y}-E(\boldsymbol{Y}))'\boldsymbol{B}']\\&=\boldsymbol{A}E[(\boldsymbol{X}-E(\boldsymbol{X}))(\boldsymbol{Y}-E(\boldsymbol{Y}))']\boldsymbol{B}'\\&=\boldsymbol{A}\mathrm{Cov}(\boldsymbol{X},\boldsymbol{Y})\boldsymbol{B}'\end{aligned}$$

性质 2　若 $\boldsymbol{X}$ 与 $\boldsymbol{Y}$ 相互独立，则 $\mathrm{Cov}(\boldsymbol{X},\boldsymbol{Y})=\boldsymbol{O}$，反之则不一定成立。

性质 3　随机向量 $\boldsymbol{X}$ 的协方差矩阵 $\boldsymbol{\Sigma}=\mathrm{Var}(\boldsymbol{X})=(\sigma_{ij})_{p\times p}$是对称非负定矩阵。

证明　$\boldsymbol{\Sigma}$ 的对称性是显然的，我们只证明其非负定性。对任意给定的$\boldsymbol{\alpha}=(\alpha_1,\cdots,\alpha_p)'$有

$$\begin{aligned}\boldsymbol{\alpha}'\boldsymbol{\Sigma}\boldsymbol{\alpha}&=\boldsymbol{\alpha}'E[(\boldsymbol{X}-E(\boldsymbol{X}))(\boldsymbol{X}-E(\boldsymbol{X}))']\boldsymbol{\alpha}\\&=E[\boldsymbol{\alpha}'(\boldsymbol{X}-E(\boldsymbol{X}))(\boldsymbol{X}-E(\boldsymbol{X}))'\boldsymbol{\alpha}]\\&=E[(\boldsymbol{\alpha}'(\boldsymbol{X}-E(\boldsymbol{X})))^2]\geqslant 0\end{aligned}$$

所以 $\boldsymbol{\Sigma}\geqslant 0$，即 $\boldsymbol{\Sigma}$ 为非负定矩阵。

性质 4　$\boldsymbol{\Sigma}=\boldsymbol{L}^2$，其中 $\boldsymbol{L}$ 为非负定矩阵，也称为 $\boldsymbol{\Sigma}$ 的**平方根矩阵**，记为 $\boldsymbol{L}=\boldsymbol{\Sigma}^{1/2}$，即 $\boldsymbol{\Sigma}=\boldsymbol{\Sigma}^{1/2}\boldsymbol{\Sigma}^{1/2}$。

证明　由于 $\boldsymbol{\Sigma}\geqslant 0$，利用实对称矩阵的对角化原理(谱分解定理)，可知存在正交矩阵 $\boldsymbol{\Gamma}$，使得

$$\begin{aligned}\boldsymbol{\Sigma}&=\boldsymbol{\Gamma}\boldsymbol{\Lambda}\boldsymbol{\Gamma}'=\boldsymbol{\Gamma}\boldsymbol{\Lambda}^{1/2}\boldsymbol{\Lambda}^{1/2}\boldsymbol{\Gamma}'\\&=\boldsymbol{\Gamma}\boldsymbol{\Lambda}^{1/2}\boldsymbol{\Gamma}'\boldsymbol{\Gamma}\boldsymbol{\Lambda}^{1/2}\boldsymbol{\Gamma}'\\&=\boldsymbol{\Sigma}^{1/2}\boldsymbol{\Sigma}^{1/2}=\boldsymbol{L}^2\end{aligned}$$

这里 $\boldsymbol{\Lambda}=\mathrm{diag}(\lambda_1,\cdots,\lambda_p)$，$\boldsymbol{\Sigma}^{1/2}=\boldsymbol{\Gamma}\boldsymbol{\Lambda}^{1/2}\boldsymbol{\Gamma}'$为 $\boldsymbol{\Sigma}$ 的平方根矩阵，$\boldsymbol{\Lambda}^{1/2}=\mathrm{diag}(\lambda_1^{1/2},\cdots,\lambda_p^{1/2})$，其中 $\lambda_i\geqslant 0(i=1,\cdots,p)$为 $\boldsymbol{\Sigma}$ 的特征值。

性质 5　$\boldsymbol{\Sigma}=\boldsymbol{AA}'$，其中 $\boldsymbol{A}$ 为列满秩矩阵，若 $\boldsymbol{\Sigma}>0$，则 $\boldsymbol{A}$ 为非退化矩阵。

证明　设 $\boldsymbol{\Sigma}$ 的秩为 k，则 $\boldsymbol{\Sigma}$ 的特征值为 $\lambda_i>0(i=1,\cdots,k)$，$\lambda_j=0(j=k+1,\cdots,p)$。在性质 4 的证明中，记正交矩阵 $\boldsymbol{\Gamma}$ 为 $\boldsymbol{\Gamma}=(\boldsymbol{\Gamma}_1,\boldsymbol{\Gamma}_2)$，其中 $\boldsymbol{\Gamma}_1$ 为 $p\times k$ 列正交矩阵，则有

$$\boldsymbol{\Sigma}=\boldsymbol{\Gamma}\boldsymbol{\Lambda}\boldsymbol{\Gamma}'=\boldsymbol{\Gamma}_1\boldsymbol{\Lambda}_1\boldsymbol{\Gamma}_1{}'=\boldsymbol{\Gamma}_1\boldsymbol{\Lambda}_1^{1/2}\boldsymbol{\Lambda}_1^{1/2}\boldsymbol{\Gamma}_1{}'=\boldsymbol{AA}'$$

其中 $\boldsymbol{A}=\boldsymbol{\Gamma}_1\boldsymbol{\Lambda}_1^{1/2}$，$\boldsymbol{\Lambda}_1^{1/2}=\mathrm{diag}(\lambda_1^{1/2},\cdots,\lambda_k^{1/2})$。

2.1.3　随机向量的二次型

设 $\boldsymbol{X}=(x_1,\cdots,x_p)'$为 p 维随机向量，$\boldsymbol{A}=(a_{ij})$为 $p\times p$ 对称矩阵，则称

$$\boldsymbol{X}'\boldsymbol{A}\boldsymbol{X}=\sum_{i,j=1}^{p}a_{ij}x_ix_j$$

为 $\boldsymbol{X}$ 的二次型。

定理 2.1　设 $E(\boldsymbol{X})=\boldsymbol{\mu}$，$\mathrm{Var}(\boldsymbol{X})=\boldsymbol{\Sigma}$，则

$$E(\boldsymbol{X}'\boldsymbol{A}\boldsymbol{X})=\mathrm{tr}(\boldsymbol{A\Sigma})+\boldsymbol{\mu}'\boldsymbol{A}\boldsymbol{\mu}$$

其中符号 tr( )表示矩阵的迹。

证明　由代数运算可得

$$\begin{aligned}\boldsymbol{X}'\boldsymbol{A}\boldsymbol{X}&=(\boldsymbol{X}-\boldsymbol{\mu}+\boldsymbol{\mu})'\boldsymbol{A}(\boldsymbol{X}-\boldsymbol{\mu}+\boldsymbol{\mu})\\&=(\boldsymbol{X}-\boldsymbol{\mu})'\boldsymbol{A}(\boldsymbol{X}-\boldsymbol{\mu})+\boldsymbol{\mu}'\boldsymbol{A}(\boldsymbol{X}-\boldsymbol{\mu})+(\boldsymbol{X}-\boldsymbol{\mu})'\boldsymbol{A}\boldsymbol{\mu}+\boldsymbol{\mu}'\boldsymbol{A}\boldsymbol{\mu}\end{aligned}$$

由于

$$E[\boldsymbol{\mu}'\boldsymbol{A}(\boldsymbol{X}-\boldsymbol{\mu})]=\boldsymbol{\mu}'\boldsymbol{A}E(\boldsymbol{X}-\boldsymbol{\mu})=0$$

$$E[(\boldsymbol{X}-\boldsymbol{\mu})'\boldsymbol{A}\boldsymbol{\mu}]=E[\boldsymbol{\mu}'\boldsymbol{A}(\boldsymbol{X}-\boldsymbol{\mu})]'=0$$

可得

$$\begin{aligned}E(\boldsymbol{X}'\boldsymbol{A}\boldsymbol{X})&=E[(\boldsymbol{X}-\boldsymbol{\mu})'\boldsymbol{A}(\boldsymbol{X}-\boldsymbol{\mu})]+\boldsymbol{\mu}'\boldsymbol{A}\boldsymbol{\mu}\\&=E[\mathrm{tr}((\boldsymbol{X}-\boldsymbol{\mu})'\boldsymbol{A}(\boldsymbol{X}-\boldsymbol{\mu}))]+\boldsymbol{\mu}'\boldsymbol{A}\boldsymbol{\mu}\\&=E[\mathrm{tr}(\boldsymbol{A}(\boldsymbol{X}-\boldsymbol{\mu})(\boldsymbol{X}-\boldsymbol{\mu})')]+\boldsymbol{\mu}'\boldsymbol{A}\boldsymbol{\mu}\\&=\mathrm{tr}[\boldsymbol{A}E((\boldsymbol{X}-\boldsymbol{\mu})(\boldsymbol{X}-\boldsymbol{\mu})')]+\boldsymbol{\mu}'\boldsymbol{A}\boldsymbol{\mu}\\&=\mathrm{tr}(\boldsymbol{A\Sigma})+\boldsymbol{\mu}'\boldsymbol{A}\boldsymbol{\mu}\end{aligned}$$

其中用到矩阵迹的性质 $\mathrm{tr}(\boldsymbol{BC})=\mathrm{tr}(\boldsymbol{CB})$及均值性质 $E[\mathrm{tr}(\boldsymbol{X})]=\mathrm{tr}[E(\boldsymbol{X})]$。

2.2　多元正态分布

在多元统计分析中，多元正态分布具有相当重要的地位。这是因为，实际中大量的随机变量服从或近似地服从正态分布，当样本量很大时，许多随机变量的极限分布为正态分布。另一方面，多元正态分布的理论比较成熟、实践较为广泛，已具备比较完善的分析条件和推断方法。本节我们介绍多元正态分布的定义、性质，以及条件分布和独立性概念，并简单介绍矩阵正态分布。

2.2.1　多元正态分布的定义和性质

在一元统计中，若 $u\sim N(0,1)$，则 u 的线性变换 $x=\sigma u+\mu\sim N(\mu,\sigma^2)$。利用这一性质，可以由标准正态分布来定义一般正态分布。多元正态分布可类似地定义。

定义 2.1　设 $\boldsymbol{U}=(u_1,\cdots,u_q)'$为随机向量，其中 $u_1,\cdots,u_q$ 相互独立，同服从标准正态分布 $N(0,1)$。设 $\boldsymbol{\mu}$ 为 p 维常数向量，$\boldsymbol{A}$ 为 $p\times q$ 常数矩阵，则称向量 $\boldsymbol{X}=\boldsymbol{\mu}+\boldsymbol{A}\boldsymbol{U}$ 所服从的分

布为 p 维正态分布，并称 $\boldsymbol{X}$ 为 p 维正态随机向量，记为 $\boldsymbol{X}\sim N_p(\boldsymbol{\mu},\boldsymbol{\Sigma})$，或简记为 $\boldsymbol{X}\sim N(\boldsymbol{\mu},\boldsymbol{\Sigma})$，其中 $\boldsymbol{\Sigma}=\boldsymbol{A}\boldsymbol{A}'$。

性质 1　设 $\boldsymbol{X}\sim N_p(\boldsymbol{\mu},\boldsymbol{\Sigma})$，$\boldsymbol{B}$ 为 $s\times p$ 常数矩阵，$\boldsymbol{d}$ 为 s 维常数向量。令 $\boldsymbol{Y}=\boldsymbol{B}\boldsymbol{X}+\boldsymbol{d}$，则 $\boldsymbol{Y}\sim N_s(\boldsymbol{B}\boldsymbol{\mu}+\boldsymbol{d},\boldsymbol{B}\boldsymbol{\Sigma}\boldsymbol{B}')$。

证明　因为 $\boldsymbol{\Sigma}\geqslant 0$，故它可分解为 $\boldsymbol{\Sigma}=\boldsymbol{A}\boldsymbol{A}'$，则由定义 2.1 可知

$$\boldsymbol{X}=\boldsymbol{\mu}+\boldsymbol{A}\boldsymbol{U}$$

其中 $\boldsymbol{U}=(u_1,\cdots,u_q)'$，且 $u_1,\cdots,u_q$ 相互独立，同服从标准正态分布 $N(0,1)$。又

$$\boldsymbol{Y}=\boldsymbol{B}\boldsymbol{X}+\boldsymbol{d}=\boldsymbol{B}(\boldsymbol{\mu}+\boldsymbol{A}\boldsymbol{U})+\boldsymbol{d}=(\boldsymbol{B}\boldsymbol{\mu}+\boldsymbol{d})+(\boldsymbol{B}\boldsymbol{A})\boldsymbol{U}$$

则由定义 2.1 可知，$\boldsymbol{Y}\sim N_s(\boldsymbol{B}\boldsymbol{\mu}+\boldsymbol{d},\boldsymbol{B}\boldsymbol{A}\boldsymbol{A}'\boldsymbol{B}')=N_s(\boldsymbol{B}\boldsymbol{\mu}+\boldsymbol{d},\boldsymbol{B}\boldsymbol{\Sigma}\boldsymbol{B}')$。

性质 1 说明，正态随机向量的任意线性组合仍然服从正态分布。

推论 2.1　设 $\boldsymbol{X}=\begin{pmatrix}\boldsymbol{X}^{(1)}\\ \boldsymbol{X}^{(2)}\end{pmatrix}\begin{matrix}r\\ p-r\end{matrix}\sim N_p(\boldsymbol{\mu},\boldsymbol{\Sigma})$，将 $\boldsymbol{\mu}$、$\boldsymbol{\Sigma}$ 分块为

$$\boldsymbol{\mu}=\begin{pmatrix}\boldsymbol{\mu}^{(1)}\\ \boldsymbol{\mu}^{(2)}\end{pmatrix}\begin{matrix}r\\ p-r\end{matrix},\quad \boldsymbol{\Sigma}=\begin{pmatrix}\boldsymbol{\Sigma}_{11} & \boldsymbol{\Sigma}_{12}\\ \boldsymbol{\Sigma}_{21} & \boldsymbol{\Sigma}_{22}\end{pmatrix}\begin{matrix}r\\ p-r\end{matrix}$$

则 $\boldsymbol{X}^{(1)}\sim N_r(\boldsymbol{\mu}^{(1)},\boldsymbol{\Sigma}_{11})$，$\boldsymbol{X}^{(2)}\sim N_{p-r}(\boldsymbol{\mu}^{(2)},\boldsymbol{\Sigma}_{22})$。

证明　取 $\boldsymbol{B}_1=(\boldsymbol{I}_r,\boldsymbol{O})$，其中 $\boldsymbol{I}_r$ 为 r 阶单位矩阵，$\boldsymbol{O}$ 为 $r\times(p-r)$ 零矩阵，取 r 维向量 $\boldsymbol{d}_1=\boldsymbol{0}$，由性质 1 可得

$$\boldsymbol{X}^{(1)}=\boldsymbol{d}_1+\boldsymbol{B}_1\boldsymbol{X}\sim N_r(\boldsymbol{\mu}^{(1)},\boldsymbol{\Sigma}_{11})$$

类似地，取 $\boldsymbol{B}_2=(\boldsymbol{O},\boldsymbol{I}_{p-r})$，其中 $\boldsymbol{I}_{p-r}$ 为 $p-r$ 阶单位矩阵，$\boldsymbol{O}$ 为 $(p-r)\times r$ 零矩阵，取 $p-r$ 维向量 $\boldsymbol{d}_2=\boldsymbol{O}$，由性质 1 可得

$$\boldsymbol{X}^{(2)}=\boldsymbol{d}_2+\boldsymbol{B}_2\boldsymbol{X}\sim N_{p-r}(\boldsymbol{\mu}^{(2)},\boldsymbol{\Sigma}_{22})$$

此推论说明，多元正态分布的边缘分布仍为正态分布，但反之不一定成立（如例 2.1）。

例 2.2　设 $\boldsymbol{X}\sim N_3(\boldsymbol{\mu},\boldsymbol{\Sigma})$，其中

$$\boldsymbol{\mu}=\begin{pmatrix}3\\0\\-2\end{pmatrix},\quad \boldsymbol{\Sigma}=\begin{pmatrix}2&1&0\\1&1&3\\0&3&4\end{pmatrix}$$

求 $\boldsymbol{Y}=\boldsymbol{B}\boldsymbol{X}+\boldsymbol{d}$ 的分布，这里

$$\boldsymbol{B}=\begin{pmatrix}2&0&-1\\9&3&-8\end{pmatrix},\quad \boldsymbol{d}=\begin{pmatrix}-3\\7\end{pmatrix}$$

解　由性质 1，$\boldsymbol{Y}\sim N_2(\boldsymbol{B}\boldsymbol{\mu}+\boldsymbol{d},\boldsymbol{B}\boldsymbol{\Sigma}\boldsymbol{B}')$，其中

$$\boldsymbol{B}\boldsymbol{\mu}+\boldsymbol{d}=\begin{pmatrix}2&0&-1\\9&3&-8\end{pmatrix}\begin{pmatrix}3\\0\\-2\end{pmatrix}+\begin{pmatrix}-3\\7\end{pmatrix}=\begin{pmatrix}8\\43\end{pmatrix}+\begin{pmatrix}-3\\7\end{pmatrix}=\begin{pmatrix}5\\50\end{pmatrix}$$

$$\boldsymbol{B}\boldsymbol{\Sigma}\boldsymbol{B}'=\begin{pmatrix}2&0&-1\\9&3&-8\end{pmatrix}\begin{pmatrix}2&1&0\\1&1&3\\0&3&4\end{pmatrix}\begin{pmatrix}2&9\\0&3\\-1&-8\end{pmatrix}=\begin{pmatrix}12&65\\65&337\end{pmatrix}$$

因此 $\boldsymbol{Y}\sim N_2\left(\begin{pmatrix}5\\50\end{pmatrix},\begin{pmatrix}12&65\\65&337\end{pmatrix}\right)$。

性质 2 若 $\boldsymbol{X}\sim N(\boldsymbol{\mu},\boldsymbol{\Sigma})$，则 $E(\boldsymbol{X})=\boldsymbol{\mu}$，$\mathrm{Var}(\boldsymbol{X})=\boldsymbol{\Sigma}$。

证明 因为 $\boldsymbol{\Sigma}\geqslant 0$，故它可分解为 $\boldsymbol{\Sigma}=\boldsymbol{A}\boldsymbol{A}'$，则由定义 2.1 可知

$$\boldsymbol{X}=\boldsymbol{\mu}+\boldsymbol{A}\boldsymbol{U}$$

其中 $\boldsymbol{U}=(u_1,\cdots,u_q)'$，且 $u_1,\cdots,u_q$ 相互独立，同服从标准正态分布 $N(0,1)$。因此有 $E(\boldsymbol{U})=\boldsymbol{O}$，$\mathrm{Var}(\boldsymbol{U})=\boldsymbol{I}_q$。利用均值向量和协方差矩阵的有关性质可得

$$E(\boldsymbol{X})=E(\boldsymbol{\mu}+\boldsymbol{A}\boldsymbol{U})=\boldsymbol{\mu}+E(\boldsymbol{A}\boldsymbol{U})=\boldsymbol{\mu}+\boldsymbol{A}E(\boldsymbol{U})=\boldsymbol{\mu}$$

$$\mathrm{Var}(\boldsymbol{X})=\mathrm{Var}(\boldsymbol{\mu}+\boldsymbol{A}\boldsymbol{U})=\mathrm{Var}(\boldsymbol{A}\boldsymbol{U})=\boldsymbol{A}\mathrm{Var}(\boldsymbol{U})\boldsymbol{A}'=\boldsymbol{A}\boldsymbol{A}'=\boldsymbol{\Sigma}$$

此性质给出多元正态分布中参数的明确统计意义。

性质 3 设 $\boldsymbol{X}_1,\cdots,\boldsymbol{X}_k$ 相互独立，且 $\boldsymbol{X}_i\sim N_p(\boldsymbol{\mu}_i,\boldsymbol{\Sigma}_i)$，$i=1,\cdots,k$，$c_1,\cdots,c_k$ 为任意常数。则

$$\sum_{i=1}^{k}c_i\boldsymbol{X}_i\sim N_p\left(\sum_{i=1}^{k}c_i\boldsymbol{\mu}_i,\ \sum_{i=1}^{k}c_i^2\boldsymbol{\Sigma}_i\right)。$$

证明 因为 $\boldsymbol{\Sigma}_i\geqslant 0$，故它可分解为 $\boldsymbol{\Sigma}_i=\boldsymbol{A}_i\boldsymbol{A}_i'$，由定义 2.1 可知 $\boldsymbol{X}_i=\boldsymbol{\mu}_i+\boldsymbol{A}_i\boldsymbol{U}$。由于 $\boldsymbol{X}_1,\cdots,\boldsymbol{X}_k$相互独立，可知 $\mathrm{Cov}(\boldsymbol{X}_i,\boldsymbol{X}_j)=\boldsymbol{A}_i\boldsymbol{A}_j'=\boldsymbol{O}(i\neq j,i,j=1,\cdots,k)$，于是由定义 2.1 可知，有

$$\sum_{i=1}^{k}c_i\boldsymbol{X}_i=\sum_{i=1}^{k}c_i\boldsymbol{\mu}_i+\sum_{i=1}^{k}c_i\boldsymbol{A}_i\boldsymbol{U}\sim N\left(\sum_{i=1}^{k}c_i\boldsymbol{\mu}_i,\left(\sum_{i=1}^{k}c_i\boldsymbol{A}_i\right)\left(\sum_{i=1}^{k}c_i\boldsymbol{A}_i\right)'\right)$$

其中

$$\left(\sum_{i=1}^{k}c_i\boldsymbol{A}_i\right)\left(\sum_{i=1}^{k}c_i\boldsymbol{A}_i\right)'=\sum_{i=1}^{k}c_i^2\boldsymbol{A}_i\boldsymbol{A}_i'=\sum_{i=1}^{k}c_i^2\boldsymbol{\Sigma}_i$$

性质 4 设 $\boldsymbol{X}\sim N(\boldsymbol{\mu},\boldsymbol{\Sigma}),\boldsymbol{\Sigma}>0$，则$(\boldsymbol{X}-\boldsymbol{\mu})'\boldsymbol{\Sigma}^{-1}(\boldsymbol{X}-\boldsymbol{\mu})\sim\chi^2(p)$

证明 设 $\boldsymbol{Z}=\boldsymbol{\Sigma}^{-1/2}(\boldsymbol{X}-\boldsymbol{\mu})=\boldsymbol{\Sigma}^{-1/2}\boldsymbol{X}-\boldsymbol{\Sigma}^{-1/2}\boldsymbol{\mu}$，由性质 1 可得 $\boldsymbol{Z}\sim N(\mathbf{O},\boldsymbol{I}_p)$，于是有

$$(\boldsymbol{X}-\boldsymbol{\mu})'\boldsymbol{\Sigma}^{-1}(\boldsymbol{X}-\boldsymbol{\mu})=\boldsymbol{Z}'\boldsymbol{Z}\sim\chi^2(p)$$

我们知道，在概率论中，一元正态随机变量的密度函数为

$$f(x)=\frac{1}{\sqrt{2\pi}\sigma}\exp\left\{-\frac{1}{2\sigma^2}(x-\mu)^2\right\}\quad(-\infty<x<\infty)$$

这个式子可以改写为

$$f(x)=\frac{1}{(2\pi)^{1/2}|\sigma^2|^{1/2}}\exp\left\{-\frac{1}{2}(x-\mu)'(\sigma^2)^{-1}(x-\mu)\right\}$$

作为一元正态分布密度函数的推广，多元正态随机向量也有类似的密度函数形式。

性质 5 设 $\boldsymbol{X}\sim N_p(\boldsymbol{\mu},\boldsymbol{\Sigma})$，且 $\boldsymbol{\Sigma}>0$，则 $\boldsymbol{X}$ 的密度函数为

$$f(\boldsymbol{x})=\frac{1}{(2\pi)^{p/2}|\boldsymbol{\Sigma}|^{1/2}}\exp\left\{-\frac{1}{2}(\boldsymbol{x}-\boldsymbol{\mu})'\boldsymbol{\Sigma}^{-1}(\boldsymbol{x}-\boldsymbol{\mu})\right\}$$

其中 $\boldsymbol{x}=(x_1,\cdots,x_p)'$是 p 维向量。

证明 因 $\boldsymbol{\Sigma}>0$，由 2.1.2 小节性质 5 可知，存在 p 阶非奇异矩阵 $\boldsymbol{A}$，使得 $\boldsymbol{\Sigma}=\boldsymbol{A}\boldsymbol{A}'$，且

$$\boldsymbol{X}=\boldsymbol{\mu}+\boldsymbol{A}\boldsymbol{U}$$

其中 $\boldsymbol{U}=(u_1,\cdots,u_p)'$，且 $u_1,\cdots,u_p$ 相互独立，同服从标准正态分布 $N(0,1)$。因此 $\boldsymbol{U}$ 的联合密度函数为

$$f_U(\boldsymbol{u})=f_U(u_1,\cdots,u_p)=\prod_{i=1}^{p}\frac{1}{\sqrt{2\pi}}\exp\left\{-\frac{1}{2}u_i^2\right\}$$

$$=\frac{1}{(2\pi)^{p/2}}\exp\left\{-\frac{1}{2}\sum_{i=1}^{p}u_i^2\right\}=\frac{1}{(2\pi)^{p/2}}\exp\left\{-\frac{1}{2}\boldsymbol{u}'\boldsymbol{u}\right\}$$

其中 $\boldsymbol{u}=(u_1,\cdots,u_p)'$。利用随机向量的函数密度变换公式可得 $\boldsymbol{X}=\boldsymbol{\mu}+\boldsymbol{AU}$ 的密度函数

$$f(\boldsymbol{x})=f_U(\boldsymbol{u})\,|J(\boldsymbol{u}\to\boldsymbol{x})|=\frac{1}{(2\pi)^{p/2}}\exp\left\{-\frac{1}{2}\boldsymbol{u}'\boldsymbol{u}\right\}|J(\boldsymbol{u}\to\boldsymbol{x})|$$

$$=\frac{1}{(2\pi)^{p/2}}\exp\left\{-\frac{1}{2}[\boldsymbol{A}^{-1}(\boldsymbol{x}-\boldsymbol{\mu})]'[\boldsymbol{A}^{-1}(\boldsymbol{x}-\boldsymbol{\mu})]\right\}|\boldsymbol{\Sigma}|^{-1/2}$$

$$=\frac{1}{(2\pi)^{p/2}|\boldsymbol{\Sigma}|^{1/2}}\exp\left\{-\frac{1}{2}(\boldsymbol{x}-\boldsymbol{\mu})'\boldsymbol{\Sigma}^{-1}(\boldsymbol{x}-\boldsymbol{\mu})\right\},$$

其中雅可比行列式 $J(\boldsymbol{u}\to\boldsymbol{x})$ 可利用线性变换 $\boldsymbol{x}=\boldsymbol{\mu}+\boldsymbol{Au}$ 及 $J(\boldsymbol{x}\to\boldsymbol{u})$ 来计算，这里

$$J(\boldsymbol{x}\to\boldsymbol{u})=\left|\frac{\partial\boldsymbol{x}}{\partial\boldsymbol{u}}\right|=|\boldsymbol{A}'|=|\boldsymbol{AA}'|^{1/2}=|\boldsymbol{\Sigma}|^{1/2}$$

$$J(\boldsymbol{u}\to\boldsymbol{x})=\frac{1}{J(\boldsymbol{x}\to\boldsymbol{u})}=|\boldsymbol{\Sigma}|^{-1/2}$$

例 2.3(二维正态分布)　设 $\boldsymbol{X}=\begin{pmatrix}x_1\\x_2\end{pmatrix}\sim N_2(\boldsymbol{\mu},\boldsymbol{\Sigma})$，记

$$\boldsymbol{\mu}=\begin{pmatrix}\mu_1\\\mu_2\end{pmatrix},\ \boldsymbol{\Sigma}=\begin{pmatrix}\sigma_{11}&\sigma_{12}\\\sigma_{21}&\sigma_{22}\end{pmatrix}=\begin{pmatrix}\sigma_1^2&\rho\sigma_1\sigma_2\\\rho\sigma_1\sigma_2&\sigma_2^2\end{pmatrix}>0$$

其中 $|\rho|<1$，$\sigma_1>0$，$\sigma_2>0$。

(1)试写出 X 的联合密度函数和边缘分布。

(2)试说明 ρ 的统计意义。

解　(1)因 $|\boldsymbol{\Sigma}|=\sigma_1^2\sigma_2^2(1-\rho^2)$，以及

$$\boldsymbol{\Sigma}^{-1}=\frac{1}{\sigma_1^2\sigma_2^2(1-\rho^2)}\begin{pmatrix}\sigma_2^2&-\rho\sigma_1\sigma_2\\-\rho\sigma_1\sigma_2&\sigma_1^2\end{pmatrix}$$

因此二维正态随机向量 $\boldsymbol{X}$ 的联合密度函数为

$$f(x_1,x_2)=\frac{1}{2\pi|\boldsymbol{\Sigma}|^{1/2}}\exp\left\{-\frac{1}{2}(\boldsymbol{x}-\boldsymbol{\mu})'\boldsymbol{\Sigma}^{-1}(\boldsymbol{x}-\boldsymbol{\mu})\right\}$$

$$=\frac{1}{2\pi\sigma_1\sigma_2\sqrt{1-\rho^2}}\exp\left\{-\frac{1}{2(1-\rho^2)}\left[\left(\frac{x_1-\mu_1}{\sigma_1}\right)^2-2\rho\left(\frac{x_1-\mu_1}{\sigma_1}\right)\left(\frac{x_2-\mu_2}{\sigma_2}\right)+\left(\frac{x_2-\mu_2}{\sigma_2}\right)^2\right]\right\}$$

由推论 2.1 可知，$x_1\sim N(\mu_1,\sigma_1^2)$，$x_2\sim N(\mu_2,\sigma_2^2)$。

(2)因 $\mathrm{Cov}(x_1,x_2)=\sigma_{12}=\rho\sigma_1\sigma_2$，所以 x_1 与 x_2 的相关系数为

$$\rho(x_1,x_2)=\frac{\mathrm{Cov}(x_1,x_2)}{\sqrt{\mathrm{Var}(x_1)\mathrm{Var}(x_2)}}=\frac{\rho\sigma_1\sigma_2}{\sigma_1\sigma_2}=\rho$$

故参数ρ就是x_1与x_2的相关系数。当$\rho>0$时，x_1与x_2之间存在正相关关系；当$\rho<0$时，x_1与x_2之间存在负相关关系；当$\rho=0$时，x_1与x_2之间不存在线性相关关系，且此时有$f(x_1,x_2)=f_1(x_1)f_2(x_2)$，这里$f_1(x_1)$和$f_2(x_2)$分别是$x_1$和$x_2$的边缘密度函数。因此，对于正态分布来说，不相关性与独立性等价，但此结论对于其他分布未必成立。

2.2.2 条件分布和独立性

设$\boldsymbol{X}=\begin{pmatrix}\boldsymbol{X}^{(1)}\\\boldsymbol{X}^{(2)}\end{pmatrix}\begin{matrix}r\\p-r\end{matrix}\sim N_p(\boldsymbol{\mu},\boldsymbol{\Sigma})$，将$\boldsymbol{\mu}$、$\boldsymbol{\Sigma}$分块为

$$\boldsymbol{\mu}=\begin{pmatrix}\boldsymbol{\mu}^{(1)}\\\boldsymbol{\mu}^{(2)}\end{pmatrix}\begin{matrix}r\\p-r\end{matrix},\quad \boldsymbol{\Sigma}=\begin{pmatrix}\boldsymbol{\Sigma}_{11}&\boldsymbol{\Sigma}_{12}\\\boldsymbol{\Sigma}_{21}&\boldsymbol{\Sigma}_{22}\end{pmatrix}\begin{matrix}r\\p-r\end{matrix}$$

由推论2.1可知$\boldsymbol{X}^{(1)}\sim N_r(\boldsymbol{\mu}^{(1)},\boldsymbol{\Sigma}_{11})$，$\boldsymbol{X}^{(2)}\sim N_{p-r}(\boldsymbol{\mu}^{(2)},\boldsymbol{\Sigma}_{22})$。

1. 独立性

定理2.2 设

$$\boldsymbol{X}=\begin{pmatrix}\boldsymbol{X}^{(1)}\\\boldsymbol{X}^{(2)}\end{pmatrix}\begin{matrix}r\\p-r\end{matrix}\sim N_p\left(\begin{pmatrix}\boldsymbol{\mu}^{(1)}\\\boldsymbol{\mu}^{(2)}\end{pmatrix},\begin{pmatrix}\boldsymbol{\Sigma}_{11}&\boldsymbol{\Sigma}_{12}\\\boldsymbol{\Sigma}_{21}&\boldsymbol{\Sigma}_{22}\end{pmatrix}\right)$$

则当且仅当$\boldsymbol{\Sigma}_{12}=\boldsymbol{O}$时，$\boldsymbol{X}^{(1)}$与$\boldsymbol{X}^{(2)}$独立。

证明 若$\boldsymbol{X}^{(1)}$与$\boldsymbol{X}^{(2)}$独立，则$\boldsymbol{X}^{(1)}$与$\boldsymbol{X}^{(2)}$必然不相关，因此有

$$\mathrm{Cov}(\boldsymbol{X}^{(1)},\boldsymbol{X}^{(2)})=\boldsymbol{\Sigma}_{12}=\boldsymbol{O}$$

另一方面，若$\boldsymbol{\Sigma}_{12}=\boldsymbol{O}$，则$\boldsymbol{X}^{(1)}$与$\boldsymbol{X}^{(2)}$的联合密度函数为

$$\begin{aligned}f(\boldsymbol{x}^{(1)},\boldsymbol{x}^{(2)})&=\frac{1}{(2\pi)^{p/2}|\boldsymbol{\Sigma}|^{1/2}}\exp\left\{-\frac{1}{2}(\boldsymbol{x}-\boldsymbol{\mu})'\begin{pmatrix}\boldsymbol{\Sigma}_{11}&\boldsymbol{O}\\\boldsymbol{O}&\boldsymbol{\Sigma}_{22}\end{pmatrix}^{-1}(\boldsymbol{x}-\boldsymbol{\mu})\right\}\\&=\frac{1}{(2\pi)^{r/2}|\boldsymbol{\Sigma}_{11}|^{1/2}}\exp\left\{-\frac{1}{2}(\boldsymbol{x}^{(1)}-\boldsymbol{\mu}^{(1)})'\boldsymbol{\Sigma}_{11}^{-1}(\boldsymbol{x}^{(1)}-\boldsymbol{\mu}^{(1)})\right\}\\&\quad\times\frac{1}{(2\pi)^{(p-r)/2}|\boldsymbol{\Sigma}_{22}|^{1/2}}\exp\left\{-\frac{1}{2}(\boldsymbol{x}^{(2)}-\boldsymbol{\mu}^{(2)})'\boldsymbol{\Sigma}_{22}^{-1}(\boldsymbol{x}^{(2)}-\boldsymbol{\mu}^{(2)})\right\}\\&=f_1(\boldsymbol{x}^{(1)})f_2(\boldsymbol{x}^{(2)})\end{aligned}$$

故$\boldsymbol{X}^{(1)}$与$\boldsymbol{X}^{(2)}$独立。

推论2.2 设$r_i\geqslant 1(i=1,\cdots,k)$，且$r_1+\cdots+r_k=p$，而

$$\boldsymbol{X}=\begin{pmatrix}\boldsymbol{X}^{(1)}\\\vdots\\\boldsymbol{X}^{(k)}\end{pmatrix}\begin{matrix}r_1\\\vdots\\r_k\end{matrix}\sim N\left(\begin{pmatrix}\boldsymbol{\mu}^{(1)}\\\vdots\\\boldsymbol{\mu}^{(k)}\end{pmatrix},\begin{pmatrix}\boldsymbol{\Sigma}_{11}&\cdots&\boldsymbol{\Sigma}_{1k}\\\vdots&&\vdots\\\boldsymbol{\Sigma}_{k1}&\cdots&\boldsymbol{\Sigma}_{kk}\end{pmatrix}\right)$$

则$\boldsymbol{X}^{(1)},\cdots,\boldsymbol{X}^{(k)}$相互独立，当且仅当$\boldsymbol{\Sigma}_{ij}=\boldsymbol{O}$对所有$i\neq j$成立。

推论2.3 设$\boldsymbol{X}=(x_1,\cdots,x_p)'\sim N_p(\boldsymbol{\mu},\boldsymbol{\Sigma})$，则当且仅当$\boldsymbol{\Sigma}$为对角矩阵时，$x_1,\cdots,x_p$相互独立。

2. 条件分布

定理 2.3　设 $\boldsymbol{X}=\begin{pmatrix}\boldsymbol{X}^{(1)}\\ \boldsymbol{X}^{(2)}\end{pmatrix}\begin{matrix}r\\ p-r\end{matrix}\sim N_p(\boldsymbol{\mu},\boldsymbol{\Sigma})$，$\boldsymbol{\Sigma}>0$，$\boldsymbol{\mu}$、$\boldsymbol{\Sigma}$ 分块为

$$\boldsymbol{\mu}=\begin{pmatrix}\boldsymbol{\mu}^{(1)}\\ \boldsymbol{\mu}^{(2)}\end{pmatrix}\begin{matrix}r\\ p-r\end{matrix},\quad \boldsymbol{\Sigma}=\begin{pmatrix}\boldsymbol{\Sigma}_{11} & \boldsymbol{\Sigma}_{12}\\ \boldsymbol{\Sigma}_{21} & \boldsymbol{\Sigma}_{22}\end{pmatrix}\begin{matrix}r\\ p-r\end{matrix}$$

则给定 $\boldsymbol{X}^{(2)}=\boldsymbol{x}^{(2)}$ 时，$\boldsymbol{X}^{(1)}$ 的条件分布为

$$\boldsymbol{X}^{(1)}\mid\boldsymbol{X}^{(2)}=\boldsymbol{x}^{(2)}\sim N_r(\boldsymbol{\mu}_{1.2},\boldsymbol{\Sigma}_{11.2})$$

其中

$$\boldsymbol{\mu}_{1.2}=\boldsymbol{\mu}^{(1)}+\boldsymbol{\Sigma}_{12}\boldsymbol{\Sigma}_{22}^{-1}(\boldsymbol{x}^{(2)}-\boldsymbol{\mu}^{(2)})$$

$$\boldsymbol{\Sigma}_{11.2}=\boldsymbol{\Sigma}_{11}-\boldsymbol{\Sigma}_{12}\boldsymbol{\Sigma}_{22}^{-1}\boldsymbol{\Sigma}_{21}$$

证明　进行非奇异变换，令

$$\boldsymbol{Z}=\begin{pmatrix}\boldsymbol{Z}^{(1)}\\ \boldsymbol{Z}^{(2)}\end{pmatrix}=\begin{pmatrix}\boldsymbol{X}^{(1)}-\boldsymbol{\Sigma}_{12}\boldsymbol{\Sigma}_{22}^{-1}\boldsymbol{X}^{(2)}\\ \boldsymbol{X}^{(2)}\end{pmatrix}=\begin{pmatrix}\boldsymbol{I}_r & -\boldsymbol{\Sigma}_{12}\boldsymbol{\Sigma}_{22}^{-1}\\ \boldsymbol{O} & \boldsymbol{I}_{p-r}\end{pmatrix}\begin{pmatrix}\boldsymbol{X}^{(1)}\\ \boldsymbol{X}^{(2)}\end{pmatrix}=\boldsymbol{BX}$$

由 2.2.1 小节中多元正态分布的性质 1 可知有

$$\boldsymbol{Z}\sim N_p\left(\begin{pmatrix}\boldsymbol{\mu}^{(1)}-\boldsymbol{\Sigma}_{12}\boldsymbol{\Sigma}_{22}^{-1}\boldsymbol{\mu}^{(2)}\\ \boldsymbol{\mu}^{(2)}\end{pmatrix},\begin{pmatrix}\boldsymbol{\Sigma}_{11.2} & \boldsymbol{O}\\ \boldsymbol{O} & \boldsymbol{\Sigma}_{22}\end{pmatrix}\right)$$

故 $\boldsymbol{Z}^{(1)}$ 与 $\boldsymbol{Z}^{(2)}=\boldsymbol{X}^{(2)}$ 相互独立。因此 $\boldsymbol{Z}$ 的联合密度为

$$g(z)=g(z^{(1)},z^{(2)})=g_1(z^{(1)})g_2(z^{(2)})=g_1(z^{(1)})f_2(z^{(2)})$$

其中 $f_2(\boldsymbol{x}^{(2)})$ 为 $\boldsymbol{X}^{(2)}\sim N_{p-r}(\boldsymbol{\mu}^{(2)},\boldsymbol{\Sigma}_{22})$ 的密度函数。

因为 $\boldsymbol{Z}=\boldsymbol{BX}$，根据积分变换公式，可以用 $g(z)$ 来表示密度函数 $f(\boldsymbol{x})$，即

$$\begin{aligned}f(\boldsymbol{x})&=f(\boldsymbol{x}^{(1)},\boldsymbol{x}^{(2)})=g(B\boldsymbol{x})\,|J(z\to\boldsymbol{x})|\\&=g_1(\boldsymbol{x}^{(1)}-\boldsymbol{\Sigma}_{12}\boldsymbol{\Sigma}_{22}^{-1}\boldsymbol{x}^{(2)})g_2(\boldsymbol{x}^{(2)})\left|\frac{\partial z}{\partial \boldsymbol{x}}\right|_+\\&=g_1(\boldsymbol{x}^{(1)}-\boldsymbol{\Sigma}_{12}\boldsymbol{\Sigma}_{22}^{-1}\boldsymbol{x}^{(2)})f_2(\boldsymbol{x}^{(2)})\end{aligned}$$

其中 $\left|\frac{\partial z}{\partial \boldsymbol{x}}\right|_+=|\boldsymbol{B}'|=1$。注意到

$$\boldsymbol{Z}^{(1)}\sim N_r(\boldsymbol{\mu}^{(1)}-\boldsymbol{\Sigma}_{12}\boldsymbol{\Sigma}_{22}^{-1}\boldsymbol{\mu}^{(2)},\boldsymbol{\Sigma}_{11.2})$$

所以 $\boldsymbol{X}^{(1)}$ 的条件密度为

$$\begin{aligned}f_1(\boldsymbol{x}^{(1)}\mid\boldsymbol{x}^{(2)})&=\frac{f(\boldsymbol{x}^{(1)},\boldsymbol{x}^{(2)})}{f_2(\boldsymbol{x}^{(2)})}=g_1(\boldsymbol{x}^{(1)}-\boldsymbol{\Sigma}_{12}\boldsymbol{\Sigma}_{22}^{-1}\boldsymbol{x}^{(2)})\\&=\frac{1}{(2\pi)^{r/2}|\boldsymbol{\Sigma}_{11.2}|^{1/2}}\exp\left\{-\frac{1}{2}[\boldsymbol{x}^{(1)}-\boldsymbol{\Sigma}_{12}\boldsymbol{\Sigma}_{22}^{-1}\boldsymbol{x}^{(2)}\right.\\&\quad-(\boldsymbol{\mu}^{(1)}-\boldsymbol{\Sigma}_{12}\boldsymbol{\Sigma}_{22}^{-1}\boldsymbol{\mu}^{(2)})]'\boldsymbol{\Sigma}_{11.2}^{-1}[\boldsymbol{x}^{(1)}-\boldsymbol{\Sigma}_{12}\boldsymbol{\Sigma}_{22}^{-1}\boldsymbol{x}^{(2)}\\&\quad\left.-(\boldsymbol{\mu}^{(1)}-\boldsymbol{\Sigma}_{12}\boldsymbol{\Sigma}_{22}^{-1}\boldsymbol{\mu}^{(2)})]\right\}\\&=\frac{1}{(2\pi)^{r/2}|\boldsymbol{\Sigma}_{11.2}|^{1/2}}\exp\left\{-\frac{1}{2}(\boldsymbol{x}^{(1)}-\boldsymbol{\mu}_{1.2})'\boldsymbol{\Sigma}_{11.2}^{-1}(\boldsymbol{x}^{(1)}-\boldsymbol{\mu}_{1.2})\right\}\end{aligned}$$

此即 $N_r(\boldsymbol{\mu}_{1.2},\boldsymbol{\Sigma}_{11.2})$ 的密度函数。

由定理 2.3 及其证明过程可知下列结论成立。

推论 2.4 在定理 2.3 条件下有

(1) $\boldsymbol{X}^{(2)}$ 与 $\boldsymbol{X}^{(1)}-\boldsymbol{\Sigma}_{12}\boldsymbol{\Sigma}_{22}^{-1}\boldsymbol{X}^{(2)}$ 相互独立；

(2) $\boldsymbol{X}^{(1)}$ 与 $\boldsymbol{X}^{(2)}-\boldsymbol{\Sigma}_{21}\boldsymbol{\Sigma}_{11}^{-1}\boldsymbol{X}^{(1)}$ 相互独立；

(3) $\boldsymbol{X}^{(2)} \mid \boldsymbol{X}^{(1)}=\boldsymbol{x}^{(1)} \sim N_{p-r}(\boldsymbol{\mu}_{2.1},\boldsymbol{\Sigma}_{22.1})$，其中

$$\boldsymbol{\mu}_{2.1}=\boldsymbol{\mu}^{(2)}+\boldsymbol{\Sigma}_{21}\boldsymbol{\Sigma}_{11}^{-1}(\boldsymbol{x}^{(1)}-\boldsymbol{\mu}^{(1)})$$

$$\boldsymbol{\Sigma}_{22.1}=\boldsymbol{\Sigma}_{22}-\boldsymbol{\Sigma}_{21}\boldsymbol{\Sigma}_{11}^{-1}\boldsymbol{\Sigma}_{12}$$

例 2.4 设 $\boldsymbol{X}=(x_1,x_2,x_3)'\sim N_3(\boldsymbol{\mu},\boldsymbol{\Sigma})$，其中

$$\boldsymbol{\mu}=\begin{pmatrix}1\\-2\\2\end{pmatrix},\quad \boldsymbol{\Sigma}=\begin{pmatrix}8&-3&1\\-3&4&0\\1&0&2\end{pmatrix}$$

试求已知 x_1+2x_2 时，$\begin{pmatrix}x_2+x_3\\x_2-x_1\end{pmatrix}$ 的条件分布。

解 令 $y_1=x_1+2x_2$，$\boldsymbol{Y}_2=\begin{pmatrix}x_2+x_3\\x_2-x_1\end{pmatrix}$，于是

$$\boldsymbol{Y}=\begin{pmatrix}y_1\\\boldsymbol{Y}_2\end{pmatrix}=\begin{pmatrix}x_1+2x_2\\x_2+x_3\\x_2-x_1\end{pmatrix}=\begin{pmatrix}1&2&0\\0&1&1\\-1&1&0\end{pmatrix}\begin{pmatrix}x_1\\x_2\\x_3\end{pmatrix}\sim N_3(\boldsymbol{\mu}',\boldsymbol{\Sigma}')$$

其中

$$\boldsymbol{\mu}'=E(\boldsymbol{Y})=\begin{pmatrix}1&2&0\\0&1&1\\-1&1&0\end{pmatrix}\begin{pmatrix}1\\-2\\2\end{pmatrix}=\begin{pmatrix}-3\\0\\-3\end{pmatrix}$$

$$\boldsymbol{\Sigma}'=\mathrm{Var}(\boldsymbol{Y})=\begin{pmatrix}1&2&0\\0&1&1\\-1&1&0\end{pmatrix}\begin{pmatrix}8&-3&1\\-3&4&0\\1&0&2\end{pmatrix}\begin{pmatrix}1&0&-1\\2&1&1\\0&1&0\end{pmatrix}=\begin{pmatrix}12&6&3\\6&6&6\\3&6&18\end{pmatrix}$$

由推论 2.4，$\boldsymbol{Y}_2 \mid \boldsymbol{y}_1=x_1+2x_2\sim N_2(\boldsymbol{\mu}'_{2.1},\ \boldsymbol{\Sigma}'_{22.1})$，其中

$$\boldsymbol{\mu}'_{2.1}=\begin{pmatrix}0\\-3\end{pmatrix}+\begin{pmatrix}6\\3\end{pmatrix}\frac{1}{12}(x_1+2x_2+3)=\begin{pmatrix}(x_1+2x_2+3)/2\\-3+(x_1+2x_2+3)/4\end{pmatrix}$$

$$\boldsymbol{\Sigma}'_{22.1}=\begin{pmatrix}6&6\\6&18\end{pmatrix}-\begin{pmatrix}6\\3\end{pmatrix}\frac{1}{12}(6\quad 3)=\begin{pmatrix}3&4.5\\4.5&17.25\end{pmatrix}$$

因此，已知 x_1+2x_2 时，$\begin{pmatrix}x_2+x_3\\x_2-x_1\end{pmatrix}$ 的条件分布为 $N_2\left(\begin{pmatrix}(x_1+2x_2+3)/2\\(x_1+2x_2-9)/4\end{pmatrix},\begin{pmatrix}3&4.5\\4.5&17.25\end{pmatrix}\right)$。

2.2.3 矩阵正态分布

设样本数据矩阵为

$$M=\begin{pmatrix} x_{11} & x_{12} & \cdots & x_{1p} \\ x_{21} & x_{22} & \cdots & x_{2p} \\ \vdots & \vdots & & \vdots \\ x_{n1} & x_{n2} & \cdots & x_{np} \end{pmatrix}=\begin{pmatrix} X'_{(1)} \\ X'_{(2)} \\ \vdots \\ X'_{(n)} \end{pmatrix}$$

其中 $X_{(i)}(i=1,\cdots,n)$是来自正态分布 $X\sim N_p(\mu,\Sigma)$的一个样本(或称样品)。样本数据矩阵 M 是一个随机矩阵，讨论 M 的分布时，可把 M'的列向量(即样品)一个个地连接起来构成一个 np 维的长向量，然后讨论这个向量的分布。

1. 拉直运算和克罗内克积

所谓拉直运算就是将矩阵按列拉成一个长向量。设矩阵 $Q=(q_1,\cdots,q_k)$是一个 $m\times k$ 矩阵，将 Q 的列向量 $q_1,\cdots,q_k$ 一个接一个地拉成一个 mk 维向量，记为

$$\mathrm{vec}(Q)=\begin{pmatrix} q_1 \\ \vdots \\ q_k \end{pmatrix}$$

称其为矩阵 Q 的**拉直运算**。

如果欲将上面的样本数据矩阵 M 的转置矩阵 M'的列向量拉成一个 np 维的长向量，就可用拉直运算符号将其表示为

$$\mathrm{vec}(M')=\begin{pmatrix} X_{(1)} \\ \vdots \\ X_{(n)} \end{pmatrix}$$

设 $A=(a_{ij})$和 B 分别为 $n\times p$ 和 $m\times q$ 矩阵，矩阵 A 和 B 的克罗内克(Kronecker)积 $A\otimes B$ 定义为

$$A\otimes B=(a_{ij}B)=\begin{pmatrix} a_{11}B & \cdots & a_{1p}B \\ \vdots & & \vdots \\ a_{n1}B & \cdots & a_{np}B \end{pmatrix}$$

它是一个 $nm\times pq$ 矩阵。在多元统计分析中，矩阵之间的克罗内克积也称为矩阵的直积，这是一个有用的工具。

克罗内克积有下列一些基本性质。

(1) $(A\otimes B)'=A'\otimes B'$。

(2) $(A\otimes B)(C\otimes D)=AC\otimes BD$。

(3) $(A\otimes B)^{-1}=A^{-1}\otimes B^{-1}$。

(4) $\mathrm{vec}(AXB)=(B'\otimes A)\mathrm{vec}(X)$。

(5) $\mathrm{tr}(ABC)=(\mathrm{vec}(A'))'(I\otimes B)\mathrm{vec}(C)$。

(6) $\mathrm{tr}(A\otimes B)=\mathrm{tr}(A)\mathrm{tr}(B)$。

(7) $\mathrm{rank}(A\otimes B)=\mathrm{rank}(A)\mathrm{rank}(B)$。

2. 矩阵正态分布概述

设 $X_{(i)}=(x_{i1},\cdots,x_{ip})'(i=1,\cdots,n)$为来自正态总体 $X\sim N_p(\mu,\Sigma)$的一个随机样本，记样本数据矩阵为 $M=(x_{ij})_{n\times p}$。利用拉直运算和矩阵的克罗内克积的定义和性质，可知

$$\text{vec}(\boldsymbol{M}') \sim N_{np}(\boldsymbol{1}_n \otimes \boldsymbol{\mu}, \boldsymbol{I}_n \otimes \boldsymbol{\Sigma})$$

其中，$\boldsymbol{1}_n$ 为元素全为 1 的 n 维列向量，$\boldsymbol{I}_n$ 为 n 阶单位矩阵。

事实上，np 维向量 $\text{vec}(\boldsymbol{M}')$ 的联合密度函数为

$$\begin{aligned} f(\boldsymbol{x}_{(1)}, \cdots, \boldsymbol{x}_{(n)}) &= \prod_{i=1}^{n} \frac{1}{(2\pi)^{p/2} |\boldsymbol{\Sigma}|^{1/2}} \exp\left\{-\frac{1}{2}(\boldsymbol{x}_{(i)} - \boldsymbol{\mu})' \boldsymbol{\Sigma}^{-1} (\boldsymbol{x}_{(i)} - \boldsymbol{\mu})\right\} \\ &= \frac{1}{(2\pi)^{np/2} |\boldsymbol{\Sigma}|^{n/2}} \exp\left\{-\frac{1}{2}\sum_{i=1}^{n} (\boldsymbol{x}_{(i)} - \boldsymbol{\mu})' \boldsymbol{\Sigma}^{-1} (\boldsymbol{x}_{(i)} - \boldsymbol{\mu})\right\} \\ &= \frac{1}{(2\pi)^{np/2} |\boldsymbol{\Sigma}|^{n/2}} \exp\left\{-\frac{1}{2}\begin{pmatrix} \boldsymbol{x}_{(1)} - \boldsymbol{\mu} \\ \vdots \\ \boldsymbol{x}_{(n)} - \boldsymbol{\mu} \end{pmatrix}' \begin{pmatrix} \boldsymbol{\Sigma} & \cdots & \boldsymbol{O} \\ \vdots & & \vdots \\ \boldsymbol{O} & \cdots & \boldsymbol{\Sigma} \end{pmatrix}^{-1} \begin{pmatrix} \boldsymbol{x}_{(1)} - \boldsymbol{\mu} \\ \vdots \\ \boldsymbol{x}_{(n)} - \boldsymbol{\mu} \end{pmatrix}\right\} \end{aligned}$$

由此密度函数并根据克罗内克积的定义和性质可知，np 维向量 $\text{vec}(\boldsymbol{M}')$ 服从正态分布，且其均值向量和协方差矩阵分别为

$$E(\text{vec}(\boldsymbol{M}')) = \begin{pmatrix} \boldsymbol{\mu} \\ \vdots \\ \boldsymbol{\mu} \end{pmatrix} = \boldsymbol{1}_n \otimes \boldsymbol{\mu}, \text{Var}(\text{vec}(\boldsymbol{M}')) = \begin{pmatrix} \boldsymbol{\Sigma} & \cdots & \boldsymbol{O} \\ \vdots & & \vdots \\ \boldsymbol{O} & \cdots & \boldsymbol{\Sigma} \end{pmatrix} = \boldsymbol{I}_n \otimes \boldsymbol{\Sigma}$$

因此有 $\text{vec}(\boldsymbol{M}') \sim N_{np}(\boldsymbol{1}_n \otimes \boldsymbol{\mu}, \boldsymbol{I}_n \otimes \boldsymbol{\Sigma})$。我们称矩阵 $\boldsymbol{M}$ 服从矩阵正态分布，记为

$$\boldsymbol{M} \sim N_{n\times p}(\boldsymbol{\Theta}, \boldsymbol{I}_n \otimes \boldsymbol{\Sigma})$$

其中

$$\boldsymbol{\Theta} = \begin{pmatrix} \boldsymbol{\mu}' \\ \vdots \\ \boldsymbol{\mu}' \end{pmatrix} = \boldsymbol{1}_n \otimes \boldsymbol{\mu}', \quad \text{vec}(\boldsymbol{\Theta}') = \begin{pmatrix} \boldsymbol{\mu} \\ \vdots \\ \boldsymbol{\mu} \end{pmatrix} = \boldsymbol{1}_n \otimes \boldsymbol{\mu}$$

矩阵正态分布有下列性质：

设 $\boldsymbol{M} \sim N_{n\times p}(\boldsymbol{\Theta}, \boldsymbol{I}_n \otimes \boldsymbol{\Sigma})$，$\boldsymbol{A}$、$\boldsymbol{B}$、$\boldsymbol{C}$ 分别为 $k\times n$、$q\times p$、$k\times q$ 常数矩阵，则

$$\boldsymbol{Z} = \boldsymbol{AMB}' + \boldsymbol{C} \sim N_{k\times q}(\boldsymbol{A\Theta B}' + \boldsymbol{C}, (\boldsymbol{AA}') \otimes (\boldsymbol{B\Sigma B}'))$$

即

$$\text{vec}(\boldsymbol{Z}') \sim N_{kq}(\boldsymbol{A1}_n \otimes \boldsymbol{B\mu} + \text{vec}(\boldsymbol{C}'), (\boldsymbol{AA}') \otimes (\boldsymbol{B\Sigma B}'))$$

2.3 多元抽样分布

2.3.1 样本均值向量和样本协方差矩阵

设 $\boldsymbol{X}_{(i)} = (x_{i1}, \cdots, x_{ip})'(i = 1, \cdots, n)$ 为来自总体 $\boldsymbol{X} = (x_1, \cdots, x_p)' \sim N_p(\boldsymbol{\mu}, \boldsymbol{\Sigma})$ 的一个随机样本，且 $\boldsymbol{\Sigma} > 0$。记样本数据矩阵为

$$\boldsymbol{M} = \begin{pmatrix} x_{11} & \cdots & x_{1p} \\ \vdots & & \vdots \\ x_{n1} & \cdots & x_{np} \end{pmatrix} = \begin{pmatrix} \boldsymbol{X}'_{(1)} \\ \vdots \\ \boldsymbol{X}'_{(n)} \end{pmatrix}$$

下面我们引入样本均值向量、样本离差矩阵、样本协方差矩阵和样本相关矩阵。

（1）样本均值向量为

$$\overline{\boldsymbol{X}} = \frac{1}{n}\sum_{i=1}^{n}\boldsymbol{X}_{(i)} = \begin{pmatrix} \bar{x}_1 \\ \vdots \\ \bar{x}_p \end{pmatrix} = \frac{1}{n}\boldsymbol{M}'\boldsymbol{1}_n$$

其中

$$\bar{x}_j = \frac{1}{n}\sum_{i=1}^{n} x_{ij} \quad (j = 1,\cdots,p)$$

为 x_j 的样本均值。

（2）样本离差矩阵为

$$\boldsymbol{A} = \sum_{i=1}^{n}(\boldsymbol{X}_{(i)} - \overline{\boldsymbol{X}})(\boldsymbol{X}_{(i)} - \overline{\boldsymbol{X}})' = \boldsymbol{M}'\boldsymbol{M} - n\overline{\boldsymbol{X}}\cdot\overline{\boldsymbol{X}}'$$

$$= \boldsymbol{M}'\left[\boldsymbol{I}_n - \frac{1}{n}\boldsymbol{1}_n\boldsymbol{1}_n'\right]\boldsymbol{M} = (a_{ij})_{p\times p}$$

其中

$$a_{ij} = \sum_{t=1}^{n}(x_{ti} - \bar{x}_i)(x_{tj} - \bar{x}_j) \quad (i,j = 1,\cdots,p)$$

（3）样本协方差矩阵为

$$\boldsymbol{S} = \frac{1}{n-1}\boldsymbol{A} = (s_{ij})_{p\times p}$$

其中

$$s_{ij} = \frac{1}{n-1}\sum_{t=1}^{n}(x_{ti} - \bar{x}_i)(x_{tj} - \bar{x}_j) \quad (i,j=1,\cdots,p)$$

称 s_{jj} 为变量 x_j 的样本方差，称其算术平方根 $\sqrt{s_{jj}}$ 为变量 x_j 的样本标准差。

（4）样本相关矩阵为

$$\boldsymbol{R} = (r_{ij})_{p\times p}$$

其中

$$r_{ij} = \frac{s_{ij}}{\sqrt{s_{ii}s_{jj}}} = \frac{a_{ij}}{\sqrt{a_{ii}a_{jj}}} \quad (i,j=1,\cdots,p)$$

2.3.2　样本均值向量和离差矩阵的分布

定理 2.4　设 $\overline{\boldsymbol{X}}$ 和 $\boldsymbol{A}$ 分别为来自总体 $N_p(\boldsymbol{\mu},\boldsymbol{\Sigma})$ 的样本均值向量和样本离差矩阵，则

（1）$\overline{\boldsymbol{X}} \sim N_p\left(\boldsymbol{\mu},\frac{1}{n}\boldsymbol{\Sigma}\right)$。

（2）$\boldsymbol{A}$ 可表示为 $\boldsymbol{A} = \sum_{i=1}^{n-1}\boldsymbol{Z}_i\boldsymbol{Z}_i'$，其中 $Z_1,\cdots,Z_{n-1}$ 独立同服从分布 $N_p(0,\boldsymbol{\Sigma})$。

（3）$\overline{\boldsymbol{X}}$ 和 $\boldsymbol{A}$ 相互独立。

证明　设 $\boldsymbol{\Gamma}$ 是 n 阶正交矩阵，它具有如下形式

$$\boldsymbol{\Gamma}=\begin{pmatrix}\gamma_{11} & \cdots & \gamma_{1n}\\ \vdots & & \vdots\\ \gamma_{n-1,1} & \cdots & \gamma_{n-1,n}\\ 1/\sqrt{n} & \cdots & 1/\sqrt{n}\end{pmatrix}=(\gamma_{ij})_{n\times n}$$

令

$$\boldsymbol{Z}=\begin{pmatrix}\boldsymbol{Z}_1'\\ \vdots\\ \boldsymbol{Z}_n'\end{pmatrix}=\boldsymbol{\Gamma}\begin{pmatrix}\boldsymbol{X}_{(1)}'\\ \vdots\\ \boldsymbol{X}_{(n)}'\end{pmatrix}=\boldsymbol{\Gamma M}$$

即

$$\boldsymbol{Z}_i=(\boldsymbol{X}_{(1)},\cdots,\boldsymbol{X}_{(n)})\begin{pmatrix}\gamma_{i1}\\ \vdots\\ \gamma_{in}\end{pmatrix}=\sum_{j=1}^{n}\gamma_{ij}\boldsymbol{X}_{(j)}\quad(i=1,\cdots,n)$$

为 p 维随机向量。因为 $\boldsymbol{Z}_i$ 是 p 维正态随机向量的线性组合，故 $\boldsymbol{Z}_i$ 也服从 p 维正态分布，且

$$E(\boldsymbol{Z}_i)=\sum_{j=1}^{n}\gamma_{ij}E(\boldsymbol{X}_{(j)})=\sum_{j=1}^{n}\gamma_{ij}\boldsymbol{\mu}=\begin{cases}\sqrt{n}\boldsymbol{\mu} & (i=n)\\ 0 & (i\neq n)\end{cases}$$

$$\begin{aligned}\operatorname{Cov}(\boldsymbol{Z}_i,\boldsymbol{Z}_j)&=E[(\boldsymbol{Z}_i-E(\boldsymbol{Z}_i))(\boldsymbol{Z}_j-E(\boldsymbol{Z}_j))']\\ &=\sum_{k=1}^{n}\gamma_{ik}\gamma_{jk}\boldsymbol{\Sigma}=\begin{cases}\boldsymbol{\Sigma} & (i=j)\\ 0 & (i\neq j)\end{cases}\end{aligned}$$

(1)因为

$$\boldsymbol{Z}_n=\frac{1}{\sqrt{n}}\sum_{i=1}^{n}\boldsymbol{X}_{(i)}=\sqrt{n}\,\overline{\boldsymbol{X}}\sim N_p(\sqrt{n}\boldsymbol{\mu},\boldsymbol{\Sigma})$$

故有

$$\overline{\boldsymbol{X}}=\frac{1}{\sqrt{n}}\boldsymbol{Z}_n\sim N\left(\boldsymbol{\mu},\frac{1}{n}\boldsymbol{\Sigma}\right)$$

(2)因为

$$\sum_{i=1}^{n}\boldsymbol{Z}_i\boldsymbol{Z}_i'=\boldsymbol{Z}'\boldsymbol{Z}=\boldsymbol{M}'\boldsymbol{\Gamma}'\boldsymbol{\Gamma M}=\boldsymbol{M}'\boldsymbol{M}=\sum_{i=1}^{n}\boldsymbol{X}_{(i)}\boldsymbol{X}_{(i)}'$$

所以有

$$\begin{aligned}\sum_{i=1}^{n-1}\boldsymbol{Z}_i\boldsymbol{Z}_i'&=\sum_{i=1}^{n}\boldsymbol{X}_{(i)}\boldsymbol{X}_{(i)}'-\boldsymbol{Z}_n\boldsymbol{Z}_n'=\sum_{i=1}^{n}\boldsymbol{X}_{(i)}\boldsymbol{X}_{(i)}'-n\overline{\boldsymbol{X}}\cdot\overline{\boldsymbol{X}}'\\ &=\sum_{i=1}^{n}(\boldsymbol{X}_{(i)}-\overline{\boldsymbol{X}})(\boldsymbol{X}_{(i)}'-\overline{\boldsymbol{X}})'=\boldsymbol{A}\end{aligned}$$

(3)因为 $\boldsymbol{A}=\sum_{i=1}^{n-1}\boldsymbol{Z}_i\boldsymbol{Z}_i'$ 是 $\boldsymbol{Z}_1,\cdots,\boldsymbol{Z}_{n-1}$ 的函数，$\overline{\boldsymbol{X}}$ 是 $\boldsymbol{Z}_n$ 的函数，而 $\boldsymbol{Z}_1,\cdots,\boldsymbol{Z}_{n-1},\boldsymbol{Z}_n$ 相互独立，故 $\boldsymbol{A}$ 与 $\overline{\boldsymbol{X}}$ 独立。

下面求样本离差矩阵 $\boldsymbol{A}$ 的分布。为此首先给出维希特分布的定义。

定义 2.2　设 $\boldsymbol{X}_{(1)},\cdots,\boldsymbol{X}_{(n)}$ 相互独立，同服从正态分布 $N_p(0,\boldsymbol{\Sigma})$，且 $\boldsymbol{\Sigma}>0$。记 $\boldsymbol{M}=(\boldsymbol{X}_{(1)},\cdots,\boldsymbol{X}_{(n)})'$ 为 $n\times p$ 随机数据矩阵，则称 $p\times p$ 随机矩阵

$$\boldsymbol{W}=\sum_{i=1}^{n}\boldsymbol{X}_{(i)}\boldsymbol{X}'_{(i)}=\boldsymbol{M}'\boldsymbol{M}$$

的分布为维希特分布，记为 $\boldsymbol{W}\sim W_p(n,\boldsymbol{\Sigma})$，其中 n 为维希特分布的自由度。

显然，$p=1$ 时，设 $x_1,\cdots,x_n$ 相互独立，同服从正态分布 $N(0,\sigma^2)$，此时

$$\boldsymbol{W}=\sum_{i=1}^{n}x_i^2\sim\sigma^2\chi^2(n)$$

即 $W_1(n,\sigma^2)$ 就是 $\sigma^2\chi^2(n)$，而当 $p=1$，$\sigma^2=1$ 时，$W_1(n,1)$ 就是 $\chi^2(n)$。因此维希特分布是一元统计中 χ^2 分布的多元推广。

下面给出维希特分布的一些性质，其中性质 1 给出样本离差矩阵 $\boldsymbol{A}$ 的分布。这里只给出部分性质的证明，其余证明可见参考文献[8]。

性质 1　设 $\boldsymbol{X}_{(1)},\cdots,\boldsymbol{X}_{(n)}$ 相互独立，同服从正态分布 $N_p(\boldsymbol{\mu},\boldsymbol{\Sigma})$，则样本离差矩阵 $\boldsymbol{A}$ 服从维希特分布，即

$$\boldsymbol{A}=\sum_{i=1}^{n}(\boldsymbol{X}_{(i)}-\overline{\boldsymbol{X}})(\boldsymbol{X}_{(i)}-\overline{\boldsymbol{X}})'\sim W_p(n-1,\boldsymbol{\Sigma})$$

证明　由定理 2.4 可知，$\boldsymbol{A}$ 可表示为

$$\boldsymbol{A}=\sum_{i=1}^{n-1}\boldsymbol{Z}_i\boldsymbol{Z}'_i$$

其中 $\boldsymbol{Z}_1,\cdots,\boldsymbol{Z}_{n-1}$ 相互独立，同服从分布 $N_p(0,\boldsymbol{\Sigma})$，于是，根据定义 2.2 可知 $\boldsymbol{A}\sim W_p(n-1,\boldsymbol{\Sigma})$。

下列性质说明维希特分布具有类似于 χ^2 分布的可加性质。

性质 2　设 $\boldsymbol{W}_i\sim W_p(n_i,\boldsymbol{\Sigma})(i=1,\cdots,k)$ 相互独立，则

$$\sum_{i=1}^{k}\boldsymbol{W}_i\sim W_p(n,\boldsymbol{\Sigma})$$

其中 $n=n_1+\cdots+n_k$。

证明见参考文献[8]中定理 3.3.2。

性质 3　设 $\boldsymbol{W}\sim W_p(n,\boldsymbol{\Sigma})$，$\boldsymbol{B}$ 是 $m\times p$ 常数矩阵，则

$$\boldsymbol{BWB}'\sim W_m(n,\boldsymbol{B\Sigma B}')$$

证明　因 $\boldsymbol{W}$ 可表示为

$$\boldsymbol{W}=\sum_{i=1}^{n}\boldsymbol{Z}_i\boldsymbol{Z}'_i$$

其中 $\boldsymbol{Z}_1,\cdots,\boldsymbol{Z}_n$ 相互独立，同服从分布 $N_p(0,\boldsymbol{\Sigma})$。令 $\boldsymbol{Y}_i=\boldsymbol{BZ}_i(i=1,\cdots,n)$，则 $\boldsymbol{Y}_1,\cdots,\boldsymbol{Y}_n$ 相互独立且同服从分布 $N_m(0,\boldsymbol{B\Sigma B}')$。因此

$$\boldsymbol{BWB}'=\boldsymbol{B}\sum_{i=1}^{n}\boldsymbol{Z}_i\boldsymbol{Z}'_i\boldsymbol{B}'=\sum_{i=1}^{n}\boldsymbol{Y}_i\boldsymbol{Y}'_i\sim W_m(n,\boldsymbol{B\Sigma B}')$$

性质 4　设 $\boldsymbol{W}\sim W_p(n,\boldsymbol{\Sigma})$，则其均值为 $E(\boldsymbol{W})=n\boldsymbol{\Sigma}$。

证明　由定义 2.2，得

$$W=\sum_{i=1}^{n}X_{(i)}X'_{(i)}$$

其中 $X_{(1)},\cdots,X_{(n)}$ 相互独立，同服从正态分布 $N_p(0,\Sigma)$，因此有

$$E(W)=\sum_{i=1}^{n}E(X_{(i)}X'_{(i)})=\sum_{i=1}^{n}\mathrm{Var}(X_{(i)})=\sum_{i=1}^{n}\Sigma=n\Sigma$$

性质 5 设 $W\sim W_p(n,\Sigma)$，将 W 和 Σ 同样分块为

$$W=\begin{pmatrix}W_{11} & W_{12}\\ W_{21} & W_{22}\end{pmatrix}\begin{matrix}r\\ p-r\end{matrix},\quad \Sigma=\begin{pmatrix}\Sigma_{11} & \Sigma_{12}\\ \Sigma_{21} & \Sigma_{22}\end{pmatrix}\begin{matrix}r\\ p-r\end{matrix}$$

则

(1) $W_{11}\sim W_r(n,\Sigma_{11})$，$W_{22}\sim W_{p-r}(n,\Sigma_{22})$；

(2) 当 $\Sigma_{12}=0$ 时，W_{11} 与 W_{22} 相互独立；

(3) 记 $W_{22.1}=W_{22}-W_{21}W_{11}^{-1}W_{12}$，则

$$W_{22.1}\sim W_{p-r}(n-r,\Sigma_{22.1})$$

其中 $\Sigma_{22.1}=\Sigma_{22}-\Sigma_{21}\Sigma_{11}^{-1}\Sigma_{12}$，且 $W_{22.1}$ 与 W_{11} 相互独立。

证明见参考文献[8]中定理 3.3.5 和定理 3.3.6。

2.4 极大似然估计

2.4.1 多元正态总体参数的极大似然估计

设 $X_{(i)}=(x_{i1},\cdots,x_{ip})'(i=1,\cdots,n)$ 为来自正态分布 $N_p(\mu,\Sigma)$ 的一个随机样本，且 $\Sigma>0$。本小节我们讨论参数 μ 和 Σ 的极大似然估计。

把样本 $X_{(i)}(i=1,\cdots,n)$ 的联合密度函数 $\prod_{i=1}^{n}f(x_{(i)},\mu,\Sigma)$ 视为 μ 和 Σ 的函数，并称其为似然函数，记为 $L(\mu,\Sigma)$，即

$$\begin{aligned}L(\mu,\Sigma)&=\prod_{i=1}^{n}\frac{1}{(2\pi)^{p/2}|\Sigma|^{1/2}}\exp\left\{-\frac{1}{2}(x_i-\mu)'\Sigma^{-1}(x_i-\mu)\right\}\\&=\frac{1}{(2\pi)^{np/2}|\Sigma|^{n/2}}\exp\left\{-\frac{1}{2}\sum_{i=1}^{n}(x_i-\mu)'\Sigma^{-1}(x_i-\mu)\right\}\\&=\frac{1}{(2\pi)^{np/2}|\Sigma|^{n/2}}\exp\left\{-\frac{1}{2}\sum_{i=1}^{n}\mathrm{tr}[(x_{(i)}-\mu)'\Sigma^{-1}(x_{(i)}-\mu)]\right\}\\&=\frac{1}{(2\pi)^{np/2}|\Sigma|^{n/2}}\exp\left\{-\frac{1}{2}\sum_{i=1}^{n}\mathrm{tr}[\Sigma^{-1}(x_{(i)}-\mu)(x_{(i)}-\mu)']\right\}\\&=\frac{1}{(2\pi)^{np/2}|\Sigma|^{n/2}}\exp\left\{\mathrm{tr}\left(-\frac{1}{2}\Sigma^{-1}\sum_{i=1}^{n}(x_{(i)}-\mu)(x_{(i)}-\mu)'\right)\right\}\\&=\frac{1}{(2\pi)^{np/2}|\Sigma|^{n/2}}\mathrm{etr}\left(-\frac{1}{2}\Sigma^{-1}\sum_{i=1}^{n}(x_{(i)}-\mu)(x_{(i)}-\mu)'\right)\end{aligned}$$

其中 $\text{etr}(\cdot)=\exp\{\text{tr}(\cdot)\}$。由于

$$\begin{aligned}
&\sum_{i=1}^{n}(\boldsymbol{x}_{(i)}-\boldsymbol{\mu})(\boldsymbol{x}_{(i)}-\boldsymbol{\mu})' \\
&=\sum_{i=1}^{n}(\boldsymbol{x}_{(i)}-\overline{\boldsymbol{X}}+\overline{\boldsymbol{X}}-\boldsymbol{\mu})(\boldsymbol{x}_{(i)}-\overline{\boldsymbol{X}}+\overline{\boldsymbol{X}}-\boldsymbol{\mu})' \\
&=\sum_{i=1}^{n}(\boldsymbol{x}_{(i)}-\overline{\boldsymbol{X}})(\boldsymbol{x}_{(i)}-\overline{\boldsymbol{X}})'+n(\overline{\boldsymbol{X}}-\boldsymbol{\mu})(\overline{\boldsymbol{X}}-\boldsymbol{\mu})' \\
&=\boldsymbol{A}+n(\overline{\boldsymbol{X}}-\boldsymbol{\mu})(\overline{\boldsymbol{X}}-\boldsymbol{\mu})'
\end{aligned}$$

我们有

$$L(\boldsymbol{\mu},\boldsymbol{\Sigma})=\frac{1}{(2\pi)^{np/2}|\boldsymbol{\Sigma}|^{n/2}}\text{etr}\left(-\frac{1}{2}\boldsymbol{\Sigma}^{-1}[\boldsymbol{A}+n(\overline{\boldsymbol{X}}-\boldsymbol{\mu})(\overline{\boldsymbol{X}}-\boldsymbol{\mu})']\right)$$

$$\begin{aligned}
\ln L(\boldsymbol{\mu},\boldsymbol{\Sigma})&=-\frac{np}{2}\ln(2\pi)+\frac{n}{2}\ln|\boldsymbol{\Sigma}^{-1}|-\frac{1}{2}\text{tr}(\boldsymbol{\Sigma}^{-1}\boldsymbol{A})-\frac{n}{2}\text{tr}[\boldsymbol{\Sigma}^{-1}(\overline{\boldsymbol{X}}-\boldsymbol{\mu})(\overline{\boldsymbol{X}}-\boldsymbol{\mu})'] \\
&=-\frac{np}{2}\ln(2\pi)+\frac{n}{2}\ln|\boldsymbol{\Sigma}^{-1}|-\frac{1}{2}\text{tr}(\boldsymbol{\Sigma}^{-1}\boldsymbol{A})-\frac{n}{2}(\overline{\boldsymbol{X}}-\boldsymbol{\mu})'\boldsymbol{\Sigma}^{-1}(\overline{\boldsymbol{X}}-\boldsymbol{\mu})
\end{aligned}$$

由矩阵微分公式，我们得

$$\frac{\partial L(\boldsymbol{\mu},\boldsymbol{\Sigma})}{\partial\boldsymbol{\mu}}=n\boldsymbol{\Sigma}^{-1}(\overline{\boldsymbol{X}}-\boldsymbol{\mu})$$

$$\frac{\partial L(\overline{\boldsymbol{X}},\boldsymbol{\Sigma})}{\partial\boldsymbol{\Sigma}^{-1}}=n\boldsymbol{\Sigma}-\frac{n}{2}\text{diag}(\boldsymbol{\Sigma})-\boldsymbol{A}+\frac{1}{2}\text{diag}(\boldsymbol{A})$$

令

$$\frac{\partial L(\boldsymbol{\mu},\boldsymbol{\Sigma})}{\partial\boldsymbol{\mu}}=0,\quad\frac{\partial L(\overline{\boldsymbol{X}},\boldsymbol{\Sigma})}{\partial\boldsymbol{\Sigma}^{-1}}=0$$

得到 $\boldsymbol{\mu}$ 和 $\boldsymbol{\Sigma}$ 的极大似然估计为

$$\hat{\mu}=\overline{\boldsymbol{X}},\quad\hat{\boldsymbol{\Sigma}}=\frac{1}{n}\boldsymbol{A}$$

其中

$$\overline{\boldsymbol{X}}=\frac{1}{n}\sum_{i=1}^{n}\boldsymbol{X}_{(i)},\quad\boldsymbol{A}=\sum_{i=1}^{n}(\boldsymbol{X}_{(i)}-\overline{\boldsymbol{X}})(\boldsymbol{X}_{(i)}-\overline{\boldsymbol{X}})'$$

2.4.2　极大似然估计的性质

因为

$$E(\overline{\boldsymbol{X}})=\frac{1}{n}\sum_{i=1}^{n}E(\boldsymbol{X}_{(i)})=\frac{1}{n}\sum_{i=1}^{n}\boldsymbol{\mu}=\boldsymbol{\mu}$$

故 $\overline{\boldsymbol{X}}$ 是 $\boldsymbol{\mu}$ 的无偏估计。又由定理 2.4 可得

$$E(\boldsymbol{A})=E\left(\sum_{i=1}^{n-1}\boldsymbol{Z}_i\boldsymbol{Z}'_i\right)=\sum_{i=1}^{n-1}E(\boldsymbol{Z}_i\boldsymbol{Z}'_i)=\sum_{i=1}^{n-1}\text{Var}(\boldsymbol{Z}_i)=(n-1)\boldsymbol{\Sigma}$$

因此 $\boldsymbol{\Sigma}$ 的极大似然估计不是 $\boldsymbol{\Sigma}$ 的无偏估计，而

$$S=\frac{1}{n-1}A=\frac{n}{n-1}\hat{\Sigma}$$

才是 Σ 的无偏估计。常称 $\bar{X}$ 为样本均值，S 为样本协方差矩阵。

可以证明，极大似然估计还具有下列一些优良性质。

(1) $\bar{X}$、S 是 μ、Σ 的最小方差无偏估计，即它们是有效估计量。

(2) 当 $n\to\infty$ 时，$\bar{X}$、$\hat{\Sigma}$ 是 μ、Σ 的强相合估计。

(3) $\bar{X}$、$\hat{\Sigma}$ 是 μ、Σ 的充分统计量，$\bar{X}$ 是 μ 的极小极大估计量(最大风险达到最小)，且它具有渐近正态性。

(4) 若 $g(\mu,\Sigma)$ 是 μ、Σ 的连续函数，则 $g(\bar{X},\hat{\Sigma})$ 是 $g(\mu,\Sigma)$ 的极大似然估计。

例 2.5 设 $X=(x_1,\cdots,x_p)'\sim N_p(\mu,\Sigma)$，其中 $\Sigma=(\sigma_{ij})_{p\times p}$，则 x_i,x_j 的相关系数为

$$\rho_{ij}=\frac{\operatorname{Cov}(x_i,x_j)}{\sqrt{\operatorname{Var}(x_i)\operatorname{Var}(x_j)}}=\frac{\sigma_{ij}}{\sqrt{\sigma_{ii}\sigma_{jj}}}$$

试求 ρ_{ij} 的极大似然估计。

解 设 $X_{(i)}(i=1,\cdots,n)$ 是来自总体 $X=(x_1,\cdots,x_p)'\sim N_p(\mu,\Sigma)$ 的样本，$\bar{X}$ 和 A 分别是样本均值和样本离差矩阵。由于 Σ 的极大似然估计为

$$\hat{\Sigma}=(\hat{\sigma}_{ij})_{p\times p}=\frac{1}{n}A=\frac{1}{n}(a_{ij})_{p\times p}$$

而 ρ_{ij} 是 Σ 的连续函数，故 ρ_{ij} 的极大似然估计为

$$r_{ij}=\frac{\hat{\sigma}_{ij}}{\sqrt{\hat{\sigma}_{ii}\hat{\sigma}_{jj}}}=\frac{a_{ij}}{\sqrt{a_{ii}a_{jj}}}$$

一些常用矩阵微分公式

1. 若 x 是向量，A、B 是矩阵，则有

$$\frac{\partial}{\partial x}(Ax)=A',\quad \frac{\partial}{\partial x}(x'Bx)=(B+B')x$$

2. 若 $|X|>0$，则有

$$\frac{\partial}{\partial X}|X|=\begin{cases}|X|(X^{-1})', & \text{若 } X \text{ 的元素互不相依,}\\ |X|[2X^{-1}-\operatorname{diag}(X^{-1})], & \text{若 } X=X'\end{cases}$$

3. 若 $|X|>0$，则有

$$\frac{\partial}{\partial X}\ln|X|=\begin{cases}(X^{-1})', & \text{若 } X \text{ 的元素互不相依,}\\ 2X^{-1}-\operatorname{diag}(X^{-1}), & \text{若 } X=X'\end{cases}$$

4. 若 A 为方阵，且 $|X'AX|>0$，则有

$$\frac{\partial}{\partial X}|X'AX|=(A+A')X(X'AX)^{-1}$$

5. 设 X、A 均为方阵，则有

$$\frac{\partial}{\partial X}\operatorname{tr}(XA)=\begin{cases}A', & \text{若 } X \text{ 的元素互不相依,}\\ A+A'-\operatorname{diag}(A), & \text{若 } X=X'\end{cases}$$

6. 设 $|\boldsymbol{X}|>0$，$\boldsymbol{A}$ 是方阵，则有

$$\frac{\partial}{\partial \boldsymbol{X}}\operatorname{tr}(\boldsymbol{X}^{-1}\boldsymbol{A})=-\boldsymbol{X}^{-1}\boldsymbol{A}\boldsymbol{X}^{-1}$$

习题 2

2.1　设 $\boldsymbol{X}\sim N_3(\boldsymbol{\mu},2\boldsymbol{I}_3)$，已知

$$\boldsymbol{\mu}=\begin{pmatrix}2\\0\\0\end{pmatrix},\ \boldsymbol{A}=\begin{pmatrix}0.5 & -1 & 0.5\\ -0.5 & 0 & -0.5\end{pmatrix},\ \boldsymbol{d}=\begin{pmatrix}1\\2\end{pmatrix}$$

试求 $\boldsymbol{Y}=\boldsymbol{A}\boldsymbol{X}+\boldsymbol{d}$ 的分布。

2.2　设 $\boldsymbol{X}\sim N_3(\boldsymbol{\mu},\boldsymbol{\Sigma})$，其中

$$\boldsymbol{\mu}=\begin{pmatrix}3\\1\\-2\end{pmatrix},\ \boldsymbol{\Sigma}=\begin{pmatrix}2 & 1 & 1\\ 1 & 2 & -1\\ 1 & -1 & 4\end{pmatrix}$$

试求

(1) $y_1=x_1-x_2+2x_3$ 和 $y_2=2x_1-x_2+x_3$ 的联合分布。

(2) $\boldsymbol{y}_1=(x_1,2x_3)'$ 和 $y_2=\frac{1}{2}(x_1-x_2+2x_3)$ 的联合分布。

2.3　设 $\boldsymbol{X}=(x_1,x_2)'\sim N_2(\boldsymbol{\mu},\boldsymbol{\Sigma})$ 其中

$$\boldsymbol{\mu}=\begin{pmatrix}\mu_1\\ \mu_2\end{pmatrix},\ \boldsymbol{\Sigma}=\sigma^2\begin{pmatrix}1 & \rho\\ \rho & 1\end{pmatrix}$$

(1) 试证明 x_1+x_2 和 x_1-x_2 相互独立。

(2) 试求 x_1+x_2 和 x_1-x_2 的分布。

2.4　设 $\boldsymbol{X}^{(1)}$ 和 $\boldsymbol{X}^{(2)}$ 均为 p 维随机向量，已知

$$\boldsymbol{X}=\begin{pmatrix}\boldsymbol{X}^{(1)}\\ \boldsymbol{X}^{(2)}\end{pmatrix}\sim N_{2p}\left(\begin{pmatrix}\boldsymbol{\mu}^{(1)}\\ \boldsymbol{\mu}^{(2)}\end{pmatrix},\begin{bmatrix}\boldsymbol{\Sigma}_1 & \boldsymbol{\Sigma}_2\\ \boldsymbol{\Sigma}_2 & \boldsymbol{\Sigma}_1\end{bmatrix}\right)$$

其中 $\boldsymbol{\mu}^{(i)}(i=1,2)$ 为 p 维向量，$\boldsymbol{\Sigma}_i(i=1,2)$ 为 p 阶矩阵。

(1) 试证明 $\boldsymbol{X}^{(1)}+\boldsymbol{X}^{(2)}$ 和 $\boldsymbol{X}^{(1)}-\boldsymbol{X}^{(2)}$ 相互独立。

(2) 试求 $\boldsymbol{X}^{(1)}+\boldsymbol{X}^{(2)}$ 和 $\boldsymbol{X}^{(1)}-\boldsymbol{X}^{(2)}$ 的分布。

2.5　设 $\boldsymbol{X}\sim N_3(\boldsymbol{\mu},\boldsymbol{\Sigma})$，其中

$$\boldsymbol{\mu}=\begin{pmatrix}\mu_1\\ \mu_2\\ \mu_3\end{pmatrix},\ \boldsymbol{\Sigma}=\begin{pmatrix}1 & \rho & \rho\\ \rho & 1 & \rho\\ \rho & \rho & 1\end{pmatrix}\quad (0<\rho<1)$$

(1) 试求条件分布 $(x_1,x_2)'\mid x_3=t_3$ 和 $x_1\mid(x_2,x_3)=(t_2,t_3)$。

(2) 给定 $x_3=t_3$ 时，试写出 x_1 与 x_2 的条件协方差。

2.6　设 $\boldsymbol{X}=(x_1,x_2)'\sim N_2(\boldsymbol{O},\boldsymbol{I}_2)$，试求 x_1+x_2 给定时 x_1 的条件分布。

2.7 设 $\boldsymbol{X}=(x_1,x_2,x_3)'\sim N_3(\boldsymbol{\mu},\boldsymbol{\Sigma})$，其中

$$\boldsymbol{\mu}=\begin{pmatrix}2\\-3\\1\end{pmatrix},\quad \boldsymbol{\Sigma}=\begin{pmatrix}1&1&1\\1&3&2\\1&2&2\end{pmatrix}$$

(1)试求 $3x_1-x_2+x_3$ 的分布。

(2)求二维向量 $\boldsymbol{a}=\begin{pmatrix}a_1\\a_2\end{pmatrix}$，使 x_3 与 $x_3-\boldsymbol{a}'\begin{pmatrix}x_1\\x_2\end{pmatrix}$独立。

(3)求条件分布$(x_1,x_2)\mid x_3=t_3$ 和 $x_3\mid(x_1,x_2)=(t_1,t_2)$。

2.8 设

$$\boldsymbol{A}=\begin{pmatrix}1/\sqrt{4}&1/\sqrt{4}&1/\sqrt{4}&1/\sqrt{4}\\1/\sqrt{2}&-1/\sqrt{2}&0&0\\1/\sqrt{6}&1/\sqrt{6}&-2/\sqrt{6}&0\\1/\sqrt{12}&1/\sqrt{12}&1/\sqrt{12}&-3/\sqrt{12}\end{pmatrix}$$

(1)试证明 $\boldsymbol{A}$ 是一个正交矩阵。

(2)已知 $\boldsymbol{X}=(x_1,\cdots,x_4)'\sim N_4(\mu\mathbf{1}_4,\sigma^2\boldsymbol{I}_4)$，$\boldsymbol{Y}=(y_1,\cdots,y_4)'=\boldsymbol{AX}$，试证明

① $y_2^2+y_3^2+y_4^2=\sum\limits_{i=1}^{4}(x_i-\bar{x})^2$，其中$\bar{x}=\dfrac{1}{4}\sum\limits_{i=1}^{4}x_i$。

② y_1、y_2、y_3、y_4 相互独立。

③ $y_1\sim N(2\mu,\sigma^2)$，$y_i\sim N(0,\sigma^2)\quad(i=2,3,4)$。

2.9 设 $\boldsymbol{X}\sim N_p(\boldsymbol{\mu},\boldsymbol{\Sigma})$，$\boldsymbol{A}$ 为对称矩阵，试证明

(1)$E(\boldsymbol{XX}')=\boldsymbol{\Sigma}+\boldsymbol{\mu\mu}'$。

(2)$E(\boldsymbol{X}'\boldsymbol{AX})=\mathrm{tr}(\boldsymbol{\Sigma A})+\boldsymbol{\mu}'\boldsymbol{A\mu}$。

(3)当 $\boldsymbol{\mu}=a\mathbf{1}_p$，$\boldsymbol{A}=\boldsymbol{I}_p-\dfrac{1}{p}\mathbf{1}_p\mathbf{1}_p'$时，试利用(1)和(2)的结果证明

$$E(\boldsymbol{X}'\boldsymbol{AX})=\sigma^2(p-1)$$

若记 $\boldsymbol{X}=(x_1,\cdots,x_p)'$，此时 $\boldsymbol{X}'\boldsymbol{AX}=\sum\limits_{i=1}^{p}(x_i-\bar{x})^2$，则

$$E(\boldsymbol{X}'\boldsymbol{AX})=E\left(\sum_{i=1}^{p}(x_i-\bar{x})^2\right)=\sigma^2(p-1)$$

2.10 设 $\boldsymbol{X}_{(1)},\cdots,\boldsymbol{X}_{(n)}$ 为来自正态总体 $N_p(\boldsymbol{\mu},\boldsymbol{\Sigma})$ 的一个随机样本，且 $\boldsymbol{\Sigma}>0$。若 $\boldsymbol{\mu}=\boldsymbol{\mu}_0$ 已知，试求总体 $N_p(\boldsymbol{\mu}_0,\boldsymbol{\Sigma})$ 中参数 $\boldsymbol{\Sigma}$ 的极大似然估计。

2.11 设 $\boldsymbol{X}_{(1)},\cdots,\boldsymbol{X}_{(n)}$ 为来自正态总体 $N_p(\boldsymbol{\mu},\boldsymbol{\Sigma})$ 的一个随机样本，$c_i\geqslant 0(i=1,\cdots,n)$ 为满足 $\sum\limits_{i}c_i=1$ 的常数，令 $\boldsymbol{Z}=\sum\limits_{i=1}^{n}c_i\boldsymbol{X}_{(i)}$。试证明

(1)$\boldsymbol{Z}$ 是 $\boldsymbol{\mu}$ 的无偏估计量。

(2)$\boldsymbol{Z}\sim N_p(\boldsymbol{\mu},\boldsymbol{c}'\boldsymbol{c}\boldsymbol{\Sigma})$，其中 $\boldsymbol{c}=(c_1,\cdots,c_n)'$。

(3)当 $\boldsymbol{c}=(1/n)\mathbf{1}_n$ 时，$\boldsymbol{Z}$ 的协方差矩阵在非负定义下达到最小。

2.12 为了解某种橡胶的性能，现抽取 10 个样品，每个样品测量 3 项指标：硬度

(x_1)、形变(x_2)和弹性(x_3)，其数据如表 2.1 所示。

表 2.1　橡胶性能指标数据

序号	硬度(x_1)	形变(x_2)	弹性(x_3)
1	65	45	27.6
2	70	45	30.7
3	70	48	31.8
4	69	46	32.6
5	66	50	31.0
6	67	46	31.3
7	68	47	37.0
8	72	43	33.6
9	66	47	33.1
10	68	48	34.2

试计算样本均值、样本离差矩阵、样本协方差矩阵和样本相关矩阵。

第3章 多元正态总体的假设检验

在一元正态总体$N(\mu,\sigma^2)$中，参数μ、σ^2的假设检验涉及一个总体和多个总体的情况。推广到多元正态总体$N_p(\boldsymbol{\mu},\boldsymbol{\Sigma})$，参数$\boldsymbol{\mu}$、$\boldsymbol{\Sigma}$的假设检验问题也涉及一个总体和多个总体的情况。本章我们只讨论均值向量$\boldsymbol{\mu}$的假设检验问题。

在一元统计中，用于检验μ、σ^2的抽样分布有χ^2分布、t分布和F分布，它们都是由来自总体$N(\mu,\sigma^2)$的样本构成的统计量。在多元统计中，用于检验$\boldsymbol{\mu}$、$\boldsymbol{\Sigma}$的抽样分布有维希特分布、霍特林T^2分布和威尔克斯Λ分布，它们都是由来自多元正态总体$N_p(\boldsymbol{\mu},\boldsymbol{\Sigma})$的样本构成的统计量。在第2章中，我们已经讨论了维希特分布的定义和性质，本章我们讨论后两个分布。

3.1 几个重要统计量的分布

3.1.1 霍特林T^2分布

1. T^2分布的定义

在一元统计中，若$x\sim N(0,1)$，$y\sim\chi^2(n)$，且x、y相互独立，则

$$t=\frac{x}{\sqrt{y/n}}\sim t(n)$$

或等价地

$$t^2=\frac{x^2}{y/n}=nx'y^{-1}x\sim F(1,n)$$

下面把t^2的分布推广到多元正态总体。

定义3.1 设$\boldsymbol{X}\sim N_p(0,\boldsymbol{\Sigma})$，$\boldsymbol{W}\sim W_p(n,\boldsymbol{\Sigma})$，其中$\boldsymbol{\Sigma}>0$，$n\geqslant p$，且$\boldsymbol{X}$与$\boldsymbol{W}$相互独立。则称统计量$T^2=n\boldsymbol{X}'\boldsymbol{W}^{-1}\boldsymbol{X}$为$T^2$统计量，其分布称为自由度为$n$的**霍特林$T^2$分布**，记为$T^2\sim T^2(p,n)$。

2. T^2分布的性质

性质1 设$\boldsymbol{X}_{(1)},\cdots,\boldsymbol{X}_{(n)}$是来自正态总体$\boldsymbol{X}\sim N_p(\boldsymbol{\mu},\boldsymbol{\Sigma})$的随机样本，$\overline{\boldsymbol{X}}$和$\boldsymbol{A}$分别是样本均值向量和样本离差矩阵，则

$$\begin{aligned}T^2&=(n-1)[\sqrt{n}(\overline{\boldsymbol{X}}-\boldsymbol{\mu})]'\boldsymbol{A}^{-1}[\sqrt{n}(\overline{\boldsymbol{X}}-\boldsymbol{\mu})]\\&=n(n-1)(\overline{\boldsymbol{X}}-\boldsymbol{\mu})'\boldsymbol{A}^{-1}(\overline{\boldsymbol{X}}-\boldsymbol{\mu})\sim \boldsymbol{T}^2(p,n-1)\end{aligned}$$

证明 事实上，由于

$$\overline{\boldsymbol{X}}\sim \boldsymbol{N}_p\left(\boldsymbol{\mu},\frac{1}{n}\boldsymbol{\Sigma}\right),\ \boldsymbol{U}=\sqrt{n}(\overline{\boldsymbol{X}}-\boldsymbol{\mu})\sim \boldsymbol{N}_p(0,\boldsymbol{\Sigma})$$

$$\boldsymbol{A}\sim \boldsymbol{W}_p(n-1,\boldsymbol{\Sigma})$$

且 $\boldsymbol{U}$ 与 $\boldsymbol{A}$ 相互独立。因此，由定义 3.1 可知有

$$T^2=(n-1)\boldsymbol{U}'\boldsymbol{A}^{-1}\boldsymbol{U}=n(n-1)(\overline{\boldsymbol{X}}-\boldsymbol{\mu})'\boldsymbol{A}^{-1}(\overline{\boldsymbol{X}}-\boldsymbol{\mu})\sim T^2(p,n-1)$$

性质 2　T^2 分布与 F 分布的关系为：若 $T^2\sim T^2(p,n)$，则

$$\frac{n-p+1}{np}T^2\sim F(p,n-p+1)$$

事实上，由定义 3.1 可知

$$\begin{aligned}\frac{n-p+1}{np}T^2&=\frac{n-p+1}{p}\cdot\frac{T^2}{n}=\frac{n-p+1}{p}\boldsymbol{X}'\boldsymbol{W}^{-1}\boldsymbol{X}\\&=\frac{n-p+1}{p}\boldsymbol{X}'\boldsymbol{\Sigma}^{-1}\boldsymbol{X}\bigg/\frac{\boldsymbol{X}'\boldsymbol{\Sigma}^{-1}\boldsymbol{X}}{\boldsymbol{X}'\boldsymbol{W}^{-1}\boldsymbol{X}}\overset{def}{=\!=}\frac{n-p+1}{p}\cdot\frac{\boldsymbol{\xi}}{\boldsymbol{\eta}}\\&=\frac{\boldsymbol{\xi}/p}{\boldsymbol{\eta}/(n-p+1)}\sim F(p,n-p+1)\end{aligned}$$

其中 $\boldsymbol{\xi}=\boldsymbol{X}'\boldsymbol{\Sigma}^{-1}\boldsymbol{X}\sim\chi^2(p)$，还可以证明

$$\boldsymbol{\eta}=\frac{\boldsymbol{X}'\boldsymbol{\Sigma}^{-1}\boldsymbol{X}}{\boldsymbol{X}'\boldsymbol{W}^{-1}\boldsymbol{X}}\sim\chi^2(n-p+1)$$

且 $\boldsymbol{\xi}$ 与 $\boldsymbol{\eta}$ 独立，证明见参考文献[8]中定理 3.3.11。

下列性质显然成立。

性质 3　设 $\boldsymbol{X}_{(1)},\cdots,\boldsymbol{X}_{(n)}$ 是来自正态总体 $\boldsymbol{X}\sim N_p(\boldsymbol{\mu},\boldsymbol{\Sigma})$ 的随机样本，$\overline{\boldsymbol{X}}$ 和 $\boldsymbol{A}$ 分别为样本均值向量和样本离差矩阵，记

$$T^2=n(n-1)(\overline{\boldsymbol{X}}-\boldsymbol{\mu})'\boldsymbol{A}^{-1}(\overline{\boldsymbol{X}}-\boldsymbol{\mu})$$

则

$$\frac{n-p}{(n-1)p}T^2\sim F(p,n-p)$$

性质 4　T^2 统计量只与 n、p 有关，而与 $\boldsymbol{\Sigma}$ 无关。

事实上，因 $\boldsymbol{X}\sim N_p(0,\boldsymbol{\Sigma})$，$\boldsymbol{W}\sim W_p(n,\boldsymbol{\Sigma})$，且 $\boldsymbol{\Sigma}>0$，则

$$\boldsymbol{U}=\boldsymbol{\Sigma}^{-1/2}\boldsymbol{X}\sim\boldsymbol{N}(0,\boldsymbol{I}_p),\quad \boldsymbol{W}_0=\boldsymbol{\Sigma}^{-1/2}\boldsymbol{W}\boldsymbol{\Sigma}^{-1/2}\sim\boldsymbol{W}_p(n,\boldsymbol{I}_p)$$

而

$$T^2=n\boldsymbol{X}'\boldsymbol{W}^{-1}\boldsymbol{X}=n\boldsymbol{U}'\boldsymbol{W}_0^{-1}\boldsymbol{U}\sim T^2(p,n)$$

其中 $\boldsymbol{U}$、$\boldsymbol{W}_0$ 与 $\boldsymbol{\Sigma}$ 无关，因此 T^2 与 $\boldsymbol{\Sigma}$ 无关。

3.1.2　威尔克斯 Λ 分布

1. Λ 分布的定义

首先给出广义方差定义。

定义 3.2　设 $\boldsymbol{X}\sim N_p(0,\boldsymbol{\Sigma})$，称协方差矩阵的行列式 $|\boldsymbol{\Sigma}|$ 为 $\boldsymbol{X}$ 的广义方差。若 $\boldsymbol{X}_{(1)},\cdots,\boldsymbol{X}_{(n)}$ 是来自总体 $\boldsymbol{X}\sim N_p(\boldsymbol{\mu},\boldsymbol{\Sigma})$ 的随机样本，$\boldsymbol{A}$ 为样本离差矩阵，则称 $\left|\frac{1}{n}\boldsymbol{A}\right|$ 或 $\left|\frac{1}{n-1}\boldsymbol{A}\right|$ 为样本广义方差。

定义 3.3　设 $\boldsymbol{A}_1\sim\boldsymbol{W}_p(n_1,\boldsymbol{\Sigma})$，$\boldsymbol{A}_2\sim\boldsymbol{W}_p(n_2,\boldsymbol{\Sigma})$，这里 $\boldsymbol{\Sigma}>0$，$n_1\geqslant p$，且 $\boldsymbol{A}_1$ 与 $\boldsymbol{A}_2$ 独立，则称广义方差比

$$\Lambda=\frac{|A_1|}{|A_1+A_2|}$$

为 Λ 统计量，其分布称为**威尔克斯 Λ 分布**，记为 $\Lambda\sim\Lambda(p,n_1,n_2)$。

当 $p=1$ 时，Λ 分布正是一元统计中参数为 $(n_1/2,n_2/2)$ 的贝塔分布，即 $\Lambda(1,n_1,n_2)=Be(n_1/2,n_2/2)$。

2. Λ 分布的性质

在实际应用中，常把 Λ 统计量化为 T^2 统计量，进而化为 F 统计量，然后利用我们熟悉的 F 分布来分析多元统计中的有关检验问题。

下列性质建立了 Λ 分布与 T^2 和 F 分布的关系。

性质 1 当 $n_2=1$ 时，若 $n=n_1>p$，则

$$\Lambda(p,n,1)=\left(1+\frac{1}{n}T^2(p,n)\right)^{-1}$$

$$\frac{n-p+1}{np}T^2=\frac{n-p+1}{p}\frac{1-\Lambda(p,n,1)}{\Lambda(p,n,1)}\sim F(p,n-p+1)$$

性质 2 当 $n_2=2$ 时，若 $n=n_1>p$，则

$$\frac{n-p+1}{p}\frac{1-\sqrt{\Lambda(p,n,2)}}{\sqrt{\Lambda(p,n,2)}}\sim F(2p,2(n-p+1))$$

性质 3 当 $p=1$ 时，

$$\frac{n_1}{n_2}\frac{1-\Lambda(1,n_1,n_2)}{\Lambda(1,n_1,n_2)}\sim F(n_2,n_1)$$

性质 4 当 $p=2$ 时，

$$\frac{n_1-1}{n_2}\frac{1-\sqrt{\Lambda(2,n_1,n_2)}}{\sqrt{\Lambda(2,n_1,n_2)}}\sim F(2n_2,2(n_1-1))$$

性质 5 若 $p>2$，$n_2>2$，则当 $n_1\to\infty$ 时有下列极限分布

$$-r\ln\Lambda(p,n_1,n_2)\sim\chi^2(pn_2)$$

其中 $r=n_1+(_2-p-1)/2$。

下面是 Λ 分布的两个有用的性质。

性质 6 若 $\Lambda\sim\Lambda(p,n_1,n_2)$，则存在 $\boldsymbol{B}_k\sim Be((n_1-p+k)/2,n_2/2)$，$k=1,\cdots,p$，且 $\boldsymbol{B}_1$，$\boldsymbol{B}_2,\cdots,B_p$ 之间相互独立，使得

$$\Lambda=\boldsymbol{B}_1\boldsymbol{B}_2\cdots\boldsymbol{B}_p$$

性质 7 若 $n_2<p$，则

$$\Lambda(p,n_1,n_2)=\Lambda(n_2,p,n_1+n_2-p)$$

3.2 单总体均值向量的统计推断

3.2.1 单总体均值向量的假设检验

设总体为 $\boldsymbol{X}\sim \boldsymbol{N}_p(\boldsymbol{\mu},\boldsymbol{\Sigma})$，$\boldsymbol{X}_{(1)},\cdots,\boldsymbol{X}_{(n)}$ 为来自该总体的随机样本。欲检验下列假设

$$H_0: \boldsymbol{\mu}=\boldsymbol{\mu}_0 \leftrightarrow H_1: \boldsymbol{\mu}\neq\boldsymbol{\mu}_0$$

其中 $\boldsymbol{\mu}_0$ 为已知常数向量。

1. 当 $\boldsymbol{\Sigma}=\boldsymbol{\Sigma}_0$ 已知时均值向量的假设检验

此时

$$\overline{\boldsymbol{X}} \sim N_p\left(\boldsymbol{\mu}, \frac{1}{n}\boldsymbol{\Sigma}_0\right), \quad \sqrt{n}(\overline{\boldsymbol{X}}-\boldsymbol{\mu}) \sim N_p(0, \boldsymbol{\Sigma}_0)$$

于是有

$$n(\overline{\boldsymbol{X}}-\boldsymbol{\mu})'\boldsymbol{\Sigma}_0^{-1}(\overline{\boldsymbol{X}}-\boldsymbol{\mu}) \sim \chi^2(p)$$

若检验统计量取为

$$T_0^2=n(\overline{\boldsymbol{X}}-\boldsymbol{\mu}_0)'\boldsymbol{\Sigma}_0^{-1}(\overline{\boldsymbol{X}}-\boldsymbol{\mu}_0)$$

则当 H_0 成立时，$T_0^2 \sim \chi^2(p)$。

按照传统的检验方法，对于给定的显著性水平 $\alpha>0$，由 χ^2 分布分位数表查得 χ_α^2，使得 $P(T_0^2>\chi_\alpha^2)=\alpha$，则拒绝域为 $\{T_0^2>\chi_\alpha^2\}$。若由样本观测值 $x_{(1)},\cdots,x_{(n)}$ 计算 T_0^2 的值为 $T_0^2=t_0^2$，则当 $t_0^2>\chi_\alpha^2$ 时拒绝 H_0，否则接受 H_0。

利用统计软件(如 R 软件)还可以计算显著性概率值(p 值)，由 p 值的大小可以做出更科学的判断。

在原假设 H_0 成立的条件下，随机变量 $T_0^2 \sim \chi^2(p)$。若由样本观测值计算 T_0^2 的值为 $T_0^2=t_0^2$，则 p 值为

$$p=P\{T_0^2 \geqslant t_0^2\}$$

一般来说，p 值的大小与原假设是一致的。即当 p 值较大时(例如 $p \geqslant 0.05$)，应倾向于接受原假设 H_0；当 p 值较小时(例如 $p \leqslant 0.01$)，应倾向于拒绝原假设 H_0。这个原则对任何假设检验问题都适用。

2. 当 $\boldsymbol{\Sigma}$ 未知时均值向量的假设检验

对于一元统计，上述假设的检验统计量为

$$t=\frac{\sqrt{n}(\overline{X}-\mu_0)}{S}$$

其中 $S^2=\frac{1}{n-1}\sum_{i=1}^{n}(X_{(i)}-\overline{X})^2$。当 H_0 成立时，$t \sim t(n-1)$。

与上述 t 统计量等价的一个检验统计量为

$$t^2=n(\overline{X}-\mu_0)'(S^2)^{-1}(\overline{X}-\mu_0)$$

将其推广到多元情况，对于正态总体 $\boldsymbol{X} \sim N_p(\boldsymbol{\mu}, \boldsymbol{\Sigma})$，考虑统计量

$$T^2=n(\overline{X}-\mu_0)'\left(\frac{1}{n-1}\boldsymbol{A}\right)^{-1}(\overline{X}-\mu_0)$$

当 H_0 成立时，

$$\overline{\boldsymbol{X}}=\frac{1}{n}\sum_{i=1}^{n}\boldsymbol{X}_{(i)} \sim N_p\left(\mu_0, \frac{1}{n}\boldsymbol{\Sigma}\right), \quad \sqrt{n}(\overline{\boldsymbol{X}}-\mu_0) \sim N_p(0, \boldsymbol{\Sigma})$$

$$\boldsymbol{A}=\sum_{i=1}^{n}(\boldsymbol{X}_{(i)}-\overline{\boldsymbol{X}})(\boldsymbol{X}_{(i)}-\overline{\boldsymbol{X}})' \sim W_p(n-1, \boldsymbol{\Sigma})$$

由定义 3.1 及 T^2 分布的性质 1 可知

$$T^2=(n-1)[\sqrt{n}(\bar{X}-\mu_0)]'A^{-1}[\sqrt{n}(\bar{X}-\mu_0)]$$
$$=n(n-1)(\bar{X}-\mu_0)'A^{-1}(\bar{X}-\mu_0)\sim T^2(p,n-1)$$

再利用 T^2 与 F 分布的关系，取检验统计量为

$$F=\frac{(n-1)-p+1}{(n-1)p}T^2=\frac{n-p}{(n-1)p}T^2$$

当 H_0 成立时，有

$$F\sim F(p,(n-1)-p+1)=F(p,n-p)$$

若取显著性水平为 α，则拒绝域为 $\{F\geqslant F_\alpha(p,n-p)\}$，其中 $F_\alpha(p,n-p)$ 是自由度为 $(p,n-p)$ 的 F 分布的上侧 α 分位数。

例 3.1 人的出汗量与人体内钠离子和钾离子的含量有一定的关系。今测量了 20 名健康女性的出汗量(x_1)、钠离子的含量(x_2)和钾离子的含量(x_3)，数据见表 3.1。试检验假设 H_0：$\mu=\mu_0=(4,50,10)'\leftrightarrow H_1$：$\mu\neq\mu_0$(取 $\alpha=0.05$)。

表 3.1 成年女性的出汗量及其体内钠离子和钾离子的含量数据

序号	x_1	x_2	x_3	序号	x_1	x_2	x_3
1	3.7	48.5	9.3	11	3.9	36.9	12.7
2	4.7	65.1	8.0	12	4.5	58.8	12.3
3	3.8	47.2	10.9	13	3.5	27.8	9.8
4	3.2	53.2	12.0	14	4.5	40.2	8.4
5	3.1	55.5	9.7	15	1.5	13.5	10.1
6	4.6	36.1	7.9	16	8.5	56.4	7.1
7	2.4	24.8	14.0	17	4.5	71.6	8.2
8	7.2	33.1	7.6	18	6.5	52.8	10.9
9	6.7	47.4	8.5	19	4.1	44.1	11.2
10	5.4	54.1	11.3	20	5.5	40.9	9.4

解 记随机向量 $X=(x_1,x_2,x_3)'$，并假定 $X\sim N_3(\mu,\Sigma)$。检验统计量为

$$F=\frac{n-p}{(n-1)p}T^2$$

其中 $n=20$，$p=3$。由表 3.1 中的样本观测值计算得到 $\bar{X}=(4.64,45.4,9.965)'$ 及

$$A=\begin{pmatrix}54.708 & 190.190 & -34.372\\ 190.190 & 3795.98 & -107.16\\ -34.372 & -107.16 & 68.926\end{pmatrix},\quad A^{-1}=\begin{pmatrix}0.0308503 & -0.001162 & 0.0135773\\ -0.001162 & 0.0003193 & -0.000083\\ 0.0135773 & -0.000083 & 0.0211498\end{pmatrix}$$

进一步计算可得

$$T^2=n(n-1)(\bar{X}-\mu_0)'A^{-1}(\bar{X}-\mu_0)=9.7388$$

$$F=\frac{n-p}{(n-1)p}T^2=2.9045$$

对于给定的显著性水平 $\alpha=0.05$，由 F 分布的分位数表可查得 $F_{0.05}(3,17)=3.2$。由于 $F=2.9045<F_{0.05}(3,17)=3.2$，故接受原假设 H_0。

由上述 F 值，根据检验统计量的分布 $F\sim F(3,17)$，可利用统计软件计算出检验的 p 值为

$$p=P(F\geqslant 2.9045)=0.06493$$

该 p 值大于 0.05，因此应接受原假设 H_0。

3.2.2　置信域

在一元统计中，讨论均值的假设检验问题本质上等价于求均值的置信区间。作为一元统计中置信区间的推广，下面简单讨论单个多元正态总体均值向量的置信域。

设 $\boldsymbol{X}_{(1)},\cdots,\boldsymbol{X}_{(n)}$ 是来自总体 $\boldsymbol{X}\sim \boldsymbol{N}_p(\boldsymbol{\mu},\boldsymbol{\Sigma})$ 的随机样本，$\overline{\boldsymbol{X}}$ 和 $\boldsymbol{A}$ 分别为样本均值向量和样本离差矩阵，则由 T^2 分布的性质 1 可知有

$$\begin{aligned}T^2&=n(n-1)(\overline{\boldsymbol{X}}-\boldsymbol{\mu})'\boldsymbol{A}^{-1}(\overline{\boldsymbol{X}}-\boldsymbol{\mu})\\&=n(\overline{\boldsymbol{X}}-\boldsymbol{\mu})'\boldsymbol{S}^{-1}(\overline{\boldsymbol{X}}-\boldsymbol{\mu})\sim T^2(p,n-1)\end{aligned}$$

其中 $\boldsymbol{S}=(n-1)^{-1}\boldsymbol{A}$ 为样本协方差矩阵，并且由 T^2 分布与 F 分布的关系可知有

$$F=\frac{n-p}{(n-1)p}T^2\sim F(p,n-p)$$

因此，对于给定的置信度 $1-\alpha$，查 F 分布的分位数 F_α，若满足

$$P\{F\leqslant F_\alpha\}=1-\alpha$$

则均值向量 $\boldsymbol{\mu}$ 的置信度为 $1-\alpha$ 的置信域为

$$T^2=n(\overline{\boldsymbol{X}}-\boldsymbol{\mu})'\boldsymbol{S}^{-1}(\overline{\boldsymbol{X}}-\boldsymbol{\mu})\leqslant\frac{(n-1)p}{n-p}\boldsymbol{F}_\alpha$$

该置信域是中心位于 $\overline{\boldsymbol{X}}$ 的一个椭球，称为**置信椭球**。

与一元统计类似，在多元统计中，讨论均值向量的假设检验问题本质上等价于求均值向量的置信椭球。具体地，当检验假设 H_0：$\boldsymbol{\mu}=\boldsymbol{\mu}_0$ 时，若 $\boldsymbol{\mu}_0$ 落入上面的椭球，即

$$T^2=n(\overline{\boldsymbol{X}}-\boldsymbol{\mu}_0)'\boldsymbol{S}^{-1}(\overline{\boldsymbol{X}}-\boldsymbol{\mu}_0)\leqslant\frac{(n-1)p}{n-p}\boldsymbol{F}_\alpha$$

则在显著性水平 α 下接受原假设 H_0；若 $\boldsymbol{\mu}_0$ 未落入上面的椭球，则拒绝 H_0。

例 3.2　在例 3.1 中，求均值向量 $\boldsymbol{\mu}$ 的置信度为 95%的置信椭球。

解　由例 3.1 中的观测数据计算样本均值向量 $\overline{\boldsymbol{X}}$、样本离差矩阵 $\boldsymbol{A}$ 和样本协方差矩阵 $\boldsymbol{S}$，这里

$$\boldsymbol{S}=\frac{1}{n-1}\boldsymbol{A}=\begin{pmatrix}2.8794 & 10.01 & -1.809\\ 10.01 & 199.7884 & -5.64\\ -1.809 & -5.64 & 3.6277\end{pmatrix}$$

$\boldsymbol{S}$ 的特征值 λ_i 和单位正交特征向量 $\boldsymbol{l}_i$ 为

$$\lambda_1=200.4625,\quad \lambda_2=4.5316,\quad \lambda_3=1.3014$$

$$\boldsymbol{l}_1=(0.05084,0.9983,-0.02907)'$$

$$\boldsymbol{l}_2=(-0.5737,0.05302,0.8173)'$$

$$\boldsymbol{l}_3=(0.8175,-0.02488,0.5754)'$$

记

$$c^2=\frac{(n-1)p}{n(n-p)}F_{0.05}=\frac{19\times3}{20\times17}\times3.2=0.5365$$

由 $\boldsymbol{S}^{-1}$的谱分解式

$$\boldsymbol{S}^{-1}=\sum_{i=1}^{3}\lambda_i^{-1}\boldsymbol{l}_i\boldsymbol{l}_i'$$

并令 $\boldsymbol{Y}_i=(\overline{\boldsymbol{X}}-\boldsymbol{\mu})'\boldsymbol{l}_i$，$i=1,2,3$，则$\boldsymbol{\mu}$ 的置信度为 95%的置信椭球为

$$\frac{\boldsymbol{Y}_1^2}{\lambda_1c^2}+\frac{\boldsymbol{Y}_2^2}{\lambda_2c^2}+\frac{\boldsymbol{Y}_3^2}{\lambda_3c^2}\leqslant1$$

该置信椭球的第一长轴半径为 $d_1=\sqrt{\lambda_1}c=10.3703$，沿 $\boldsymbol{l}_1$ 正方向；第二长轴半径为 $d_2=\sqrt{\lambda_2}c=1.5592$，沿 $\boldsymbol{l}_2$ 正方向；短轴半径为 $d_3=\sqrt{\lambda_3}c=0.8356$，沿 $\boldsymbol{l}_3$ 正方向。

3.3 多总体均值向量的统计推断

3.3.1 两总体均值向量的假设检验

1. 协方差矩阵相等时均值向量的假设检验

设 $\boldsymbol{X}_{(1)},\cdots,\boldsymbol{X}_{(n)}$ 是来自总体 $\boldsymbol{X}\sim N_p(\boldsymbol{\mu}_1,\boldsymbol{\Sigma})$ 的随机样本，$\boldsymbol{Y}_{(1)},\cdots,\boldsymbol{Y}_{(m)}$ 是来自总体 $\boldsymbol{Y}\sim N_p(\boldsymbol{\mu}_2,\boldsymbol{\Sigma})$ 的随机样本，且两个总体相互独立，$\boldsymbol{\Sigma}$ 未知。要检验假设

$$H_0:\boldsymbol{\mu}_1=\boldsymbol{\mu}_2\leftrightarrow H_1:\boldsymbol{\mu}_1\neq\boldsymbol{\mu}_2$$

当 $p=1$ 时，因

$$\overline{\boldsymbol{X}}\sim N\left(\boldsymbol{\mu}_1,\frac{1}{n}\sigma^2\right),\quad \overline{\boldsymbol{Y}}\sim N\left(\boldsymbol{\mu}_2,\frac{1}{m}\sigma^2\right)$$

且二者相互独立，故有

$$\overline{\boldsymbol{X}}-\overline{\boldsymbol{Y}}\sim N\left(\boldsymbol{\mu}_1-\boldsymbol{\mu}_2,\left(\frac{1}{n}+\frac{1}{m}\right)\sigma^2\right)$$

它独立于

$$\frac{1}{\sigma^2}(\boldsymbol{A}_1+\boldsymbol{A}_2)=\frac{1}{\sigma^2}\left(\sum_{i=1}^{n}(\boldsymbol{X}_{(i)}-\overline{\boldsymbol{X}})^2+\sum_{j=1}^{m}(\boldsymbol{Y}_{(j)}-\overline{\boldsymbol{Y}})^2\right)\sim\chi^2(n+m-2)$$

检验统计量为

$$t=\frac{(\overline{\boldsymbol{X}}-\overline{\boldsymbol{Y}})/\sqrt{(m+n)/mn}}{\sqrt{(\boldsymbol{A}_1+\boldsymbol{A}_2)/(n+m-2)}}$$

当 H_0 成立时，$t\sim t(n+m-2)$，而

$$t^2=\frac{mn}{m+n}(\overline{\boldsymbol{X}}-\overline{\boldsymbol{Y}})'\left(\frac{\boldsymbol{A}_1+\boldsymbol{A}_2}{n+m-2}\right)^{-1}(\overline{\boldsymbol{X}}-\overline{\boldsymbol{Y}})\sim F(1,n+m-2)$$

将上述结论推广到 p 元正态总体，有以下类似形式的检验统计量

$$T^2=\frac{mn}{m+n}(\overline{\boldsymbol{X}}-\overline{\boldsymbol{Y}})'\left(\frac{\boldsymbol{A}_1+\boldsymbol{A}_2}{n+m-2}\right)^{-1}(\overline{\boldsymbol{X}}-\overline{\boldsymbol{Y}})$$

这里 $\boldsymbol{A}_1$ 和 $\boldsymbol{A}_2$ 分别是由来自两个总体的样本组成的样本离差矩阵。

现在我们证明，当 H_0 成立时，$T^2 \sim T^2(p, n+m-2)$。此时

$$\overline{\boldsymbol{X}} - \overline{\boldsymbol{Y}} \sim N_p\left(0, \left(\frac{1}{n} + \frac{1}{m}\right)\boldsymbol{\Sigma}\right), \quad \boldsymbol{U} = \sqrt{\frac{nm}{n+m}}(\overline{\boldsymbol{X}} - \overline{\boldsymbol{Y}}) \sim N_p(0, \boldsymbol{\Sigma}),$$

$$\boldsymbol{A}_1 = \sum_{i=1}^{n}(\boldsymbol{X}_{(i)} - \overline{\boldsymbol{X}})(\boldsymbol{X}_{(i)} - \overline{\boldsymbol{X}})' \sim \boldsymbol{W}_p(n-1, \boldsymbol{\Sigma})$$

$$\boldsymbol{A}_2 = \sum_{i=1}^{n}(\boldsymbol{Y}_{(i)} - \overline{\boldsymbol{Y}})(\boldsymbol{Y}_{(i)} - \overline{\boldsymbol{Y}})' \sim \boldsymbol{W}_p(m-1, \boldsymbol{\Sigma})$$

且 $\boldsymbol{A}_1$ 与 $\boldsymbol{A}_2$ 独立。由维希特分布的可加性，得

$$\boldsymbol{A}_1 + \boldsymbol{A}_2 \sim \boldsymbol{W}_p(n+m-2, \boldsymbol{\Sigma})$$

且它与 $\boldsymbol{U}$ 独立。于是由 T^2 分布的定义可知有

$$\begin{aligned} T^2 &= (n+m-2)\frac{mn}{m+n}(\overline{\boldsymbol{X}} - \overline{\boldsymbol{Y}})'(\boldsymbol{A}_1 + \boldsymbol{A}_2)^{-1}(\overline{\boldsymbol{X}} - \overline{\boldsymbol{Y}}) \\ &= \frac{mn}{m+n}(\overline{\boldsymbol{X}} - \overline{\boldsymbol{Y}})'\left(\frac{\boldsymbol{A}_1 + \boldsymbol{A}_2}{n+m-2}\right)^{-1}(\overline{\boldsymbol{X}} - \overline{\boldsymbol{Y}}) \\ &\sim T^2(p, n+m-2) \end{aligned}$$

利用 T^2 分布与 F 分布的关系，检验统计量可取为

$$F = \frac{(n+m-2)-p+1}{(n+m-2)p}T^2 = \frac{n+m-p-1}{(n+m-2)p}T^2 \sim F(p, n+m-p-1)$$

例 3.3　对某地区农村 2 周岁幼儿的身高(x_1)、胸围(x_2)和上半臂围(x_3)进行测量(单位：cm)，样本数据如表 3.2 所示，其中序号 1~6 为 6 名男幼儿的测量数据，7~15 号为 9 名女幼儿的测量数据。试检验男、女幼儿之间的身体特征是否有显著差异。

表 3.2　某地区农村 2 周岁幼儿的体格测量数据

编号	身高(x_1)	胸围(x_2)	上半臂围(x_3)
1	78	60.6	16.5
2	76	58.1	12.5
3	92	63.2	14.5
4	81	59.0	14.0
5	81	60.8	15.5
6	84	59.5	14.0
7	80	58.4	14.0
8	75	59.2	15.0
9	78	60.3	15.0
10	75	57.4	13.0
11	79	59.5	14.0
12	78	58.1	14.5

续表

编号	身高(x_1)	胸围(x_2)	上半臂围(x_3)
13	75	58.0	12.5
14	64	55.5	11.0
15	80	59.2	12.5

解 比较男、女幼儿之间的身体特征是否有显著差异，就是两总体均值向量是否相等的假设检验问题。记男幼儿的三项身体指标为总体 $\boldsymbol{X}$，并设 $\boldsymbol{X}\sim N_3(\boldsymbol{\mu}_1,\boldsymbol{\Sigma})$。记女幼儿的三项身体指标为总体 $\boldsymbol{Y}$，并设 $\boldsymbol{Y}\sim N_3(\boldsymbol{\mu}_2,\boldsymbol{\Sigma})$。两个总体的样本容量分别为 $n=6$、$m=9$。欲检验的假设为

$$H_0:\ \boldsymbol{\mu}_1=\boldsymbol{\mu}_2 \leftrightarrow H_1:\ \boldsymbol{\mu}_1\neq\boldsymbol{\mu}_2$$

检验统计量为

$$F=\frac{n+m-p-1}{(n+m-2)p}T^2$$

其中 $n=6$，$m=9$，$p=3$，由样本观测值计算得

$$\bar{\boldsymbol{x}}=(82.0,60.2,14.5)',\ \bar{\boldsymbol{y}}=(76.0,58.4,13.5)'$$

$$\boldsymbol{A}_1=\begin{pmatrix}158.00 & 40.20 & 2.50\\ 40.20 & 15.86 & 6.55\\ 2.50 & 6.55 & 9.50\end{pmatrix},\ \boldsymbol{A}_2=\begin{pmatrix}196.00 & 45.10 & 34.50\\ 45.10 & 15.76 & 11.65\\ 34.50 & 11.65 & 14.50\end{pmatrix}$$

进一步计算可得

$$D^2=(n+m-2)(\bar{\boldsymbol{x}}-\bar{\boldsymbol{y}})'(\boldsymbol{A}_1+\boldsymbol{A}_2)^{-1}(\bar{\boldsymbol{x}}-\bar{\boldsymbol{y}})=1.4756$$

$$T^2=\frac{nm}{n+m}D^2=5.312$$

$$F=\frac{n+m-p-1}{(n+m-2)p}T^2=\frac{11}{39}\times5.312=1.49825641$$

取显著性水平为 $\alpha=0.05$，查 F 分布的分位数表得 $F_\alpha(p,n+m-p-1)=F_{0.05}(3,11)=3.59$。因 $F<F_{0.05}(3,11)$，故不能拒绝原假设 H_0，即认为两个总体均值向量无显著差异。事实上，由检验统计量 $F\sim F(3,11)$ 的观测值 $F=1.49825641$，可以算出此检验的 p 值为

$$p=P(F\geqslant1.49825641)=0.256$$

由于该 p 值比较大，因此应接受原假设 H_0。

2. 协方差矩阵不等时均值向量的假设检验

设 $\boldsymbol{X}_{(1)},\cdots,\boldsymbol{X}_{(n)}$ 是来自总体 $\boldsymbol{X}\sim \boldsymbol{N}_p(\boldsymbol{\mu}_1,\boldsymbol{\Sigma}_1)$ 的随机样本，$\boldsymbol{Y}_{(1)},\cdots,\boldsymbol{Y}_{(m)}$ 是来自总体 $\boldsymbol{Y}\sim \boldsymbol{N}_p(\boldsymbol{\mu}_2,\boldsymbol{\Sigma}_2)$ 的随机样本，且两个总体相互独立，$\boldsymbol{\Sigma}_1$、$\boldsymbol{\Sigma}_2$ 未知且 $\boldsymbol{\Sigma}_1\neq\boldsymbol{\Sigma}_2$。要检验假设

$$H_0:\ \boldsymbol{\mu}_1=\boldsymbol{\mu}_2 \leftrightarrow H_1:\ \boldsymbol{\mu}_1\neq\boldsymbol{\mu}_2$$

(1) 当 $n=m$ 时，将两组样本作为成对数据来处理。令

$$\boldsymbol{Z}_i=\boldsymbol{X}_{(i)}-\boldsymbol{Y}_{(i)},\ i=1,\cdots,n$$

为来自总体 $\boldsymbol{Z}\sim \boldsymbol{N}_p(\boldsymbol{\mu},\boldsymbol{\Sigma})$ 的随机样本，这里 $\boldsymbol{\mu}=\boldsymbol{\mu}_1-\boldsymbol{\mu}_2$，$\boldsymbol{\Sigma}=\boldsymbol{\Sigma}_1+\boldsymbol{\Sigma}_2$。此时上述假设化为

$$H_0:\ \boldsymbol{\mu}=0\leftrightarrow H_1:\ \boldsymbol{\mu}\neq0$$

利用 3.2 节中的方法可对该假设进行检验。

(2)当 $n\neq m$ 时，不妨假设 $n<m$，令

$$\boldsymbol{Z}_i=\boldsymbol{X}_{(i)}-\sqrt{\frac{n}{m}}\boldsymbol{Y}_{(i)}+\frac{1}{\sqrt{nm}}\sum_{j=1}^{n}\boldsymbol{Y}_{(j)}-\frac{1}{m}\sum_{j=1}^{m}\boldsymbol{Y}_{(j)}\quad(i=1,\cdots,n)$$

可以证明

$$E(\boldsymbol{Z}_i)=\boldsymbol{\mu}=\boldsymbol{\mu}_1-\boldsymbol{\mu}_2\quad(i=1,\cdots,n)$$

$$\operatorname{Cov}(\boldsymbol{Z}_i,\boldsymbol{Z}_j)=\begin{cases}\boldsymbol{\Sigma}_Z & (i=j)\\ O & (i\neq j)\end{cases}\quad(i,j=1,\cdots,n)$$

其中 $\boldsymbol{\Sigma}_Z=\boldsymbol{\Sigma}_1+\frac{n}{m}\boldsymbol{\Sigma}_2$。因此 $\boldsymbol{Z}_i(i=1,\cdots,n)$ 是来自总体 $\boldsymbol{Z}\sim\boldsymbol{N}_p(\boldsymbol{\mu},\boldsymbol{\Sigma}_Z)$ 的随机样本，此时要检验的假设为

$$H_0:\boldsymbol{\mu}=0\leftrightarrow H_1:\boldsymbol{\mu}\neq 0$$

利用 3.2 节中的方法可对该假设进行检验。

3.3.2　多元方差分析

设有 $\boldsymbol{N}_p(\boldsymbol{\mu}_1,\boldsymbol{\Sigma})$，$\boldsymbol{N}_p(\boldsymbol{\mu}_2,\boldsymbol{\Sigma}),\cdots,\boldsymbol{N}_p(\boldsymbol{\mu}_k,\boldsymbol{\Sigma})$ 共 k 个总体，从第 i 个总体 $\boldsymbol{N}_p(\boldsymbol{\mu}_i,\boldsymbol{\Sigma})$ 中抽取容量为 n_i 的样本 $X_{(j)}^{(i)}(j=1,\cdots,n_i;\ i=1,\cdots,k)$。欲检验假设 $H_0:\boldsymbol{\mu}_1=\cdots=\boldsymbol{\mu}_k\leftrightarrow H_1:\boldsymbol{\mu}_1,\cdots,\boldsymbol{\mu}_k$ 不全相等。

类似一元情况，令

$$T=\sum_{i=1}^{k}\sum_{j=1}^{n_i}(\boldsymbol{X}_{(j)}^{(i)}-\bar{\boldsymbol{X}})(\boldsymbol{X}_{(j)}^{(i)}-\bar{\boldsymbol{X}})'$$

其中 $\bar{\boldsymbol{X}}=\frac{1}{n}\sum_{i=1}^{k}\sum_{j=1}^{n_i}\boldsymbol{X}_{(j)}^{(i)}$，这里 $n=n_1+\cdots+n_k$。再令 $\bar{\boldsymbol{X}}^{(i)}=\frac{1}{n_i}\sum_{j=1}^{n_i}\boldsymbol{X}_{(j)}^{(i)}(i=1,\cdots,k)$，则

$$\begin{aligned}T&=\sum_{i=1}^{k}\sum_{j=1}^{n_i}(\boldsymbol{X}_j^{(i)}-\bar{\boldsymbol{X}})(\boldsymbol{X}_j^{(i)}-\bar{\boldsymbol{X}})'\\&=\sum_{i=1}^{k}\sum_{j=1}^{n_i}(\boldsymbol{X}_{(j)}^{(i)}-\bar{\boldsymbol{X}}^{(i)}+\bar{\boldsymbol{X}}^{(i)}-\bar{\boldsymbol{X}})(\boldsymbol{X}_{(j)}^{(i)}-\bar{\boldsymbol{X}}^{(i)}+\bar{\boldsymbol{X}}^{(i)}-\bar{\boldsymbol{X}})'\\&=\sum_{i=1}^{k}\sum_{j=1}^{n_i}(\boldsymbol{X}_{(j)}^{(i)}-\bar{\boldsymbol{X}}^{(i)})(\boldsymbol{X}_{(j)}^{(i)}-\bar{\boldsymbol{X}}^{(i)})'+\sum_{i=1}^{k}n_i(\bar{\boldsymbol{X}}^{(i)}-\bar{\boldsymbol{X}})(\bar{\boldsymbol{X}}^{(i)}-\bar{\boldsymbol{X}})'\end{aligned}$$

其中交叉乘积项

$$\begin{aligned}&\sum_{i=1}^{k}\sum_{j=1}^{n_i}(\boldsymbol{X}_{(j)}^{(i)}-\bar{\boldsymbol{X}}^{(i)})(\bar{\boldsymbol{X}}^{(i)}-\bar{\boldsymbol{X}})'+\sum_{i=1}^{k}\sum_{j=1}^{n_i}(\bar{\boldsymbol{X}}^{(i)}-\bar{\boldsymbol{X}})(\boldsymbol{X}_{(j)}^{(i)}-\bar{\boldsymbol{X}}^{(i)})'\\&=\sum_{i=1}^{k}\Big(\sum_{j=1}^{n_i}(\boldsymbol{X}_{(j)}^{(i)}-\bar{\boldsymbol{X}}^{(i)})\Big)(\bar{\boldsymbol{X}}^{(i)}-\bar{\boldsymbol{X}})'+\sum_{i=1}^{k}(\bar{\boldsymbol{X}}^{(i)}-\bar{\boldsymbol{X}})\sum_{j=1}^{n_i}(\boldsymbol{X}_{(j)}^{(i)}-\bar{\boldsymbol{X}}^{(i)})'\\&=0+0=0\end{aligned}$$

记

$$A=\sum_{i=1}^{k}\sum_{j=1}^{n_i}(\boldsymbol{X}_{(j)}^{(i)}-\overline{\boldsymbol{X}}^{(i)})(\boldsymbol{X}_{(j)}^{(i)}-\overline{\boldsymbol{X}}^{(i)})'=\sum_{i=1}^{k}\boldsymbol{A}_i$$

$$\boldsymbol{B}=\sum_{i=1}^{k}n_i(\overline{\boldsymbol{X}}^{(i)}-\overline{\boldsymbol{X}})(\overline{\boldsymbol{X}}^{(i)}-\overline{\boldsymbol{X}})'$$

其中 $\boldsymbol{A}$ 称为组内离差矩阵，$\boldsymbol{B}$ 称为组间离差矩阵，$\boldsymbol{T}=\boldsymbol{A}+\boldsymbol{B}$。采用似然比方法可以得到 Λ 检验统计量

$$\Lambda=\frac{|\boldsymbol{A}|}{|\boldsymbol{A}+\boldsymbol{B}|}=\frac{|\boldsymbol{A}|}{|\boldsymbol{T}|}$$

由于 $\boldsymbol{A}_i\sim W_p(n_i-1,\boldsymbol{\Sigma})(i=1,\cdots,k)$，且 $\boldsymbol{A}_i$ 之间相互独立，由维希特分布的可加性得

$$\boldsymbol{A}=\sum_{i=1}^{k}\boldsymbol{A}_i\sim \boldsymbol{W}_p(n-k,\boldsymbol{\Sigma})$$

在 H_0 成立的条件下，可以证明

$$T\sim \boldsymbol{W}_p(n-1,\boldsymbol{\Sigma}),\ \boldsymbol{B}\sim \boldsymbol{W}_p(k-1,\boldsymbol{\Sigma})$$

且 $\boldsymbol{A}$ 与 $\boldsymbol{B}$ 相互独立，于是，根据 Λ 分布的定义可知有

$$\Lambda=\frac{|A|}{|\boldsymbol{A}+\boldsymbol{B}|}\sim\Lambda(p,n-k,k-1)$$

对于给定的显著性水平 α，拒绝域为 $\{\Lambda\leqslant\lambda_\alpha\}$，$\lambda_\alpha$ 是 Λ 分布的分位数，满足 $P\{\Lambda\leqslant\lambda_\alpha\}=\alpha$。$\Lambda$ 分布的分位数表可以从一些文献中找到。但在许多情况下，Λ 分布的分位数可以借助 Λ 分布与 F 的关系，并通过查询 F 分布的分位数表而得到。

例 3.4 为了研究销售方式对商品销售额的影响，研究人员选择了四种商品按三种不同的销售方式(Ⅰ、Ⅱ和Ⅲ)进行销售。这四种商品的销售额分别为 x_1、x_2、x_3、x_4，其数据见表 3.3。试问三种销售方式之间有无显著差异($\alpha=0.01$)？

表 3.3 四种食品的销售额数据

编号	销售方式Ⅰ				销售方式Ⅱ				销售方式Ⅲ			
	x_1	x_2	x_3	x_4	x_1	x_2	x_3	x_4	x_1	x_2	x_3	x_4
1	125	60	338	210	66	54	455	310	65	33	480	260
2	119	80	233	330	82	45	403	210	100	34	468	295
3	63	51	260	203	65	65	312	280	65	63	416	265
4	65	51	429	150	40	51	477	280	117	48	468	250
5	130	65	403	205	67	54	481	293	114	63	395	380
6	69	45	350	190	38	50	468	210	55	30	546	235
7	46	60	585	200	42	45	351	190	64	51	507	320
8	146	66	273	250	113	40	390	310	110	90	442	225
9	87	54	585	240	80	55	520	200	60	62	440	248
10	110	77	507	270	76	60	507	189	110	69	377	260
11	107	60	364	200	94	33	260	280	88	78	299	360
12	130	61	391	200	60	51	429	190	73	63	390	320
13	80	45	429	270	55	40	390	295	114	55	494	240
14	60	50	442	190	65	48	481	177	103	54	416	310

续表

编号	销售方式Ⅰ				销售方式Ⅱ				销售方式Ⅲ			
	x_1	x_2	x_3	x_4	x_1	x_2	x_3	x_4	x_1	x_2	x_3	x_4
15	81	54	260	280	69	48	442	225	100	33	273	312
16	135	87	507	260	125	63	312	270	140	61	312	345
17	57	48	400	285	120	56	416	280	80	36	286	250
18	75	52	520	260	70	45	468	370	135	54	468	345
19	76	65	403	250	62	66	416	224	130	69	325	360
20	55	42	411	170	69	60	377	280	60	57	273	260

解　比较三种销售方式有无显著差异的问题就是检验多总体均值向量是否相等的假设检验问题。设三种销售方式下的销售额为总体 $N_4(\boldsymbol{\mu}_i,\boldsymbol{\Sigma})$ $(i=1,2,3)$，则来自三个总体的样本容量为 $n_1=n_2=n_3=20$。要检验的假设为 H_0：$\boldsymbol{\mu}_1=\boldsymbol{\mu}_2=\boldsymbol{\mu}_3 \leftrightarrow H_1$：$\boldsymbol{\mu}_1,\boldsymbol{\mu}_2,\boldsymbol{\mu}_3$ 不全相等。

因为似然比统计量为 $\Lambda\sim\Lambda(p,n-k,k-1)$，在此例中 $k-1=2$，所以可以利用 Λ 分布与 F 分布的关系，取检验统计量为

$$F=\frac{(n-k)-p+1}{p}\frac{1-\sqrt{\Lambda}}{\sqrt{\Lambda}}$$

其中 $k=3,p=4,n=60$。当 H_0 成立时，$F\sim F(2p,2(n-k-p+1))$。经计算得

$$\bar{\boldsymbol{x}}_1=\begin{pmatrix}90.80\\58.65\\404.50\\230.65\end{pmatrix},\quad \bar{\boldsymbol{x}}_2=\begin{pmatrix}72.90\\51.45\\417.75\\253.15\end{pmatrix},\quad \bar{\boldsymbol{x}}_3=\begin{pmatrix}94.15\\55.15\\403.75\\292.00\end{pmatrix}$$

$$\bar{\boldsymbol{x}}=\frac{1}{n}\sum_{i=1}^{3}n_i\bar{\boldsymbol{x}}_i=\frac{1}{3}\sum_{i=1}^{3}\bar{\boldsymbol{x}}_i=\begin{pmatrix}85.9500\\55.0833\\408.6667\\258.6000\end{pmatrix}$$

$$\boldsymbol{B}=\sum_{i=1}^{k}n_i(\bar{\boldsymbol{x}}^{(i)}-\bar{\boldsymbol{x}})(\bar{\boldsymbol{x}}^{(i)}-\bar{\boldsymbol{x}})'=\sum_{i=1}^{k}n_i\bar{\boldsymbol{x}}^{(i)}\bar{x}^{(i)\prime}-n\bar{\boldsymbol{x}}\bar{\boldsymbol{x}}'$$

$$=\begin{pmatrix}5221.30 & 1305.20 & -3581.25 & 4188.90\\1305.20 & 518.53 & -963.83 & -1553.20\\-3581.25 & -963.83 & 2480.83 & -1945.25\\4188.90 & -1553.20 & -1945.25 & 38529.30\end{pmatrix}$$

$$\boldsymbol{T}=\sum_{i=1}^{k}\sum_{j=1}^{n_i}(\boldsymbol{x}_{(j)}^{(i)}-\bar{\boldsymbol{x}})(\boldsymbol{x}_{(j)}^{(i)}-\bar{\boldsymbol{x}})'=\sum_{i=1}^{k}\sum_{j=1}^{n_i}\boldsymbol{x}_{(j)}^{(i)}\boldsymbol{x}_{(j)}^{(i)\prime}-n\bar{\boldsymbol{x}}\bar{\boldsymbol{x}}'$$

$$=\begin{pmatrix}49290.85 & 8992.25 & -36444.00 & 28906.80\\8992.25 & 9666.58 & -4658.33 & 4859.00\\-36444.00 & -4658.33 & 429509.33 & -58114.00\\28906.80 & 4859.00 & -58114.00 & 175644.40\end{pmatrix}$$

$$A = T - B = \begin{pmatrix} 44069.55 & 7687.05 & -32862.75 & 24717.90 \\ 7687.05 & 9148.05 & -3694.50 & 6412.20 \\ -32862.75 & -3694.50 & 427028.50 & -56168.75 \\ 24717.90 & 6412.20 & -56168.75 & 137115.10 \end{pmatrix}$$

进一步计算可得

$$\Lambda = \frac{|A|}{|T|} = \frac{1.6464\times10^{19}}{2.4708\times10^{19}} = 0.6663$$

$$F = \frac{(57-4+1)(1-\sqrt{0.6663})}{4\sqrt{0.6663}} = 3.039$$

查 F 分布的分位数表得 $F_\alpha(2p,2(n-k-p+1)) = F_{0.01}(8,108) = 2.68 < F = 3.039$，从而在 $\alpha = 0.01$ 水平下拒绝 H_0，即认为三种销售方式的销售额有显著差异。事实上，可以由 F 的观测值计算得到该检验的显著性 p 值，即 $p = 0.004 < 0.01$，这说明应该拒绝原假设 H_0。

为了进一步了解这三种销售方式的差异是由哪些商品引起的，我们可以对这四个商品分别用一元方差分析进行检验。记 $\boldsymbol{\mu}_k = (\boldsymbol{\mu}_{k1}, \boldsymbol{\mu}_{k2}, \boldsymbol{\mu}_{k3}, \boldsymbol{\mu}_{k4})'$ $(k=1,2,3)$，利用 $\boldsymbol{A}$ 和 $\boldsymbol{T}$ 这两个矩阵的对角元素，当 H_{0i}：$\boldsymbol{\mu}_{1i} = \boldsymbol{\mu}_{2i} = \boldsymbol{\mu}_{3i}$ 成立时有

$$F_i = \frac{(t_{ii} - a_{ii})/(k-1)}{a_{ii}/(n-k)} \sim F(k-1, n-k) \quad (i = 1, \cdots, 4)$$

其中 a_{ii} 和 t_{ii} 分别是矩阵 $\boldsymbol{A}$ 和 $\boldsymbol{T}$ 的第 i 个对角元素。F_i 是第 i 种商品(x_i)对三种销售方式是否有显著差异的检验统计量。经计算可得

$$F_1 = \frac{(t_{11} - a_{11})/(k-1)}{a_{11}/(n-k)} = \frac{5221.30/2}{44069.55/57} = 3.377$$

$$F_2 = \frac{(t_{22} - a_{22})/(k-1)}{a_{22}/(n-k)} = \frac{518.53/2}{9148.05/57} = 1.615$$

$$F_3 = \frac{(t_{33} - a_{33})/(k-1)}{a_{33}/(n-k)} = \frac{2480.83/2}{427028.05/57} = 0.166$$

$$F_4 = \frac{(t_{44} - a_{44})/(k-1)}{a_{44}/(n-k)} = \frac{38529.30/2}{137115.10/57} = 8.008$$

查 F 分布的分位数表得 $F_{0.05}(2,57) = 3.16$，$F_{0.01}(2,57) = 5.01$，故第一种商品(x_1)对三种销售方式略有差异($p = 0.041$)，第四种商品(x_4)对三种销售方式有显著差异($p = 0.001$)，第二种商品(x_2)和第三种商品(x_3)对三种销售方式无显著差异($p = 0.208$ 和 $p = 0.848$)。第四种商品(x_4)的 p 值特别小，它对原假设的被拒绝起到了关键作用，将其剔除后再用其他三种商品的数据(此时向量维数为 $p = 3$)进行三元方差分析，有

$$\Lambda = \frac{|A|}{|T|} = \frac{1.3831\times10^{14}}{1.5906\times10^{14}} = 0.8695$$

$$F = \frac{(n-k)-p+1}{p} \frac{1-\sqrt{\Lambda}}{\sqrt{\Lambda}} = \frac{57-3+1}{3} \frac{1-\sqrt{0.8695}}{\sqrt{0.8695}} = 1.328$$

查表得 $F_\alpha(2p,2(n-k-p+1)) = F_{0.05}(6,110) = 2.18 > F = 1.328$。因此，此时接受原假设 H_0，即认为三种商品的均值向量对三种销售方式无显著差异。另外，根据上面 F 统计量的观察

值 $F=1.328$，可以算出此时检验的 p 值，即 $p=0.251$，故应接受原假设 H_0。虽然一元方差分析结果认为第一种商品(x_1)对三种销售方式略有差异，但从多元方差分析结果看，第一种商品(x_1)对三种销售方式无显著差异。

习题 3

3.1　对某地区农村 6 名 2 岁男幼儿的身高(x_1)、胸围(x_2)、上半臂围(x_3)进行测量(单位：cm)，测得样本数据如表 3.2 所示。根据以往资料，该地区城市 2 岁男幼儿的这三项指标的均值为$\boldsymbol{\mu}_0=(90,58,16)'$。假定 $\boldsymbol{X}=(x_1,x_2,x_3)'$服从多元正态分布 $N_3(\boldsymbol{\mu},\boldsymbol{\Sigma})$，其中 $\boldsymbol{\Sigma}$ 未知。

(1)试检验假设 H_0：$\boldsymbol{\mu}=\boldsymbol{\mu}_0 \leftrightarrow H_1$：$\boldsymbol{\mu}\neq\boldsymbol{\mu}_0(\alpha=0.05)$；

(2)试求$\boldsymbol{\mu}$ 的置信度为 95%的置信域。

3.2　有甲和乙两种品牌的轮胎，现各抽取 6 只进行耐用性试验，试验分三个阶段进行，第一阶段旋转 1000 次，第二阶段旋转 1000 次，第三阶段仍然旋转 1000 次。耐用性指标测量值见表 3.4。

表 3.4　轮胎耐用性实验测量值

甲品牌的三个阶段耐用指标			乙品牌的三个阶段耐用指标		
第一阶段	第二阶段	第三阶段	第一阶段	第二阶段	第三阶段
194	192	141	239	127	90
208	188	165	189	105	85
233	217	171	224	123	79
241	222	201	243	123	110
265	252	207	243	117	100
269	282	191	226	125	75

试问在耐用性指标服从多元正态分布及两总体协方差矩阵相等的条件下，甲和乙两种品牌轮胎的平均耐用性指标是否有显著差异$(\alpha=0.05)$。如果有，哪个阶段有较显著作用？

3.3　检验均值向量的分量之间是否存在某些线性结构关系，可归结为检验假设

$$H_0:\ \boldsymbol{C}\mu=\boldsymbol{\varphi}_0 \leftrightarrow H_1:\ \boldsymbol{C}\mu\neq\boldsymbol{\varphi}_0$$

其中 $\boldsymbol{C}$ 为已知 $k\times p$ 矩阵，$\text{rank}(\boldsymbol{C})=k<p$，$\boldsymbol{\varphi}_0$ 是已知的 k 维列向量。设 $\boldsymbol{X}_{(1)},\cdots,\boldsymbol{X}_{(n)}$ 为来自总体 $N_p(\boldsymbol{\mu},\boldsymbol{\Sigma})$的一个随机样本，其中 $\boldsymbol{\Sigma}>0,n>p$，$\overline{\boldsymbol{X}}$和 $\boldsymbol{A}$ 分别为样本均值向量和样本离差矩阵。试利用 3.2.1 小节中的方法导出上述假设的检验统计量

$$F=\frac{n-k}{k(n-1)}T^2$$

其中 $\boldsymbol{T}^2=(n-1)n(\boldsymbol{C}\overline{\boldsymbol{X}}-\phi_0)'(\boldsymbol{CAC}')^{-1}(\boldsymbol{C}\overline{\boldsymbol{X}}-\boldsymbol{\varphi}_0)$，当 H_0 成立时，$F\sim F(k,n-k)$，因此 H_0 的拒绝域为$\{F\geqslant F_\alpha(k,n-k)\}$。

3.4 在例 3.3 中，假定人类有这样一个规律：身高、胸围和上半臂围的平均尺寸比例为 6∶4∶1，试在显著性水平 $\alpha=0.01$ 下检验表 3.2 中的数据是否符合这一规律，也就是要检验 H_0：$\frac{\boldsymbol{\mu}_1}{6}=\frac{\boldsymbol{\mu}_2}{4}=\boldsymbol{\mu}_3 \leftrightarrow H_1$：$\frac{\boldsymbol{\mu}_1}{6},\frac{\boldsymbol{\mu}_2}{4},\boldsymbol{\mu}_3$ 不全相等。

提示：将习题 3.3 中假设表达为 H_0：$\boldsymbol{C\mu}=0 \leftrightarrow H_1$：$\boldsymbol{C\mu}\neq 0$，其中 $\boldsymbol{\mu}=(\mu_1,\mu_2,\mu_3)'$，

$$\boldsymbol{C}=\begin{pmatrix}2 & -3 & 0\\ 1 & 0 & -6\end{pmatrix} \text{或} \boldsymbol{C}=\begin{pmatrix}0 & 1 & -4\\ 1 & 0 & -6\end{pmatrix}$$

然后采用习题 3.3 提供的方法进行检验。

3.5 设有两个独立样本 $\boldsymbol{X}_{(1)},\cdots,\boldsymbol{X}_{(n)}$ 和 $\boldsymbol{Y}_{(1)},\cdots,\boldsymbol{Y}_{(m)}$ 分别来自总体 $N_p(\boldsymbol{\mu}_1,\boldsymbol{\Sigma})$ 和 $N_p(\boldsymbol{\mu}_2,\boldsymbol{\Sigma})$，$\boldsymbol{\Sigma}>0$，$n+m-2\geqslant p$。对于假设检验问题

$$H_0: \boldsymbol{C}(\boldsymbol{\mu}_1-\boldsymbol{\mu}_2)=\boldsymbol{\varphi}_0 \leftrightarrow H_1: \boldsymbol{C}(\boldsymbol{\mu}_1-\boldsymbol{\mu}_2)\neq\boldsymbol{\varphi}_0$$

$\boldsymbol{C}$ 为已知 $k\times p$ 矩阵，$\text{rank}(\boldsymbol{C})=k<p$，$\boldsymbol{\varphi}_0$ 是已知的 k 维列向量，试导出检验统计量

$$F=\frac{n+m-k-1}{k}\boldsymbol{T}^2$$

其中

$$\boldsymbol{T}^2=\frac{nm}{n+m}[\boldsymbol{C}(\overline{\boldsymbol{X}}-\overline{\boldsymbol{Y}})-\boldsymbol{\varphi}_0]'(\boldsymbol{CSC}')^{-1}[\boldsymbol{C}(\overline{\boldsymbol{X}}-\overline{\boldsymbol{Y}})-\boldsymbol{\varphi}_0]$$

这里 $S=\frac{1}{n+m-2}\boldsymbol{A}$，$\boldsymbol{A}=\boldsymbol{A}_1+\boldsymbol{A}_2$，$\overline{\boldsymbol{X}}$和$\overline{\boldsymbol{Y}}$是来自两个总体的样本均值向量，$\boldsymbol{A}_1$ 和 $\boldsymbol{A}_2$ 是来自两个总体的样本离差矩阵。当 H_0 成立时，$F\sim F(k,n+m-k-1)$，因此对于给定的显著性水平 α，原假设 H_0 的拒绝域为$\{F\geqslant F_\alpha(k,n+m-k-1)\}$。

3.6 某种产品有甲、乙两种品牌，从甲品牌和乙品牌中分别随机抽取 5 个产品，测量相同的 5 项指标，数据见表 3.5。

表 3.5　抽取产品测量数据

产品	指标				
	1	2	3	4	5
甲	11	18	15	18	15
甲	33	27	31	21	17
甲	20	28	27	23	19
甲	18	26	18	18	9
甲	22	23	22	16	10
均值	20.8	24.4	22.6	19.2	14.0
乙	18	17	20	18	18
乙	31	24	31	26	20

续表

产品	指标				
	1	2	3	4	5
乙	14	16	17	20	17
乙	25	24	31	26	18
乙	36	28	24	26	29
均值	24. 8	21. 8	24. 6	23. 2	20. 4

在甲、乙品牌 5 项指标分别服从正态分布 $N_5(\boldsymbol{\mu}_1,\boldsymbol{\Sigma})$ 和 $N_5(\boldsymbol{\mu}_2,\boldsymbol{\Sigma})$ 的假设下，试问甲、乙两种品牌产品每项指标间的差异是否显著不同($\alpha=0.05$)，即要检验

$$H_0:\ \boldsymbol{C}(\boldsymbol{\mu}_1-\boldsymbol{\mu}_2)=0 \leftrightarrow H_1:\ \boldsymbol{C}(\boldsymbol{\mu}_1-\boldsymbol{\mu}_2)\neq 0$$

其中

$$\boldsymbol{C}=\begin{pmatrix}1 & -1 & 0 & 0 & 0\\ 0 & 1 & -1 & 0 & 0\\ 0 & 0 & 1 & -1 & 0\\ 0 & 0 & 0 & 1 & -1\end{pmatrix}$$

3. 7　在三条河的太平洋入海口处“抽取”一些鱼(同一品种)，测量每条鱼的长度、生长系数和年龄，从每条河中“抽取”76 条鱼，得

$$\bar{\boldsymbol{x}}_1=\begin{pmatrix}441.16\\ 0.13\\ -3.36\end{pmatrix},\quad \boldsymbol{S}_1=\frac{1}{n_1-1}\boldsymbol{A}_1=\begin{pmatrix}294.76 & -0.60 & -32.57\\ -0.60 & 0.0013 & 0.073\\ -32.47 & 0.073 & 4.23\end{pmatrix}$$

$$\bar{\boldsymbol{x}}_2=\begin{pmatrix}505.97\\ 0.09\\ -4.57\end{pmatrix},\quad \boldsymbol{S}_2=\frac{1}{n_2-1}\boldsymbol{A}_2=\begin{pmatrix}1596.18 & -1.19 & -91.05\\ -1.19 & 0.001 & 0.071\\ -91.05 & 0.071 & 5.76\end{pmatrix}$$

$$\bar{\boldsymbol{x}}_3=\begin{pmatrix}432.51\\ 0.14\\ -3.31\end{pmatrix},\quad \boldsymbol{S}_3=\frac{1}{n_3-1}\boldsymbol{A}_3=\begin{pmatrix}182.67 & -0.42 & -22.00\\ -0.42 & 0.0012 & 0.056\\ -22.00 & 0.056 & 3.14\end{pmatrix}$$

其中三条河的样本容量为 $n_1=n_2=n_3=76$。假定三组数据分别来自正态总体 $N_3(\boldsymbol{\mu}_1,\boldsymbol{\Sigma})$、$N(\boldsymbol{\mu}_2,\boldsymbol{\Sigma})$ 和 $N_3(\boldsymbol{\mu}_3,\boldsymbol{\Sigma})$，$\bar{\boldsymbol{x}}_1$，$\bar{\boldsymbol{x}}_2$，$\bar{\boldsymbol{x}}_3$ 是这三个总体的样本均值向量，$\boldsymbol{A}_1$、$\boldsymbol{A}_2$、$\boldsymbol{A}_3$ 是这三个总体的样本离差矩阵。试在显著性水平 $\alpha=0.01$ 下检验 $H_0:\ \boldsymbol{\mu}_1=\boldsymbol{\mu}_2=\boldsymbol{\mu}_3 \leftrightarrow H_1:\ \boldsymbol{\mu}_1,\boldsymbol{\mu}_2,\boldsymbol{\mu}_3$ 不全相等。

第4章　判别分析

判别分析是用于判断样品所属类型的一种统计方法。在科学研究和日常生活中，我们经常遇到根据以往观测到的数据资料对一个新样品进行判别归类的问题。例如，在生物学中，可根据以往的昆虫数据或其类型特征来判断一个新发现的昆虫属于已知类型中的哪一种。又如，在气象学中，可根据已有的气象资料(气温、气压、温度、湿度等)来判断明天是阴天还是晴天，是有雨还是无雨。在经济研究中，可根据人均国民收入、人均工农业产值和人均消费水平等多项指标来判断一个国家经济发展程度所属的类型。在市场预测中，可根据以往的数据指标来判断下个季度(或下个月)的产品是畅销、平销还是滞销。在考古学中，可根据以往的数据来判断新发掘的化石或文物所属的年代等。

在利用判别分析处理问题时，通常要给出一个衡量新样品与各已知类别接近程度的统计模型，同时需指定一种判别规则，借以判定新样品的归属。判别分析处理问题的方法看起来与聚类分析的有些类似，都是要将观测值分类，但是它们的使用前提是不同的。判别分析是根据观测到的某些指标的数据(或称为训练样本)对所研究的对象建立判别函数，并进行分类的一种多变量分析方法，也称为“有监督的分类方法”。

一般来说，判别分析可以这样来描述：设有 k 个总体 $G_1,\cdots,G_k$，它们的分布特征已知(如已知分布函数分别为 $F_1(x),\cdots,F_k(x)$，或已知来自各个总体的训练样本集)，对给定的一个新样品 x，我们要判断它来自哪个总体。

进行判别归类时，由假设前提、判别依据及处理手法的不同可采用不同的判别方法。如距离判别、贝叶斯(Bayes)判别、费希尔判别和逐步判别等。

4.1　距离判别

判别问题，就是将欧几里得空间 R^p 划分为 k 个互不相交的区域 $R_1,\cdots,R_k$，即 $R_i\cap R_j=\varnothing(i\neq j)$，$\bigcup\limits_{j=1}^{k}R_j=R^p$。当 $x\in R_i$ 时，就判断 x 属于总体 $G_i(i=1,\cdots,k)$。特别是当 $k=2$ 时，就是两总体的判别问题。距离判别是最简单、最直观的一种判别方法，也是最常用的一种判别方法，该方法适用于连续型随机变量的判别，对变量的概率分布没有限制。

4.1.1　马氏距离

假设有两个一元正态总体 $G_1\sim N(0,1)$ 和 $G_2\sim N(4,2^2)$，两个分布的密度曲线如图 4.1 所示。

考虑两条曲线交点的横坐标点 A，经计算得到 A 点的横坐标值为 $x=1.66$。乍一看 A 点距总体 G_1 比较近，即 A 点距总体 G_1 的均值 $\mu_1=0$ 较近，距 G_2 的均值 $\mu_2=4$ 较远。若考

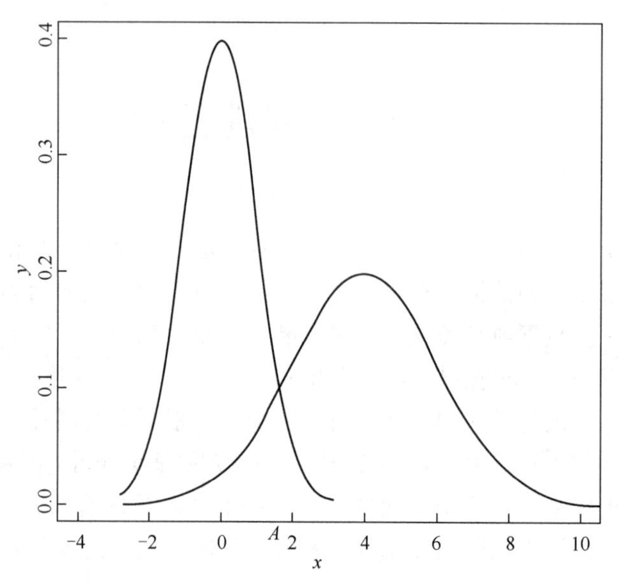

图 4.1　具有不同方差的正态分布的密度曲线

虑各总体分布的离散性，情况就并非如此。记 A 点与 G_1 和 G_2 相对距离的平方分别为 $d_1^2(x)$ 和 $d_2^2(x)$，则

$$d_1^2(x)=\frac{(x-\mu_1)^2}{\sigma_1^2}=1.66^2,\ d_2^2(x)=\frac{(x-\mu_2)^2}{\sigma_2^2}=1.17^2$$

因为 $d_2(x)=1.17<1.66=d_1(x)$，故应该认为 A 点距总体 G_2 更近一些。因此，在判别分析中往往采用马氏（Mahalanobis）距离而不是欧氏（Euclidean）距离。下面给出马氏距离的定义。

定义 4.1　设 $\boldsymbol{x}$、$\boldsymbol{y}$ 是从均值向量为 $\boldsymbol{\mu}$、协方差矩阵为 $\boldsymbol{\Sigma}$ 的总体 G 中抽取的两个样品，则 $\boldsymbol{x}$ 与 $\boldsymbol{y}$ 之间的马氏距离定义为

$$d(\boldsymbol{x},\boldsymbol{y})=\sqrt{(\boldsymbol{x}-\boldsymbol{y})'\boldsymbol{\Sigma}^{-1}(\boldsymbol{x}-\boldsymbol{y})}$$

样品 $\boldsymbol{x}$ 与总体 G 的马氏距离为

$$d(\boldsymbol{x},G)=\sqrt{(\boldsymbol{x}-\boldsymbol{\mu})'\boldsymbol{\Sigma}^{-1}(\boldsymbol{x}-\boldsymbol{\mu})}$$

4.1.2　两总体的距离判别

设总体 G_1 和 G_2 的均值向量分别为 $\boldsymbol{\mu}_1$ 和 $\boldsymbol{\mu}_2$，协方差矩阵分别为 $\boldsymbol{\Sigma}_1$ 和 $\boldsymbol{\Sigma}_2$，$\boldsymbol{x}$ 是一个新样品，现在要判断 $\boldsymbol{x}$ 来自哪一个总体。可计算 $\boldsymbol{x}$ 到两个总体的马氏距离的平方 $d^2(\boldsymbol{x},G_1)$ 和 $d^2(\boldsymbol{x},G_2)$，并按照下列判别准则进行判别

$$\begin{cases}\boldsymbol{x}\in G_1, & 若\ d^2(\boldsymbol{x},G_1)\leqslant d^2(\boldsymbol{x},G_2),\\ \boldsymbol{x}\in G_2, & 若\ d^2(\boldsymbol{x},G_1)>d^2(\boldsymbol{x},G_2)\end{cases}\tag{4.1}$$

1. 当 $\boldsymbol{\Sigma}_1=\boldsymbol{\Sigma}_2=\boldsymbol{\Sigma}$ 时的线性判别

由于此时 $d^2(\boldsymbol{x},G_1)$ 和 $d^2(\boldsymbol{x},G_2)$ 的展开式中含有相同的项 $\boldsymbol{x}'\boldsymbol{\Sigma}^{-1}\boldsymbol{x}$，因此，可以简化式

(4.1)。$d^2(\boldsymbol{x},G_1)$ 与 $d^2(\boldsymbol{x},G_2)$之差为

$$\begin{aligned}d^2(\boldsymbol{x},G_2)-d^2(\boldsymbol{x},G_1)&=(\boldsymbol{x}-\boldsymbol{\mu}_2)'\boldsymbol{\Sigma}^{-1}(\boldsymbol{x}-\boldsymbol{\mu}_2)-(\boldsymbol{x}-\boldsymbol{\mu}_1)'\boldsymbol{\Sigma}^{-1}(\boldsymbol{x}-\boldsymbol{\mu}_1)\\&=2\boldsymbol{x}'\boldsymbol{\Sigma}^{-1}(\boldsymbol{\mu}_1-\boldsymbol{\mu}_2)+(\boldsymbol{\mu}_1+\boldsymbol{\mu}_2)'\boldsymbol{\Sigma}^{-1}(\boldsymbol{\mu}_1+\boldsymbol{\mu}_2)\\&=2(\boldsymbol{x}-\bar{\boldsymbol{\mu}})'\boldsymbol{\Sigma}^{-1}(\boldsymbol{\mu}_1-\boldsymbol{\mu}_2)\\&=2(\boldsymbol{\mu}_1-\boldsymbol{\mu}_2)'\boldsymbol{\Sigma}^{-1}(\boldsymbol{x}-\bar{\boldsymbol{\mu}})\end{aligned}$$

其中$\bar{\boldsymbol{\mu}}=(\boldsymbol{\mu}_1+\boldsymbol{\mu}_2)/2$ 是两个总体均值的平均值。令

$$w(\boldsymbol{x})=(\boldsymbol{\mu}_1-\boldsymbol{\mu}_2)'\boldsymbol{\Sigma}^{-1}(\boldsymbol{x}-\bar{\boldsymbol{\mu}})=a'(\boldsymbol{x}-\bar{\boldsymbol{\mu}})\tag{4.2}$$

其中 $a=\boldsymbol{\Sigma}^{-1}(\boldsymbol{\mu}_1-\boldsymbol{\mu}_2)$，则 $d^2(\boldsymbol{x},G_2)-d^2(\boldsymbol{x},G_1)=2w(\boldsymbol{x})$。因此，判别准则式(4.1)可简化为

$$\begin{cases}\boldsymbol{x}\in G_1, & 若\ w(\boldsymbol{x})\geqslant 0,\\ \boldsymbol{x}\in G_2, & 若\ w(\boldsymbol{x})<0\end{cases}\tag{4.3}$$

称 $w(\boldsymbol{x})$为**判别函数**，由于它是 $\boldsymbol{x}$ 的线性函数，故又称它为线性判别函数。

$w(\boldsymbol{x})$把空间 R^p 划分为两部分：$R_1=\{\boldsymbol{x}\mid w(\boldsymbol{x})\geqslant 0\}$和 $R_2=\{\boldsymbol{x}\mid w(\boldsymbol{x})<0\}$。当样品 $\boldsymbol{x}$ 落入 R_1 时判 $\boldsymbol{x}\in G_1$，当 $\boldsymbol{x}$ 落入 R_2 时判 $\boldsymbol{x}\in G_2$。但用判别函数 $w(\boldsymbol{x})$进行判别时难免会发生错判。用 $P(2\mid 1)$表示 $\boldsymbol{x}$ 实际来自 G_1 但被错判为属于 G_2 的概率，用 $P(1\mid 2)$表示 $\boldsymbol{x}$ 实际来自 G_2 但被错判为属于 G_1 的概率，则有

$$P(2\mid 1)=P(w(\boldsymbol{x})<0\mid \boldsymbol{x}\in G_1),\ P(1\mid 2)=P(w(\boldsymbol{x})\geqslant 0\mid \boldsymbol{x}\in G_2)$$

若两个总体均为正态总体，其分布分别为 $G_1\sim N_p(\boldsymbol{\mu}_1,\boldsymbol{\Sigma})$和 $G_2\sim N_p(\boldsymbol{\mu}_2,\boldsymbol{\Sigma})$。当 $\boldsymbol{x}\in G_1$ 时，可以证明有

$$w(\boldsymbol{x})=(\boldsymbol{\mu}_1-\boldsymbol{\mu}_2)'\boldsymbol{\Sigma}^{-1}(\boldsymbol{x}-\bar{\boldsymbol{\mu}})\sim N_p(d^2/2,d^2)$$

其中 $d^2=(\boldsymbol{\mu}_1-\boldsymbol{\mu}_2)'\boldsymbol{\Sigma}^{-1}(\boldsymbol{\mu}_1-\boldsymbol{\mu}_2)$，于是误判概率为

$$P(2\mid 1)=P(w(\boldsymbol{x})<0\mid \boldsymbol{x}\in G_1)=P\left(\frac{w(\boldsymbol{x})-|d|^2/2}{|d|}\leqslant-\frac{|d|}{2}\right)=\Phi\left(-\frac{|d|}{2}\right)$$

其中 $\Phi(x)$为标准正态分布 $N(0,1)$的分布函数。类似地，可以证明

$$P(1\mid 2)=P(w(\boldsymbol{x})\geqslant 0\mid \boldsymbol{x}\in G_2)=P(2\mid 1)=\Phi\left(-\frac{|d|}{2}\right)$$

特别是当 $p=1$，且 $G_1\sim N(\boldsymbol{\mu}_1,\sigma^2),G_2\sim N(\boldsymbol{\mu}_2,\sigma^2)$时，两个误判概率为

$$P(2\mid 1)=P(1\mid 2)=\Phi\left(-\frac{|\boldsymbol{\mu}_1-\boldsymbol{\mu}_2|}{2\sigma}\right)=1-\Phi\left(\frac{|\boldsymbol{\mu}_1-\boldsymbol{\mu}_2|}{2\sigma}\right)$$

在实际中，总体的均值向量和协方差矩阵一般都是未知的，此时可用样本均值向量和样本协方差矩阵来代替。设 $\boldsymbol{x}_1^{(1)},\cdots,\boldsymbol{x}_{n_1}^{(1)}$ 是来自总体 G_1 的容量为 n_1 的样品，$\boldsymbol{x}_1^{(2)},\cdots,\boldsymbol{x}_{n_2}^{(2)}$ 是来自总体 G_2 的容量为 n_2 的样品，则样品均值向量和样品离差矩阵为

$$\bar{\boldsymbol{x}}^{(1)}=\frac{1}{n_1}\sum_{i=1}^{n_1}\boldsymbol{x}_i^{(1)},\ \boldsymbol{A}_1=\sum_{i=1}^{n_1}(\boldsymbol{x}_i^{(1)}-\bar{\boldsymbol{x}}^{(1)})(\boldsymbol{x}_i^{(1)}-\bar{\boldsymbol{x}}^{(1)})'$$

$$\bar{\boldsymbol{x}}^{(2)}=\frac{1}{n_2}\sum_{j=1}^{n_2}\boldsymbol{x}_j^{(2)},\ \boldsymbol{A}_2=\sum_{j=1}^{n_2}(\boldsymbol{x}_j^{(2)}-\bar{\boldsymbol{x}}^{(2)})(\boldsymbol{x}_j^{(2)}-\bar{\boldsymbol{x}}^{(2)})'$$

$\bar{\boldsymbol{x}}^{(1)}$和$\bar{\boldsymbol{x}}^{(2)}$分别是$\boldsymbol{\mu}_1$ 和$\boldsymbol{\mu}_2$ 的无偏估计，而 $\boldsymbol{\Sigma}$ 的由两个总体样品构成的无偏估计为

$$\hat{\boldsymbol{\Sigma}}=\frac{1}{n_1+n_2-2}(\boldsymbol{A}_1+\boldsymbol{A}_2)$$

对于待判样品 $\boldsymbol{x}$，判别函数为

$$\hat{w}(\boldsymbol{x})=(\bar{\boldsymbol{x}}^{(1)}-\bar{\boldsymbol{x}}^{(2)})'\hat{\boldsymbol{\Sigma}}^{-1}(\boldsymbol{x}-\bar{\boldsymbol{x}})$$

其中 $\bar{\boldsymbol{x}}=(\bar{\boldsymbol{x}}^{(1)}+\bar{\boldsymbol{x}}^{(2)})/2$。判别准则为

$$\begin{cases}\boldsymbol{x}\in G_1, & 若\hat{w}(\boldsymbol{x})\geqslant 0,\\ \boldsymbol{x}\in G_2, & 若\hat{w}(\boldsymbol{x})<0\end{cases}$$

2. 当 $\boldsymbol{\Sigma}_1\neq\boldsymbol{\Sigma}_2$ 时的非线性判别

此时判别函数为 $d^2(\boldsymbol{x},G_1)$ 与 $d^2(\boldsymbol{x},G_2)$ 之差，即

$$\begin{aligned}\hat{w}(\boldsymbol{x})&=d^2(\boldsymbol{x},G_2)-d^2(\boldsymbol{x},G_1)\\&=(\boldsymbol{x}-\boldsymbol{\mu}_2)'\boldsymbol{\Sigma}_2^{-1}(\boldsymbol{x}-\boldsymbol{\mu}_2)-(\boldsymbol{x}-\boldsymbol{\mu}_1)'\boldsymbol{\Sigma}_1^{-1}(\boldsymbol{x}-\boldsymbol{\mu}_1)\end{aligned}$$

由于这个 $w(\boldsymbol{x})$ 是 $\boldsymbol{x}$ 的二次函数，故称它为**二次判别函数**或非线性判别函数。相应的判别准则为

$$\begin{cases}\boldsymbol{x}\in G_1, & 若\ w(\boldsymbol{x})\geqslant 0,\\ \boldsymbol{x}\in G_2, & 若\ w(\boldsymbol{x})<0\end{cases}$$

与前面讨论的情况相同，在实际中总体均值向量 $\boldsymbol{\mu}_1$、$\boldsymbol{\mu}_2$ 和协方差矩阵 $\boldsymbol{\Sigma}_1$、$\boldsymbol{\Sigma}_2$ 往往未知，需要用样本均值向量 $\bar{\boldsymbol{x}}^{(1)}$、$\bar{\boldsymbol{x}}^{(2)}$ 和样本协方差矩阵 $\hat{\boldsymbol{\Sigma}}_1$、$\hat{\boldsymbol{\Sigma}}_2$ 来代替。因此，待判样品 $\boldsymbol{x}$ 的判别准则为

$$\begin{cases}\boldsymbol{x}\in G_1, & 若\hat{w}(\boldsymbol{x})\geqslant 0,\\ \boldsymbol{x}\in G_2, & 若\hat{w}(\boldsymbol{x})<0\end{cases}$$

其中

$$\hat{w}(\boldsymbol{x})=(\boldsymbol{x}-\bar{\boldsymbol{x}}^{(2)})'\hat{\boldsymbol{\Sigma}}_2^{-1}(\boldsymbol{x}-\bar{\boldsymbol{x}}^{(2)})-(\boldsymbol{x}-\bar{\boldsymbol{x}}^{(1)})'\hat{\boldsymbol{\Sigma}}_1^{-1}(\boldsymbol{x}-\bar{\boldsymbol{x}}^{(1)})$$

这里

$$\hat{\boldsymbol{\Sigma}}_1=\frac{1}{n_1-1}\boldsymbol{A}_1,\quad \hat{\boldsymbol{\Sigma}}_2=\frac{1}{n_2-1}\boldsymbol{A}_2$$

分别是 $\boldsymbol{\Sigma}_1$ 和 $\boldsymbol{\Sigma}_2$ 的无偏估计。

例 4.1　在研究砂基液化的问题中，选了 7 个因子。今从液化和未液化的地层中分别抽取 12 个和 23 个样品，数据见表 4.1，其中 1 类表示液化类，2 类表示未液化类。试按照距离判别准则对原 35 个样本进行分类(即回代)，并分析误判情况。

表 4.1　砂基液化原始分类数据

编号	类别 G	x_1	x_2	x_3	x_4	x_5	x_6	x_7
1	1	6.6	39	1.0	6.0	6	0.12	20
2	1	6.6	39	1.0	6.0	12	0.12	20
3	1	6.1	47	1.0	6.0	6	0.08	12
4	1	6.1	47	1.0	6.0	12	0.08	12

续表

编号	类别 G	x_1	x_2	x_3	x_4	x_5	x_6	x_7
5	1	8.4	32	2.0	7.5	19	0.35	75
6	1	7.2	6	1.0	7.0	28	0.30	30
7	1	8.4	113	3.5	6.0	18	0.15	75
8	1	7.5	52	1.0	6.0	12	0.16	40
9	1	7.5	52	3.5	7.5	6	0.16	40
10	1	8.3	113	0.0	7.5	35	0.12	180
11	1	7.8	172	1.0	3.5	14	0.21	45
12	1	7.8	172	1.5	3.0	15	0.21	45
13	2	8.4	32	1.0	5.0	4	0.35	75
14	2	8.4	32	2.0	9.0	10	0.35	75
15	2	8.4	32	2.5	4.0	10	0.35	75
16	2	6.3	11	4.5	7.5	3	0.20	15
17	2	7.0	8	4.5	4.5	9	0.25	30
18	2	7.0	8	6.0	7.5	4	0.25	30
19	2	7.0	8	1.5	6.0	1	0.25	30
20	2	8.3	161	1.5	4.0	4	0.08	70
21	2	8.3	161	0.5	2.5	1	0.08	70
22	2	7.2	6	3.5	4.0	12	0.30	30
23	2	7.2	6	1.0	3.0	3	0.30	30
24	2	7.2	6	1.0	6.0	5	0.30	30
25	2	5.5	6	2.5	3.0	7	0.18	18
26	2	8.4	113	3.5	4.5	6	0.15	75
27	2	8.4	113	3.5	4.5	8	0.15	75
28	2	7.5	52	1.0	6.0	6	0.16	40
29	2	7.5	52	1.0	7.5	8	0.16	40
30	2	8.3	97	0.0	6.0	5	0.15	180
31	2	8.3	97	2.5	6.0	5	0.15	180
32	2	8.3	89	0.0	6.0	10	0.16	180
33	2	8.3	56	1.5	6.0	13	0.25	180
34	2	7.8	172	1.0	3.5	6	0.21	45
35	2	7.8	283	1.0	4.5	6	0.18	45

解 利用本章的 R 程序进行运算。本例中 $n_1=12$，$n_2=23$，$n=35$，$p=7$。经计算得

$$\bar{\boldsymbol{x}}_1=(7.36,73.67,1.46,6.00,15.25,0.17,49.50)'$$

$$\bar{\boldsymbol{x}}_2=(7.69,69.60,2.04,5.24,6.35,0.22,70.35)'$$

$$\bar{\boldsymbol{\mu}}=(\bar{\boldsymbol{x}}_1+\bar{\boldsymbol{x}}_2)/2$$
$$=(7.525,71.635,1.75,5.62,10.8,0.195,59.925)'$$

线性判别函数 $w(\boldsymbol{x})=a'(\boldsymbol{x}-\bar{\boldsymbol{\mu}})$ 的系数向量为

$$\boldsymbol{a}=(-0.246,0.001,0.213,-0.190,-0.195,8.913,0.020)'$$

判别结果如下。

(1)在总体方差矩阵相同的条件下，将训练样本回代判别，结果有 2 个点判错，分别是第 9 号和第 29 号样品。即在方差相同条件下，误判率为 2/35≈0.057。

(2)在总体方差矩阵不同的条件下，将训练样本回代判别，结果全部正确，即此误判率为 0。

4.1.3　多总体的距离判别

对于距离判别，很容易将两类判别方法推广到多分类问题。事实上，距离判别的本质就是计算待判样品 x 到各个总体的马氏距离。哪个距离小，就判别相应的样品属于哪一类。设有 k 个总体 $G_1,\cdots,G_k$，它们的均值分别为 $\boldsymbol{\mu}_1,\cdots,\boldsymbol{\mu}_k$，协方差矩阵分别为 $\boldsymbol{\Sigma}_1,\cdots,\boldsymbol{\Sigma}_k$，$\boldsymbol{x}$ 到 G_i 的马氏距离的平方为

$$d^2(\boldsymbol{x},G_i)=(\boldsymbol{x}-\mu_i)'\boldsymbol{\Sigma}_i^{-1}(\boldsymbol{x}-\boldsymbol{\mu}_i)\quad(i=1,\cdots,k)$$

判别准则为：

$$\text{判定 } \boldsymbol{x}\in G_l,\text{ 若 } d^2(\boldsymbol{x},G_l)=\min_{1\leqslant i\leqslant k}\{d^2(\boldsymbol{x},G_i)\}$$

在实际中，$\boldsymbol{\mu}_1,\cdots,\boldsymbol{\mu}_k$ 和 $\boldsymbol{\Sigma}_1,\cdots,\boldsymbol{\Sigma}_k$ 往往未知，此时可用相应的估计来代替。设 $\boldsymbol{x}_1^{(i)},\cdots,\boldsymbol{x}_{n_i}^{(i)}$ 是来自总体 G_i 的容量为 n_i 的样品，$\boldsymbol{\mu}_i$ 和 $\boldsymbol{\Sigma}_i$ 的无偏估计为

$$\hat{\boldsymbol{\mu}}_i=\bar{\boldsymbol{x}}^{(i)}=\frac{1}{n_i}\sum_{j=1}^{n_i}\boldsymbol{x}_j^{(i)},\hat{\boldsymbol{\Sigma}}_i=\frac{1}{n_i-1}\boldsymbol{A}_i=\frac{1}{n_i-1}\sum_{j=1}^{n_i}(\boldsymbol{x}_j^{(i)}-\bar{\boldsymbol{x}}^{(i)})(\boldsymbol{x}_j^{(i)}-\bar{\boldsymbol{x}}^{(i)})'$$

当 $\boldsymbol{\Sigma}_1=\cdots=\boldsymbol{\Sigma}_k=\boldsymbol{\Sigma}$ 时，有

$$d^2(\boldsymbol{x},G_i)=(\boldsymbol{x}-\boldsymbol{\mu}_i)'\boldsymbol{\Sigma}^{-1}(\boldsymbol{x}-\boldsymbol{\mu}_i)\quad(i=1,\cdots,k)$$

此时 $\boldsymbol{\mu}_i$ 的无偏估计仍为 $\hat{\boldsymbol{\mu}}_i=\bar{\boldsymbol{x}}^{(i)}$，而 $\boldsymbol{\Sigma}$ 的无偏估计可取为

$$\hat{\boldsymbol{\Sigma}}=\frac{1}{n-k}\sum_{i=1}^{k}\boldsymbol{A}_i$$

其中 $n=n_1+\cdots+n_k$。

多总体的距离判别计算程序与两总体情况基本相同，此时类别个数有多个。

例 4.2　某地市场上销售的电视机有多种品牌，该地某商场随机抽取了 20 种品牌的电视机进行调查，发现其中有 5 种畅销、8 种平销、7 种滞销。按电视机的质量评分 Q、功能评分 C、销售价格 P(单位：百元)收集数据，见表 4.2，其类别 G 中的元素 1 表示畅销，元素 2 表示平销，元素 3 表示滞销。试根据该资料进行判别。假设有一新厂商来推销其产品，产品质量评分为 8.0，功能评分为 7.5，销售价格为 65，问该厂家产品的销售前景如何？

表 4.2　某地电视机销售数据

编号	G	Q	C	P
1	1	8.3	4.0	29

续表

编号	G	Q	C	P
2	1	9.5	7.0	68
3	1	8.0	5.0	39
4	1	7.4	7.0	50
5	1	8.8	6.5	55
6	2	9.0	7.5	58
7	2	7.0	6.0	75
8	2	9.2	8.0	82
9	2	8.0	7.0	67
10	2	7.6	9.0	90
11	2	7.2	8.5	86
12	2	6.4	7.0	53
13	2	7.3	5.0	48
14	3	6.0	2.0	20
15	3	6.4	4.0	39
16	3	6.8	5.0	48
17	3	5.2	3.0	29
18	3	5.8	3.5	32
19	3	5.5	4.0	34
20	3	6.0	4.5	36

解 利用本章的R程序代码进行运算，判别结果如下。

(1)在总体方差矩阵相同的条件下，将训练样本回代判别，结果有2个点判错，分别是第6号和第13号样品。即在方差相同的条件下，误判率为2/20=0.10。对新厂家产品的销售前景预测结果为$Q=2$，即平销。

(2)在总体方差矩阵不同的条件下，将训练样本回代判别，结果有1个点判错，即第13号样品。即在方差不同的条件下，误判率为1/20=0.05。对新厂家产品的销售前景预测结果为$Q=2$，即平销。

4.2 贝叶斯判别

距离判别只利用总体的特征信息，即均值向量和协方差矩阵，不涉及总体的分布类型。该判别方法有两个缺点：一是该方法与总体出现的机会大小(先验概率)无关；二是该方法没有考虑错判造成的损失。贝叶斯判别正是为解决这两个问题而提出的一种判别方法。

贝叶斯统计方法总是假定对所研究的对象已有一些认识，常用先验概率分布来描述这种认识。当抽取一个样本后，再利用样本信息来修正已有的认识，得到后验概率分布。贝叶斯统计方法的各种统计推断都是基于后验分布而进行。将贝叶斯统计思想用于判别分析就得到贝叶斯判别方法。

所谓判别方法，就是给出欧氏空间 $\boldsymbol{R}^p$ 的一个划分 $\{\boldsymbol{R}_1,\cdots,\boldsymbol{R}_k\}$，当 $\boldsymbol{x}\in\boldsymbol{R}_i$ 时，就判断 $\boldsymbol{x}$ 属于总体 $G_i(i=1,\cdots,k)$。一种划分对应一种判别方法，不同的划分对应不同的判别方法。贝叶斯判别本质上就是在贝叶斯判别准则下给出空间 R^p 的一种最好的划分。

4.2.1　贝叶斯判别准则

考虑两个总体的判别情况。设总体 G_1 和 G_2 分别具有概率密度函数 $f_1(\boldsymbol{x})$ 和 $f_2(\boldsymbol{x})$，其中 $\boldsymbol{x}$ 是 p 维向量。设 R_1 是根据某种规则要判为样品属于 G_1 的那些 $\boldsymbol{x}$ 的全体，R_2 是要判为样品属于 G_2 的那些 $\boldsymbol{x}$ 的全体。某样品 $\boldsymbol{x}$ 实际来自 G_1，但被误判为属于 G_2 的概率为

$$P(2\mid 1)=P(\boldsymbol{x}\in R_2\mid G_1)=\int_{R_2}f_1(\boldsymbol{x})\,\mathrm{d}\boldsymbol{x}$$

类似地，$\boldsymbol{x}$ 实际来自 G_2，但被误判为属于 G_1 的概率为

$$P(1\mid 2)=P(\boldsymbol{x}\in R_1\mid G_2)=\int_{R_1}f_2(\boldsymbol{x})\,\mathrm{d}\boldsymbol{x}$$

又设 p_1 和 p_2 分别为总体 G_1 和 G_2 的先验概率，$L(2\mid 1)$ 为实际来自 G_1 但被误判为属于 G_2 的损失，$L(1\mid 2)$ 为实际来自 G_2 但被误判为属于 G_1 的损失。将上述误判概率与误判损失结合起来，定义平均误判损失(Expected Cost of Misclassification，ECM)为

$$ECM(R)=ECM(R_1,R_2)=L(2\mid 1)P(2\mid 1)p_1+L(1\mid 2)P(1\mid 2)p_2 \tag{4.4}$$

一个合理的选择是，求划分区域 R_1 和 R_2，使 ECM 达到最小。

4.2.2　两总体贝叶斯判别

可以证明，极小化平均损失式(4.4)得到的划分区域 R_1 和 R_2 为

$$R_1=\left\{x\left|\frac{f_1(x)}{f_2(x)}\geqslant\frac{L(1\mid 2)p_2}{L(2\mid 1)p_1}\right.\right\},\quad R_2=\left\{x\left|\frac{f_1(x)}{f_2(x)}<\frac{L(1\mid 2)p_2}{L(2\mid 1)p_1}\right.\right\} \tag{4.5}$$

因此，可以将式(4.5)作为两总体下贝叶斯判别的判别准则。

例 4.3　设总体 G_1 和 G_2 的概率密度函数分别为 $f_1(\boldsymbol{x})$ 和 $f_2(\boldsymbol{x})$，又假设误判损失为 $L(1\mid 2)=2L(2\mid 1)$，根据以往经验给出的先验概率得 $p_1=0.4$，$p_2=0.6$。根据贝叶斯判别准则式(4.5)得到的划分为

$$R_1=\left\{\boldsymbol{x}\left|\frac{f_1(\boldsymbol{x})}{f_2(\boldsymbol{x})}\geqslant\frac{1.2}{0.4}=3\right.\right\},\quad R_2=\left\{\boldsymbol{x}\left|\frac{f_1(\boldsymbol{x})}{f_2(\boldsymbol{x})}<\frac{1.2}{0.4}=3\right.\right\}$$

若一个新样品 $\boldsymbol{x}_0$ 的密度函数值为 $f_1(\boldsymbol{x}_0)=0.48$，$f_2(\boldsymbol{x}_0)=0.24$，则

$$\frac{f_1(\boldsymbol{x}_0)}{f_2(\boldsymbol{x}_0)}=2<3$$

因此判断 $\boldsymbol{x}_0$ 属于 G_2。

下面讨论正态分布下，概率密度函数之比的计算问题。设 $G_i\sim N_p(\boldsymbol{\mu}_i,\boldsymbol{\Sigma}_i)\,(i=1,2)$，

分别考虑总体协方差矩阵相等和不等的情况。

当 $\boldsymbol{\Sigma}_1=\boldsymbol{\Sigma}_2=\boldsymbol{\Sigma}$ 时，总体 G_i 的密度函数为

$$f_i(\boldsymbol{x})=(2\pi)^{-p/2}|\boldsymbol{\Sigma}|^{-1/2}\exp\left\{-\frac{1}{2}(\boldsymbol{x}-\boldsymbol{\mu}_i)'\boldsymbol{\Sigma}^{-1}(\boldsymbol{x}-\boldsymbol{\mu}_i)\right\}\quad(i=1,2)$$

因此，划分区域式(4.5)等价于

$$R_1=\{\boldsymbol{x}\mid w(\boldsymbol{x})\geqslant\beta\},\quad R_2=\{\boldsymbol{x}\mid w(\boldsymbol{x})<\beta\}$$

其中

$$w(\boldsymbol{x})=\frac{1}{2}(\boldsymbol{x}-\boldsymbol{\mu}_2)'\boldsymbol{\Sigma}^{-1}(\boldsymbol{x}-\boldsymbol{\mu}_2)-\frac{1}{2}(\boldsymbol{x}-\boldsymbol{\mu}_1)'\boldsymbol{\Sigma}^{-1}(\boldsymbol{x}-\boldsymbol{\mu}_1)$$

$$=(\boldsymbol{\mu}_1-\boldsymbol{\mu}_2)'\boldsymbol{\Sigma}^{-1}\left[\boldsymbol{x}-\frac{1}{2}(\boldsymbol{\mu}_1+\boldsymbol{\mu}_2)\right]$$

$$\beta=\ln\frac{L(1\mid 2)p_2}{L(2\mid 1)p_1}$$

不难看出，对于正态分布下的贝叶斯判别，当 $L(1\mid 2)=L(2\mid 1)$ 且 $p_1=p_2$ 时，$\beta=0$，此时的贝叶斯判别就是距离判别。

当 $\boldsymbol{\Sigma}_1\neq\boldsymbol{\Sigma}_2$ 时，划分区域式(4.5)等价于

$$R_1=\{\boldsymbol{x}\mid w(\boldsymbol{x})\geqslant\beta\},\quad R_2=\{\boldsymbol{x}\mid w(\boldsymbol{x})<\beta\}$$

其中

$$w(\boldsymbol{x})=\frac{1}{2}(\boldsymbol{x}-\boldsymbol{\mu}_2)'\boldsymbol{\Sigma}_2^{-1}(\boldsymbol{x}-\boldsymbol{\mu}_2)-\frac{1}{2}(\boldsymbol{x}-\boldsymbol{\mu}_1)'\boldsymbol{\Sigma}_1^{-1}(\boldsymbol{x}-\boldsymbol{\mu}_1),$$

$$\beta=\ln\frac{L(1\mid 2)p_2}{L(2\mid 1)p_1}+\frac{1}{2}\ln\frac{|\boldsymbol{\Sigma}_1|}{|\boldsymbol{\Sigma}_2|}$$

在实际中，$\boldsymbol{\mu}_1$、$\boldsymbol{\mu}_2$、$\boldsymbol{\Sigma}_1$、$\boldsymbol{\Sigma}_2$ 和 $\boldsymbol{\Sigma}$ 往往未知，此时可以用它们的估计来代替，即 $\hat{\boldsymbol{\mu}}_1=\bar{\boldsymbol{x}}^{(1)}$，$\hat{\boldsymbol{\mu}}_2=\bar{\boldsymbol{x}}^{(2)}$，而

$$\hat{\boldsymbol{\Sigma}}_1=\frac{1}{n_1-1}\boldsymbol{A}_1,\quad \hat{\boldsymbol{\Sigma}}_2=\frac{1}{n_2-1}\boldsymbol{A}_2,\quad \hat{\boldsymbol{\Sigma}}=\frac{1}{n_1+n_2-2}(\boldsymbol{A}_1+\boldsymbol{A}_2)$$

4.2.3 多总体贝叶斯判别

设 $f_i(\boldsymbol{x})$ 为总体 G_i 的概率密度函数，p_i 为 G_i 的先验概率($i=1,\cdots,k$)，$P(j\mid i)$ 为实际来自 G_i 但被误判为属于 G_j 的误判概率，$L(j\mid i)$ 为实际来自 G_i 但被误判为属于 G_j 的损失，$\boldsymbol{R}=\{\boldsymbol{R}_1,\cdots,\boldsymbol{R}_k\}$ 为判别方法。

在多总体下，平均误判损失为

$$ECM(\boldsymbol{R})=\sum_{i=1}^{k}p_i\sum_{j=1}^{k}P(j\mid i)L(j\mid i)=\sum_{i=1}^{k}p_ir_i(D)\tag{4.6}$$

其中 $r_i(D)$ 为实际来自 G_i 但被误判为其他总体的损失。如果存在判别方法 $\boldsymbol{R}^*=\{\boldsymbol{R}_1^*,\cdots,\boldsymbol{R}_k^*\}$，使 $ECM(\boldsymbol{R}^*)$ 达到最小，则称 $\boldsymbol{R}^*=\{\boldsymbol{R}_1^*,\cdots,\boldsymbol{R}_k^*\}$ 为贝叶斯判别准则。

可以证明，使 $ECM(\boldsymbol{R})$ 达到最小的贝叶斯判别准则为 $\boldsymbol{R}^*=\{\boldsymbol{R}_1^*,\cdots,\boldsymbol{R}_k^*\}$，其中

$$\boldsymbol{R}_i^*=\{\boldsymbol{x}\mid h_i(\boldsymbol{x})<h_j(\boldsymbol{x}),j\neq i,j=1,\cdots,k\}\quad(i=1,\cdots,k)\tag{4.7}$$

这里

$$h_j(\boldsymbol{x}) = \sum_{t=1}^{k} p_t L(j \mid t) f_t(\boldsymbol{x})$$

它表示把样品 $\boldsymbol{x}$ 判归 G_j 的平均损失。

当 $L(j \mid i)=1-\delta_{ij}$(即错判损失全相等)时，贝叶斯判别准则 $\boldsymbol{R}^*=\{\boldsymbol{R}_1^*,\cdots,\boldsymbol{R}_k^*\}$ 为

$$\boldsymbol{R}_i^*=\{\boldsymbol{x} \mid p_i f_i(\boldsymbol{x})>p_j f_j(\boldsymbol{x}), j\neq i, j=1,\cdots,k\} \quad (i=1,\cdots,k) \tag{4.8}$$

这等价于

$$\boldsymbol{R}_i^*=\{\boldsymbol{x} \mid P(G_i \mid x)>P(G_j \mid \boldsymbol{x}), j\neq i, j=1,\cdots,k\} \quad (i=1,\cdots,k) \tag{4.9}$$

其中

$$P(G_j \mid \boldsymbol{x}) = \frac{p_j f_j(\boldsymbol{x})}{\sum_{t=1}^{k} p_t f_t(\boldsymbol{x})}$$

称为 $\boldsymbol{x}$ 判归 G_j 的**后验概率**。

例 4.4　设有 G_1、G_2、G_3 三个总体，判断某样品 $\boldsymbol{x}_0$ 属于哪个总体。已知 $p_1=0.05$、$p_2=0.65$、$p_3=0.30$、$f_1(\boldsymbol{x}_0)=0.10$、$f_2(\boldsymbol{x}_0)=0.63$、$f_3(\boldsymbol{x}_0)=2.40$。$\boldsymbol{x}_0$ 属于各个总体的判别概率 $p_i f_i(\boldsymbol{x}_0)$ 为

$$p_1 f_1(\boldsymbol{x}_0)=0.05\times0.10=0.005$$

$$p_2 f_2(\boldsymbol{x}_0)=0.65\times0.63=0.4095$$

$$p_3 f_3(\boldsymbol{x}_0)=0.30\times2.40=0.72$$

由于 $p_3 f_3(\boldsymbol{x}_0)$ 最大，故应判断 $\boldsymbol{x}_0\in G_3$。

例 4.5　在例 4.4 中，假定误判的损失矩阵为

	G_1	G_2	G_3
G_1	$L(1 \mid 1)=0$	$L(2 \mid 1)=10$	$L(3 \mid 1)=200$
G_2	$L(1 \mid 2)=20$	$L(2 \mid 2)=0$	$L(3 \mid 2)=100$
G_3	$L(1 \mid 3)=60$	$L(2 \mid 3)=50$	$L(3 \mid 3)=0$

现在采用最小 ECM 规则进行判别。各个总体的判别函数值为：

$$\begin{aligned}
i=1: h_1(\boldsymbol{x}_0)&=p_2L(1 \mid 2)f_2(\boldsymbol{x}_0)+p_3L(1 \mid 3)f_3(\boldsymbol{x}_0)\\
&=0.65\times20\times0.63+0.30\times60\times2.4=51.39\\
i=2: h_2(\boldsymbol{x}_0)&=p_1L(2 \mid 1)f_1(\boldsymbol{x}_0)+p_3L(2 \mid 3)f_3(\boldsymbol{x}_0)\\
&=0.05\times10\times0.10+0.30\times50\times2.4=36.05\\
i=3: h_3(\boldsymbol{x}_0)&=p_1L(3 \mid 1)f_1(\boldsymbol{x}_0)+p_2L(3 \mid 2)f_2(\boldsymbol{x}_0)\\
&=0.05\times200\times0.10+0.65\times100\times0.63=41.95
\end{aligned}$$

由于 $h_2(\boldsymbol{x}_0)$ 最小，故判断 $\boldsymbol{x}_0\in G_2$。

利用 R 软件进行贝叶斯判别的操作与距离判别类似，只需加上先验概率。在进行贝叶斯判别时，可假定各类方差矩阵相同，即采用线性判别方法；或假定各类方差矩阵不同，即采用非线性判别方法。

例 4.6 利用贝叶斯判别分析例 4.2 中的数据。

解 取先验概率为各类比例，即设 $p_1=1/4$，$p_2=2/5$，$p_3=7/20$，利用本章的相应 R 程序代码进行运算，判别结果为如下。

(1)在总体方差矩阵相同的条件下，将训练样本回代判别，结果有 2 个点判错，分别是第 6 号和第 13 号样品。即在方差相同的条件下，误判率为 $2/20=0.1$。对新厂家产品的销售前景预测结果为 $Q=2$，即平销。

(2)在总体方差矩阵不同的条件下，将训练样本回代判别，结果有 1 个点判错，即第 13 号样品。即在方差不同的条件下，误判率为 $1/20=0.05$。对新厂家产品的销售前景预测结果为 $Q=2$，即平销。

4.3 费希尔判别

4.3.1 费希尔判别的基本思想

费希尔判别的基本思想是投影或降维。对于来自不同总体(类)的高维数据，选择若干个好的投影方向将它们投影为低维数据，使得这些来自不同类的低维数据之间有比较清晰的界限。对于新样品对应的高维数据点，也将以同样的方式投影为一个低维数据点，然后利用一般的距离判别方法判断其属于哪一类。而衡量类与类之间是否分开需借助一元方差分析的思想。

需要指出的是，在大数据时代，随着计算能力和信息技术的快速发展和广泛应用，人们需要处理大量的金融、生物、互联网和物联网等领域的海量数据，这些数据往往是高维的，因此需要采用费希尔判别并借助现代统计软件进行判别分析和数据处理。

假设有 k 个 p 维总体 $G_1,\cdots,G_k$，来自总体 G_i 的训练样品为

$$\boldsymbol{x}_j^{(i)} \quad (j=1,\cdots,n_i;\ i=1,\cdots,k)$$

记$\bar{\boldsymbol{x}}^{(i)}$为来自第 i 个总体 G_i 的样本均值向量，$\bar{\boldsymbol{x}}$为总均值向量，即

$$\bar{\boldsymbol{x}}^{(i)}=\frac{1}{n_i}\sum_{j=1}^{n_i}\boldsymbol{x}_j^{(i)},\quad \bar{\boldsymbol{x}}=\frac{1}{n}\sum_{i=1}^{k}\sum_{j=1}^{n_i}\boldsymbol{x}_j^{(i)}$$

其中 $n=n_1+\cdots+n_k$。

令 $\boldsymbol{u}=(\boldsymbol{u}_1,\cdots,\boldsymbol{u}_p)'$为 p 维空间的任一向量，$\boldsymbol{u}(\boldsymbol{x})=\boldsymbol{u}'\boldsymbol{x}$ 为 $\boldsymbol{x}$ 向以 $\boldsymbol{u}$ 为法线方向上的投影。上述 k 个 p 维总体 $G_1,\cdots,G_k$ 中，样品数据投影后为一元数据

$$\boldsymbol{u}_j^{(i)}=\boldsymbol{u}'\boldsymbol{x}_j^{(i)} \quad (j=1,\cdots,n_i;\ i=1,\cdots,k)$$

对这 k 组一元数据进行方差分析，其组间平方和为

$$B_0=\sum_{i=1}^{k}n_i(\boldsymbol{u}'\bar{\boldsymbol{x}}^{(i)}-\boldsymbol{u}'\bar{\boldsymbol{x}})^2=\sum_{i=1}^{k}n_i(\boldsymbol{u}'\bar{\boldsymbol{x}}^{(i)}-\boldsymbol{u}'\bar{\boldsymbol{x}})(\boldsymbol{u}'\bar{\boldsymbol{x}}^{(i)}-\boldsymbol{u}'\bar{\boldsymbol{x}})'=\boldsymbol{u}'B\boldsymbol{u}$$

其中

$$\boldsymbol{B}=\sum_{i=1}^{k}n_i(\bar{\boldsymbol{x}}^{(i)}-\bar{\boldsymbol{x}})(\bar{\boldsymbol{x}}^{(i)}-\bar{\boldsymbol{x}})'$$

为组间离差矩阵。合并的组内平方和为

$$A_0=\sum_{i=1}^{k}\sum_{j=1}^{n_i}(\boldsymbol{u}'\boldsymbol{x}_j^{(i)}-\boldsymbol{u}'\bar{\boldsymbol{x}}^{(i)})^2=\sum_{i=1}^{k}\sum_{j=1}^{n_i}(\boldsymbol{u}'\boldsymbol{x}_j^{(i)}-\boldsymbol{u}'\bar{\boldsymbol{x}}^{(i)})(\boldsymbol{u}'\boldsymbol{x}_j^{(i)}-\boldsymbol{u}'\bar{\boldsymbol{x}}^{(i)})'=\boldsymbol{u}'A\boldsymbol{u}$$

其中 $\boldsymbol{A}=\boldsymbol{A}_1+\cdots+\boldsymbol{A}_k$ 为合并的组内离差矩阵，而

$$\boldsymbol{A}_i=\sum_{j=1}^{n_i}(\boldsymbol{x}_j^{(i)}-\bar{\boldsymbol{x}}^{(i)})(\boldsymbol{x}_j^{(i)}-\bar{\boldsymbol{x}}^{(i)})' \quad (i=1,\cdots,k)$$

为组内离差矩阵。

因此，若 k 个一元总体(类)的均值之间有显著差异，则其比值

$$\Delta(\boldsymbol{u})=\frac{\boldsymbol{u}'\boldsymbol{B}\boldsymbol{u}}{\boldsymbol{u}'\boldsymbol{A}\boldsymbol{u}} \tag{4.10}$$

应充分大。利用方差分析的思想，将此问题化为求投影方向 $\boldsymbol{u}$，使 $\Delta(\boldsymbol{u})$ 达到极大值。显然使 $\Delta(\boldsymbol{u})$ 达到极大值的解 $\boldsymbol{u}$ 不是唯一的。因为，若 $\Delta(\boldsymbol{u})$ 达到极大值，则对于任意常数 $c\neq0$，$\Delta(c\boldsymbol{u})=\Delta(\boldsymbol{u})$ 也达到极大值。故在求 $\Delta(\boldsymbol{u})$ 的极大值点时，对 u 要附加一个约束条件，即选取 $\boldsymbol{u}$，使得 $\Delta(\boldsymbol{u})$ 在约束条件 $\boldsymbol{u}'\boldsymbol{A}\boldsymbol{u}=1$ 下达到极大值。

若 u 是在约束条件 $\boldsymbol{u}'\boldsymbol{A}\boldsymbol{u}=1$ 下使 $\Delta(\boldsymbol{u})$ 达到极大值的一个投影方向，则称 $\boldsymbol{u}(\boldsymbol{x})=\boldsymbol{u}'\boldsymbol{x}$ 为**判别函数**。下面利用拉格朗日乘子法求上述条件极值问题的解。令

$$f(\boldsymbol{u},\lambda)=\boldsymbol{u}'\boldsymbol{B}\boldsymbol{u}-\lambda(\boldsymbol{u}'\boldsymbol{A}\boldsymbol{u}-1)$$

由方程组

$$\begin{cases}\dfrac{\partial f(\boldsymbol{u},\lambda)}{\partial u}=2(\boldsymbol{B}-\lambda\boldsymbol{A})\boldsymbol{u}=0,\\[2ex]\dfrac{\partial f(\boldsymbol{u},\lambda)}{\partial\lambda}=1-\boldsymbol{u}'\boldsymbol{A}\boldsymbol{u}=0\end{cases}$$

可知 λ 是矩阵 $\boldsymbol{A}^{-1}\boldsymbol{B}$ 的特征值，$\boldsymbol{u}$ 是相应的特征向量。进一步地，由上述方程组可知有 $\boldsymbol{B}\boldsymbol{u}=\lambda\boldsymbol{A}\boldsymbol{u}$，$\boldsymbol{u}'\boldsymbol{B}\boldsymbol{u}=\boldsymbol{u}'\lambda\boldsymbol{A}\boldsymbol{u}=\lambda\boldsymbol{u}'\boldsymbol{A}\boldsymbol{u}=\lambda$，即 $\lambda=\boldsymbol{u}'\boldsymbol{B}\boldsymbol{u}=\Delta(\boldsymbol{u})$。

因此，以上条件极值问题化为求 $\boldsymbol{A}^{-1}\boldsymbol{B}$ 的最大特征值和相应特征向量问题。设 $\boldsymbol{A}^{-1}\boldsymbol{B}$ 的非零特征值为 $\lambda_1\geqslant\lambda_2\geqslant\cdots\geqslant\lambda_r>0$，相应的满足约束条件 $\boldsymbol{u}_i'\boldsymbol{A}\boldsymbol{u}_i=1$ 的特征向量为 $\boldsymbol{u}_1,\cdots,\boldsymbol{u}_r$，取 $\boldsymbol{u}=\boldsymbol{u}_1$ 时可使 $\Delta(\boldsymbol{u})$ 达到最大值，且最大值为 $\lambda_1=\Delta(\boldsymbol{u}_1)$。$\Delta(\boldsymbol{u})$ 的大小可衡量判别函数 $\boldsymbol{u}(\boldsymbol{x})=\boldsymbol{u}'\boldsymbol{x}$ 的判别效果，故称 $\Delta(\boldsymbol{u})$ 为**判别效率**。

在很多情况下，仅用一个判别函数不能很好地区分 k 个总体，这时可用第二大特征值 λ_2，它所对应的满足约束 $\boldsymbol{u}_2'\boldsymbol{A}\boldsymbol{u}_2=1$ 的特征向量为 $\boldsymbol{u}_2$，通过它可以建立第二个判别函数 $\boldsymbol{u}_2'\boldsymbol{x}$。若还不够，可以如此类推地建立更多个判别函数。一般来说，若前 m 个最大特征值的累计贡献率

$$\frac{\lambda_1+\cdots+\lambda_m}{\lambda_1+\cdots+\lambda_r}$$

大于 70%，则需要前 m 个特征向量 $\boldsymbol{u}_1,\cdots,\boldsymbol{u}_m$ 作为投影方向，建立判别函数 $\boldsymbol{u}_i(\boldsymbol{x})=\boldsymbol{u}_i'\boldsymbol{x}(i=1,\cdots,m)$。有时我们也使用中心化的费希尔判别函数，即

$$\boldsymbol{u}_i(\boldsymbol{x})=\boldsymbol{u}_i'(\boldsymbol{x}-\bar{\boldsymbol{x}}) \quad (i=1,\cdots,m)$$

其中 $\bar{\boldsymbol{x}}=\dfrac{1}{n}\sum_{i=1}^{k}\sum_{j=1}^{n_i}\boldsymbol{x}_j^{(i)}$。

下面讨论，如何计算 $\boldsymbol{A}^{-1}\boldsymbol{B}$ 的满足条件 $\boldsymbol{u}_i'\boldsymbol{A}\boldsymbol{u}_i=1$ 的特征向量 $\boldsymbol{u}_1,\cdots,\boldsymbol{u}_m$，它们就是要寻找的好的投影方向。令 $\boldsymbol{v}=\boldsymbol{A}^{1/2}\boldsymbol{u}$，其中 $\boldsymbol{A}^{1/2}$ 是一个满足 $\boldsymbol{A}^{1/2}\boldsymbol{A}^{1/2}=\boldsymbol{A}$ 的非负定矩阵，容易通过非负定矩阵 $\boldsymbol{A}$ 的谱分解得到。事实上，$\boldsymbol{A}$ 可分解为 $\boldsymbol{A}=\boldsymbol{Q}\boldsymbol{D}\boldsymbol{Q}'$，其中 $\boldsymbol{D}=\mathrm{diag}(\gamma_1,\cdots,\gamma_p)$ 为对角矩阵，其对角元素 $\gamma_i\geqslant 0$ 为 $\boldsymbol{A}$ 的特征值，$\boldsymbol{Q}$ 为正交矩阵。于是有 $\boldsymbol{A}^{1/2}=\boldsymbol{Q}\boldsymbol{D}^{1/2}\boldsymbol{Q}'$，其中 $\boldsymbol{D}^{1/2}=\mathrm{diag}(\gamma_1^{1/2},\cdots,\gamma_p^{1/2})$。当 $\gamma_i=0$ 时，我们记 $\gamma_i^{-1/2}=0$，并记 $\boldsymbol{D}^{-1/2}=\mathrm{diag}(\gamma_1^{-1/2},\cdots,\gamma_p^{-1/2})$，$\boldsymbol{A}^{-1/2}=\boldsymbol{Q}\boldsymbol{D}^{-1/2}\boldsymbol{Q}'$，则式(4.10)化为

$$\Delta(\boldsymbol{u})=\frac{\boldsymbol{u}'\boldsymbol{B}\boldsymbol{u}}{\boldsymbol{u}'\boldsymbol{A}\boldsymbol{u}}=\Delta'(\boldsymbol{v})=\frac{\boldsymbol{v}'\boldsymbol{A}^{-1/2}\boldsymbol{B}\boldsymbol{A}^{-1/2}\boldsymbol{v}}{\boldsymbol{v}'\boldsymbol{v}} \tag{4.11}$$

注意到，矩阵 $\boldsymbol{A}^{-1}\boldsymbol{B}$ 的非零特征值 $\lambda_1\geqslant\lambda_2\geqslant\cdots\geqslant\lambda_r>0$，也是矩阵 $\boldsymbol{A}^{-1/2}\boldsymbol{B}\boldsymbol{A}^{-1/2}$ 的非零特征值，该非负定矩阵的特征值和相应的单位正交特征向量 $\boldsymbol{v}_1,\cdots,\boldsymbol{v}_r$ 容易通过代数方法或软件计算得到，且容易知道

$$\Delta(\boldsymbol{u}_i)=\frac{\boldsymbol{u}_i'\boldsymbol{B}\boldsymbol{u}_i}{\boldsymbol{u}_i'\boldsymbol{A}\boldsymbol{u}_i}=\Delta'(\boldsymbol{v}_i)=\frac{\boldsymbol{v}_i'\boldsymbol{A}^{-1/2}\boldsymbol{B}\boldsymbol{A}^{-1/2}\boldsymbol{v}_i}{\boldsymbol{v}_i'\boldsymbol{v}_i}=\lambda_i \quad (i=1,\cdots,r) \tag{4.12}$$

所要求的投影方向 $\boldsymbol{u}_1,\cdots,\boldsymbol{u}_m$，可以通过变换 $\boldsymbol{u}_i=\boldsymbol{A}^{1/2}\boldsymbol{v}_i(i=1,\cdots,m)$，而得到。

4.3.2 费希尔判别准则

1. 判别准则 1

设 $\boldsymbol{A}^{-1}\boldsymbol{B}$ 的非零特征值为 $\lambda_1\geqslant\lambda_2\geqslant\cdots\geqslant\lambda_r>0$，相应的满足约束条件 $\boldsymbol{u}_i'\boldsymbol{A}\boldsymbol{u}_i=1$ 的特征向量为 $\boldsymbol{u}_1,\cdots,\boldsymbol{u}_r$。若前 m 个最大特征值的累计贡献率 $(\lambda_1+\cdots+\lambda_m)/(\lambda_1+\cdots+\lambda_r)\geqslant 70\%$，则需要前 $\boldsymbol{m}$ 个特征向量 $\boldsymbol{u}_1,\cdots,\boldsymbol{u}_m$ 作为投影方向。将所有 p 维训练样品 $\boldsymbol{x}_j^{(i)}(j=1,\cdots,n_i;\ i=1,\cdots,k)$，投影为 m 维的训练样品

$$\boldsymbol{u}_j^{(i)}=\boldsymbol{U}'\boldsymbol{x}_j^{(i)} \quad (j=1,\cdots,n_i;\ i=1,\cdots,k)$$

其中 $\boldsymbol{U}=(\boldsymbol{u}_1,\cdots,\boldsymbol{u}_m)$，可以视其为来自 k 个新总体 $G_1',\cdots,G_k'$ 的 m 维训练样品。采用这些低维训练样品，并利用一般的距离判别方法，即可进行判别分析。设有 p 维新品 $\boldsymbol{x}$，要判断它属于 p 维总体 $G_1,\cdots,G_k$ 中的哪一个，只需将 $\boldsymbol{x}$ 投影为 $\boldsymbol{u}=\boldsymbol{U}'\boldsymbol{x}$，然后借助训练样品 $\boldsymbol{u}_j^{(i)}(j=1,\cdots,n_i;\ i=1,\cdots,k)$，利用距离判别方法判断 $\boldsymbol{u}$ 属于总体 $G_1',\cdots,G_k'$ 中的哪一个。若 $\boldsymbol{u}$ 属于 G_i'，则可判定 $\boldsymbol{x}$ 属于 G_i。

2. 判别准则 2

首先取判别效率为 λ_1 的判别函数 $\boldsymbol{u}_1(\boldsymbol{x})=\boldsymbol{u}_1'\boldsymbol{x}$，设 k 个总体 $G_1,\cdots,G_k$ 的样本均值向量 $\bar{\boldsymbol{x}}^{(i)}(i=1,\cdots,k)$ 在 $\boldsymbol{u}_1$ 方向上的投影为 $\bar{\boldsymbol{u}}_1^{(i)}=\boldsymbol{u}_1'\bar{\boldsymbol{x}}^{(i)}(i=1,\cdots,k)$。记

$$\hat{\sigma}_i^2=\frac{1}{n_i-1}\boldsymbol{u}_1'\boldsymbol{A}_i\boldsymbol{u}_1 \quad (i=1,\cdots,k) \tag{4.13}$$

若存在唯一的 i_1 使

$$\frac{|\boldsymbol{u}_1(\boldsymbol{x})-\bar{\boldsymbol{u}}_1^{(i_1)}|}{\hat{\sigma}_{i_1}}=\min_{1\leqslant i\leqslant k}\frac{|\boldsymbol{u}_1(\boldsymbol{x})-\bar{\boldsymbol{u}}_1^{(i)}|}{\hat{\sigma}_i},$$

则判断 $\boldsymbol{x}\in G_{i_1}$。若存在 j 个总体 $G_{i_1},\cdots,G_{i_j}$，使其与 $\boldsymbol{x}$ 的距离相等且为最小，则记序号集合为 $L=\{i_1,\cdots,i_j\}$，再取判别效率为 λ_2 的判别函数 $\boldsymbol{u}_2(\boldsymbol{x})=\boldsymbol{u}_2'\boldsymbol{x}$。设 j 个总体 $G_{i_1},\cdots,G_{i_j}$ 的样

本均值向量在 $\boldsymbol{u}_2$ 方向上的投影为 $\bar{u}_2^{(t)}=\boldsymbol{u}_2'\bar{\boldsymbol{x}}^{(t)}$，$t\in L$，并记

$$\hat{\sigma}_t^2=\frac{1}{n_t-1}\boldsymbol{u}_2'\boldsymbol{A}_t\boldsymbol{u}_2,\ t\in L \tag{4.14}$$

若存在唯一的 i_2 使

$$\frac{|\boldsymbol{u}_2(\boldsymbol{x})-\bar{u}_2^{(i_2)}|}{\hat{\sigma}_{i_2}}=\min_{t\in L}\frac{|\boldsymbol{u}_2(\boldsymbol{x})-\bar{u}_2^{(t)}|}{\hat{\sigma}_t}$$

则判断 $\boldsymbol{x}\in G_{i_2}$。若第二个判别函数仍不能判别样品 $\boldsymbol{x}$ 所属总体，则可以取第三个判别函数进行判别，如此类推，直至判别清楚为止。

在应用中，投影方向 $\boldsymbol{u}_1,\cdots,\boldsymbol{u}_r$ 的长度未必一定满足 $\boldsymbol{u}_i'\boldsymbol{A}\boldsymbol{u}_i=1(i=1,\cdots,r)$，也可以取其他长度，例如满足 $\boldsymbol{u}_i'\boldsymbol{S}\boldsymbol{u}_i=1(i=1,\cdots,r)$，这里的 $\boldsymbol{S}$ 为样本协方差矩阵。

例 4.7　费希尔于 1936 年发表的鸢尾花(iris)数据被广泛地作为判别分析的数据集。该数据集是 R 软件自带的(iris)。数据集中包含 150 个样品的三种鸢尾花：刚毛鸢尾花、变色鸢尾花和弗吉尼亚鸢尾花。现在从各组中各抽取一个容量为 50 的样本，测量其花萼长(x_1)、花萼宽(x_2)、花瓣长(x_3)、花瓣宽(x_4)，单位为 mm。试对该数据进行判别分析。

解　本题中，$n_1=n_2=n_3=50$，$n=150$，$p=4$。经计算得

$$\bar{\boldsymbol{x}}^{(1)}=\begin{pmatrix}5.01\\3.43\\1.46\\0.25\end{pmatrix},\ \bar{\boldsymbol{x}}^{(2)}=\begin{pmatrix}5.94\\2.77\\4.26\\1.33\end{pmatrix},\ \bar{\boldsymbol{x}}^{(3)}=\begin{pmatrix}6.59\\2.97\\5.55\\2.03\end{pmatrix},\ \bar{\boldsymbol{x}}=\begin{pmatrix}5.84\\3.06\\3.76\\1.20\end{pmatrix}$$

$$\begin{aligned}\boldsymbol{A}&=\sum_{i=1}^{3}\boldsymbol{A}_i=\sum_{i=1}^{3}\sum_{j=1}^{n_i}(\boldsymbol{x}_j^{(i)}-\bar{\boldsymbol{x}}^{(i)})(\boldsymbol{x}_j^{(i)}-\bar{\boldsymbol{x}}^{(i)})'\\&=\begin{pmatrix}38.96&13.63&24.63&5.65\\13.63&16.96&8.12&4.81\\24.63&8.12&27.22&6.27\\5.65&4.81&6.27&6.16\end{pmatrix}\end{aligned}$$

$$\begin{aligned}\boldsymbol{B}&=\sum_{i=1}^{3}n_i(\bar{\boldsymbol{x}}^{(i)}-\bar{\boldsymbol{x}})(\bar{\boldsymbol{x}}^{(i)}-\bar{\boldsymbol{x}})'\\&=\begin{pmatrix}63.21&-19.95&165.25&71.28\\-19.95&11.35&-57.24&-22.93\\165.25&-57.24&437.10&186.78\\71.28&-22.93&186.78&80.41\end{pmatrix}\end{aligned}$$

$$\boldsymbol{A}^{-1}\boldsymbol{B}=\begin{pmatrix}-3.06&1.08&-8.11&-3.46\\-5.56&2.18&-14.97&-6.31\\8.08&-2.94&21.51&9.14\\10.50&-3.42&27.55&11.85\end{pmatrix}$$

$\boldsymbol{A}^{-1}\boldsymbol{B}$ 的非零特征值有两个，即

$$\lambda_1=32.192,\ \lambda_2=0.285$$

相应的满足条件 $\boldsymbol{u}_i'\boldsymbol{S}\boldsymbol{u}_i=1$ 的特征向量为

$$\boldsymbol{u}_1=\begin{pmatrix}0.8293\\1.5345\\-2.2012\\-2.8105\end{pmatrix},\quad \boldsymbol{u}_2=\begin{pmatrix}0.0241\\2.1645\\-0.9319\\2.8392\end{pmatrix}$$

所以，中心化的费希尔判别函数为

$$y_1=\boldsymbol{u}_1'(\boldsymbol{x}-\bar{\boldsymbol{x}})=0.8293(x_1-5.84)+1.5345(x_2-3.06)-2.2012(x_3-3.76)-2.8105(x_4-1.20)$$

$$y_2=\boldsymbol{u}_2'(\boldsymbol{x}-\bar{\boldsymbol{x}})=0.0241(x_1-5.84)+2.1645(x_2-3.06)-0.9319(x_3-3.76)+2.8392(x_4-1.20)$$

首先采用费希尔线性判别，即在各类方差矩阵相同的条件下对判别函数的观察数据采用距离判别法。我们可以将样品中 150 个 4 维向量的判别函数得分(y_1,y_2)画成散点图 4.2。图中 LD1 和 LD2 分别代表 y_1 和 y_2。从图 4.2 中可以看出，样本分离的效果不错，特别是将第一类与其他两类清晰地分离。正如我们所预期的那样，三个组样本的分离效果很清楚地展现在 LD1 轴上。对于某个新品 $\boldsymbol{x}=(x_1,x_2,x_3,x_4)'$，将其坐标代入上述判别函数，即可得到一个点$(y_1,y_2)$。也将其画在上面的散点图上，即可直观地判断出它属于哪一组。

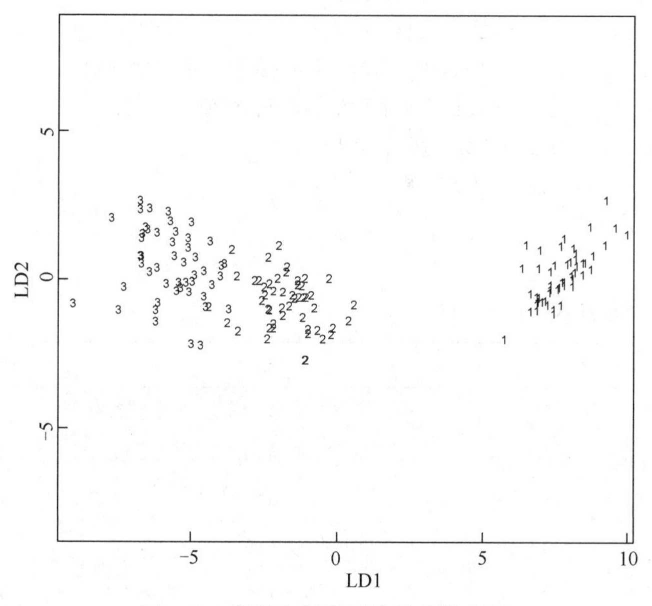

图 4.2 前两个判别函数得分散点图

利用两个判别函数计算得到的三个组的样本均值为

$$\bar{y}_{11}=7.608,\ \bar{y}_{21}=-1.825,\ \bar{y}_{31}=-5.783,$$

$$\bar{y}_{12}=0.215,\ \bar{y}_{22}=-0.728,\ \bar{y}_{32}=0.513$$

即三个组的判别函数值的中心点分别为$(7.608,0.215)$，$(-1.825,-0.728)$和$(-5.783,0.513)$。我们可以计算 150 个 4 维向量的判别函数得分(y_1,y_2)与上述三个组的中心点的欧氏距离，并根据距离最小的规则回判它们属于哪一组。结果表明，150 个点中有 147 个判断正确，只有 3 个判错，误判率为 2%，判别效果不错。

此外，也可采用费希尔非线性判别，即在各类方差矩阵不相同的条件下对判别函数的观察数据采用距离判别法。回判结果与采用费希尔线性判别得到的结果相同，即误判率为 2%。

利用 R 软件进行费希尔判别的操作方法与 4.1 节中距离判别的相同，实际上 lda 函数和 qda 函数的算法程序采用了费希尔判别的降维过程。

本章例题的 R 程序及输出结果

例 4.1 的 R 程序及输出结果

R 程序代码：

```
#首先对表 4.1 中数据建立文本文件 biao4.1.txt
library(MASS)  #加载程序包
li4.1=read.table("biao4.1.txt",head=TRUE)  #读入数据
head(li4.1)  #查看数据的前 6 行
ld1<- lda(G~.,data=li4.1);ld1  #方差相同的条件下的线性判别
y1<-predict(ld1,data=li4.1)  #对原始数据进行预测,即回代
newG1=y1$class  #预测原始数据所属类别
cbind(li4.1$G,y1$x.newG1)  #显示结果
qd1<-qda(G~.,data=li4.1);qd1  #方差不同的条件下的二次判别
y2<-predict(qd1,data=li4.1)  #对原始数据进行预测,即回代
newG2=y2$class  #预测原始数据所属类别
cbind(li4.1$G,newG2)  #显示结果
```

输出结果：

```
head(li4.1)  #查看数据的前 6 行
```

G	x1	x2	x3	x4	x5	x6	x7
1	6.6	39	1.0	6.0	6	0.12	20
1	6.6	39	1.0	6.0	12	0.12	20
1	6.1	47	1.0	6.0	6	0.08	12
1	6.1	47	1.0	6.0	12	0.08	12
1	8.4	32	2.0	7.5	19	0.35	75
1	7.2	6	1.0	7.0	28	0.30	30

```
ld1<- lda(G~.,data=li4.1);ld1  #方差相同条件下的线性判别
lda(G ~ .,data = li4.1)
Prior probabilities of groups:
1          2
0.3428571  0.6571429
Group means:
```

	x1	x2	x3	x4	x5	x6	x7
1	7.358333	73.66667	1.458333	6.00000	15.250000	0.1716667	49.50000
2	7.686957	69.60870	2.043478	5.23913	6.347826	0.2156522	70.34783

```
Coefficients of linear discriminants:
          LD1
```

X1	X2	X3	X4	X5	X6	X7
-0.2456498	0.0012546	0.2132494	-0.1895015	-0.1945152	8.9125000	0.0195838

```
cbind(li4.1$G,y1$x,newG1)  #显示结果
```

序号	G	LD1	newG	序号	G	LD1	newG
1	1	-0.9780645	1	19	2	1.3184485	2
2	1	-2.1451557	1	20	2	0.2547354	2
3	1	-1.3583738	1	21	2	0.9092838	2
4	1	-2.5254650	1	22	2	0.3782688	2
5	1	-0.9017310	1	23	2	1.7852837	2
6	1	-3.8356022	1	24	2	0.8277489	2
7	1	-1.7839710	1	25	2	0.4401957	2
8	1	-1.6017548	1	26	2	0.8344636	2
9	1	-0.1857924	2	27	2	0.4454332	2
10	1	-4.3078624	1	28	2	-0.4346636	2
11	1	-0.8966363	1	29	2	-1.1079462	1
12	1	-0.8897761	1	30	2	2.0591480	2
13	2	2.2765013	2	31	2	2.5922713	2
14	2	0.5646537	2	32	2	1.1656606	2
15	2	1.6187856	2	33	2	1.6627138	2
16	2	0.7212500	2	34	2	0.6594853	2
17	2	0.6863271	2	35	2	0.3418640	2
18	2	1.4102727	2				

```
qd1<-qda(G~.,data=li4.1);qd1  #方差不同的条件下的二次判别
qda(G ~ .,data =li4.1)
Prior probabilities of groups:
1           2
0.3428571   0.6571429
Group means:
```

	x1	x2	x3	x4	x5	x6	x7
1	7.358333	73.66667	1.458333	6.00000	15.250000	0.1716667	49.50000
2	7.686957	69.60870	2.043478	5.23913	6.347826	0.2156522	70.34783

cbind(li4.1$G,newG2)　#显示结果

序号	G	newG	序号	G	newG	序号	G	newG	序号	G	newG
1	1	1	10	1	1	19	2	2	28	2	2
2	1	1	11	1	1	20	2	2	29	2	2
3	1	1	12	1	1	21	2	2	30	2	2
4	1	1	13	2	2	22	2	2	31	2	2
5	1	1	14	2	2	23	2	2	32	2	2
6	1	1	15	2	2	24	2	2	33	2	2
7	1	1	16	2	2	25	2	2	34	2	2
8	1	1	17	2	2	26	2	2	35	2	2
9	1	1	18	2	2	27	2	2			

例 4.2 的 R 程序及输出结果

R 程序代码：

```
#首先对表 4.2 中数据建立文本文件 biao4.2.txt
library(MASS)  #加载程序包
li4.2=read.table("biao4.2.txt",head=TRUE)  #读入数据
head(li4.2)  #查看数据的前 6 行
ld2<- lda(G~.,data=li4.2); ld2  #方差相同的条件下的线性判别
y1<-predict(ld2,data=li4.2)  #对原始数据进行预测,即回代
newG1=y1$class  #预测原始数据所属类别
cbind(li4.2$G,y1$x,newG1)  #显示结果
z1<- predict(ld2,data.frame(Q=8,C=7,P=65));z1  #对新数据进行预测
qd2<-qda(G~.,data=li4.2);qd2  #方差不同的条件下的二次判别
y2<-predict(qd2,data=li4.2)  #对原始数据进行预测,即回代
newG2=y2$class  #预测原始数据所属类别
cbind(li4.2$G,newG2)  #显示结果
z2<- predict(qd2,data.frame(Q=8,C=7,P=65));z2  #对新数据进行预测
```

输出结果：

head(li4.2)　#查看数据的前 6 行

	G	Q	C	P
1	1	8.3	4.0	29
2	1	9.5	7.0	68
3	1	8.0	5.0	39
4	1	7.4	7.0	50

续表

	G	Q	C	P
5	1	8.8	6.5	55
6	2	9.0	7.5	58

```
ld2<- lda(G~.,data=li4.2); ld2  #方差相同的条件下的线性判别
lda(G ~ .,data = li4.2)
Prior probabilities of groups:
  1    2    3
0.25 0.40 0.35
Group means:
```

	Q	C	P
1	8.400000	5.900000	48.200
2	7.712500	7.250000	69.875
3	5.957143	3.714286	34.000

```
Coefficients of linear discriminants:
```

	LD1	LD2
Q	-0.81173396	0.88406311
C	-0.63090549	0.20134565
P	0.01579385	-0.08775636

```
Proportion of trace:
   LD1     LD2
0.7403  0.2597
cbind(li4.2$G,y1$x,newG1)  #显示结果
```

No.	G	LD1	LD2	newG1
1	1	-0.1409984	2.582951755	1
2	1	-2.3918356	0.825366275	1
3	1	-0.3704452	1.641514840	1
4	1	-0.9714835	0.548448277	1
5	1	-1.7134891	1.246681993	1
6	2	-2.4593598	1.361571174	1
7	2	0.3789617	-2.200431689	2
8	2	-2.5581070	-0.467096091	2
9	2	-1.1900285	-0.412972027	2
10	2	-1.7638874	-2.382302324	2

续表

No.	G	LD1	LD2	newG1
11	2	-1.1869165	-2.485574940	2
12	2	-0.1123680	-0.598883922	2
13	2	0.3399132	0.232863397	3
14	3	2.8456561	0.936722573	3
15	3	1.5592346	0.025668216	3
16	3	0.7457802	-0.209168159	3
17	3	3.0062824	-0.358989534	3
18	3	2.2511708	0.008852067	3
19	3	2.2108260	-0.331206768	3
20	3	1.5210939	0.035984885	3

```
z1<-predict(ld2,data.frame(Q=8,C=7,P=65));z1   #对新数据进行预测
[1]  2
Levels: 1 2 3
$posterior
       1          2          3
1      0.1736365  0.8218676  0.004495853
$x
     LD1        LD2
1  -1.221616   -0.2374593
qd2<- qda(G~.,data=li4.2);qd2   #方差不同的条件下的二次判别
qda(G ~ .,data =li4.2)
Prior probabilities of groups:
  1    2    3
0.25  0.40  0.35
Group means:
```

	Q	C	P
1	8.400000	5.900000	48.200
2	7.712500	7.250000	69.875
3	5.957143	3.714286	34.000

```
cbind(li4.2$G,newG2)   #显示结果
```

No.	1	2	3	4	5	6	7	8	9	10	11	12	13	14	15	16	17	18	19	20
G	1	1	1	1	1	2	2	2	2	2	2	2	2	3	3	3	3	3	3	3
newG	1	1	1	1	1	2	2	2	2	2	2	2	3	3	3	3	3	3	3	3

```
z2<-predict(qd2,data.frame(Q=8,C=7,P=65));z2  #对新数据进行预测
$class
[1]  2
Levels: 1 2 3
$posterior
  1             2           3
1  1.762241e-08  0.997733    0.002267012
```

例 4.6 的 R 程序及输出结果

R 程序代码:

```
li4.6=read.table("biao4.2.txt",head=TRUE)               #读入数据
library(MASS)                                           #加载程序包
ld3<-lda(G~.,prior=c(5,8,7)/20,data=li4.6);ld3          #方差相同的条件下的贝叶斯判别
y3<-predict(ld3,data=li4.6)                             #对原始数据进行预测,即回代
newG3<-y3$class                                         #预测原始数据所属类别
cbind(li4.6$G,y3$x,newG3)                               #显示结果
table(li4.6$G,y3$class)                                 #混淆矩阵
z3<-predict(ld3,data.frame(Q=8,C=7,P=65));z3            #对新数据进行预测
qd3<- qda(G~.,prior=c(5,8,7)/20,data=li4.6);qd3         #方差不同的条件下的二贝叶斯次判别
y4<-predict(qd3,data=li4.6)                             #对原始数据进行预测,即回代
newG4<-y4$class                                         #预测原始数据所属类别
cbind(li4.6$G,newG4)                                    #显示结果
table(li4.6$G,y4$class)                                 #混淆矩阵
z4<-predict(qd3,data.frame(Q=8,C=7,P=65));z4            #对新数据进行预测
```

输出结果:

```
ld3<- lda(G~.,prior=c(5,8,7)/20,data=li4.6);ld3  #方差相同的条件下的贝叶斯判别
lda(G ~ .,data = li4.6,prior = c(5,8,7)/20)
Prior probabilities of groups:
  1      2      3
0.25   0.40   0.35
Group means:
```

	Q	C	P
1	8.400000	5.900000	48.200
2	7.712500	7.250000	69.875
3	5.957143	3.714286	34.000

```
Coefficients of linear discriminants:
```

	LD1	LD2
Q	-0.81173396	0.88406311
C	-0.63090549	0.20134565
P	0.01579385	-0.08775636

```
Proportion of trace:
    LD1      LD2
  0.7403   0.2597
cbind(li4.6$ G,y3$ x,newG3)   #显示结果
```

No.	G	LD1	LD2	newG1
1	1	-0.1409984	2.582951755	1
2	1	-2.3918356	0.825366275	1
3	1	-0.3704452	1.641514840	1
4	1	-0.9714835	0.548448277	1
5	1	-1.7134891	1.246681993	1
6	2	-2.4593598	1.361571174	1
7	2	0.3789617	-2.200431689	2
8	2	-2.5581070	-0.467096091	2
9	2	-1.1900285	-0.412972027	2
10	2	-1.7638874	-2.382302324	2
11	2	-1.1869165	-2.485574940	2
12	2	-0.1123680	-0.598883922	2
13	2	0.3399132	0.232863397	3
14	3	2.8456561	0.936722573	3
15	3	1.5592346	0.025668216	3
16	3	0.7457802	-0.209168159	3
17	3	3.0062824	-0.358989534	3
18	3	2.2511708	0.008852067	3
19	3	2.2108260	-0.331206768	3
20	3	1.5210939	0.035984885	3

```
table(li4.6 $G,y3 $class)   #混淆矩阵
```

	1	2	3
1	5	0	0
2	1	6	1
3	0	0	7

```
> z3<-predict(ld3,data.frame(Q=8,C=7,P=65));z3   #对新数据进行预测
$class
[1]  2
Levels: 1 2 3
$posterior
```

```
        1           2          3
1     0.1736365  0.8218676  0.004495853
$x
         LD1          LD2
1      -1.221616     -0.2374593
qd3<- qda(G~.,prior=c(5,8,7)/20,data=li4.6);qd3  #方差不同的条件下的二贝叶斯次判
qda(G ~ .,data =li4.6,prior = c(5,8,7)/20)
Prior probabilities of groups:
1     2      3
0.25  0.40   0.35
Group means:
```

	Q	C	P
1	8.400000	5.900000	48.200
2	7.712500	7.250000	69.875
3	5.957143	3.714286	34.000

```
cbind(li4.6$G,newG4)  #显示结果
```

No.	1	2	3	4	5	6	7	8	9	10	11	12	13	14	15	16	17	18	19	20
G	1	1	1	1	1	2	2	2	2	2	2	2	2	3	3	3	3	3	3	3
newG	1	1	1	1	1	2	2	2	2	2	2	2	3	3	3	3	3	3	3	3

```
table(li4.6$G,y4$class)  #混淆矩阵
```

	1	2	3
1	5	0	0
2	0	7	1
3	0	0	7

```
z4<-predict(qd3,data.frame(Q=8,C=7,P=65));z4  #对新数据进行预测
$class
[1]  2
Levels: 1 2 3
$posterior
    1              2           3
1  1.762241e-08  0.997733   0.002267012
```

例 4.7 的 R 程序及输出结果

R 程序代码:

```
X=iris[,1:4]
G=gl(3,50)
attach(X)
library(MASS)
#费希尔线性判别
ld=lda(G~Sepal.Length+Sepal.Width+Petal.Length+Petal.Width);ld
plot(ld)  #绘制图 4.2
Z1=predict(ld)
newG1=Z1$class
cbind(G,Z1$x,newG1)  #显示结果(判别结果与真实类型对照)
(tab1=table(G,newG1))  #混淆矩阵
sum(diag(prop.table(tab1)))#判对率
#费希尔非线性判别
qd=qda(G~Sepal.Length+Sepal.Width+Petal.Length+Petal.Width);qd
Z2=predict(qd)
newG2=Z2$class
cbind(G,newG2)  #显示结果(判别结果与真实类型对照)
(tab2=table(G,newG2))  #混淆矩阵
sum(diag(prop.table(tab2)))  #判对率
```

输出结果：

```
#费希尔线性判别
ld=lda(G~Sepal.Length+Sepal.Width+Petal.Length+Petal.Width);ld
Call:
lda(G ~ Sepal.Length + Sepal.Width + Petal.Length + Petal.Width)
Prior probabilities of groups:
    1          2          3
  0.3333333  0.3333333  0.3333333
Group means:
```

	Sepal.Length	Sepal.Width	Petal.Length	Petal.Width
1	5.006	3.428	1.462	0.246
2	5.936	2.770	4.260	1.326
3	6.588	2.974	5.552	2.026

```
Coefficients of linear discriminants:
```

	LD1	LD2
Sepal.Length	0.8293776	0.02410215
Sepal.Width	1.5344731	2.16452123
Petal.Length	-2.2012117	-0.93192121
Petal.Width	-2.8104603	2.83918785

```
Proportion of trace:
  LD1       LD2
0.9912    0.0088
cbind(G,Z1$x,newG1)  #显示结果(判别结果与真实类型对照)
#该输出结果过长,这里不给出。
(tab1=table(G,newG1))  #混淆矩阵
```

		NewG1		
		1	2	3
G	1	50	0	0
	2	0	48	2
	3	0	1	49

```
sum(diag(prop.table(tab1)))#判对率
[1]  0.98
#费希尔非线性判别
> qd=qda(G~Sepal.Length+Sepal.Width+Petal.Length+Petal.Width);qd
Call:
qda(G ~Sepal.Length + Sepal.Width + Petal.Length + Petal.Width)
Prior probabilities of groups:
  1             2             3
 0.3333333    0.3333333    0.3333333
Group means:
```

	Sepal.Length	Sepal.Width	Petal.Length	Petal.Width
1	5.006	3.428	1.462	0.246
2	5.936	2.770	4.260	1.326
3	6.588	2.974	5.552	2.026

```
cbind(G,newG2)             #显示结果(判别结果与真实类型对照)
#该输出结果过长,这里不给出
(tab2=table(G,newG2))      #混淆矩阵
```

		NewG2		
		1	2	3
G	1	50	0	0
	2	0	48	2
	3	0	1	49

```
sum(diag(prop.table(tab2)))   #判对率
[1] 0.98
```

习题 4

4.1　设有 G_1 和 G_2 两个总体，其协方差矩阵相等。根据两个总体的样本计算得

$$\bar{\boldsymbol{x}}^{(1)}=\begin{pmatrix}2\\1\end{pmatrix},\quad \bar{\boldsymbol{x}}^{(2)}=\begin{pmatrix}-1\\3\end{pmatrix},\quad \boldsymbol{S}=\hat{\boldsymbol{\Sigma}}=\begin{pmatrix}6.5 & 1.2\\1.2 & 7.6\end{pmatrix}$$

试给出距离判别规则，并判断 $\boldsymbol{x}_0=(3.2,1.5)'$ 属于哪一个总体。

4.2　设有 $G_1\sim N_2(\mu_1,\Sigma_1)$ 和 $G_2\sim N_2(\mu_2,\Sigma_2)$ 两个正态总体，已知

$$\boldsymbol{\mu}_1=\begin{pmatrix}2\\3\end{pmatrix},\ \boldsymbol{\mu}_2=\begin{pmatrix}-4\\5\end{pmatrix},\ \boldsymbol{\Sigma}_1=\begin{pmatrix}4.5 & 3\\3 & 8\end{pmatrix},\ \boldsymbol{\Sigma}_2=\begin{pmatrix}4 & -1.4\\-1.4 & 1\end{pmatrix}$$

先验概率满足 $p_1=p_2$，判别损失为 $L(2\mid 1)=2$，$L(1\mid 2)=13$。问样品 $\boldsymbol{x}_{01}=\begin{pmatrix}3\\4\end{pmatrix}$ 和 $\boldsymbol{x}_{02}=\begin{pmatrix}-3\\5\end{pmatrix}$ 各应判归哪一个总体？

(1) 按照距离判别规则。

(2) 按照贝叶斯判别规则（假定 $\boldsymbol{\Sigma}_1=\boldsymbol{\Sigma}_2=\begin{pmatrix}4.5 & 3\\3 & 8\end{pmatrix}$）。

4.3　设误判损失、先验概率及概率密度值如表 4.3 所示。

表 4.3　误判损失、先验概率及概率密度值

	G_1	G_2	G_3
G_1	$L(1\mid 1)=0$	$L(2\mid 1)=30$	$L(3\mid 1)=60$
G_2	$L(1\mid 2)=350$	$L(2\mid 2)=0$	$L(3\mid 2)=200$
G_3	$L(1\mid 3)=120$	$L(2\mid 3)=70$	$L(3\mid 3)=0$
先验概率	$p_1=0.5$	$p_2=0.2$	$p_3=0.3$
概率密度	$f_1(\boldsymbol{x}_0)=0.36$	$f_2(\boldsymbol{x}_0)=0.12$	$f_3(\boldsymbol{x}_0)=0.67$

试根据贝叶斯判别准则判断 $\boldsymbol{x}_0$ 应归属哪一个总体。

4.4　设有 $G_1\sim N_2(\boldsymbol{\mu}_1,\boldsymbol{\Sigma})$ 和 $G_2\sim N_2(\boldsymbol{\mu}_2,\boldsymbol{\Sigma})$ 两个正态总体，$\boldsymbol{\mu}_1$、$\boldsymbol{\mu}_2$、$\boldsymbol{\Sigma}$ 已知。又设判别函数为

$$w(\boldsymbol{x})=(\boldsymbol{\mu}_1-\boldsymbol{\mu}_2)'\boldsymbol{\Sigma}^{-1}(\boldsymbol{x}-\bar{\boldsymbol{\mu}})$$

其中 $\bar{\boldsymbol{\mu}}=(\boldsymbol{\mu}_1+\boldsymbol{\mu}_2)/2$，判别准则为

$$\begin{cases}\boldsymbol{x}\in G_1, & \text{若 } w(\boldsymbol{x})>0,\\ \boldsymbol{x}\in G_2, & \text{若 } w(\boldsymbol{x})\leqslant 0\end{cases}$$

试求误判概率 $P(2\mid 1)$ 和 $P(1\mid 2)$。

4.5　根据经验，今天与昨天的温差 x_1 和今天的压温差（气压与温度之差）x_2 是预报明天是否下雨的两个重要因素。现收集到一批样本数据见表 4.4。

表 4.4　温差与压温差数据

G_1(雨天)		G_2(晴天)	
x_1	x_2	x_1	x_2
-1.9	3.2	0.2	6.2
-6.9	10.4	-0.1	7.5
5.2	2.0	0.4	14.6
5.0	2.5	2.7	8.3
7.3	0.0	2.1	0.8
6.8	12.7	-4.6	4.3
0.9	-15.4	-1.7	10.9
-12.5	-2.5	-2.6	13.1
1.5	1.3	2.6	12.8
3.8	6.8	-2.8	10.0

今测得 $\boldsymbol{x}_0=(0.6,3.0)'$，假定两个总体的协方差矩阵相等。

(1)试给出判别规则，预报明天是否会下雨，并给出误判概率。

(2)假定两个总体中的 $\boldsymbol{x}=(x_1,x_2)'$服从二维正态分布，并设它们的先验概率分别为 $p_1=0.3$和 $p_2=0.7$，试预报明天是否下雨。

(3)假定现在考虑明天是否安排某项活动，该活动不太适合在雨天进行，在(2)的假设基础上设有损失 $L(2|1)=3L(1|2)$，问今天是否应该为明天安排这项活动?

4.6　已知某研究对象分为三类，每类样品考察 4 项指标，各类研究对象的观察样品数分别为 7、4、6，另外还有 18~20 号 3 个待判样品。假定样本均来自正态总体，所有观测数据见表 4.5。

表 4.5　研究对象样品数据

样品号	x_1	x_2	x_3	x_4	类别号
1	6.0	-11.5	19.0	90.0	1
2	-11.0	-18.5	25.0	-36.0	3
3	90.2	-17.0	17.0	3.0	2
4	-4.0	-15.0	13.0	54.0	1
5	0.0	-14.0	20.0	35.0	2
6	0.5	-11.5	19.0	37.0	3
7	-10.0	-19.0	21.0	-42.0	3
8	0.0	-23.0	5.0	-35.0	1
9	20.0	-22.0	8.0	-20.0	3
10	-100.0	-21.4	7.0	-15.0	1
11	-100.0	-21.5	15.0	-40.0	2

续表

样品号	x_1	x_2	x_3	x_4	类别号
12	13.0	−17.2	18.0	2.0	2
13	−5.0	−18.5	15.0	18.0	1
14	10.0	−18.0	14.0	50.0	1
15	−8.0	−14.0	16.0	56.0	1
16	0.6	−13.0	26.0	21.0	3
17	−40.0	−20.0	22.0	−50.0	3
18	−8.0	−14.0	16.0	56.0	
19	92.2	−17.0	18.0	3.0	
20	−14.0	−18.5	25.0	−36.0	

(1)试用距离判别法进行判别，并判断 3 个待判样品应归属哪一类。

(2)试采用其他判别法进行判别，并判断 3 个待判样品应归属哪一类，然后比较判别结果。

4.7　某城市的环保监测站于 1982 年在全市均匀地布置了 14 个监测站，每日三次定时抽取大气样品，测量大气中的二氧化硫(x_1)、氮氧化物(x_2)和飘尘(x_3)的含量并分为 3 个类别。5 天时间内，每个取样点(检测站)实测每种污染元素 15 次，取 15 次实测值的平均值作为该取样点大气污染元素的含量，具体数据见表 4.6。

表 4.6　大气污染元素含量数据

样品号	x_1	x_2	x_3	类别
1	0.045	0.043	0.265	2
2	0.066	0.039	0.264	2
3	0.094	0.061	0.194	2
4	0.003	0.003	0.102	3
5	0.048	0.015	0.106	3
6	0.210	0.066	0.263	1
7	0.086	0.072	0.274	2
8	0.196	0.072	0.211	1
9	0.187	0.082	0.301	1
10	0.053	0.060	0.209	2
11	0.020	0.008	0.112	3
12	0.035	0.015	0.170	3
13	0.205	0.068	0.284	1
14	0.088	0.058	0.215	2

续表

样品号	x_1	x_2	x_3	类别
15	0. 101	0. 052	0. 181	
16	0. 045	0. 005	0. 122	

(1)假定三个总体都是多元正态总体，其协方差矩阵相等，先验概率为各类样本的比例。试建立贝叶斯判别准则，并列出回判结果。

(2)该城市的另两个监测单位在同一时期测量了所在单位的大气中这三种污染元素的含量(列于表中最后两行)。试用距离判别法判断它们的污染情况属于哪一类。

第 5 章　聚类分析

聚类分析是研究对样品或指标(变量)进行分类的一种多元统计方法。在实际问题中，存在着大量的分类问题。例如，在生物学中，为了研究生物的进化，需要对生物进行分类，或对基因进行分类以获得对种群中固有结构的认识；在经济领域中，需要根据多种经济指标对全球范围内的国家或地区的经济发展状况进行分类，或对某一国家内不同地区的经济发展状况进行分类等。

随着信息技术的快速发展，特别是互联网技术的广泛应用，人类进入了大数据时代，在对海量数据进行信息挖掘中，聚类分析方法是不可或缺的重要工具。例如，聚类分析在客户分类、文本分类、基因识别、空间数据处理、卫星图像分析、医疗图像自动检测等领域有着广泛的应用。而聚类分析本身的研究也是一个蓬勃发展的领域，数据挖掘、机器学习、空间数据库技术、生物学和市场学等也推动着聚类分析研究的进展。

聚类分析的目的是把分类对象按照一定规则分成若干类，这些类不是事先给定的，而是根据数据的特征确定的，对类的数目和类的结构事先不必有任何的假定。在同一类中的对象之间倾向于彼此相似，而不同类的对象之间倾向于彼此不相似。与有监督特征的判别分析相比，聚类分析被称为“无监督的分类方法”。

聚类分析的基本思想是：根据一批样品的多项指标，选定一种能够度量样品(或指标)之间相似程度的统计量作为划分类的根据，把一些相似程度较大的样品或指标化归为同一类，而把相似程度较小或根本不相似的样品或指标划归为不同类。

聚类分析根据分类对象的不同分为 Q 型聚类和 R 型聚类。Q 型聚类是对样品的聚类，R 型聚类是对变量(指标)的聚类。本章重点介绍 Q 型聚类，主要包括系统聚类法(也叫层次聚类法)和动态聚类法，后者主要有在大数据分析中广泛使用的 k 均值(k-means)聚类法。

5.1　距离和相似系数

聚类分析的基本原则是将相似性较大的对象归为同一类，而把相似性较小或差异性较大的对象归于不同的类。为了将样品聚类，需要研究样品之间的关系。常用方法是将每个样品看作 p 维空间的一个点，并在空间建立距离，距离较近的点归为同一类，距离较远的点归为不同类。对变量(或指标)的聚类，通常是计算变量之间的相似系数。性质比较接近的变量之间的相似系数较大，而性质不同的变量之间的相似系数较小。将比较相似的变量归为同一类，不相似的变量归为不同类。上述距离和相似系数一般是相对定量数据而言，对于定性数据，样品间的距离或变量间的相似系数需要根据具体的数据结构来定义，度量定性数据相似程度的数量指标(距离或相似系数)称为匹配系数。

5.1.1 样品之间的距离

设 $\boldsymbol{x}=(x_1,\cdots,x_p)'$，$\boldsymbol{y}=(y_1,\ \cdots,\ y_p)'$，$\boldsymbol{z}=(z_1,\ \cdots,\ z_p)'$为样品点，$\boldsymbol{d}(\boldsymbol{x},\boldsymbol{y})$为 $\boldsymbol{x}$ 与 $\boldsymbol{y}$ 之间的距离，则 $d(\boldsymbol{x},\boldsymbol{y})$的定义应满足以下条件。

(1)非负性：$d(\boldsymbol{x},\boldsymbol{y})\geqslant 0$，且 $d(\boldsymbol{x},\boldsymbol{y})=0$ 当且仅当 $\boldsymbol{x}=\boldsymbol{y}$。

(2)对称性：$d(\boldsymbol{x},\boldsymbol{y})=d(\boldsymbol{y},\boldsymbol{x})$。

(3)三角不等式：$d(\boldsymbol{x},\boldsymbol{y})\leqslant d(\boldsymbol{x},\boldsymbol{z})+d(\boldsymbol{z},\boldsymbol{y})$。

对于定量数据，常用的距离有以下几种。

1. 闵可夫斯基(Minkowski)距离

$\boldsymbol{x}$ 与 $\boldsymbol{y}$ 之间的闵可夫斯基距离定义为

$$d(\boldsymbol{x},\boldsymbol{y})=\left[\sum_{i=1}^{p}|x_i-y_i|^q\right]^{1/q} \tag{5.1}$$

其中 $q\geqslant 1$。闵可夫斯基距离有下列三种特殊形式。

(1)绝对值距离：在式(5.1)中取 $q=1$，则有

$$d(\boldsymbol{x},\boldsymbol{y})=\sum_{i=1}^{p}|x_i-y_i|$$

(2)欧氏(Euclidean)距离：在式(5.1)中取 $q=2$，则有

$$d(\boldsymbol{x},\boldsymbol{y})=\left[\sum_{i=1}^{p}(x_i-y_i)^2\right]^{1/2}=\sqrt{(\boldsymbol{x}-\boldsymbol{y})'(\boldsymbol{x}-\boldsymbol{y})}$$

(3)切比雪夫(Chebyshev)距离：在式(5.1)中取 $q=\infty$，则有

$$d(\boldsymbol{x},\boldsymbol{y})=\max_{1\leqslant i\leqslant p}|x_i-y_i|$$

当各变量的单位不同或各变量的方差不同时，不适合直接采用闵可夫斯基距离，需要对数据进行标准化处理。最常用的标准化处理方法是：令

$$x_i^*=\frac{x_i-\bar{x}_i}{\sqrt{s_{ii}}}\quad(i=1,\cdots,p)$$

其中$\bar{x}_i$ 和 s_{ii}分别是 x_i 的样本均值和样本方差。

2. 兰氏(Lance & Williams)距离

当所有数据皆为正时，可以定义 $\boldsymbol{x}$ 与 $\boldsymbol{y}$ 之间的兰氏距离

$$d(\boldsymbol{x},\boldsymbol{y})=\sum_{i=1}^{p}\frac{|x_i-y_i|}{|x_i+y_i|} \tag{5.2}$$

该距离与各变量的单位无关，且对大的奇异值不敏感，适用于高度偏倚或含异常值的数据。

3. 马氏(Mahalanobis)距离

$\boldsymbol{x}$ 与 $\boldsymbol{y}$ 之间的马氏距离定义为

$$d(\boldsymbol{x},\boldsymbol{y})=\sqrt{(\boldsymbol{x}-\boldsymbol{y})'\boldsymbol{S}^{-1}(\boldsymbol{x}-\boldsymbol{y})}$$

其中 $\boldsymbol{S}$ 为样本协方差矩阵。马氏距离虽然可以排除变量之间相关性的干扰，并且与各变量的单位无关。但在聚类分析中使用马氏距离有一个缺陷，即聚类过程中的类一直在变化

着，这就使得协方差矩阵难以确定。因此在实际聚类分析中，一般很少使用马氏距离，而是使用闵可夫斯基距离或兰氏距离，而在闵可夫斯基距离中最常用的是欧氏距离。

5.1.2　变量之间的距离

聚类分析不仅用来对样品进行聚类，有时还需要对变量(或指标)进行聚类。在对变量进行聚类时，常采用相似系数作为变量之间相似性程度的度量。变量间的这种相似性程度的度量，在一些应用中要看相似系数的大小，而在另一些应用中要看相似系数绝对值的大小。相似系数(或其绝对值)越大，就认为变量之间的相似性程度越大。聚类时，将比较相似的变量归于同一类，不相似的变量归于不同类。

设 c_{ij}表示变量 x_i 与 x_j 的相似系数，一般要求它满足如下条件。

(1) $c_{ij}=\pm1$，当且仅当 $x_i=ax_j+b$，其中 $a\neq0$。

(2) $|c_{ij}|\leqslant1$，对一切 i，j 成立。

(3) $c_{ij}=c_{ji}$，对一切 i，j 成立。

$|c_{ij}|$越接近 1，x_i 与 x_j 的相似关系越密切；$|c_{ij}|$越接近 0，两者的相似关系越疏远。对于定量数据，常采用的相关系数有 x_i 与 x_j 的夹角余弦和相关系数。

1. 夹角余弦

设变量 x_i 和变量 x_j 的 n 次观测值组成的向量分别为$(x_{1i},\cdots,x_{ni})'$和$(x_{1j},\cdots,x_{nj})'$，则两向量的夹角 α_{ij}的余弦值 $\cos\alpha_{ij}$称为两个向量的相似系数，记为 $c_{ij}(1)$，即

$$c_{ij}(1)=\cos\alpha_{ij}=\frac{\sum_{k=1}^{n}x_{ki}x_{kj}}{\sqrt{\sum_{k=1}^{n}x_{ki}^2\sum_{k=1}^{n}x_{kj}^2}}$$

2. 相关系数

相关系数就是对数据做标准化处理后得到的夹角的余弦值。x_i 与 x_j 的样本相关系数 r_{ij} 称为它们的相关系数，记为 $c_{ij}(2)$，即

$$c_{ij}(2)=r_{ij}=\frac{\sum_{k=1}^{n}(x_{ki}-\bar{x}_i)(x_{kj}-\bar{x}_j)}{\sqrt{\sum_{k=1}^{n}(x_{ki}-\bar{x}_i)^2\sum_{k=1}^{n}(x_{kj}-\bar{x}_j)^2}}$$

3. 变量之间的距离

(1)利用相似系数来定义变量 x_i 与 x_j 之间的距离，即

$$d_{ij}=1-c_{ij}\text{或 }d_{ij}^2=1-c_{ij}^2$$

(2)利用样本协方差矩阵来定义距离。设 $\boldsymbol{S}=(s_{ij})_{p\times p}$为变量 $x_i,\cdots,x_p$ 的样本协方差矩阵，则变量 x_i 与 x_j 之间的距离可定义为

$$d_{ij}=s_{ii}+s_{jj}-2s_{ij}$$

(3)把变量 x_i 和 x_j 的 n 次观测值组成的向量$(x_{1i},\cdots,x_{ni})'$和$(x_{1j},\cdots,x_{nj})'$看作 n 维空间中的点，则 x_i 与 x_j 的距离可按 5.1.1 节中样品间的距离来处理。

5.1.3 定性数据的距离和相似系数

以上介绍的样品间的距离和变量之间的相似系数都是针对定量数据的。现在介绍定性数据的距离和相似系数的定义方法。

1. 定性数据样品之间的距离

在数量化理论中，常称定性数据为**项目**，把定性数据的各种不同取“值”称为**类目**。例如，性别是项目，男或女是这个项目中的类目；体型是项目，胖、瘦、适中、壮等是这个项目中的类目。性别只能取男或女中的一个类目，不能兼取，但体型可以是适中且壮，即可以兼取。

设 p 维样品 $\boldsymbol{x}$ 的取值为

$$\delta_x(k,1),\delta_x(k,2),\cdots,\delta_x(k,r_k)\quad(k=1,\cdots,m)$$

其中 m 为项目个数，r_k 是第 k 个项目的类目数，$\delta_x(k,l)$ 称为第 k 个项目的第 l 个类目在样品 $\boldsymbol{x}$ 中的反应，其定义为：当样品 $\boldsymbol{x}$ 中的第 k 个项目的定性数据为第 l 个类目时 $\delta_x(k,l)=1$，否则 $\delta_x(k,l)=0$。

设 $\boldsymbol{x}$ 和 $\boldsymbol{y}$ 为两个样品，若 $\delta_x(k,l)=\delta_y(k,l)=1$，则称这两个样品在第 k 个项目的第 l 个类目上 1-1 配对；若 $\delta_x(k,l)=\delta_y(k,l)=0$，则称这两个样品在第 k 个项目的第 l 个类目上 0-0 配对；若 $\delta_x(k,l)\neq\delta_y(k,l)$，则称这两个样品在第 k 个项目的第 l 个类目上不配对。

记 m_0 为 $\boldsymbol{x}$ 和 $\boldsymbol{y}$ 在 m 个项目的所有类目中 0-0 配对的总数，m_1 为 $\boldsymbol{x}$ 和 $\boldsymbol{y}$ 在 m 个项目的所有类目中 1-1 配对的总数，m_2 为不配对的总数。显然有 $p=m_0+m_1+m_2=r_1+\cdots+r_m$。

表 5.1 给出两个样品的取值情况。显然 $m_0=7$，$m_1=3$，$m_2=4$，项目总数 $m=4$，总类目数 $p=4+2+5+3=14$。

表 5.1 两个样品的取值情况

项目	项目 1				项目 2		项目 3					项目 4		
类目	1	2	3	4	1	2	1	2	3	4	5	1	2	3
x	1	0	0	0	0	1	1	0	0	0	1	0	1	0
y	0	1	0	0	0	1	0	0	1	0	1	0	1	0

两样品 $\boldsymbol{x}$ 和 $\boldsymbol{y}$ 之间的距离定义为

$$d(\boldsymbol{x},\boldsymbol{y})=m_2/(m_1+m_2)$$

即不配对的类目数与有反应的类目(包括 1-1 配对和不配对)数的比值。例如，表 5.1 中 $d(\boldsymbol{x},\boldsymbol{y})=4/(3+4)=4/7$。

当项目只能取可能类目中的一种，即在不能兼取的情况下，两样品的距离可定义为 $d(\boldsymbol{x},\boldsymbol{y})=m_2^*/m$，其中 m_2^* 是不配对的项目个数，m 是总项目个数。

类似欧氏距离，还可以定义 $\boldsymbol{x}$ 和 $\boldsymbol{y}$ 之间的距离为

$$d^2(\boldsymbol{x},\boldsymbol{y})=\sum_{k=1}^{m}\sum_{l=1}^{r_k}\left(\delta_x(k,l)-\delta_y(k,l)\right)^2$$

2. 定性数据之间的相似系数

当变量 x_i 和 x_j 是定性数据时，也可以定义它们之间的相似系数。设变量 x_i 的 p 种取值为 $r_1,\cdots,r_p$(或称 x_i 有 p 个类目)，x_j 的 q 种取值为 $t_1,\cdots,t_q$。n 个样品中的每两个定性数据的实际观测结果经整理后见表 5.2，其中 n_{kl}表示在 n 个样品中 x_i 取第 k 个值 r_k，且 x_j 取第 l 个值 t_l 的频数。通常称表 5.2 为列联表。

表 5.2　列联表

	t_1	t_2	$\cdots$	t_q	行和
r_1	n_{11}	n_{12}	$\cdots$	n_{1q}	n_{1+}
r_2	n_{11}	n_{12}	$\cdots$	n_{1q}	n_{2+}
$\vdots$	$\vdots$	$\vdots$		$\vdots$	$\vdots$
r_p	n_{11}	n_{12}	$\cdots$	n_{1q}	n_{p+}
列和	n_{+1}	n_{+2}	$\cdots$	n_{+q}	n

表 5.2 中

$$n_{i+} = \sum_{l=1}^{q} n_{il},\ n_{+j} = \sum_{k=1}^{p} n_{kj},\ n = \sum_{i=1}^{p}\sum_{j=1}^{q} n_{ij}$$

在利用列联表对两个定性数据 x_i 和 x_j 进行独立性检验时，经常要用到χ^2 统计量

$$\chi_{ij}^2 = \sum_{k=1}^{p}\sum_{l=1}^{q} \frac{(n_{kl} - n_{k+}n_{+l}/n)^2}{n_{k+}n_{+l}/n}$$

建立在χ^2 统计量基础上的相似系数如下。

(1)列联系数

$$c_{ij}(3) = \sqrt{\chi_{ij}^2/(\chi_{ij}^2+n)}$$

(2)相关系数

$$c_{ij}(4) = \sqrt{\frac{\chi_{ij}^2}{n.\ \max(p-1,q-1)}}$$

$$c_{ij}(5) = \sqrt{\frac{\chi_{ij}^2}{n.\ \min(p-1,q-1)}}$$

$$c_{ij}(6) = \sqrt{\frac{\chi_{ij}^2}{n.\ \sqrt{(p-1)(q-1)}}}$$

如果 x_i 和 x_j 只取两个值(即 $p=q=2$)，则可利用下列相似系数。

(3)点相关系数

$$c_{ij}(7) = \frac{n_{11}n_{22}-n_{12}n_{21}}{\sqrt{(n_{11}+n_{12})(n_{21}+n_{22})(n_{11}+n_{21})(n_{12}+n_{22})}}$$

这是与定量数据的相关系数对应的统计量。

5.2 系统聚类法

系统聚类法是在应用中使用得比较多的一种聚类方法。系统聚类法的基本思想是：首先定义样品间的距离(或相似系数)和类间距离。聚类开始时先将 n 个样品各自作为一类，这时类间距离与样品间的距离是等价的。然后将距离最近的两个类合并为一个新类，并计算新类与其他类之间的距离，再按照距离最近的原则合并。如此继续进行，每次减少一个类，直到所有样品都合并在一起成为一个大类为止。这个并类过程可以用谱系聚类图表示出来。系统聚类法根据类间距离的定义方法的不同分为若干个不同的方法，本节将介绍最为常用的几种。

在进行聚类之前，一般先将数据进行中心标准化变换，变换的目的是便于比较和计算，或改变数据的结构。以下我们用 d_{ij}表示第 i 个样品与第 j 个样品之间的距离，当对变量进行聚类时，令 $d_{ij}=1-|c_{ij}|$或 $d_{ij}^2=1-c_{ij}^2$，这里 c_{ij}为第 i 个变量 x_i 与第 j 个变量 x_j 之间的相似系数。用 $G_1,G_2\cdots$表示不同的类，D_{kl}表示类 G_k 与类 G_l 之间的距离。

系统聚类法的基本步骤如下。

(1)计算 n 个样品间的距离，得到距离矩阵 $\boldsymbol{D}^{(0)}$，它是一个 $n\times n$ 的对称矩阵。

(2)选择 $\boldsymbol{D}^{(0)}$ 中的最小非对角元素，设为 $\boldsymbol{D}_{kl}$，将 G_k 和 G_l 合并为一个新类记为 G_m，即 $G_m=G_k\cup G_l$。

(3)计算新类 G_m 与其他类之间的距离，得到新的距离矩阵 $\boldsymbol{D}^{(1)}$。

(4)对 $\boldsymbol{D}^{(1)}$ 重复上面对于 $\boldsymbol{D}^{(0)}$ 的两个步骤，得到 $\boldsymbol{D}^{(2)}$，如此下去，直至所有元素合并为一个大类为止。

(5)画谱系聚类图。

(6)决定分类的个数及各类中的成员。

下面根据类间距离的不同定义，介绍几个常用的系统聚类法，包括它们的算法原理和各自的特点。

5.2.1 常用系统聚类法

1. 最短距离法

类间距离定义为两类中相距最近的元素之间的距离，即类 G_k 与类 G_l 之间的距离定义为

$$D_{kl}=\min_{i\in G_k,j\in G_l} d_{ij} \tag{5.3}$$

这种聚类方法称为最短距离法(Single Linkage Mathod)。

当聚类过程进行到某一步，类 G_p 和类 G_q 合并为新类 G_r 后，按最短距离法计算新类 G_r 与类 G_k 的类间距离，其递推公式为

$$\begin{aligned} D_{rk}&=\min_{i\in G_r,j\in G_k} d_{ij} \\ &=\min\{\min_{i\in G_p,j\in G_k} d_{ij},\ \min_{i\in G_q,j\in G_k} d_{ij}\} \\ &=\min\{D_{pk},D_{qk}\} \end{aligned} \tag{5.4}$$

其中 $G_r=G_p\cup G_q,k\neq p,q$。

例 5.1　设有 5 个一维样品，其值分别是 1、2、6.5、7、11，试用最短距离法将它们分类。

解　样品间的距离取为欧氏距离，根据最短距离法，有以下步骤。

(1)计算 5 个类之间的距离，得初始的类间距离(也是样品之间的距离)矩阵 $\boldsymbol{D}^{(0)}$：

	G_1	G_2	G_3	G_4	G_5
G_1	0.0				
G_2	1.0	0.0			
G_3	5.5	4.5	0.0		
G_4	6.0	5.0	0.5	0.0	
G_5	10.0	9.0	4.5	4.0	0.0

(2)$\boldsymbol{D}^{(0)}$ 的最小非对角元素为 $\boldsymbol{D}_{34}=0.5$，故合并 G_3 和 G_4 为一个新类 $G_6=G_3\cup G_4=\{6.5,7\}$，并利用式(5.4)计算 G_6 与其他各类之间的距离，得新的距离矩阵 $\boldsymbol{D}^{(1)}$：

	G_1	G_2	G_5	G_6
G_1	0.0			
G_2	1.0	0.0		
G_5	10.0	9.0	0.0	
G_6	5.5	4.5	4.0	0.0

(3)$\boldsymbol{D}^{(1)}$ 的最小非对角元素为 $\boldsymbol{D}_{12}=1.0$，故合并 G_1 和 G_2 为一个新类 $G_7=G_1\cup G_2=\{1,2\}$，并利用式(5.4)计算 G_7 与其他各类之间的距离，得新的距离矩阵 $\boldsymbol{D}^{(2)}$：

	G_5	G_6	G_7
G_5	0.0		
G_6	4.0	0.0	
G_7	9.0	4.5	0.0

(4)$\boldsymbol{D}^{(2)}$ 的最小非对角元素为 $\boldsymbol{D}_{56}=4.0$，故合并 G_6 和 G_5 为一个新类 $G_8=G_6\cup G_5=\{6.5,7,11\}$，并利用式(5.4)计算 G_8 与其他各类之间的距离，得新的距离矩阵 $\boldsymbol{D}^{(3)}$：

	G_7	G_8
G_7	0.0	
G_8	4.5	0.0

(5)最后将 G_7 和 G_8 合并为 G_9，这时所有 5 个样品合并为一类，聚类过程终止。

(6)画谱系聚类图(见图 5.1)。

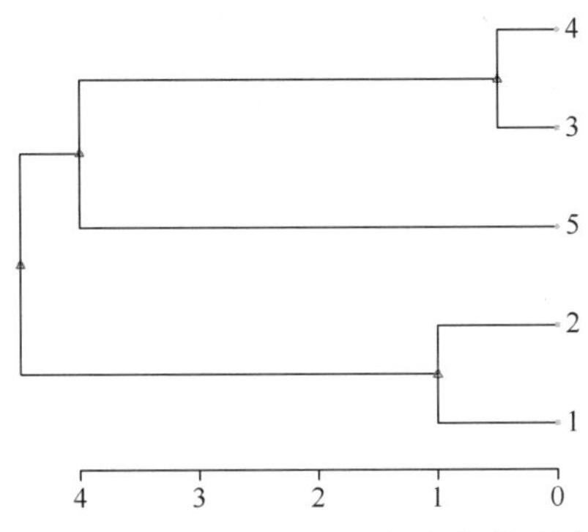

图 5.1 例 5.1 的最短距离法的谱系图

(7)确定类的个数和各类成员。若分成两类，则结果为 $G_7=\{1,2\}$，$G_8=\{6.5,7,11\}$。若分成三类，则结果为 $G_5=\{11\}$，$G_6=\{6.5,7\}$，$G_7=\{1,2\}$。

根据实际问题的背景，结合谱系聚类图，可以直观地确定分类结果。到底分为几类才比较合适，没有绝对的定论。一般根据实际问题的不同，可以从谱系聚类图上直观地确定，或通过分界值(阈值)给出分类，也可以根据本章后面讨论的统计量来确定。

在 R 软件中，hclust( )函数可用于系统聚类法的计算，plot( )函数可画出系统聚类法的谱系图(dendrogram)。hclust( )函数的使用格式为

```
hclust(d,method="complete",numbers=NULL)
```

其中 d 是由“dist”构成的距离结构，method 是系统聚类法的某种方法(默认最长距离法，即“complete”)。其他可以选择的方法有：“single”——最短距离法，“mediam”——中间距离法，“mcquitty”——Mcquitty 相似法，“average”——类平均法，“centroid”——重心法，“ward”——Ward 法，即离差平方和法。members 默认为 NULL，或与 d 有相同变量长度的向量，具体使用方法可参见 R 软件中的在线帮助。

2. 最长距离法

类间距离定义为两类中相距最远的元素之间的距离，即类 G_k 与类 G_l 之间的距离定义为

$$\boldsymbol{D}_{kl}=\max_{i\in G_k,j\in G_l} d_{ij} \tag{5.5}$$

称这种聚类方法为最长距离法(Complete Linkage Mathod)。

当聚类过程进行到某一步，将类 G_p 和类 G_q 合并为新类 G_r 后，按最长距离法计算新类 G_r 与类 G_k 的类间距离，其递推公式为

$$\begin{aligned}\boldsymbol{D}_{rk}&=\max_{i\in G_r,j\in G_k} d_{ij}\\&=\max\{\max_{i\in G_p,j\in G_k} d_{ij},\max_{i\in G_q,j\in G_k} d_{ij}\}\\&=\max\{\boldsymbol{D}_{pk},\boldsymbol{D}_{qk}\}\end{aligned} \tag{5.6}$$

其中 $G_r=G_p\cup G_q$，$k\neq p,q$。

对例 5.1 采用最长距离法进行聚类，聚类结果与最短距离法相同，其谱系图如图 5.2 所示，它与图 5.1 的形状相似，但并类的距离要比图 5.1 的大一些，具体步骤如下。

样品间的距离取为欧氏距离，根据最长聚类法，有以下步骤。

(1)计算 5 个类之间的距离，得初始的类间距离(也是样品之间的距离)矩阵 $\boldsymbol{D}^{(0)}$，这个矩阵与最短距离法中的初始距离矩阵 $\boldsymbol{D}^{(0)}$ 相同，即

	G_1	G_2	G_3	G_4	G_5
G_1	0.0				
G_2	1.0	0.0			
G_3	5.5	4.5	0.0		
G_4	6.0	5.0	0.5	0.0	
G_5	10.0	9.0	4.5	4.0	0.0

(2)$\boldsymbol{D}^{(0)}$ 的最小非对角元素为 $D_{34}=0.5$，故合并 G_3 和 G_4 为一个新类 $G_6=G_3\cup G_4=\{6.5,7\}$，并利用式(5.6)计算 G_6 与其他各类之间的距离，得新的距离矩阵 $\boldsymbol{D}^{(1)}$

	G_1	G_2	G_5	G_6
G_1	0.0			
G_2	1.0	0.0		
G_5	10.0	9.0	0.0	
G_6	6.0	5.0	4.5	0.0

(3)$\boldsymbol{D}^{(1)}$ 的最小非对角元素为 $D_{12}=1.0$，故合并 G_1 和 G_2 为一个新类 $G_7=G_1\cup G_2=\{1,2\}$，并利用式(5.6)计算 G_7 与其他各类之间的距离，得新的距离矩阵 $\boldsymbol{D}^{(2)}$

	G_5	G_6	G_7
G_5	0.0		
G_6	4.5	0.0	
G_7	10.0	6.0	0.0

(4)$\boldsymbol{D}^{(2)}$ 的最小非对角元素为 $D_{56}=4.5$，故合并 G_6 和 G_5 为一个新类 $G_8=G_6\cup G_5=\{6.5,7,11\}$，并利用式(5.6)计算 G_8 与其他各类之间的距离，得新的距离矩阵 $\boldsymbol{D}^{(3)}$

	G_7	G_8
G_7	0.0	
G_8	10.0	0.0

(5)最后将 G_7 和 G_8 合并为 G_9，这时所有 5 个样品合并为一类，聚类过程终止。

(6)画谱系聚类图(见图 5.2)。

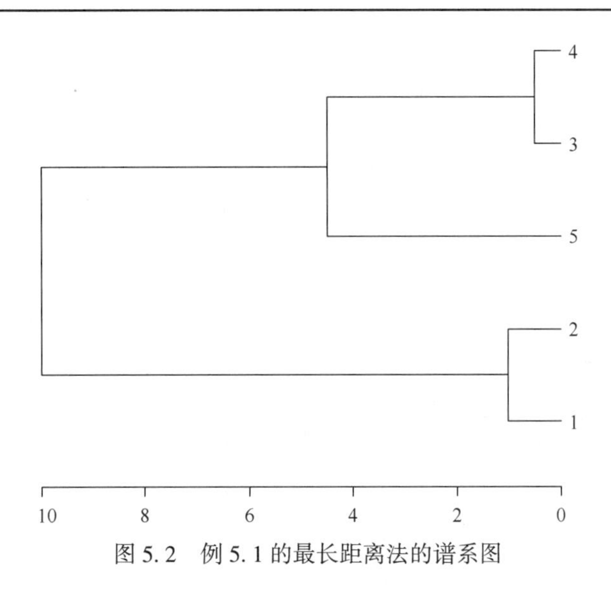

图 5.2 例 5.1 的最长距离法的谱系图

例 5.2 对 305 名女中学生测量 8 项体型指标：身高(x_1)、手臂长(x_2)、上肢长(x_3)、下肢长(x_4)、体重(x_5)、颈围(x_6)、胸围(x_7)、胸宽(x_8)。各变量之间的样本相关系数如表 5.3 所示。将相关系数作为相似系数，定义距离为

$$d_{ij}=1-r_{ij}$$

试用最长距离法做聚类分析。

表 5.3 各变量之间的样本相关系数

	身高	手臂长	上肢长	下肢长	体重	颈围	胸围	胸宽
身高	1.000	0.486	0.805	0.895	0.473	0.398	0.301	0.382
手臂长	0.468	1.000	0.881	0.826	0.376	0.326	0.277	0.277
上肢长	0.805	0.881	1.000	0.801	0.380	0.319	0.237	0.345
下肢长	0.859	0.826	0.801	1.000	0.436	0.329	0.327	0.365
体重	0.473	0.376	0.380	0.436	1.000	0.762	0.730	0.629
颈围	0.398	0.326	0.319	0.329	0.762	1.000	0.583	0.577
胸围	0.301	0.277	0.237	0.327	0.730	0.583	1.000	0.539
胸宽	0.382	0.277	0.345	0.365	0.629	0.577	0.539	1.000

解 利用 R 软件进行计算，聚类结果谱系图如图 5.3 所示。从该谱系图可以看出，变量 x_2(手臂长)与变量 x_3(上肢长)最先合并成一类。接下来，变量 x_1(身高)与变量 x_4(下肢长)合并成一类。然后，将新得到的两类合并成一类(可以称为“长类”)。之后要合并的是变量 x_5(体重)与变量 x_6(颈围)。接下来，将变量 x_7(胸围)和变量 x_8(胸宽)加到新类中。最后合并为一类。

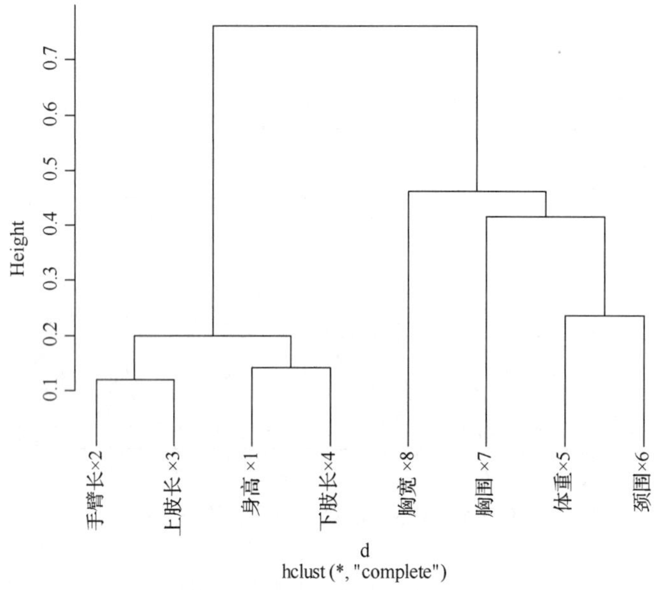

图 5.3　例 5.2 的最长距离法的谱系图

3. 中间距离法

类间距离既不取两类中相距最近的元素之间的距离，也不取两类中相距最远的元素之间的距离，而是取介于两者之间的距离，称为中间距离法(Median Method)。显然，中间距离法是对最短距离法和最长距离法的一种折中方法。

当聚类过程进行到某一步，将类 G_p 和类 G_q 合并为新类 G_r 后，按中间距离法计算新类 G_r 与类 G_k 的类间距离，其递推公式为

$$D_{rk}^2=\frac{1}{2}(D_{pk}^2+D_{qk}^2)-\frac{1}{4}D_{pq}^2 \tag{5.7}$$

中间距离法可推广为更一般的情况，即将式(5.7)中的三个系数改为带有参数 β，得到下列递推公式

$$D_{rk}^2=\frac{1-\beta}{2}(D_{pk}^2+D_{qk}^2)+\beta D_{pq}^2 \tag{5.8}$$

当 $\beta<1$ 时，这种方法称为可变法；当 $\beta=0$ 时，这种方法称为 McQuitty 相似分析法。

4. 类平均法

类平均法(Average Linkage Method)有两种定义。一种定义是把类间距离定义为两个类中所有样品点之间距离的平均值，即定义类 G_p 与类 G_q 之间的距离为

$$D_{pq}=\frac{1}{n_p n_q}\sum_{i\in G_p,j\in G_q} d_{ij} \tag{5.9}$$

其中 n_p 和 n_q 分别是类 G_p 和类 G_q 的样品个数。

当聚类过程进行到某一步，将类 G_p 和类 G_q 合并为新类 G_r 后，按照类平均法计算新类 G_r 与类 G_k 的类间距离，其递推公式为

$$\begin{aligned}D_{rk}&=\frac{1}{n_r n_k}\sum_{i\in G_r,j\in G_k} d_{ij}=\frac{1}{n_r n_k}\left(\sum_{i\in G_p,j\in G_k} d_{ij}+\sum_{i\in G_q,j\in G_k} d_{ij}\right)\\&=\frac{1}{n_r n_k}(n_p n_k D_{pk}+n_q n_k D_{qk})=\frac{n_p}{n_r}D_{pk}+\frac{n_q}{n_r}D_{qk}\end{aligned} \tag{5.10}$$

其中 $n_r=n_p+n_q$。

另一种定义是把类与类之间距离的平方定义为两个类中所有样品点之间距离平方的平均值，即定义类 G_p 与类 G_q 之间的距离的平方为

$$D_{pq}^2=\frac{1}{n_p n_q}\sum_{i\in G_p,j\in G_q}d_{ij}^2 \tag{5.11}$$

它的递推公式为

$$D_{rk}^2=\frac{n_p}{n_r}D_{pk}^2+\frac{n_q}{n_r}D_{qk}^2 \tag{5.12}$$

类平均法较充分地利用了样品之间的信息，在很多情况下，它被认为是一种比较好的系统聚类法。在递推公式(5.12)中，D_{pq} 的影响没有被反映出来，为此可将该递推公式进一步推广为

$$D_{rk}^2=(1-\beta)\left(\frac{n_p}{n_r}D_{pk}^2+\frac{n_q}{n_r}D_{qk}^2\right)+\beta D_{pq}^2$$

其中 $\beta<1$，称这种聚类方法为可变类平均法。

5. 重心法

类间距离定义为它们的重心(均值)之间的欧氏距离。设类 G_p 和类 G_q 的重心分别为$\bar{x}_p$ 和$\bar{x}_q$，则 G_p 与 G_q 之间的距离定义为

$$D_{pq}^2=d_{\bar{x}_p\bar{x}_q}^2=(\bar{x}_p-\bar{x}_q)'(\bar{x}_p-\bar{x}_q) \tag{5.13}$$

这种系统聚类法称为重心法(Centroid Hierarchical Method)。

当聚类过程进行到某一步，将类 G_p 和类 G_q 合并为新类 G_r 后，按照重心法计算新类 G_r 与类 G_k 的类间距离，其递推公式为

$$D_{rk}^2=\frac{n_p}{n_r}D_{pk}^2+\frac{n_q}{n_r}D_{qk}^2-\frac{n_p n_q}{n_r^2}D_{pq}^2 \tag{5.14}$$

重心法在处理异常值方面比其他系统聚类法更稳健，但是在别的方面一般不如类平均法和离差平方和法的效果好。

6. 离差平方和法

离差平方和法是沃德(Ward)于 1936 年提出来的，也称为 Ward 法。它基于方差分析的思想进行分类，如果类分得正确，则同类样品之间的离差平方和应当较小，不同类样品之间的离差平方和应当较大。

若类 G_p 和类 G_q 合并为新类 G_r，则 G_p、G_q、G_r 的离差平方和分别为

$$W_p=\sum_{i\in G_p}(x_i-\bar{x}_p)'(x_i-\bar{x}_p)$$

$$W_q=\sum_{i\in G_q}(x_i-\bar{x}_q)'(x_i-\bar{x}_q)$$

$$W_r=\sum_{i\in G_r}(x_i-\bar{x}_r)'(x_i-\bar{x}_r)$$

其中$\bar{x}_p$、$\bar{x}_q$ 和$\bar{x}_r$ 分别是 G_p、G_q 和 G_r 的重心。所以 W_p、W_q 和 W_r 反映了各自类中样品的分散程度。若 G_p 和 G_q 两类相距较近，则合并后所增加的离差平方和 $W_r-W_p-W_q$ 应当较小；否则应当较大。于是定义 G_p 和 G_q 之间距离的平方为

$$D_{pq}^2 = W_r - W_p - W_q \tag{5.15}$$

当聚类过程进行到某一步，将类 G_p 和类 G_q 合并为新类 G_r 后，按照离差平方和法计算新类 G_r 与类 G_k 的类间距离，其递推公式为

$$D_{rk}^2 = \frac{n_p + n_k}{n_r + n_k} D_{pk}^2 + \frac{n_q + n_k}{n_r + n_k} D_{qk}^2 - \frac{n_k}{n_r + n_k} D_{pq}^2 \tag{5.16}$$

G_p 和 G_q 之间距离的平方也可以写成

$$D_{pq}^2 = \frac{n_p n_q}{n_r} (\bar{x}_p - \bar{x}_q)'(\bar{x}_p - \bar{x}_q) \tag{5.17}$$

可见，这个距离与式(5.13)给出的重心法的类间距离只相差常数倍。重心法的类间距离与样品个数无关，而离差平方和法的类间距离与两个类的样品个数有较大的关系，这时两个大类倾向于有较大的距离，因而不易合并，这更符合对聚类的实际要求。离差平方和法在许多场合优于重心法，是一种比较好的系统聚类法，但它对异常值比较敏感。

需要指出的是，不同的聚类方法得到的分类结果可能不同，结果的好坏在很大程度上取决于使用者对不同数据的方法选择是否得当。在实际问题的聚类分析中，分类结果的最后确定一般根据多种方法结果的综合分析和决策者对实际问题的认识得出。

例 5.3　为了研究我国 31 个省、自治区、直辖市(本数据不含港、澳、台)2018 年城镇居民生活消费的分布规律，试根据调查资料，应用聚类分析方法对 31 个省、自治区、直辖市做区域消费类型的划分。表 5.4 为 2018 年城镇居民家庭人均年消费支出数据(元/人)。表 5.4 中的 8 个指标是：人均食品支出(x_1)、人均衣着支出(x_2)、人均居住支出(x_3)、人均生活用品及服务支出(x_4)、人均交通通信支出(x_5)、人均教育文化娱乐支出(x_6)、人均医疗保健支出(x_7)和人均其他用品及服务支出(x_8)。

表 5.4　2018 年城镇居民家庭人均年消费支出数据(元/人)

省、自治区、直辖市	x_1	x_2	x_3	x_4	x_5	x_6	x_7	x_8
北京	8064.9	2175.5	14110.3	2371.9	4767.4	3999.4	3274.5	1078.6
天津	8647.5	1990.0	6406.3	1818.4	4280.9	3186.6	2676.9	896.3
河北	4271.3	1257.4	4050.4	1138.7	2355.4	1734.5	1540.5	373.8
山西	3688.2	1261.0	3228.5	855.6	1845.2	1940.0	1635.1	356.4
内蒙古	5324.3	1751.2	3680.0	1204.6	3074.3	2245.4	1847.5	537.9
辽宁	5727.8	1628.1	4169.5	1259.4	2968.2	2708.0	2257.1	680.2
吉林	4417.4	1397.0	3294.8	899.4	2479.7	2193.4	2012.0	506.7
黑龙江	4573.2	1405.4	3176.3	866.4	2196.6	2030.3	2235.3	490.4
上海	10728.2	2036.8	14208.5	2095.5	4881.2	5049.4	3070.2	1281.5
江苏	6529.8	1541.0	6731.2	1493.3	3522.8	2582.6	2016.4	590.4
浙江	8198.3	1813.5	7721.2	1652.4	4302.0	3031.3	2059.4	692.6
安徽	5414.7	1137.4	3941.9	1041.2	2082.1	1810.4	1224.0	392.8
福建	7572.9	1212.1	6130.0	1223.1	2923.3	2194.0	1234.8	505.8
江西	4809.0	1074.1	3795.2	1047.7	1872.1	1813.0	1000.0	381.0
山东	5030.9	1391.8	3928.5	1394.3	2834.3	2174.4	1627.6	398.1
河南	3959.8	1172.8	3512.0	1054.4	1838.0	1769.1	1541.5	321.0
湖北	5491.3	1316.2	4310.6	1253.2	2584.1	2187.5	1907.9	487.0
湖南	5260.0	1215.5	3976.1	1190.2	2322.9	2786.2	1705.5	351.5

续表

省、自治区、直辖市	x_1	x_2	x_3	x_4	x_5	x_6	x_7	x_8
广东	8480.8	1135.3	6643.3	1440.8	3423.9	2750.9	1520.8	658.2
广西	4545.7	616.7	3268.5	898.2	2150.1	1798.9	1364.6	291.9
海南	6552.2	655.9	3744.0	826.6	1919.0	2185.5	1236.1	409.2
重庆	6220.8	1454.5	3498.8	1338.9	2545.0	2087.8	1660.0	442.8
四川	5937.9	1173.8	3368.0	1182.2	2398.8	1599.7	1568.6	434.5
贵州	3792.9	934.7	2760.7	878.1	2408.0	1660.0	1083.5	280.1
云南	3983.4	789.1	3081.1	859.9	2212.8	1772.7	1267.7	283.2
西藏	4330.5	1285.2	2102.6	622.3	1847.7	609.3	460.1	262.6
陕西	4292.5	1141.1	3388.2	1200.8	2005.8	2008.8	1749.4	373.2
甘肃	4253.3	1111.5	3095.0	896.9	1640.7	1710.3	1573.9	342.4
青海	4671.6	1350.6	2990.0	932.0	2671.4	1655.6	1842.0	444.0
宁夏	4234.1	1388.2	3014.3	1067.1	2724.4	2139.5	1727.1	420.4
新疆	4691.6	1456.0	2894.3	1082.8	2274.4	1762.5	1592.6	434.9

解 为了进行对比分析，分别用最长距离法、类平均法、重心法和 Ward 法进行聚类，并画出相应的谱系图(图 5.4 和图 5.5)。从谱系图中可以看出，不同方法的分类结果不完全一样。

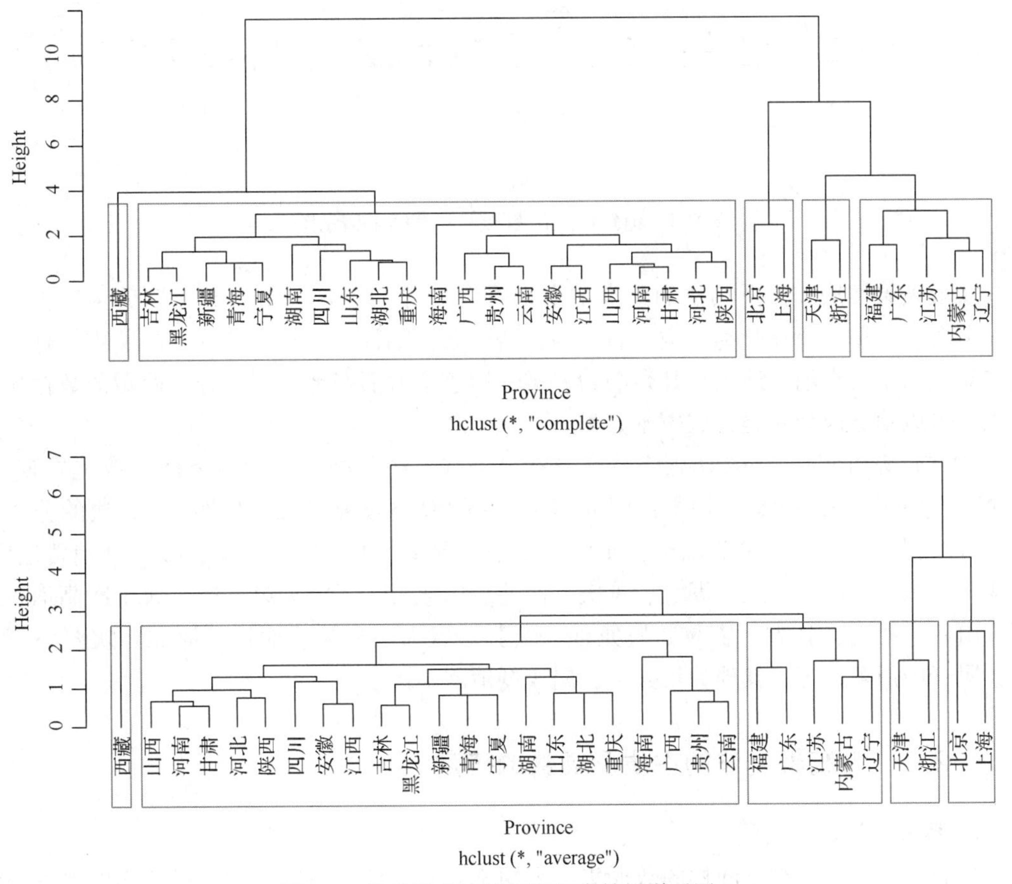

图 5.4 消费性支出数据的聚类结果谱系图 1

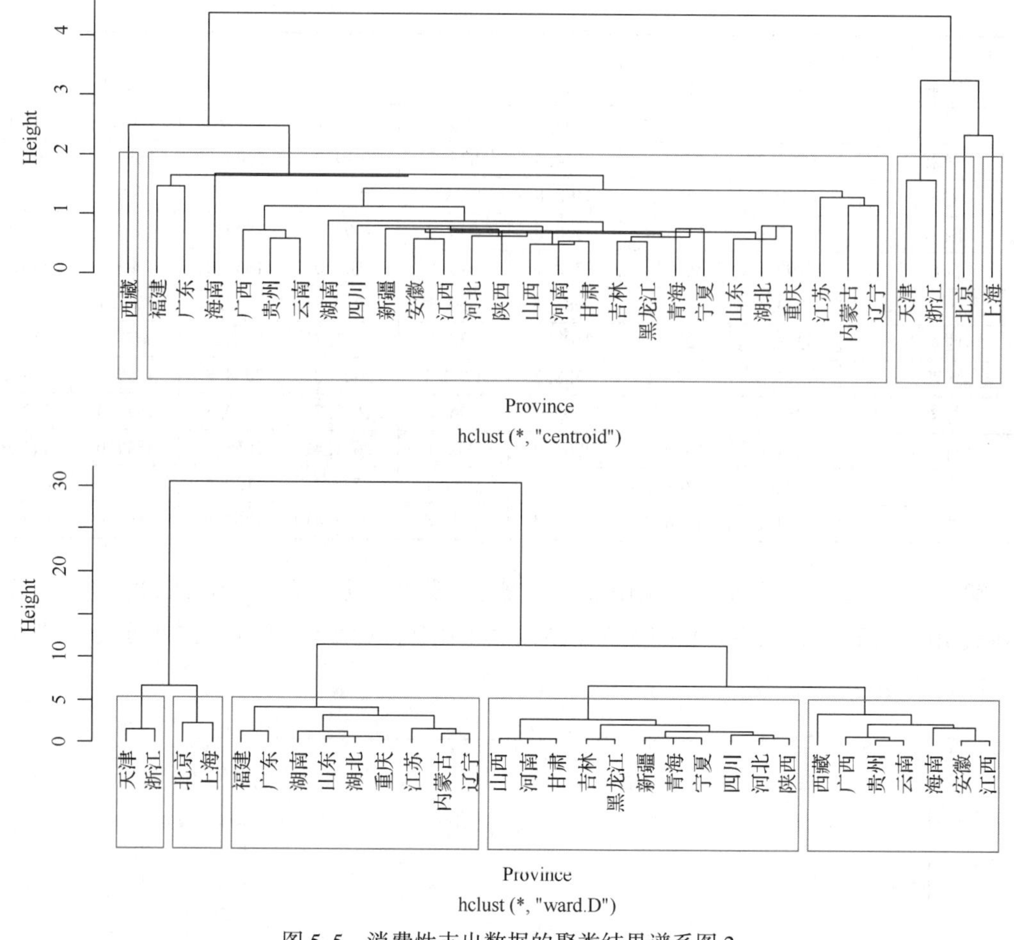

图 5.5　消费性支出数据的聚类结果谱系图 2

从最长聚类法和类平均法的聚类结果来看，31 个省、区、市大致可以分为三类：北京、上海、天津、浙江归为一类，属于高消费地区；福建、广东、江苏、内蒙古、辽宁为第二类，属于次高消费地区；其余归为一类，属于中低消费地区。另外，西藏的数据比较特殊，可以独立成为一类，或暂不归类。

从重心法和 Ward 法的聚类结果可以看出，重心法分类结果的各类样品数差异较大，而 Ward 法的聚类结果比较均衡，因此 Ward 法的聚类效果较好。按照 Ward 法的分类结果，31 个地区可以大致分为四类：北京、上海、天津、浙江归为一类，属于高消费地区；福建、广东、湖南、山东、湖北、重庆、江苏、内蒙古、辽宁为第二类，属于次高消费地区；山西、河南、甘肃、吉林、黑龙江、新疆、青海、宁夏、四川、河北、陕西为第三类，属于中消费地区；其他为第四类，属于低消费地区。

5.2.2　系统聚类法的性质及类数的确定

1. 系统聚类法的性质

我们已经看到，对于同样的数据集，采用不同的系统聚类法可能会得到不同的聚类结果。事实上，各种聚类方法都有其比较适用的场合。要了解不同的系统聚类法的特点，就有必要了解它的一些基本性质。

系统聚类法具有以下两个基本性质。

(1)单调性

设 D_k 为系统聚类法中第 k 次并类时的距离。如例 5.1，用最短距离法时有 $D_1=0.5$，$D_2=1.0$，$D_3=4.0$，$D_4=4.5$，满足 $D_1<D_2<D_3<D_4$。如果一个系统聚类法能满足 $D_1\leqslant D_2\leqslant D_3\leqslant\cdots D_n$，则称它具有**单调性**。这种单调性符合系统聚类法的并类思想，即先合并距离较近的类，后合并距离较远的类。可以证明，最短距离法、最长距离法、类平均法，以及离差平方和法都具有单调性，但重心法和中间距离法不具有单调性。

(2)空间浓缩与空间扩张

比较图 5.1 和图 5.2 可以看出，对同一问题采用不同的系统聚类法时，它们的并类距离坐标的范围可以相差很大，最短距离法的并类距离 $D_{ij}\leqslant 4.5$，而最长距离法的并类距离 $D_{ij}\leqslant 10$。事实上，比较最短距离法和最长距离法的并类过程可以发现，对于每一个并类步骤，都有 D_{ij}(短)$\leqslant D_{ij}$(长)。这种性质称为最短距离法比最长距离法**空间浓缩**，或称为最长距离法比最短距离法**空间扩张**。

我们以类平均法为基准，将其他方法与它做比较，可以证明有以下结论：一是类平均法比最短距离法扩张，但比最长距离法浓缩；二是类平均法比重心法扩张，但比离差平方和法浓缩。太浓缩的方法不够灵敏，太扩张的方法可能因灵敏度过高而容易失真。相比较而言，类平均法比较适中，它既不太浓缩也不太扩张，而且具有单调性。因而，类平均法是一种比较理想、应用广泛、聚类效果较好的系统聚类法。

2. 类的个数的确定

聚类分析中，如何确定类的个数是一个十分困难的问题，迄今为止，没有找到一个比较一致的定类方法。我们只能从不同的角度叙述几种常用的方法，这些方法仅供在应用中参考。

(1)由适当的阈值确定

根据聚类过程的谱系图，确定一个比较合适的阈值 d，要求类间距离要刚好大于 d。这种方法有较强的直观性，但这也是它的不足之处。如例 5.1，用最短距离法得谱系图 5.1。若给定临界值(阈值) $d=4$，则当类间距离$\leqslant 4$ 时，各个类包含的样品间关系密切，应归于同一类。这相当于在距离刚好大于 4 处“切一刀”，此时 5 个样品可分为两类：{1,2} 和{6.5,7,11}。若给定的阈值为 $d=1.0$，则可分为三类。

根据谱系图确定分类个数的准则。

准则 A：各类重心之间的距离要足够大。

准则 B：确定的类中，各类所包含的元素不要太多。

准则 C：类的个数必须符合实用的目的。

准则 D：采用不同的聚类法处理时，需综合考虑各种方法的结果。

(2)根据样品的散点图确定

如果样品是二维(或三维)的，则可通过观测数据的散点图来直观确定类的个数。若样品是高维的，可考虑采用费希尔判别分析中的投影(降维)方法，并根据所有样品的前两个(或前三个)费希尔判别函数的得分画出散点图，观察类之间是否分离得较好。该图既能帮助我们评估聚类效果的好坏，也有助于我们判断所确定的分类个数是否恰当。

(3)使用统计量确定

可以使用下列统计量来帮助确定分类个数。

①R^2 统计量

假定已将 n 个样品分为 k 类，记为 $G_1,\cdots,G_k$，G_i 类的样品数及重心分别为 n_i 和$\bar{x}^{(i)}$ $(i=1,\cdots,k)$，则 $n=n_1+\cdots+n_k$，所有样品的总重心为$\bar{x}$。G_i 类的 n_i 个样品的离差平方和为

$$W_i = \sum_{j=1}^{n_i} (x_j^{(i)} - \bar{x}^{(i)})'(x_j^{(i)} - \bar{x}^{(i)})$$

k 个类的类内离差平方和之和为

$$P_k = \sum_{i=1}^{k} W_i$$

而所有样品的总离差平方和为

$$W = \sum_{i=1}^{k} \sum_{j=1}^{n_i} (x_j^{(i)} - \bar{x})'(x_j^{(i)} - \bar{x})$$

W 可以分解为

$$\begin{aligned} W &= \sum_{i=1}^{k} \sum_{j=1}^{n_i} (x_j^{(i)} - \bar{x})'(x_j^{(i)} - \bar{x}) \\ &= \sum_{i=1}^{k} \sum_{j=1}^{n_i} (x_j^{(i)} - \bar{x}^{(i)})'(x_j^{(i)} - \bar{x}^{(i)}) + \sum_{i=1}^{k} n_i(\bar{x}^{(i)} - \bar{x})'(\bar{x}^{(i)} - \bar{x}) \\ &= P_k + B_k \end{aligned}$$

令

$$R_k^2 = \frac{B_k}{W} = 1 - \frac{P_k}{W}$$

则 R_k^2 的值越大，表示 k 个类的类内离差平方和之和在总离差平方和中所占比例越小，也就是说 k 个类分得越开。因此，R_k^2 统计量可用于评价合并为 k 个类时的聚类效果。R_k^2 越大，聚类效果越好。

R_k^2 的取值范围为 0~1，它总是随着分类个数的减少而变小。当聚类开始，n 个样品各自为一类时，$R_n^2=1$；当聚类到最后，n 个样品合并为一类时，$R_1^2=0$。一般来说，我们希望分类的个数尽可能少，而 R_k^2 的值又能足够大。如果要通过分析 R_k^2 值的大小来确定分类的个数，就应该观察 R_k^2 值随分类个数 k 的变化情况。若在某个 k 值后面 R_k^2 值发生突变，则应该取这个 k 值为分类的个数。例如，假定 $k=4$ 之前 R_k^2 的变化是缓慢的，在 $k=4$ 之后，R_k^2 的值突然变小(如 $R_4^2=0.8$，$R_3^2=0.3$)，则应选择分类的个数为 $k=4$。

②半偏 R^2 统计量

$$半偏\ R_k^2 = B_{pq}^2/W = R_k^2 - R_{k-1}^2$$

其中 $B_{pq}^2 = W_r-(W_p+W_q)$ 表示合并 G_p 和 G_q 为新类 G_r 后类内离差平方和的增值，即由原来 k 个类合并为 $k-1$ 个类后类内离差平方和的增值。由于半偏 $R_k^2=R_k^2-R_{k-1}^2$，因此，若半偏 R_k^2 的值大，则 R_k^2 与 R_{k-1}^2 的差就大，说明这次合并前的 k 个类的效果较好，这次合并应取消。

③伪 F 统计量

$$伪 F_k = \frac{(W-P_k)/(k-1)}{P_k/(n-k)} = \frac{n-k}{k-1}\frac{R_k^2}{1-R_k^2}$$

其中 $R_k^2/(1-R_k^2)$ 与 R_k^2 的作用类似，也是随着分类个数的减少而变小，而 $(n-k)/(k-1)$ 是随着分类个数 k 减少而增大的一个调节系数，它能够使伪 F 的值不随 k 的减小而变小。因此，可以直接根据伪 F 的值的大小确定分类个数。伪 F 的值越小，表明此时的分类效果越好。

④伪 t^2 统计量

$$伪 t^2 = \frac{B_{pq}^2}{(W_p+W_q)/(n_p+n_q-2)}$$

若伪 t^2 的值大，则表示合并 G_p 和 G_q 为新类 G_r 后，类内离差平方和的增量 B_{pq}^2 相对于原 G_p 和 G_q 两类的类内离差平方和大。这表明上一次被合并的两个类是很疏远的，即上次的聚类效果较好，这次的合并应取消。

5.3 动态聚类法

5.3.1 动态聚类法的基本思想

系统聚类法一次形成类以后就不能改变了，这就要求一次分类分得比较准确，对分类方法的选择提出了比较高的要求，相应的计算量自然也比较大。如 Q 型系统聚类法，聚类过程是在样品间的距离矩阵基础上进行的，当样本容量很大时，需要占据足够大的计算机内存，并且在并类过程中，需要将每类样品和其他类样品之间的距离逐一加以比较，以决定应合并的类别，需要较长的计算时间。所以，对于大样本问题，系统聚类法可能会因为计算机内存或计算时间的限制而无法进行，这给聚类分析的应用带来了一定的不便。基于这种情况，产生了**动态聚类法**。

比较而言，在系统聚类法中，那些先前已被“错误”分类的样品不再有重新分类的机会，而动态聚类法却允许样品从一个类中移动到另一个类中。此外，动态聚类法的计算量要比建立在距离矩阵基础上的系统聚类法小得多。因此，使用动态聚类法计算时，计算机所能承受的样品数目 n 要远远超过系统聚类法所能承受的样品数目。如今，面对海量数据或大数据计算时，动态聚类法越来越受到使用者的青睐。

动态聚类法又称为逐步聚类法，其基本思想是，开始时先选择一批凝聚点(或给出一个初始分类)，让样品按照某种原则向凝聚点凝聚，并对凝聚点进行不断更新或迭代，直至分类比较合理或迭代达到稳定为止，这样就形成一个最终的分类结果。

5.3.2 k 均值聚类法

动态聚类法有许多种不同的方法，其中最为流行的一种称为 k 均值聚类法。它是由麦奎因(MacQueen)于 1967 年提出并命名的一种快速聚类算法。它采用分割的方法实现聚类。

所谓分割，是指首先将样本空间随意分割成若干个区域(类)，然后将所有样品点分配到最近的区域(类)中，形成初始的聚类结果。良好的聚类结果应使同一类中的样品结构相似，不同类间的样品结构有显著差异。由于初始聚类结果是在空间随意分割的基础上产生的，因此无法确保所给出的聚类结果满足上述要求，所以要经过反复操作。在这样的设计思路下，k 均值聚类法的具体操作步骤如下。

第一步，指定聚类数目 k。在 k 均值聚类过程中，要求首先给出聚类数目。聚类数目的确定并不简单，这既要考虑最终的聚类结果，又要满足研究问题的实际需要。类的数目过大或过小都将失去聚类的意义。

第二步，确定 k 个初始中心凝聚点，或者将所有样品分成 k 个初始类，然后将这 k 个类的重心(均值)作为初始中心凝聚点。初始中心凝聚点的合理性将直接影响聚类算法的收敛速度。常用的初始中心凝聚点指定方法如下。

(1)经验选择法，即根据以往经验大致了解样品应分成几类以及如何聚类，只需要选择每个类中具有代表性的点作为初始中心凝聚点即可。

(2)随机选择法，即随机选取若干个样品观测点作为初始中心凝聚点。

(3)最小最大法，即先选取所有样品观测点中距离最远的两个点作为初始中心凝聚点，然后选取第三个点，其与已确定的凝聚点的距离最大。再按照同样的方法选择其他的凝聚点。

第三步，根据最近原则进行聚类。依次计算每个样品观测点到 k 个中心凝聚点的距离，并按照离中心凝聚点最近的原则，将所有样品分配到最近的类中，形成 k 个类。

第四步，重新确定 k 个类的中心点。依次计算各类的重心，即各类中所有样品点的均值，并以重心点作为 k 个类的新的中心凝聚点。

第五步，判断是否已经满足聚类算法的迭代终止条件，如果未满足则返回到第三步，并重复上述过程，直至满足迭代终止条件。

k 均值聚类法的迭代终止条件通常有两个：第一，目前的迭代次数达到指定的迭代次数；第二，新确定的中心凝聚点距上次的中心凝聚点的最大偏移量小于某指定值。通过适当增加迭代次数或合理调整中心偏移量的判断标准，能够有效地消减指定初始中心凝聚点时产生的偏差。满足上述两个条件的任何一个即可结束迭代算法。

可见，k 均值聚类法是一个反复迭代的过程。在这种动态聚类过程中，样品所属的类会不断调整，直到最终达到稳定为止。

实现 k 均值聚类的 R 函数为 kmeans( )，其使用格式如下。

```
kmeans(x,centers,iter.max=迭代次数,nstart=初始中心个数,algorithm=c("Hartigan-
Wong","Lloyd","Forgy","MacQueen"))
```

其中 x 是由数据构成的矩阵或数据框。若参数 centers 为一个整数，则表示聚类的个数，若为一个矩阵(行数表示聚类的个数，列数表示聚类的变量个数)，则表示初始类中心，其每一行表示一个中心点，iter.max 是最大迭代次数(默认为 10)，nstart 表示需随机选取几个点作为初始中心(当 centers 为一个整数时)，algorithm 为动态聚类的算法(默认为 Hartigan-

Wong 算法)。

例 5.4 用 R 语言中的 k 均值聚类实现模拟分析。为了显示 k 均值聚类法对大样本数据的优势，我们首先模拟 10 000 个均值为 0、标准差为 0.3 的正态分布随机数据，然后把这些数据转化为 10 个变量、1000 个样品的矩阵。用同样的方法再模拟 10 000 个均值为 1、标准差为 0.3 的正态分布随机数据，然后把这些数据转化为 10 个变量、1000 个样品的矩阵。最后把这两个矩阵合并为 10 个变量、2000 个样品的矩阵，并利用 k 均值聚类法将数据“聚”为 2 类，观察其聚类效果。图 5.6 为 k 均值聚类的模拟图形。从聚类效果来看，k 均值聚类法可以准确地把均值为 0 和均值为 1 的两类数据分开。图中的“ * ”是两个类的聚类中心。

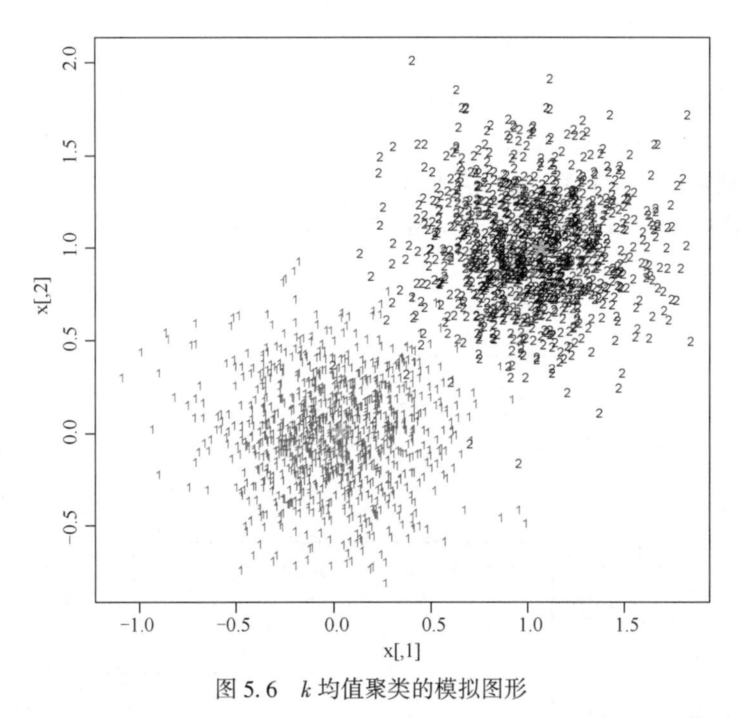

图 5.6 k 均值聚类的模拟图形

例 5.5 用 k 均值聚类法对例 5.3 中的 31 个省、自治区、直辖市 2018 年城镇居民的消费水平进行聚类分析，数据见表 5.4。

与例 5.3 一样，为了消除数据数量级的影响，首先对数据做标准化处理，然后利用 kmeans( ) 函数进行动态聚类。聚类的个数选择为 4，算法选择“Hartigan-Wong”，即默认算法。具体分类结果如下。

第一类：北京、上海。

第二类：天津、江苏、浙江、广东。

第三类：河北、内蒙古、辽宁、吉林、黑龙江、福建、山东、湖北、湖南、重庆、四川、陕西、青海、宁夏、新疆。

第四类：山西、安徽、江西、河南、广西、海南、贵州、云南、西藏、甘肃。

例 5.6 分析美国 2000 年的洛杉矶街区数据(LA. Neighborhoods. csv)。该数据中一共有 110 个街区，15 个变量。变量情况见表 5.5。

表 5.5　洛杉矶街区数据变量情况

变量名	描述	性质	变量名	描述	性质
LA. Nbhd	街区名字	分类	Black	非裔比例	数量
Income	收入中位数	数量	Latino	拉美裔比例	数量
Schools	公立学校数	数量	White	欧裔比例	数量
Diversity	种族多样性	定序	Poputation	人口	数量
Age	年龄中位数	数量	Area	面积	数量
Homes	有房家庭比例	数量	Longitude	经度	数量
Vets	复员军人比例	数量	Latitude	纬度	数量
Asian	亚裔比例	数量			

针对洛杉矶街区数据，我们考虑每个街区的 5 个变量：收入中位数、年龄中位数、有房家庭比例、欧裔比例和人口密度，其中人口密度=人口/街区面积。对 5 个变量的 110 个样品观测值分别采用系统聚类法和 k 均值聚类法，进行聚类分析。

(1) 系统聚类法。用最长距离法进行聚类，并画出谱系图，如图 5.7 所示，图中有每一类街区的名字。

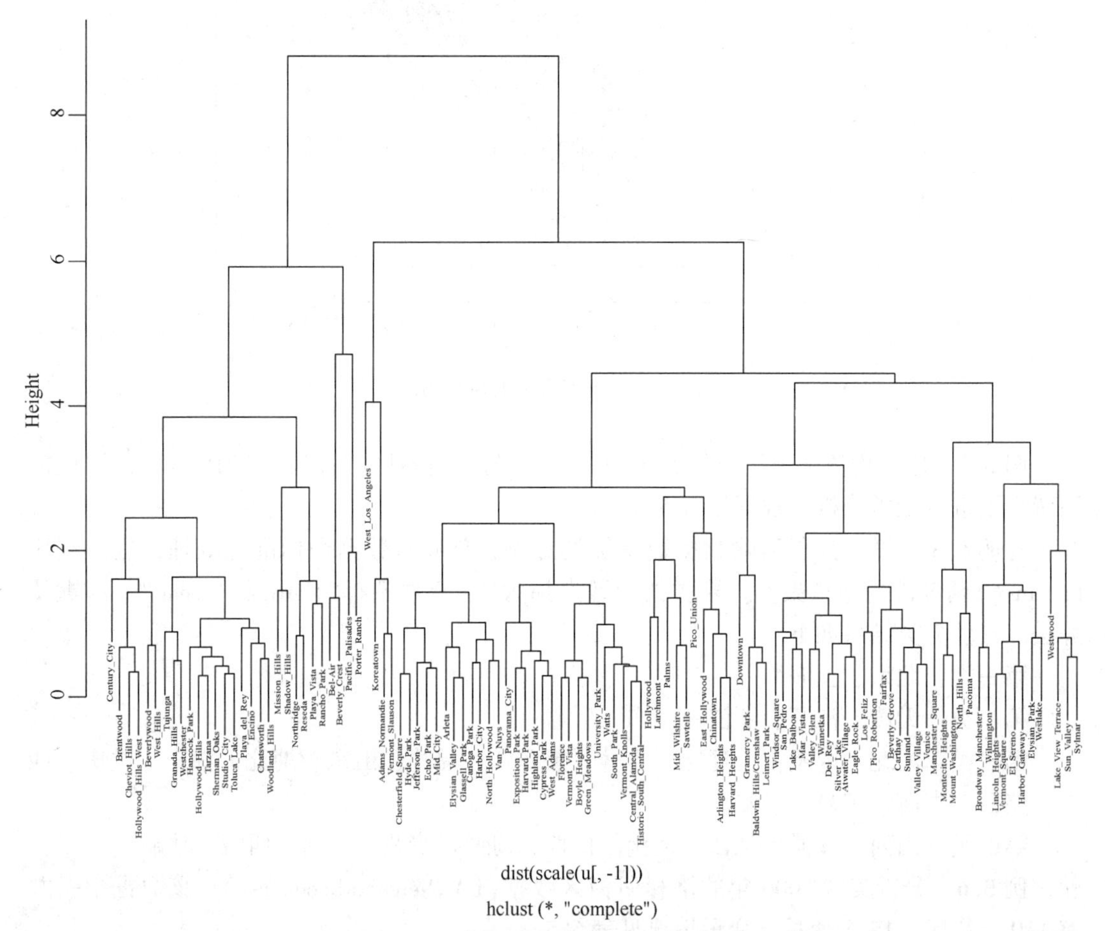

图 5.7　洛杉矶街区数据系统聚类谱系图

(2)k 均值聚类法。选取类的个数为 $k=4$，并且按照经纬度把各个类用不同的符号标在图(见图 5.8)上。从图中可以看出，洛杉矶 110 个街区被分为 4 类，其中第 1 类有 41 个街区，第 2 类有 35 个街区，第 3 类有 6 个街区，第 4 类有 28 个街区。

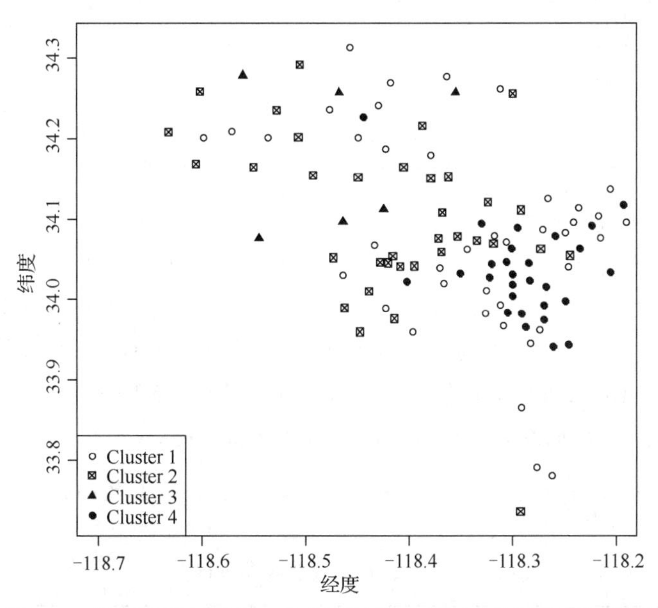

图 5.8　洛杉矶街区数据 k 均值聚类的 4 类街区按经纬度标示图

初始凝聚点的选择、算法(包括细微选项)的选择，以及是否使数据标准化都可能对聚类结果产生影响。事实上，由于初始中心凝聚点的随机性等各种因素的影响，k 均值聚类法的每次的输出结果可能都会有差别。

本章例题的 R 程序及输出结果

例 5.1 的 R 程序及输出结果

R 程序代码：

```
#采用最短距离法计算的 R 程序为
x=c(1,2,6.5,7,11); dim(x)=c(5,1); d=dist(x)   #读入数据并构造距离矩阵
hc1=hclust(d,"single")               #最短距离法聚类
cbind(hc1$merge,hc1$height)          #最短距离法聚类过程
dend1=as.dendrogram(hc1)             #将系统聚类得到的对象强制为谱系图
plot(dend1,nodePar=list(pch=2:1,cex=.4*2:1,col=2:3),horiz=TRUE)   #绘制图 5.1
#采用最长距离法计算的 R 程序为
x=c(1,2,6.5,7,11); dim(x)=c(5,1); d=dist(x)   #读入数据并构造距离矩阵
hc2=hclust(d,"complete")                       #最长距离法聚类
cbind(hc2$merge,hc2$height)                    #最长距离法聚类过程
dend2=as.dendrogram(hc2)                       #将系统聚类得到的对象强制为谱系图
plot(dend2,nodePar=list(pch=2:1,cex=.4*2:1,col=2:3),horiz=TRUE)      #绘制图 5.2
```

输出结果：

```
cbind(hc1$merge,hc1$height)   #最短距离法聚类过程
```

	[,1]	[,2]	[,3]
[1,]	-3	-4	0.5
[2,]	-1	-2	1.0
[3,]	-5	1	4.0
[4,]	2	3	4.5

最短距离法聚类过程如下。

第 0 步：开始聚类时 5 个元素各成一类，分别为 G1，G2，G3，G4，G5。

第 1 步：G3 与 G4 之间距离最短，为 0.5，因此将 G3 与 G4 合并为新类 L1。

第 2 步：G1 与 G2 之间距离最短，为 1.0，因此将 G1 与 G2 合并为新类 L2。

第 3 步：G5 与 L1 之间距离最短，为 4.0，因此将 G5 与 L1 合并为新类 L3。

第 4 步：L2 与 L3 之间距离为 4.5，将它们合并在一起。

```
plot(dend1,nodePar=list(pch=2:1,cex=.4* *2:1,col=2:3),horiz=TRUE)   #输出
图 5.1
cbind(hc2$merge,hc2$height)   #最长距离法聚类过程
```

	[,1]	[,2]	[,3]
[1,]	-3	-4	0.5
[2,]	-1	-2	1.0
[3,]	-5	1	4.5
[4,]	2	3	10.0

最长距离法聚类过程如下。

第 0 步：开始聚类时 5 个元素各成一类，分别为 G1，G2，G3，G4，G5。

第 1 步：G3 与 G4 之间距离最短，为 0.5，因此将 G3 与 G4 合并为新类 L1。

第 2 步：G1 与 G2 之间距离最短，为 1.0，因此将 G1 与 G2 合并为新类 L2。

第 3 步：G5 与 L1 之间距离最短，为 4.5，因此将 G5 与 L1 合并为新类 L3。

第 4 步：L2 与 L3 之间距离为 10，将它们合并在一起。

```
plot(dend2,nodePar=list(pch=2:1,cex=.4*2:1,col=2:3),horiz=TRUE)   #输出图 5.2
```

例 5.2 的 R 程序及输出结果

R 程序代码：

```
#对表 5.3 中数据建立文本文件(biao5.3.txt)
r<-read.table("biao5.3.txt",head=TRUE)   #将文本文件读入数据框
head(r)                                  #查看数据文件的前 6 行
d=as.dist(1-r)                           #构造距离矩阵
hc=hclust(d)                             #默认最长距离法
plclust(hc,hang=-1)                      #输出图 5.3
```

输出结果：

```
head(r)   #查看数据文件的前 6 行
```

	身高	手臂长	上肢长	下肢长	体重	颈围	胸围	胸宽
身高	1.000	0.486	0.805	0.895	0.473	0.398	0.301	0.382
手臂长	0.468	1.000	0.881	0.826	0.376	0.326	0.277	0.277
上肢长	0.805	0.881	1.000	0.801	0.380	0.319	0.237	0.345
下肢长	0.859	0.826	0.801	1.000	0.436	0.329	0.327	0.365
体重	0.473	0.376	0.380	0.436	1.000	0.762	0.730	0.629
颈围	0.398	0.326	0.319	0.329	0.762	1.000	0.583	0.577

例 5.3 的 R 程序及输出结果

R 程序代码：

```
#对表 5.4 中数据建立文本文件(biao5.4.txt)
X<-read.table("biao5.4.txt",head=TRUE)   #读入数据
head(X)   #查看数据文件的前 6 行
Province<-dist(scale(X))   #样品间距离矩阵
hc1<-hclust(Province,"complete")   #最长距离法
hc2<-hclust(Province,"average")   #类平均法
hc3<-hclust(Province,"centroid")   #重心法
hc4<-hclust(Province,"ward")   #离差平方和法
opar<-par(mfrow=c(2,1),mar=c(5.2,4,0,0))   #系统聚类图 5.4
plclust(hc1,hang=-1)
re1<-rect.hclust(hc1,k=5,border="red")
plclust(hc2,hang=-1)
re2<-rect.hclust(hc2,k=5,border="red")
opar<-par(mfrow=c(2,1),mar=c(5.2,4,0,0))   #系统聚类图 5.5
plclust(hc3,hang=-1)
re3<-rect.hclust(hc3,k=5,border="red")
plclust(hc4,hang=-1)
re4<-rect.hclust(hc4,k=5,border="red")
```

输出结果：

```
head(X)   #查看数据文件的前 6 行
```

	食品	衣着	居住	生活用品及服务
北京	8064.9	2175.5	14110.3	2371.9
天津	8647.5	1990.0	6406.3	1818.4
河北	4271.3	1257.4	4050.4	1138.7
山西	3688.2	1261.0	3228.5	855.6
内蒙古	5324.3	1751.2	3680.0	1204.6
辽宁	5727.8	1628.1	4169.5	1259.4

续表

	交通通信	教育文化娱乐	医疗保健	其他用品及服务
北京	4767.4	3999.4	3274.5	1078.6
天津	4280.9	3186.6	2676.9	896.3
河北	2355.4	1734.5	1540.5	373.8
山西	1845.2	1940.0	1635.1	356.4
内蒙古	3074.3	2245.4	1847.5	537.9
辽宁	2968.2	2708.0	2257.1	680.2

例 5.4 的 R 程序代码：

```
x1=matrix(rnorm(10000,mean=0,sd=0.3),ncol=10)
x2=matrix(rnorm(10000,mean=1,sd=0.3),ncol=10)
x=rbind(x1,x2)
cl=kmeans(x,2)   #k 均值聚类
pch1=rep("1",1000)
pch2=rep("2",1000)
plot(x,col=cl$cluster,pch=c(pch1,pch2),cex=0.7)   #输出图 5.6
points(cl$centers,col=3,pch ="*",cex=3)   #输出图 5.6
```

例 5.5 的 R 程序代码：

```
X<-read.table("biao5.2.2.txt",head=T);  km=kmeans(scale(X),4,nstart=20); km
```

例 5.6 的 R 程序代码：

```
#(1)系统聚类。用最长距离法进行聚类,并画出谱系图(图 5.7)
w=read.table("LA.Neighborhoods.txt",header=T)   #读入数据
w=data.frame(w,density=w$Population/w$Area)   #增加一个人口密度变量
u=w[,c(1,2,5,6,11,16)]   #选择 5 个变量"收入""年龄""房比""人口"及"密度"
hh=hclust(dist(scale(u[,-1])),"complete")   #标准化数据,聚类方法为"complete"
plot(hh,labels=u[,1],cex=.6)                    #画树状聚类图
#(2)k 均值聚类。选取类的个数为 k=4,并且按照经纬度把各个类用不同符号点在#图上
w=read.table("LA.Neighborhoods.txt",header=T)   #读入数据
w=data.frame(w,density=w$Population/w$Area)   #增加一个人口密度变量
u=w[,c(1,2,5,6,11,16)]   #选择 5 个变量"收入""年龄""房比""人口"及"密度"
a=kmeans(scale(u[,-1]),4,nstart=200);a                #运行函数 kmeans(),并给出计算结果
#按经纬度作街区分类图 5.8
ppp=c(7,17,19,21,24)
plot(w[a$cluster==1,14:15],pch=1,col=1,xlim=c(-118.7,-118.2),
ylim=c(33.73,34.32),main="Los Angeles")
for(i in 2:6)
points(w[a$cluster==i,14:15],pch=ppp[i-1])
legend`"bottomleft",pch=c(1,ppp),paste("Cluster",1:4))
```

习题 5

5.1 试推导重心法的距离递推式(5.14)。

5.2 试推导离差平方和法的距离递推式(5.16)。

5.3 设有 5 个样品数据 1、2、5、7、10。分别用最长距离法和类平均法进行系统聚类，写出聚类步骤中各步距离矩阵，并画出谱系聚类图。

5.4 今有 6 个铅弹头，用“中子活化”方法测得 7 种微量元素的含量，数据见表 5.6。

表 5.6 微量元素含量

样品号	Ag(银) x_1	Al(铝) x_2	Cu(铜) x_3	Ca(钙) x_4	Sb(锑) x_5	Bi(铋) x_6	Sn(锡) x_7
1	0.05798	5.5150	347.10	21.910	8586	1742	61.69
2	0.08441	3.9700	347.20	19.710	7947	2000	2440
3	0.07217	1.1530	54.85	3.052	3860	1445	9497
4	0.15010	1.7020	307.50	15.030	12290	1461	6380
5	5.74400	2.8540	229.60	9.657	8099	1266	12520
6	0.21300	0.7058	240.30	13.910	8980	2820	4135

(1)试采用多种系统聚类法对 6 个弹头进行聚类，并比较分类结果。

(2)试用多种系统聚类法对 7 种元素进行聚类，并比较分类结果。

5.5 为了深入了解我国人口的文化程度，现利用 1990 年全国人口普查数据对全国 30 个省、自治区、直辖市(本数据不包含港、澳、台地区)进行聚类分析。分别选用三项指标：大学以上文化程度人口所占比例(x_1)、初中文化程度人口所占比例(x_2)以及文盲和半文盲人口所占比例(x_3)来反映较高、中等和较低文化程度人口的状况。数据见表 5.7。

表 5.7 人口文化程度数据

省、区、市	x_1	x_2	x_3	省、区、市	x_1	x_2	x_3
北京	9.30	30.55	8.70	河南	0.85	26.55	16.15
天津	4.67	29.38	8.92	湖北	1.57	23.16	15.79
河北	0.96	24.69	15.21	湖南	1.14	22.57	12.10
山西	1.38	29.24	11.30	广东	1.34	23.04	10.45
内蒙古	1.48	25.47	15.39	广西	0.79	19.14	10.61
辽宁	2.60	32.32	8.81	海南	1.24	22.53	13.97
吉林	2.15	26.31	10.49	四川	0.96	21.65	16.24
黑龙江	2.14	28.46	10.87	贵州	0.78	14.65	23.27
上海	6.53	31.59	11.04	云南	0.81	13.85	25.44

续表

省、区、市	x_1	x_2	x_3	省、区、市	x_1	x_2	x_3
江苏	1.47	26.43	17.23	西藏	0.57	3.85	44.43
浙江	1.17	23.74	17.46	陕西	1.67	24.36	17.62
安徽	0.88	19.97	24.43	甘肃	1.10	16.85	27.93
福建	1.23	16.87	15.63	青海	1.49	17.76	27.70
江西	0.99	18.84	16.22	宁夏	1.61	20.27	22.06
山东	0.98	25.18	16.87	新疆	1.85	20.66	12.75

(1)用多种系统聚类法对样品进行聚类，并画出谱系聚类图。如果将所有样品分为 4 类，试写出各种方法的分类结果。

(2)用动态聚类法对样品进行聚类(共分为 4 类)，给出相应的分类结果。

5.6　我国制定服装标准时，对 3454 位成年女子测量了 14 个部位：上体长(x_1)、手臂长(x_2)、胸围长(x_3)、颈围长(x_4)、总肩宽(x_5)、前胸宽(x_6)、后背宽(x_7)、前腰节高(x_8)、后腰节高(x_9)、总体高(x_{10})、身高(x_{11})、下体高(x_{12})、下体长(x_{13})和臀围(x_{14})，其样本相关矩阵(由于数据具有对称性只给出下三角元素)如下。

	x_1	x_2	x_3	x_4	x_5	x_6	x_7	x_8	x_9	x_{10}	x_{11}	x_{12}	x_{13}	x_{14}
x_1	1.000													
x_2	0.366	1.000												
x_3	0.242	0.233	1.000											
x_4	0.280	0.194	0.590	1.000										
x_5	0.360	0.324	0.476	0.435	1.000									
x_6	0.282	0.263	0.483	0.470	0.452	1.000								
x_7	0.245	0.265	0.540	0.478	0.535	0.633	1.000							
x_8	0.448	0.345	0.452	0.404	0.431	0.322	0.266	1.000						
x_9	0.486	0.367	0.365	0.357	0.429	0.283	0.287	0.820	1.000					
x_{10}	0.648	0.662	0.216	0.316	0.429	0.283	0.263	0.527	0.547	1.000				
x_{11}	0.679	0.681	0.243	0.313	0.430	0.302	0.294	0.520	0.558	0.957	1.000			
x_{12}	0.486	0.636	0.174	0.243	0.375	0.290	0.255	0.403	0.417	0.857	0.852	1.000		
x_{13}	0.133	0.153	0.732	0.477	0.339	0.392	0.446	0.266	0.241	0.054	0.099	0.055	1.000	
x_{14}	0.376	0.252	0.676	0.581	0.441	0.447	0.440	0.424	0.372	0.363	0.376	0.321	0.627	1.0

试对这 14 项指标分别使用最短距离法、最长距离法和类平均法进行聚类分析。

5.7　表 5.8 中为某次运动会各个国家或地区男子径赛的数据，试分别用类平均法、离差平方和法和 k 均值聚类法进行聚类分析，聚类前要先将数据进行标准化处理。

表 5.8 运动会男子径赛数据

国家或地区	100 米/秒	200 米/秒	400 米/秒	800 米/分	1500 米/分	5000 米/分	10000 米/分	马拉松/分
阿根廷	10.39	20.81	46.84	1.81	3.70	14.04	29.36	137.72
澳大利亚	10.31	20.06	44.84	1.74	3.57	13.28	27.66	128.30
奥地利	10.44	20.81	46.82	1.79	3.60	13.26	27.72	135.90
比利时	10.34	20.68	45.04	1.73	3.60	13.22	27.45	129.95
百慕大	10.28	20.58	45.91	1.80	3.75	14.68	30.55	146.62
巴西	10.22	20.43	45.21	1.73	3.66	13.62	28.62	133.13
缅甸	10.64	21.52	48.30	1.80	3.85	14.45	30.28	139.95
加拿大	10.17	20.22	45.68	1.76	3.63	13.55	28.09	130.15
智利	10.34	20.80	46.20	1.79	3.71	13.61	29.30	134.03
中国	10.51	21.04	47.30	1.81	3.73	13.90	29.13	133.53
哥伦比亚	10.43	21.05	46.10	1.82	3.74	13.49	27.88	131.35
库克群岛	12.18	23.20	52.94	2.02	4.24	16.70	35.38	164.70
哥斯达黎加	10.94	21.90	48.66	1.87	3.84	14.03	28.81	136.58
捷克	10.35	20.65	45.64	1.76	3.58	13.42	28.19	134.32
丹麦	10.56	20.52	45.89	1.78	3.61	13.50	28.11	130.78
多米尼加	10.14	20.65	46.80	1.82	3.82	14.91	31.45	154.12
芬兰	10.43	20.69	45.49	1.74	3.61	13.27	27.52	130.87
法国	10.11	20.38	45.28	1.73	3.57	13.34	27.97	132.30
英国	10.11	20.21	44.93	1.70	3.51	13.01	27.51	129.13
希腊	10.22	20.71	46.56	1.78	3.64	14.59	28.45	134.60
危地马拉	10.98	21.82	48.40	1.89	3.80	14.16	30.11	139.33
匈牙利	10.26	20.62	46.02	1.77	3.62	13.49	28.44	132.58
印度	10.60	21.42	45.73	1.76	3.73	13.77	28.81	131.98
印度尼西亚	10.59	21.49	47.80	1.84	3.92	14.73	30.79	148.83
以色列	10.61	20.96	46.30	1.79	3.56	13.32	27.81	132.35
爱尔兰	10.71	21.00	47.80	1.77	3.72	13.66	28.93	137.55
意大利	10.01	19.72	45.26	1.73	3.60	13.23	27.52	131.08
日本	10.34	20.81	45.86	1.79	3.64	13.41	27.72	128.63
肯尼亚	10.46	20.66	44.92	1.73	3.55	13.10	27.38	129.75
韩国	10.34	20.89	46.90	1.79	3.77	13.96	29.23	136.25
朝鲜	10.91	21.94	47.30	1.85	3.77	14.13	29.67	130.87
卢森堡	10.35	20.77	47.40	1.82	3.67	13.64	29.08	141.27
马来西亚	10.40	20.92	46.30	1.82	3.80	14.64	31.01	154.10

续表

国家或地区	100 米/秒	200 米/秒	400 米/秒	800 米/分	1500 米/分	5000 米/分	10000 米/分	马拉松/分
毛里求斯	11.19	22.45	47.70	1.88	3.83	15.06	31.77	152.23
墨西哥	10.42	21.30	46.10	1.80	3.65	13.46	27.95	129.20
荷兰	10.52	20.95	45.10	1.74	3.62	13.36	27.61	129.02
新西兰	10.51	20.88	46.10	1.74	3.54	13.21	27.70	128.98
挪威	10.55	21.16	46.71	1.76	3.62	13.34	27.69	131.48
卡塔尔	10.96	21.78	47.90	1.90	4.01	14.72	31.36	148.22
菲律宾	10.78	21.64	46.24	1.81	3.83	14.74	30.64	145.27
波兰	10.16	20.24	45.36	1.76	3.60	13.29	27.89	131.58
葡萄牙	10.53	21.17	46.70	1.79	3.62	13.13	27.38	128.65
罗马尼亚	10.41	20.98	45.87	1.76	3.64	13.25	27.67	132.55
新加坡	10.38	21.28	47.40	1.88	3.89	15.11	31.32	157.77
西班牙	10.42	20.77	45.98	1.76	3.55	13.31	27.73	131.57
瑞士	10.25	20.61	45.63	1.77	3.61	13.29	27.94	130.63
瑞典	10.37	20.46	45.78	1.78	3.55	13.22	27.91	131.20
泰国	10.59	21.29	46.80	1.79	3.77	14.07	30.07	139.27
土耳其	10.39	21.09	47.91	1.83	3.84	15.23	32.56	149.90
美国	10.71	21.43	47.60	1.79	3.67	13.56	28.58	131.50
俄罗斯	9.93	19.75	43.86	1.73	3.53	13.20	27.43	128.22
萨摩亚	10.07	20.00	44.60	1.75	3.59	13.20	27.53	130.55

第 6 章　主成分分析

主成分分析(Principal Component Analysis)由皮尔逊(Pearson)于 1901 年首先提出，后来霍特林于 1933 年对其进行了发展。主成分分析是一种通过降维技术将多项指标(变量)化为少数几项综合指标的多元统计方法。在多元统计分析中，当变量个数太多，且彼此之间存在一定的相关性时，观测到的数据在一定程度上反映的信息有所重叠。而且当变量较多时，在高维空间中研究样本的分布规律比较复杂，势必增加分析问题的复杂性。人们自然希望用较少的综合变量来代替原来较多的变量，而这些综合变量又能够尽可能地反映原始变量的绝大部分信息，并且彼此之间互不相关。简而言之，主成分分析就是一种用较少几个互不相关的主成分代替较多的原始变量的统计降维方法。

6.1　总体主成分

6.1.1　主成分的定义及导出

设 $\boldsymbol{x}=(x_1,\cdots,x_p)'$ 为 p 维随机向量，其均值向量和协方差矩阵为 $\boldsymbol{\mu}=E(\boldsymbol{x})$，$\boldsymbol{\Sigma}=\mathrm{Var}(\boldsymbol{x})$。考虑下列线性变换

$$\begin{cases} z_1=a_{11}x_1+a_{21}x_2+\cdots+a_{p1}x_p=\boldsymbol{a}_1'\boldsymbol{x}, \\ z_2=a_{12}x_1+a_{22}x_2+\cdots+a_{p2}x_p=\boldsymbol{a}_2'\boldsymbol{x}, \\ \quad\vdots \\ z_p=a_{1p}x_1+a_{2p}x_2+\cdots+a_{pp}x_p=\boldsymbol{a}_p'x \end{cases} \tag{6.1}$$

易见

$$\mathrm{Var}(z_i)=\mathrm{Var}(\boldsymbol{a}_i'\boldsymbol{x})=\boldsymbol{a}_i'\mathrm{Var}(\boldsymbol{x})\boldsymbol{a}_i=\boldsymbol{a}_i'\boldsymbol{\Sigma}\boldsymbol{a}_i \quad (i=1,\cdots,p)$$
$$\mathrm{Cov}(z_i,z_j)=\mathrm{Cov}(\boldsymbol{a}_i'\boldsymbol{x},\boldsymbol{a}_j'\boldsymbol{x})=\boldsymbol{a}_i'\mathrm{Var}(\boldsymbol{x})\boldsymbol{a}_j=\boldsymbol{a}_i'\boldsymbol{\Sigma}\boldsymbol{a}_j \quad (i,j=1,\cdots,p)$$

首先，用综合变量 z_1 来代替原来的 p 个变量 $x_1,\cdots,x_p$，这就需要 z_1 在 $x_1,\cdots,x_p$ 的所有线性组合中最具代表性，即应使它的方差 $\mathrm{Var}(z_1)=\boldsymbol{a}_1'\boldsymbol{\Sigma}\boldsymbol{a}_1$ 达到最大。由于对任意的常数 k，有 $\mathrm{Var}(k\boldsymbol{a}_1'\boldsymbol{x})=k^2\boldsymbol{a}_1'\boldsymbol{\Sigma}\boldsymbol{a}_1$，因此需要对 $\boldsymbol{a}_1$ 的长度加以限制，否则方差的最大化没有意义。我们将限制 $\boldsymbol{a}_1$ 为单位长度向量，即 $\boldsymbol{a}_1'\boldsymbol{a}_1=1$。我们在此约束条件下求向量 $\boldsymbol{a}_1$，使 $\mathrm{Var}(z_1)=\boldsymbol{a}_1'\boldsymbol{\Sigma}\boldsymbol{a}_1$ 达到最大。这是条件极值问题，用拉格朗日乘子法求解。令

$$f(\boldsymbol{a}_1,\lambda)=\boldsymbol{a}_1{}'\boldsymbol{\Sigma}\boldsymbol{a}_1-\lambda(\boldsymbol{a}_1'\boldsymbol{a}_1-1)$$

解方程组

$$\begin{cases} \dfrac{\partial f}{\partial \boldsymbol{a}_1}=2(\boldsymbol{\Sigma}-\lambda\boldsymbol{I})\boldsymbol{a}_1=0, \\ \dfrac{\partial f}{\partial \lambda}=1-\boldsymbol{a}_1'\boldsymbol{a}_1=0 \end{cases} \tag{6.2}$$

由于$\boldsymbol{a}_1 \neq 0$，故有$|\boldsymbol{\Sigma}-\lambda \boldsymbol{I}|=0$，因此求解方程组(6.2)就是求$\boldsymbol{\Sigma}$的特征值和特征向量。设$\lambda=\lambda_1$是$\boldsymbol{\Sigma}$的最大特征值，则相应的单位特征向量$\boldsymbol{a}_1$即为所求。此时称$z_1=\boldsymbol{a}_1'\boldsymbol{x}$为第一主成分。类似地，希望$z_2=\boldsymbol{a}_2'\boldsymbol{x}$的方差尽可能大，这里仍将限制$\boldsymbol{a}_2$为单位长度向量，并且为了使$z_2$所含的信息与$z_1$不重叠，应要求$\mathrm{Cov}(z_1,z_2)=\boldsymbol{a}_1'\boldsymbol{\Sigma}\boldsymbol{a}_2=0$。由于$\boldsymbol{a}_1$是$\boldsymbol{\Sigma}$的与$\lambda_1$对应的特征向量，所以$\mathrm{Cov}(z_1,z_2)=\boldsymbol{a}_1'\boldsymbol{\Sigma}\boldsymbol{a}_2=\lambda_1\boldsymbol{a}_1'\boldsymbol{a}_2$，故应选择$\boldsymbol{a}_2$与$\boldsymbol{a}_1$正交。类似于前面的推导，$\boldsymbol{a}_2$是$\boldsymbol{\Sigma}$的第二大特征值$\lambda_2$对应的特征向量。称$z_2=\boldsymbol{a}_2'\boldsymbol{x}$为第二主成分。

一般地，设$\lambda_1 \geqslant \lambda_2 \geqslant \cdots \geqslant \lambda_p \geqslant 0$为$\boldsymbol{\Sigma}$的特征值，$\boldsymbol{a}_1,\boldsymbol{a}_2,\cdots,\boldsymbol{a}_p$为与相应特征值对应的单位正交特征向量，满足

$$\boldsymbol{A}'\boldsymbol{\Sigma}\boldsymbol{A}=\boldsymbol{\Lambda}=\begin{pmatrix}\lambda_1 & 0 & \cdots & 0\\ 0 & \lambda_2 & \cdots & 0\\ \vdots & \vdots & & \vdots\\ 0 & 0 & \cdots & \lambda_p\end{pmatrix}$$

其中$\boldsymbol{A}=(\boldsymbol{a}_1,\cdots,\boldsymbol{a}_p)$为正交矩阵，则$z_i=\boldsymbol{a}_i'\boldsymbol{x}$为第$i$主成分$(i=1,\cdots,p)$。

6.1.2　主成分的性质

记$\boldsymbol{\Sigma}=(\sigma_{ij})$，并记$z=(z_1,\cdots,z_p)'$，其中$z_i=\boldsymbol{a}_i'\boldsymbol{x}(i=1,\cdots,p)$，则有

$$\boldsymbol{z}=\boldsymbol{A}'\boldsymbol{x},\ \boldsymbol{x}=\boldsymbol{A}\boldsymbol{z} \tag{6.3}$$

容易证明，总体主成分有如下性质。

性质1　$\mathrm{Var}(z)=\mathrm{Var}(\boldsymbol{A}'\boldsymbol{x})=\boldsymbol{A}'\boldsymbol{\Sigma}\boldsymbol{A}=\boldsymbol{\Lambda}$，即$p$个主成分$z_1,\cdots,z_p$的方差为$\mathrm{Var}(z_i)=\lambda_i$ $(i=1,\cdots,p)$，且它们互不相关。

由于

$$\mathrm{tr}(\boldsymbol{\Lambda})=\mathrm{tr}(\boldsymbol{A}'\boldsymbol{\Sigma}\boldsymbol{A})=\mathrm{tr}(\boldsymbol{\Sigma}\boldsymbol{A}\boldsymbol{A}')=\mathrm{tr}(\boldsymbol{\Sigma})$$

因此有以下性质。

性质2　$\sum_{i=1}^{p}\sigma_{ii}=\sum_{i=1}^{p}\lambda_i$，通常称$\sum_{i=1}^{p}\sigma_{ii}$为原总体$\boldsymbol{x}$的总方差(或称为总惯量)。

此性质说明，原总体$\boldsymbol{x}$的总方差可分解为不相关主成分的方差之和，且存在$m<p$，使$\sum_{i=1}^{p}\sigma_{ii} \approx \sum_{i=1}^{m}\lambda_i$，即$p$个原始变量所包含的总信息(方差)的绝大部分可由前$m$个主成分来提供。

性质3　主成分z_k与原始变量x_i的相关系数为

$$\rho(z_k,x_i)=\sqrt{\frac{\lambda_k}{\sigma_{ii}}}a_{ik},\ k,i=1,\cdots,p \tag{6.4}$$

其中a_{ik}为向量$a_k=(a_{1k},\cdots,a_{ik},\cdots,a_{pk})'$的第$i$个元素。称相关系数$\rho(z_k,x_i)$为因子载荷量。

证明　事实上，由式(6.3)可知

$$x_i=(a_{i1},\cdots,a_{ip})z=a_{i1}z_1+\cdots+a_{ip}z_p$$

所以

$$\mathrm{Cov}(z_k, x_i) = \mathrm{Cov}(z_k, a_{ik}z_k) = a_{ik}\mathrm{Var}(z_k) = \lambda_k a_{ik}$$

于是有

$$\rho(z_k, x_i) = \frac{\mathrm{Cov}(z_k, x_i)}{\sqrt{\mathrm{Var}(z_k)\mathrm{Var}(x_i)}} = \frac{\lambda_k a_{ik}}{\sqrt{\lambda_k \sigma_{ii}}} = \sqrt{\frac{\lambda_k}{\sigma_{ii}}} a_{ik}$$

把主成分与原始变量的相关系数列成表 6.1 的形式，由相关系数公式(6.4)还可以得到性质 4 和性质 5。

表 6.1　主成分与原始变量的相关系数表

	z_1	…	z_k	…	z_p
x_1	$\rho(z_1, x_1)$	…	$\rho(z_k, x_1)$	…	$\rho(z_p, x_1)$
x_2	$\rho(z_1, x_2)$	…	$\rho(z_k, x_2)$	…	$\rho(z_p, x_2)$
⋮	⋮	…	⋮	…	⋮
x_p	$\rho(z_1, x_p)$	…	$\rho(z_k, x_p)$	…	$\rho(z_p, x_p)$

性质 4　$\sum_{k=1}^{p} \rho^2(z_k, x_i) = \sum_{k=1}^{p} \frac{\lambda_k a_{ik}^2}{\sigma_{ii}} = 1 \quad (i = 1, 2, \cdots, p)$。

证明　由 $\boldsymbol{A}'\boldsymbol{\Sigma}\boldsymbol{A} = \boldsymbol{\Lambda}$ 可得 $\boldsymbol{\Sigma} = \boldsymbol{A}\boldsymbol{\Lambda}\boldsymbol{A}'$，故

$$\sigma_{ii} = (a_{i1}, \cdots, a_{ip})\boldsymbol{\Lambda}(a_{i1}, \cdots, a_{ip})' = \sum_{k=1}^{p} \lambda_k a_{ik}^2$$

因此 $\sum_{k=1}^{p} \rho^2(z_k, x_i) = \sum_{k=1}^{p} \lambda_k a_{ik}^2 / \sigma_{ii} = 1$。

性质 5　$\sum_{i=1}^{p} \sigma_{ii}\rho^2(z_k, x_i) = \lambda_k \quad (k = 1, 2, \cdots, p)$。

证明　由 $\rho^2(z_k, x_i)$ 的式(6.4)可得

$$\sum_{i=1}^{p} \sigma_{ii}\rho^2(z_k, x_i) = \lambda_k \sum_{i=1}^{p} a_{ik}^2 = \lambda_k$$

主成分分析的目的之一是降维，即减少变量的个数，故在实际应用中一般不会使用所有 p 个主成分，而是选用前面 $m(m<p)$ 个方差较大的主成分。m 取多大比较合适，可根据主成分的贡献率来确定。

定义 6.1　主成分 z_k 的方差在总方差中所占的比例 $\lambda_k \Big/ \sum_{i=1}^{p} \lambda_i$ 称为主成分 z_k 的贡献率，而前 m 个主成分的贡献率之和 $\sum_{k=1}^{m} \lambda_k \Big/ \sum_{i=1}^{p} \lambda_i$ 称为 $z_1, \cdots, z_m$ 的累计贡献率。

通常取尽可能较小的 m，使 $z_1, \cdots, z_m$ 的累计贡献率达到一个比较高的百分比，比如 70%以上。累计贡献率的大小仅表达前 m 个主成分提取了原始变量 $x_1, \cdots, x_p$ 的多少信息，但它并没有清晰地表达某个变量被提取了多少信息，为此引进另一个概念。

定义 6.2　原始变量 x_i 与主成分 $z_1, \cdots, z_m$ 的相关系数的平方和 $v_i^{(m)}$ 称为前 m 个主成分 $z_1, \cdots, z_m$ 对原始变量 x_i 的贡献率，即

$$v_i^{(m)} = \sum_{k=1}^{m} \rho^2(z_k, x_i) = \sum_{k=1}^{m} \frac{\lambda_k a_{ik}^2}{\sigma_{ii}}$$

例 6.1　设随机向量 $\boldsymbol{x}=(x_1,x_2,x_3)'$的协方差矩阵为

$$\boldsymbol{\Sigma}=\begin{pmatrix} 1 & -2 & 0 \\ -2 & 5 & 0 \\ 0 & 0 & 2 \end{pmatrix}$$

试求 x 的主成分 z_1、z_2、z_3 和主成分对每个变量 $x_i(i=1,2,3)$ 的贡献率。

解　经计算可得 $\boldsymbol{\Sigma}$ 的特征值为 $\lambda_1=3+\sqrt{8}$，$\lambda_2=2$，$\lambda_3=3-\sqrt{8}$，相应的单位正交特征向量为

$$\boldsymbol{a}_1=\begin{pmatrix} 0.383 \\ -0.924 \\ 0.000 \end{pmatrix}，\boldsymbol{a}_2=\begin{pmatrix} 0 \\ 0 \\ 1 \end{pmatrix}，\boldsymbol{a}_3=\begin{pmatrix} 0.924 \\ 0.383 \\ 0.000 \end{pmatrix}$$

故主成分为

$$z_1=0.383x_1-0.924x_2$$

$$z_2=x_3$$

$$z_3=0.924x_1+0.383x_2$$

取 $m=1$ 时，z_1 对 x 的贡献率 $\lambda_1/(\lambda_1+\lambda_2+\lambda_3)$ 可达 72.85%。取 $m=2$ 时，z_1,z_2 对 x 的累计贡献率$(\lambda_1+\lambda_2)/(\lambda_1+\lambda_2+\lambda_3)$可达 97.85%。表 6.2 列出 m 个主成分对每个原始变量的贡献率。

表 6.2　m 个主成分对每个原始变量的贡献率

i	$\rho(z_1,x_i)$	$\rho(z_2,x_i)$	$v_i^{(1)}(m=1)$	$v_i^{(2)}(m=2)$
1	0.925	0	0.856	0.856
2	-0.998	0	0.996	0.996
3	0.000	1	0.000	1.000

由表 6.2 可见，当 $m=1$ 时，z_1 对 x_3 的贡献率 $v_3^{(1)}=0$，这是因为在 z_1 中没有包含 x_3 的任何信息，因此仅取 $m=1$ 显然不够，故应取 $m=2$。这时 z_1、z_2 对 $\boldsymbol{x}$ 的累计贡献率达到 97.85%，且 z_1、z_2 对每个变量 x_i 的贡献率 $v_i^{(2)}(i=1,2,3)$都较高。

6.1.3　从相关矩阵出发求主成分

当各变量的单位不完全相同，或虽单位相同，但各变量的方差相差较大时，从协方差矩阵 $\boldsymbol{\Sigma}$ 出发进行主成分分析就显得不妥。为了使主成分分析能够均等地对待每一个原始变量，常常将原始变量进行标准化处理，即令

$$x_i^*=\frac{x_i-\mu_i}{\sqrt{\sigma_{ii}}} \quad (i=1,\cdots,p) \tag{6.5}$$

显然 $\boldsymbol{x}^*=(x_1^*,\cdots,x_p^*)'$的协方差矩阵正是原始变量 $\boldsymbol{x}=(x_1,\cdots,x_p)'$的相关矩阵 $\boldsymbol{R}$，故我们只需直接从 $\boldsymbol{R}$ 出发进行主成分分析。

从相关矩阵 $\boldsymbol{R}$ 出发求主成分的方法与从协方差矩阵 $\boldsymbol{\Sigma}$ 出发求主成分的方法完全类似，并且得到的主成分的性质更加简明扼要。

设 $\lambda_1^*\geqslant\lambda_2^*\geqslant\cdots\geqslant\lambda_p^*\geqslant 0$ 为相关矩阵 $\boldsymbol{R}$ 的 p 个特征值，$\boldsymbol{a}_1^*,\boldsymbol{a}_2^*,\cdots,\boldsymbol{a}_p^*$ 为相应的单位正交特征向量，则相应的 p 个主成分为

$$z_k^*=\boldsymbol{a}_k^{*\prime}\boldsymbol{x}^*\quad(k=1,\cdots,p)$$

令 $\boldsymbol{z}^*=(z_1^*,\cdots,z_p^*)'$，$\boldsymbol{A}^*=(\boldsymbol{a}_1^*,\cdots,\boldsymbol{a}_p^*)$，则有以下关系

$$\boldsymbol{z}^*=\boldsymbol{A}^{*\prime}\boldsymbol{x}^*,\quad \boldsymbol{x}^*=\boldsymbol{A}^*\boldsymbol{z}^*\tag{6.6}$$

从相关矩阵 $\boldsymbol{R}$ 得到的主成分有如下性质。

性质 1 $E(\boldsymbol{z}^*)=0$，$\mathrm{Var}(\boldsymbol{z}^*)=\boldsymbol{\Lambda}^*=\mathrm{diag}(\lambda_1^*,\lambda_2^*,\cdots,\lambda_p^*)$。

性质 2 $\sum\limits_{i=1}^{p}\lambda_i^*=p$。

性质 3 主成分 z_k^* 与标准化变量 x_i^* 之间的相关系数为

$$\rho(z_k^*,x_i^*)=\sqrt{\lambda_k^*}\,a_{ik}^*\quad(k,i=1,2,\cdots,p)$$

其中 a_{ik}^* 是单位正交特征向量 $\boldsymbol{a}_k^*=(a_{1k}^*,\cdots,a_{ik}^*,\cdots,a_{pk}^*)'$的第 i 个元素。

性质 4 $\sum\limits_{k=1}^{p}\rho^2(z_k^*,x_i^*)=\sum\limits_{k=1}^{p}\lambda_k^*(a_{ik}^*)^2=1\quad(i=1,2,\cdots,p)$。

性质 5 $\sum\limits_{i=1}^{p}\rho^2(z_k^*,x_i^*)=\sum\limits_{i=1}^{p}\lambda_k^*(a_{ik}^*)^2=\lambda_k^*\quad(k=1,2,\cdots,p)$。

性质 6 前 m 个主成分 $z_1^*,\cdots,z_m^*$ 对标准化变量 x_i^* 的贡献率为

$$v_i^{*(m)}=\sum_{k=1}^{m}\rho^2(z_k^*,x_i^*)=\sum_{k=1}^{m}\lambda_k^*(a_{ik}^*)^2$$

表 6.3 为主成分 $z_1^*,\cdots,z_m^*$ 对标准化变量 x_i^* 的因子载荷量 $\rho_{ik}=\rho(z_k^*,x_i^*)$。

表 6.3 变量标准化后的因子载荷量

	z_1^*	$\cdots$	z_k^*	$\cdots$	z_p^*	$\sum\limits_{k=1}^{p}\rho_{ik}^2$
x_1^*	$\sqrt{\lambda_1^*}\,a_{11}^*$	$\cdots$	$\sqrt{\lambda_k^*}\,a_{1k}^*$	$\cdots$	$\sqrt{\lambda_p^*}\,a_{1p}^*$	1
x_2^*	$\sqrt{\lambda_1^*}\,a_{21}^*$	$\cdots$	$\sqrt{\lambda_k^*}\,a_{2k}^*$	$\cdots$	$\sqrt{\lambda_p^*}\,a_{2p}^*$	1
$\vdots$	$\vdots$		$\vdots$		$\vdots$	$\vdots$
x_p^*	$\sqrt{\lambda_1^*}\,a_{p1}^*$	$\cdots$	$\sqrt{\lambda_k^*}\,a_{pk}^*$	$\cdots$	$\sqrt{\lambda_p^*}\,a_{pp}^*$	1
$\sum\limits_{i=1}^{p}\rho_{ik}^2$	λ_1^*	$\cdots$	λ_k^*	$\cdots$	λ_p^*	$\sum\limits_{k=1}^{p}\sum\limits_{i=1}^{p}\rho_{ik}^2=p$

6.2　样本主成分

从 6.1 节的讨论可知，我们可以从协方差矩阵 $\boldsymbol{\Sigma}$ 或相关矩阵 $\boldsymbol{R}$ 出发求主成分。但是在实际应用中，$\boldsymbol{\Sigma}$ 和 $\boldsymbol{R}$ 往往是未知的，需要通过样本来估计。设样本数据矩阵为

$$\boldsymbol{X}=\begin{pmatrix} x_{11} & \cdots & x_{1p} \\ \vdots & & \vdots \\ x_{n1} & \cdots & x_{np} \end{pmatrix}=\begin{pmatrix} \boldsymbol{x}'_{(1)} \\ \vdots \\ \boldsymbol{x}'_{(n)} \end{pmatrix}$$

样本均值向量为 $\bar{\boldsymbol{x}}=(\bar{x}_1,\cdots,\bar{x}_p)'$，其中

$$\bar{x}_j=\frac{1}{n}\sum_{i=1}^{n}x_{ij}\quad(j=1,\cdots,p)$$

则样本协方差矩阵和样本相关矩阵为

$$\boldsymbol{S}=(s_{ij})_{p\times p},\ \boldsymbol{R}=(r_{ij})_{p\times p}$$

其中

$$s_{ij}=\frac{1}{n-1}\sum_{t=1}^{n}(x_{ti}-\bar{x}_i)(x_{tj}-\bar{x}_j),\ r_{ij}=\frac{s_{ij}}{\sqrt{s_{ii}s_{jj}}}\quad(i,j=1,\cdots,p)$$

我们可以用样本协方差矩阵 $\boldsymbol{S}$ 作为总体协方差矩阵 $\boldsymbol{\Sigma}$ 的估计，或用样本相关矩阵 $\boldsymbol{R}$ 作为总体相关矩阵的估计，然后按照 6.1 节的方法求得样本主成分。

6.2.1　从样本协方差矩阵出发求主成分

设 $\lambda_1\geqslant\lambda_2\geqslant\cdots\geqslant\lambda_p\geqslant0$ 为样本协方差矩阵 $\boldsymbol{S}$ 的特征值，$\boldsymbol{u}_1,\boldsymbol{u}_2,\cdots,\boldsymbol{u}_p$ 为与相应特征值对应的单位正交特征向量，则第 i 个样本主成分为

$$z_i=\boldsymbol{u}_i'\boldsymbol{x}\quad(i=1,\cdots,p)$$

其中 $\boldsymbol{x}=(x_1,\cdots,x_p)'$ 为原始变量组成的向量。令

$$\boldsymbol{z}=(z_1,\cdots,z_p)'=\boldsymbol{U}'\boldsymbol{x}$$

其中 $\boldsymbol{U}=(\boldsymbol{u}_1,\cdots,\boldsymbol{u}_p)=(u_{ij})_{p\times p}$。对照总体主成分的性质可知，样本主成分 $z_1,\cdots,z_p$ 有以下性质。

(1) $\mathrm{Var}(z_k)\approx\boldsymbol{u}_k'\boldsymbol{S}\boldsymbol{u}_k=\lambda_k(k=1,\cdots,p)$。

(2) $\mathrm{Cov}(z_k,z_j)\approx\boldsymbol{u}_k'\boldsymbol{S}\boldsymbol{u}_j=0(k\neq j;k,j=1,\cdots,p)$。

(3) 样本总方差

$$\sum_{j=1}^{p}s_{jj}=\sum_{j=1}^{p}\lambda_j$$

(4) 样本主成分 z_k 与原始变量 x_i 的相关系数为

$$\rho(z_k,x_i)\approx\sqrt{\frac{\lambda_k}{s_{ii}}}u_{ik}\quad(k,i=1,\cdots,p)$$

将第 t 个样品 $\boldsymbol{x}=\boldsymbol{x}_{(t)}=(x_{t1},\cdots,x_{tp})'$ 代入主成分表达式 $z_i=\boldsymbol{u}_i'\boldsymbol{x}$，经计算得到的值称为第 t 个样品在第 i 个主成分的得分，记为 $z_{ti}=\boldsymbol{u}_i'\boldsymbol{x}_{(t)}$。令

$$\boldsymbol{z}_{(t)}=(z_{t1},\cdots,z_{tp})'=\boldsymbol{U}'\boldsymbol{x}_{(t)} \quad (t=1,\cdots,n)$$

则与数据矩阵 $\boldsymbol{X}=(x_{ij})_{n\times p}$ 对应的主成分得分矩阵为

$$\boldsymbol{Z}=(z_{ij})_{n\times p}=\boldsymbol{XU}=\begin{pmatrix} z_{11} & z_{12} & \cdots & z_{1p} \\ z_{21} & z_{22} & \cdots & z_{2p} \\ \vdots & \vdots & & \vdots \\ z_{n1} & z_{n2} & \cdots & z_{np} \end{pmatrix}=\begin{pmatrix} \boldsymbol{z}_{(1)}' \\ \boldsymbol{z}_{(2)}' \\ \vdots \\ \boldsymbol{z}_{(n)}' \end{pmatrix}$$

在实际应用中，常将数据做中心化处理，这并不影响样本协方差矩阵 $\boldsymbol{S}$。考虑中心化数据矩阵

$$\boldsymbol{X}-\boldsymbol{1}\,\bar{x}'=\begin{pmatrix} (\boldsymbol{x}_{(1)}-\bar{\boldsymbol{x}})' \\ (\boldsymbol{x}_{(2)}-\bar{\boldsymbol{x}})' \\ \vdots \\ (\boldsymbol{x}_{(n)}-\bar{\boldsymbol{x}})' \end{pmatrix}$$

其中 $\boldsymbol{1}=(1,\cdots,1)'$，对应的主成分得分矩阵为

$$\boldsymbol{Z}=(\boldsymbol{X}-\boldsymbol{1}\,\bar{\boldsymbol{x}}')\boldsymbol{U}=\begin{pmatrix} z_{11} & z_{12} & \cdots & z_{1p} \\ z_{21} & z_{22} & \cdots & z_{2p} \\ \vdots & \vdots & & \vdots \\ z_{n1} & z_{n2} & \cdots & z_{np} \end{pmatrix}=\begin{pmatrix} \boldsymbol{z}_{(1)}' \\ \boldsymbol{z}_{(2)}' \\ \vdots \\ \boldsymbol{z}_{(n)}' \end{pmatrix}=\begin{pmatrix} (\boldsymbol{x}_{(1)}-\bar{\boldsymbol{x}})'\boldsymbol{U} \\ (\boldsymbol{x}_{(2)}-\bar{\boldsymbol{x}})'\boldsymbol{U} \\ \vdots \\ (\boldsymbol{x}_{(n)}-\bar{\boldsymbol{x}})'\boldsymbol{U} \end{pmatrix}$$

6.2.2 从样本相关矩阵出发求主成分

设 $\lambda_1^*\geqslant\lambda_2^*\geqslant\cdots\geqslant\lambda_p^*\geqslant0$ 为样本相关矩阵 $\boldsymbol{R}$ 的特征值，$\boldsymbol{u}_1^*,\boldsymbol{u}_2^*,\cdots,\boldsymbol{u}_p^*$ 为与相应特征值对应的单位正交特征向量，则第 i 个样本主成分为

$$z_i^*=\boldsymbol{u}_i^{*\prime}\boldsymbol{x}^* \quad (i=1,\cdots,p)$$

其中 $\boldsymbol{x}^*=(x_1^*,\cdots,x_p^*)'$ 为原始变量 $\boldsymbol{x}$ 经标准化后的向量，即

$$\boldsymbol{x}^*=D^{-1}(\boldsymbol{x}-\bar{\boldsymbol{x}}),\quad D=\mathrm{diag}(\sqrt{s_{11}},\sqrt{s_{22}},\cdots\sqrt{s_{pp}})$$

令

$$\boldsymbol{z}^*=(z_1^*,\cdots,z_p^*)'=\boldsymbol{U}^{*\prime}\boldsymbol{x}^*$$

其中 $\boldsymbol{U}^*=(\boldsymbol{u}_1^*,\cdots,\boldsymbol{u}_p^*)=(u_{ij}^*)_{p\times p}$。对照总体主成分的性质可知，样本主成分 $z_1^*,\cdots,z_p^*$ 有以下性质。

(1) $\mathrm{Var}(z_k^*)\approx\boldsymbol{u}_k^{*\prime}\boldsymbol{R}\boldsymbol{u}_k^*=\lambda_k^* \quad (k=1,\cdots,p)$。

(2) $\mathrm{Cov}(z_k^*,z_j^*)\approx\boldsymbol{u}_k^{*\prime}\boldsymbol{R}\boldsymbol{u}_j^*=0 \quad (k\neq j;k,j=1,\cdots,p)$。

(3) 样本总方差

$$\sum_{j=1}^{p}\lambda_j^*=\mathrm{tr}(\boldsymbol{R})=\boldsymbol{p}$$

(4)样本主成分z_k^* 与标准化原始变量 x_i^* 的相关系数

$$\rho(z_k^*, x_i^*) \approx \sqrt{\lambda_k^*}\, u_{ik}^* \quad (k, i=1, \cdots, p)$$

将第 t 个标准化样品 $\boldsymbol{x}^* = \boldsymbol{x}_{(t)}^* = (x_{t1}^*, \cdots, x_{tp}^*)'$ 代入主成分表达式$z_i^* = \boldsymbol{u}_i^{*\prime} \boldsymbol{x}^*$，经计算得到的值称为第 t 个样品在第 i 个主成分的得分，记为 $z_{ti}^* = \boldsymbol{u}_i^{*\prime} \boldsymbol{x}_{(t)}^*$。令

$$\boldsymbol{z}_{(t)}^* = (z_{t1}^*, \cdots, z_{tp}^*)' = \boldsymbol{U}^{*\prime} \boldsymbol{x}_{(t)}^* \quad (t=1, \cdots, n)$$

则与标准化数据矩阵 $\boldsymbol{X}^* = (x_{ij}^*)_{n\times p}$对应的主成分得分矩阵为

$$\boldsymbol{Z}^* = (z_{ij}^*)_{n\times p} = \boldsymbol{X}^* \boldsymbol{U}^* = \begin{pmatrix} z_{11}^* & z_{12}^* & \cdots & z_{1p}^* \\ z_{21}^* & z_{22}^* & \cdots & z_{2p}^* \\ \vdots & \vdots & & \vdots \\ z_{n1}^* & z_{n2}^* & \cdots & z_{np}^* \end{pmatrix} = \begin{pmatrix} \boldsymbol{z}_{(1)}^{*\prime} \\ \boldsymbol{z}_{(2)}^{*\prime} \\ \vdots \\ \boldsymbol{z}_{(n)}^{*\prime} \end{pmatrix}$$

6.2.3　主成分的含义

主成分的含义与所分析问题的实际背景有关，根据主成分载荷对主成分的特殊含义给出合理解释是主成分分析的一个重要方面。主成分分析的目的之一是简化数据结构，即提取几个主成分 $z_1, \cdots, z_m(m<p)$以代替原来的 p 个原始变量 $x_1, \cdots, x_p$，但必须保证所提取的前 m 个主成分的累计贡献率达到一个较高的水平(即变量降维后的信息量须保持在一个较高的水平上)。接下来的分析将基于这些新变量 $z_1, \cdots, z_m$，它们是原始变量的线性组合，即对原始变量的综合。因此，需要对提取的主成分给出符合实际背景和意义的解释。数据降维只是为了简化数据结构，便于计算和分析，但主成分分析的最终目的是解决问题。对于一些实际问题，主成分分析是否能取得较好的效果在于它是否能够对所选择的主成分的实际含义给出较好的解释。

例 6.2　在某中学随机抽取某年级 30 名学生，测量其 4 项身体指标：身高(x_1)、体重(x_2)、胸围(x_3)和坐高(x_4)，数据如表 6.4 所示。试对这 30 名学生的 4 项身体指标数据做主成分分析。

表 6.4　30 名中学生的 4 项身体指标数据

序号	x_1	x_2	x_3	x_4	序号	x_1	x_2	x_3	x_4
1	148	41	72	78	9	151	42	77	80
2	139	34	71	76	10	139	31	68	74
3	160	49	77	86	11	140	29	64	74
4	149	36	67	79	12	161	47	78	84
5	159	45	80	86	13	158	49	78	83
6	142	31	66	76	14	140	33	67	77
7	153	43	76	83	15	137	31	66	73
8	150	43	77	79	16	152	35	73	79

续表

序号	x_1	x_2	x_3	x_4	序号	x_1	x_2	x_3	x_4
17	149	47	82	79	24	147	30	65	75
18	145	35	70	77	25	157	48	80	88
19	160	47	74	87	26	151	36	74	80
20	156	44	78	85	27	144	36	68	76
21	151	42	73	82	28	141	30	67	76
22	147	38	73	78	29	139	32	68	73
23	157	39	68	80	30	148	38	70	78

解 计算表 6.4 中数据的相关矩阵 $\boldsymbol{R}$，并从该相关矩阵出发进行主成分分析。表 6.5 为 $\boldsymbol{R}$ 的特征值、特征向量及贡献率。

表 6.5 $\boldsymbol{R}$ 的特征值、特征向量及贡献率

	u_1^*	u_2^*	u_3^*	u_4^*
x_1^*	0.497	0.543	−0.450	0.506
x_2^*	0.515	−0.210	−0.462	−0.691
x_3^*	0.481	−0.725	0.175	0.461
x_4^*	0.507	0.368	0.744	−0.232
$\sqrt{\lambda_k^*}$	1.8817805	0.55980636	0.28179594	0.25711844
贡献率	0.8852745	0.07834579	0.01985224	0.01652747
累计贡献率	0.8852745	0.96362029	0.98347253	1.00000000

由表 6.5 中列出的贡献率可以看出，第一主成分的贡献率接近 88.53%，且前两个主成分的累计贡献率已达 96.36%。因此只需选择前两个主成分就能很好地概括这组数据。这两个主成分为

$$z_1^* = 0.497x_1^* + 0.515x_2^* + 0.481x_3^* + 0.507x_4^*$$

$$z_2^* = 0.543x_1^* - 0.21x_2^* - 0.725x_3^* + 0.368x_4^*$$

可以看出，第一和第二主成分都是标准化后变量 $x_i^*(i=1,2,3,4)$ 的线性组合，且其系数就是特征向量 $\boldsymbol{u}_1^*$ 和 $\boldsymbol{u}_2^*$ 的分量。

利用特征向量各分量的值(载荷)对应的变量可以对各个主成分的实际意义进行解释。本例中，第一大特征值对应的特征向量 $\boldsymbol{u}_1^*$ 的各分量都是正值，且均在 0.5 附近，它反映了中学生身材的强壮程度。身材高大的学生，其 4 项指标的数据都比较大，因此第一主成分的值就比较大；而身材矮小的学生，其 4 项指标的数据都比较小，因此第一主成分的值就比较小。由此可知，第一主成分为身材“大小”成分。第二主成分是高度与围度之差，第二主成分的值大的学生高、瘦，而第二主成分的值小的学生矮、胖，因此第二主成分为“体型”成分。

利用 R 软件还可以算出各个样品的主成分得分。图 6.1 是每个学生的第一主成分得分和第二主成分得分数据的散点图。从该图可以直观地看出 30 个学生的身体指标数据的大致分类情况。例如，25 号学生属于高大魁梧型，11 号和 15 号学生属于身体瘦小型，23 号学生属于高瘦型，17 号学生属于矮胖型。从该图中还可以看出哪些学生具有较正常的体型，如 26 号及其周围的学生。图中带箭头的 4 个矢量，是标准化后的原始变量在前两个主成分构成的坐标平面上的投影。

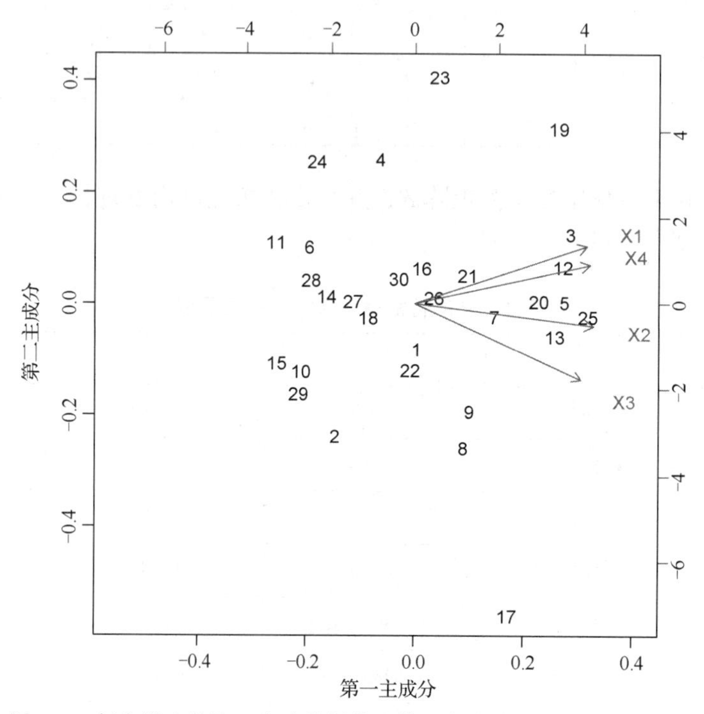

图 6.1　每个学生的第一主成分得分和第二主成分得分数据的散点图

由例 6.2 我们看到，根据主成分载荷矩阵的列向量对各个主成分的含义进行解释时，主成分的含义主要是由具有较大绝对值的分量对应的原始变量来解释的。需要特别指出的是，主成分载荷矩阵的列向量的分量的正负符号有时会发生改变。这是因为，主成分载荷的列向量就是样本协方差矩阵或样本相关矩阵的特征向量，而特征向量可以相差一个负号。不同软件或同一软件的两次计算结果所得的特征向量可能相差一个负号，因此主成分载荷的列向量在不同的计算中可能相差一个负号，换句话说，主成分载荷的列向量在不同的计算中得到的结果可能“方向”相反。在第 7 章因子分析中，因子载荷矩阵的计算也存在这个问题。

6.3　主成分方法的应用

6.3.1　指标的分类

通过样本相关矩阵 $\boldsymbol{R}$ 进行主成分分析，可以对指标进行分类，即将 p 个原始变量 $x_1,\cdots,x_p$分成若干个类，将其中相关系数较大的任意变量归于同一类，相关系数较小的变量归于不同类。

下面通过一个具体例子来说明利用主成分分析对指标进行分类。

例 6.3 服装定型分类问题。对 128 个成年男子的身材进行测量，每人各测量 16 项指标：身高(x_1)、坐高(x_2)、胸围(x_3)、头高(x_4)、裤长(x_5)、下裆(x_6)、手长(x_7)、领围(x_8)、前胸宽(x_9)、后背宽(x_{10})、肩厚(x_{11})、肩宽(x_{12})、袖长(x_{13})、肋围(i)、腰围(x_{15})和腿肚(x_{16})。表 6.6 为 16 项指标的样本相关矩阵 $\boldsymbol{R}$(由于相关矩阵是对称的，因此只给出上三角部分元素)。试从样本相关矩阵 $\boldsymbol{R}$ 出发进行主成分分析，并对 16 项指标进行分类。

表 6.6 16 项指标的样本相关矩阵 $\boldsymbol{R}$

	x_1	x_2	x_3	x_4	x_5	x_6	x_7	x_8	x_9	x_{10}	x_{11}	x_{12}	x_{13}	x_{14}	x_{15}	x_{16}
x_1	1.0	0.79	0.36	0.96	0.89	0.79	0.76	0.26	0.21	0.26	0.07	0.52	0.77	0.25	0.51	0.21
x_2		1.0	0.31	0.74	0.58	0.58	0.55	0.19	0.07	0.16	0.21	0.41	0.47	0.17	0.35	0.16
x_3			1.0	0.38	0.31	0.30	0.35	0.58	0.28	0.33	0.38	0.35	0.41	0.64	0.58	0.51
x_4				1.0	0.90	0.78	0.75	0.25	0.20	0.22	0.08	0.53	0.79	0.27	0.57	0.26
x_5					1.0	0.79	0.74	0.25	0.18	0.23	-0.02	0.48	0.79	0.27	0.51	0.23
x_6						1.0	0.73	0.18	0.18	0.23	0.00	0.38	0.69	0.14	0.26	0.00
x_7							1.0	0.24	0.29	0.25	0.10	0.44	0.67	0.16	0.38	0.12
x_8								1.0	-0.04	0.49	0.44	0.30	0.32	0.51	0.51	0.38
x_9									1.0	-0.34	-0.16	-0.05	0.23	0.21	0.15	0.18
x_{10}										1.0	0.23	0.50	0.31	0.15	0.29	0.14
x_{11}											1.0	0.24	0.10	0.31	0.28	0.31
x_{12}												1.0	0.62	0.17	0.41	0.18
x_{13}													1.0	0.26	0.50	0.24
x_{14}														1.0	0.63	0.50
x_{15}															1.0	0.65
x_{16}																1.0

解 此例中，$p=16$，$n=128$，从样本相关矩阵 $\boldsymbol{R}$ 出发进行主成分分析，表 6.7 为 $\boldsymbol{R}$ 的前三个特征值及贡献率。

表 6.7 $\boldsymbol{R}$ 的前三个特征值及贡献率

特征值 λ_k^*	7.03647744	2.61403272	1.63210486
贡献率	0.4397798	0.1633770	0.1020066
累计贡献率	0.4397798	0.6031569	0.7051634

从表 6.7 可以看出，前三个主成分的累计贡献率达到 70.516%。因此选择前三个主成分基本可以概括这组数据。前三个主成分的载荷向量(特征向量)为

$$\boldsymbol{u}_1^* =(0.342,0.265,0.234,0.344,0.326,0.286,0.295,0.189,0.000,0.154,0.000,0.243,0.317,0.180,0.266,0.58)'$$

$$\boldsymbol{u}_2^* =(0.200,0.143,-0.329,0.181,0.200,0.270,0.192,-0.370,0.000,-0.174,-0.348,0.000,0.112,-0.371,-0.271,-0.363)'$$

$$\boldsymbol{u}_3^* =(0.000,0.000,0.140,0.000,0.000,0.000,0.000,-0.150,0.626,-0.528\ -0.202,-0.315,0.000,0.252,0.135,0.243)'$$

可以看出，第一主成分 $z_1^* =\boldsymbol{u}_1^* {}'x^*$ 的载荷均为正，且较大的载荷值对应身高(x_1)、坐高(x_2)、头高(x_4)、裤长(x_5)、下裆(x_6)、手长(x_7)和袖长(x_{13})，因此第一主成分 z_1^* 为“长”因子。第二主成分 $z_2^* =\boldsymbol{u}_2^* {}'x^*$ 的绝对值较大的负载荷对应胸围(x_3)、领围(x_8)、肩厚(x_{11})、肋围(x_{14})、腰围(x_{15})和腿肚(x_{16})，因此第二主成分 z_2^* 为“围”因子。第三主成分 $z_3^* =\boldsymbol{u}_3^* {}'x^*$ 的绝对值较大的载荷对应前胸宽(x_9)、后背宽(x_{10})和肩宽(x_{12})，因此第三主成分 z_3^* 为“体型”因子。

图 6.2 是前两个主成分载荷($\boldsymbol{u}_1^*$,$\boldsymbol{u}_2^*$)的散点图。可以将该图右上角的点看成一类，它们是“长”指标类；左下角的点看成一类，它们是“围”指标类；中间的点看成一类，它们是“体型”指标类。

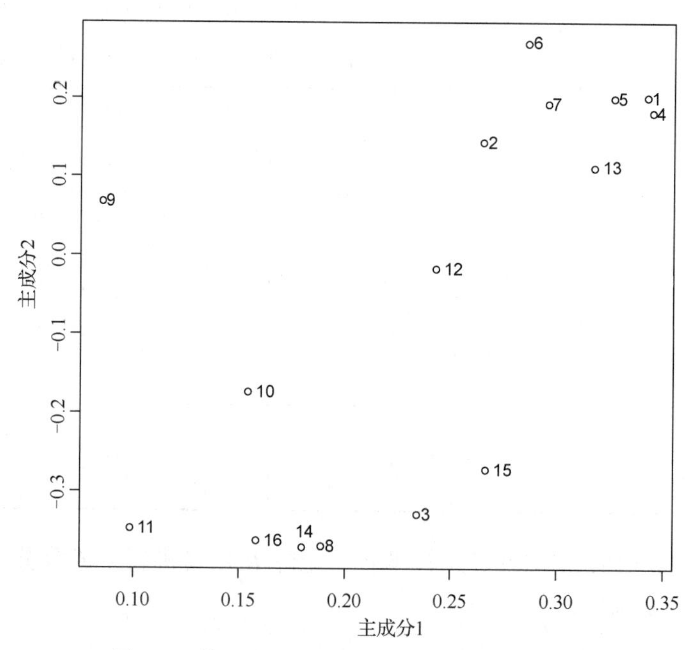

图 6.2　前两个主成分载荷($\boldsymbol{u}_1^*$,$\boldsymbol{u}_2^*$)的散点图

综合以上分析，可对 16 项指标作如下分类。

第一类为“长”的指标类：身高(x_1)、坐高(x_2)、头高(x_4)、裤长(x_5)、下裆(x_6)、手长(x_7)和袖长(x_{13})。

第二类为“围”的指标类：胸围(x_3)、领围(x_8)、肩厚(x_{11})、肋围(x_{14})、腰围(x_{15})和腿肚(x_{16})。

第三类为“体型”特征指标类：前胸宽(x_9)、后背宽(x_{10})和肩宽(x_{12})。

6.3.2 样品的分类及排序

对 p 个变量(指标)观察 n 次得 n 个样品，记第 i 个样品为 $\boldsymbol{x}_{(i)}=(x_{i1},\cdots,x_{ip})'$，它可以看成 p 维空间的点，因此可按照距离相近程度对 n 个样品进行分类。利用主成分分析可以首先对数据进行简化，将原始的 p 维数据矩阵化为 $m(<p)$维的主成分得分矩阵，然后进行样品的分类。

另外，在实际工作中常会遇到多指标系统的样品排序评估问题，主成分分析是多指标系统样品排序或评估的常用方法。设 z_1 是标准化随机变量 $x_1,\cdots,x_p^*$ 的第一主成分，由主成分的性质可知，z_1^* 与 $x_1^*,\cdots,x_p^*$ 的综合相关程度最强，即

$$\sum_{i=1}^{p}\rho^2(z_1^*,x_i^*)=\lambda_1^* \tag{6.7}$$

达最大，其中 λ_1^* 为相关矩阵的最大特征值。如果只选一个综合变量，最佳选择就是z_1^*。另一方面，由于z_1^* 对应于数据变异最大的方向，因子选择 z_1^* 可使数据信息损失最小、精度最高，因此它可用于构造系统排序评估指数。

有文献提出利用主成分的综合得分对样品进行排序评估。该方法是计算各个主成分得分的加权平均。在 m 个主成分得分向量$\hat{z}_1,\cdots,\hat{z}_m$ 中，若第 i 个得分向量$\hat{z}_i$ 的分量大小与样品之间存在逆序关系，即得分最低的分量对应于最“好”的样品，得分最高的分量对应于最“差”的样品，则令$\hat{z}_i=-\hat{z}_i$，直至$\hat{z}_1,\cdots,\hat{z}_m$ 中每个向量的分量大小与样品之间的关系全部为正序关系。此时主成分综合得分向量为

$$\hat{z}_c=\omega_1\hat{z}_1+\cdots+\omega_m\hat{z}_m$$

其中 $\omega_i=\lambda_i/(\lambda_1+\cdots+\lambda_m)$，这里 λ_i 是主成分 z_i 的方差贡献。可通过综合得分向量$\hat{z}_c$ 对样品进行排序。可以证明，主成分的上述加权平均的方差小于第一主成分的方差，因此加权平均的信息量没有第一主成分的信息量大，但其方向是对各个主成分方向的综合，这也许是综合排序法的合理之处。

下面通过两个例子来说明，如何利用主成分对样品进行分类和排序。

例 6.4 试对例 5.6 中的洛杉矶街区数据进行主成分分析。

解 首先计算样本相关矩阵的特征值、贡献率和累计贡献率，结果如表 6.8 所示。图 6.3 是根据表 6.8 的数据绘出的图形，其中右图是累计贡献率图，左图是崖底碎石图(Scree Plot)，之所以叫这个名字，是希望图形一开始很陡，如悬崖一般，而剩下的数值都很小，如悬崖下的碎石一般。从表 6.8 和图 6.3 可以看出，第一主成分的贡献率较大，而其他主成分的贡献率都不太大，一直到第四个主成分时，累计贡献率才超过 79%。

表 6.8　样本相关矩阵的特征值、贡献率和累计贡献率

主成分	1	2	3	4	5	6	7	8	9	10	11
特征值	4.69	1.82	1.17	1.03	0.81	0.56	0.41	0.24	0.19	0.09	0.00
贡献率	0.43	0.17	0.11	0.09	0.07	0.05	0.04	0.02	0.02	0.01	0.00
累计贡献率	0.43	0.59	0.70	0.79	0.86	0.91	0.95	0.97	0.99	1.00	1.00

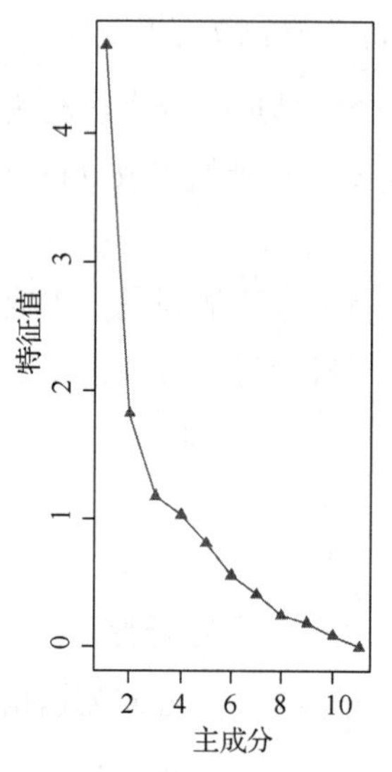

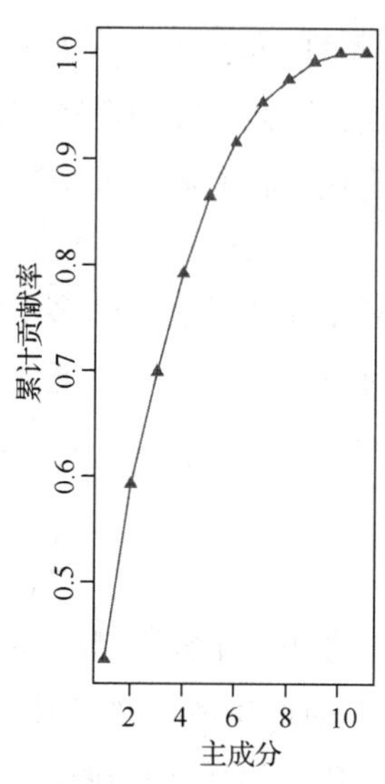

图 6.3　崖底碎石图(左)和累计贡献率图(右)

表 6.9 是前四个主成分的载荷(特征向量)，其中空格位置的载荷值接近 0。可以看出，第一主成分的系数中绝对值大的正载荷对应于收入高、年龄大、拥有住房的家庭多、复员军人多及欧裔多的社区，第一主成分的系数中绝对值大的负载荷则对应于拉美裔人口多、人口密度高的社区，因此第一主成分为生活阶层成分。第二主成分的系数中绝对值大的正载荷对应于非裔较多的社区，第二主成分的系数中绝对值大的负载荷则对应于亚裔人口较多、种族多样性较高的社区，第三主成分的系数中绝对值大的负载荷对应于非裔较多、种族多样性较高的社区，因此第二和第三主成分为族裔成分。第四主成分的系数中绝对值大的负载荷对应于公立学校多的社区，因此第四主成分为“学区”成分。

表 6.9　前四个主成分的载荷(特征向量)

原始变量	描述	主成分载荷			
		1	2	3	4
Income	收入中位数	0.409		0.205	
Schools	公立学校数		-0.257		-0.787
Diversity	种族多样性		-0.502	-0.556	
Age	年频中位数	0.427		-0.119	0.176
Homes	有房家庭比例	0.316		-0.117	-0.321
Vets	复员军人比例	0.367	0.208	-0.334	-0.134

续表

原始变量	描述	主成分载荷			
		1	2	3	4
Asian	亚裔比例		−0.637	−0.159	0.192
Black	非裔比例	−0.146	0.467	−0.601	
Latino	拉美裔比例	−0.384		0.229	−0.223
White	欧裔比例	0.404		0.247	0.184
Density	人口密度	−0.283			0.315

每个观测值都可以得到它在各个主成分上的得分，并可以画出两个主成分得分的散点图。图 6.4 的左图是样品在前两个主成分得分的散点图。由于一直到第四个主成分时，累计贡献率才达到 79%，因此这里也画出后两个主成分得分的散点图(见图 6.4 的右图)。显然前两个主成分得分的散点图对街区进行了比较清晰的划分，后两个主成分得分的散点图对街区的划分也可以提供一些辅助信息。根据各个主成分的含义，从图 6.4 可以看出各个街区的特点，并由此对街区进行分类。例如，哪些街区属于较富裕的、哪些街区种族多样性较高等，这里不详细讨论。

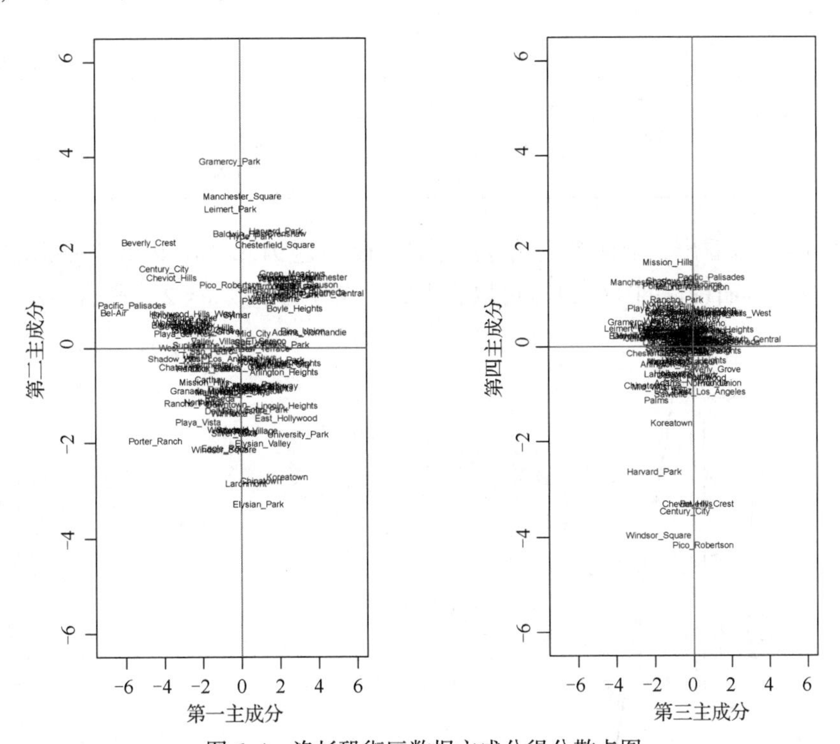

图 6.4　洛杉矶街区数据主成分得分散点图

例 6.5　试对例 5.3 中我国 31 个省、自治区、直辖市(本数据不包含港、澳、台)2018 年城镇居民人均年消费支出的 8 项主要指标数据进行主成分分析，并根据主成分得分对样品进行排序。8 项指标是：人均食品支出(x_1)、人均衣着支出(x_2)、人均居住支出(x_3)、人均生活用品及服务支出(x_4)、人均交通通信支出(x_5)、人均教育文化娱乐支出(x_6)、人均医疗保健支出(x_7)和人均其他用品及服务支出(x_8)，数据由表 5.4 给出。

解　从样本相关矩阵出发计算主成分分析的特征值、贡献率和累计贡献率列于表 6.10。表 6.11 是 2018 年城镇居民人均消费数据主成分分析的前四个主成分的载荷矩阵，即前四个特征值对应的单位正交特征向量。

表 6.10　2018 年城镇居民人均消费数据主成分分析的特征值、贡献率和累计贡献率

主成分	1	2	3	4	5	6	7	8
特征值 $\sqrt{\lambda_k^*}$	2.594	0.7547	0.5413	0.3942	0.3208	0.2735	0.2406	0.1330
贡献率	0.841	0.0712	0.0366	0.0194	0.0129	0.0094	0.0072	0.0022
累计贡献率	0.841	0.9123	0.9489	0.9683	0.9812	0.9906	0.9978	1.0000

表 6.11　2018 年城镇居民人均消费数据主成分分析的前 4 个主成分的载荷矩阵

原始变量	主成分载荷(特征向量)			
x_1	0.334	0.551	0.293	0.480
x_2	0.320	−0.603	0.548	0.000
x_3	0.360	0.265	−0.171	−0.506
x_4	0.367	0.000	0.000	−0.587
x_5	0.367	0.000	0.310	0.000
x_6	0.364	0.123	−0.465	0.135
x_7	0.336	−0.494	−0.514	0.219
x_8	0.377	0.000	0.000	0.315

由表 6.10 可以看出，前两个主成分的累计贡献率达 91.23%，因此本题选取两个主成分即可。从崖底碎石图(见图 6.5)也可以看出取主成分的个数 $m=2$ 比较合适。

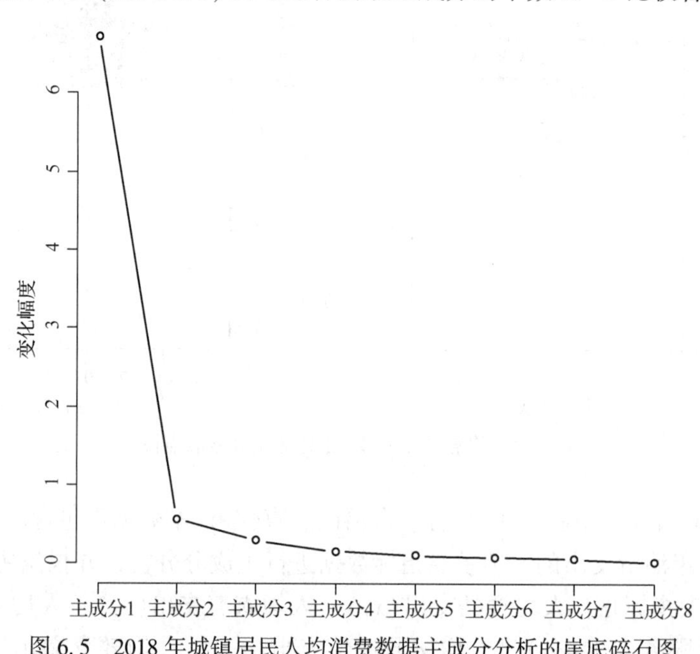

图 6.5　2018 年城镇居民人均消费数据主成分分析的崖底碎石图

由表6.11可知，前两个主成分为

$$z_1^* = 0.334x_1^* + 0.32x_2^* + 0.36x_3^* + 0.367x_4^* + 0.367x_5^* + 0.364x_6^* + 0.336x_7^* + 0.377x_8^*$$

$$z_2^* = 0.551x_1^* - 0.6.03x_2^* + 0.265x_3^* + 0.123x_6^* - 0.493x_7^*$$

由于z_1^* 的系数全为正，且大小基本均衡，因此第一主成分 z_1^* 为城镇居民的综合消费水平成分。z_2^* 的系数为正的有 x_1、x_3 和 x_6，系数为负的有 x_2 和 x_7，因此第二主成分z_2^* 度量了受地区气候影响的消费性结构差异成分，可称为消费结构倾向成分。

由于样本主成分得分对应的结果太长，故我们画出2018年城镇居民人均消费数据前两个主成分得分的散点图，如图6.6所示。从图6.6可以大致对我国31个省、自治区、直辖市2018年城镇居民人均消费水平进行分类。处于右上方位置上的地区经济发展情况较好，相应地，居民消费水平也相对较高。从两个主成分上的综合得分来看，上海、北京、天津、浙江、广东、江苏和福建这7个地区消费水平相对较高。

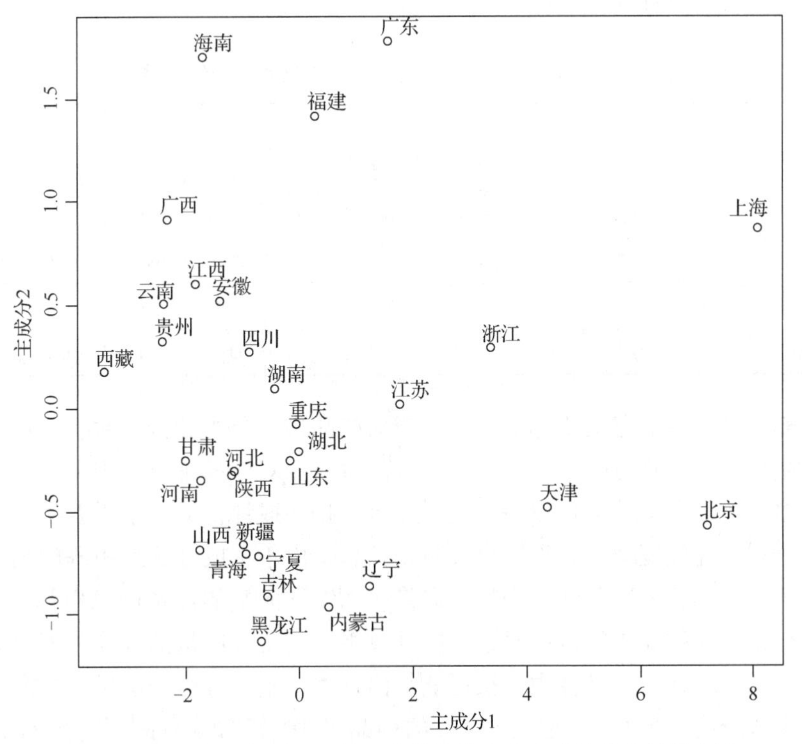

图6.6 2018年城镇居民人均消费数据前两个主成分得分的散点图

事实上，我们可以由主成分得分矩阵看出，在代表综合性消费水平的主成分 z_1^* 上，得分最高的前6个地区依次是上海、北京、天津、浙江、江苏和广东，特别是上海和北京明显高于其他地区。也就是说，对总体消费而言，上海和北京的消费水平远高于其他地区。广东、海南和福建在代表食品和居住消费水平的主成分z_2^* 上得分较高，可见在这些地区的人们的食品和居住的消费较高，而黑龙江和内蒙古在这方面的消费较低。可见我国各省、区、市城镇居民人均消费水平主要是由经济发展水平决定的。

利用第一主成分z_1^*的得分对 31 个省、自治区、直辖市 2018 年城镇居民人均消费水平进行排序的结果如表 6.12 所示。

表 6.12　2018 年城镇居民人均消费水平按第一主成分得分的排序情况

次序	1	2	3	4	5	6	7	8	9	10	11
省、区、市	上海	北京	天津	浙江	江苏	广东	辽宁	内蒙古	福建	湖北	重庆
序号	12	13	14	15	16	17	18	19	20	21	22
省、区、市	山东	湖南	吉林	黑龙江	宁夏	四川	青海	新疆	河北	陕西	安徽
次序	23	24	25	26	27	28	29	30	31		
省、区、市	海南	河南	山西	江西	甘肃	广西	云南	贵州	西藏		

利用前两个主成分得分的加权平均值排序结果如表 6.13 所示。可以看出，综合排序的结果与第一主成分排序的结果类似，除青海和四川的位置、海南和山西的位置、贵州和云南的位置交换外，其他次序相同。

表 6.13　2018 年城镇居民人均消费水平的综合排序情况

次序	1	2	3	4	5	6	7	8	9	10	11
省、区、市	上海	北京	天津	浙江	江苏	广东	辽宁	内蒙古	福建	湖北	重庆
序号	12	13	14	15	16	17	18	19	20	21	22
省、区、市	山东	湖南	吉林	黑龙江	宁夏	青海	四川	新疆	河北	陕西	安徽
次序	23	24	25	26	27	28	29	30	31		
省、区、市	山西	河南	海南	江西	甘肃	广西	贵州	云南	西藏		

综上可知，利用主成分对指标进行分类或对样品进行分类和排序时，可用主成分载荷的散点图对指标进行直观分类、用主成分得分的散点图对样品进行直观分类、用第一主成分得分或用多个主成分得分的加权平均对样品进行排序或评估。这里需要指出的是，计算主成分的综合得分比较复杂，必须结合实际来计算。由于主成分载荷矩阵的列向量就是样本协方差矩阵或样本相关矩阵的正交特征向量，而特征向量的计算可以相差一个负号，因此利用主成分得分对样品进行排序时，每次计算得到的得分向量的方向可能是相反的，即可能相差一个负号。在实际计算中，很可能会出现两个主成分得分向量的方向不一致的情况，即某个主成分得分最高(一般为正数)的样品是最“好”的样品，得分最低(一般为负数)的样品是最“差”的样品；而另一个主成分得分情况则相反，得分最高的样品是最“差”的样品，得分最低的样品是最“好”的样品。只有将每个主成分的得分方向调整一致时，才可以计算综合得分并由此对样品进行排序或评估。

6.3.3　主成分回归

在因变量 y 与 p 个自变量 $x_1,\cdots,x_p$ 的回归模型中，当自变量间存在较强的复共线性时，利用经典回归方法得到的回归分析一般效果较差。在此情况下，可利用原始变量的前

m 个累计贡献率达到一定水平的主成分 $z_1,\cdots,z_m$ 来建立主成分回归模型

$$y=\beta_0+\beta_1 z_1+\cdots+\beta_m z_m$$

由原始变量 $x_1,\cdots,x_p$ 的观测数据矩阵计算前 m 个主成分的得分，将其作为主成分 $z_1,\cdots,z_m$ 的观测值，建立 y 与 $z_1,\cdots,z_m$ 的回归模型即得主成分回归方程。这样既简化了回归方程的结构，又消除了变量间相关性带来的影响。因为主成分是原始变量的线性组合，而不是直接观测的变量，所以其含义有时不明确。因此在求得主成分回归方程后，一般需要通过变量的逆变换，将其变为原始变量的回归方程。

下面通过一个具体例子来说明主成分回归分析。

例 6.6　法国经济数据的主成分回归分析。考虑进口总额 y 与三个自变量：国内生产总值(x_1)、存储量(x_2)和总消费量(x_3)(单位均为 10 亿法郎)之间的关系。现收集了 1949~1959 年共 11 年的数据，如表 6.14 所示。试对此数据做主成分回归分析。

表 6.14　法国经济数据

序号	x_1	x_2	x_3	y
1	149.3	4.2	108.1	15.9
2	161.2	4.1	114.8	16.4
3	171.5	3.1	123.2	19.0
4	175.5	3.1	126.9	19.1
5	180.8	1.1	132.1	18.8
6	190.7	2.2	137.7	20.4
7	201.1	2.1	146.0	22.7
8	212.4	5.6	154.1	26.5
9	226.1	5.0	162.3	28.1
10	231.9	5.1	164.3	27.6
11	239.0	0.7	167.6	26.3

解　为对比，首先采用一般线性回归分析。从计算结果可以看出，按 3 个变量得到的回归方程为

$$y=-10.12799-0.0514x_1+0.58695x_2+0.28685x_3 \tag{6.8}$$

仔细观察式(6.8)，会发现它并不合理。因为 y 是进口量，x_1 是国内生产总值，但它的系数为负值，也就是说，国内生产总值越高进口量越少，这与实际不符。通过对 3 个解释变量 x_1、x_2、x_3 的主成分分析，我们发现它们之间存在复共线性(因为它们的样本相关矩阵的最小特征值接近 0)。

为了克服复共线性的影响，下面我们采用主成分回归。由于前两个主成分的累计贡献率已达 99.9%，因此我们取主成分的个数为 $m=2$。为了做主成分回归分析，我们首先计算与 3 个变量的观测数据矩阵对应的前两个主成分得分矩阵，然后结合 y 的观测值对主成分做回归分析。

从计算结果可得下列回归方程

$$y=21.8909+2.9892z_1^*-0.8288z_2^* \tag{6.9}$$

该回归方程的系数均通过检验，且效果显著。但该方程给出的是响应变量 y 与主成分的关系，我们希望建立 y 与原始变量 x_1、x_2、x_3 之间的关系。

由于

$$y=\beta_0^*+\beta_1^*z_1^*+\beta_2^*z_2^*$$

$$z_i^*=u_{i1}x_1^*+u_{i2}x_2^*+u_{i3}x_3^*$$

$$=\frac{u_{i1}(x_1-\bar{x}_1)}{\sqrt{s_{11}}}+\frac{u_{i2}(x_2-\bar{x}_2)}{\sqrt{s_{22}}}+\frac{u_{i3}(x_3-\bar{x}_3)}{\sqrt{s_{33}}} \quad (i=1,2)$$

所以

$$y=\beta_0^*-\beta_1^*\left(\frac{u_{11}\bar{x}_1}{\sqrt{s_{11}}}+\frac{u_{12}\bar{x}_2}{\sqrt{s_{22}}}+\frac{u_{13}\bar{x}_3}{\sqrt{s_{33}}}\right)-\beta_2^*\left(\frac{u_{21}\bar{x}_1}{\sqrt{s_{11}}}+\frac{u_{22}\bar{x}_2}{\sqrt{s_{22}}}+\frac{u_{23}\bar{x}_3}{\sqrt{s_{33}}}\right)+$$

$$\frac{(\beta_1^*u_{11}+\beta_2^*u_{21})}{\sqrt{s_{11}}}x_1+\frac{(\beta_1^*u_{12}+\beta_2^*u_{22})}{\sqrt{s_{22}}}x_2+\frac{(\beta_1^*u_{13}+\beta_2^*u_{23})}{\sqrt{s_{33}}}x_3$$

$$=\beta_0+\beta_1x_1+\beta_2x_2+\beta_3x_3$$

其中

$$\beta_0=\beta_0^*-\beta_1^*\left(\frac{u_{11}\bar{x}_1}{\sqrt{s_{11}}}+\frac{u_{12}\bar{x}_2}{\sqrt{s_{22}}}+\frac{u_{13}\bar{x}_3}{\sqrt{s_{33}}}\right)-\beta_2^*\left(\frac{u_{21}\bar{x}_1}{\sqrt{s_{11}}}+\frac{u_{22}\bar{x}_2}{\sqrt{s_{22}}}+\frac{u_{23}\bar{x}_3}{\sqrt{s_{33}}}\right)$$

$$\beta_i=\frac{(\beta_1^*u_{1i}+\beta_2^*u_{2i})}{\sqrt{s_{ii}}} \quad (i=1,2,3)$$

将相应数据代入后，得到的回归方程为

$$y=-9.13010782+0.07277981x_1+0.60922012x_2+0.10625939x_3$$

其回归系数全部为正，比利用一般线性回归得到的回归方程式(6.8)更合理。

6.3.4 分层聚类

这里介绍的分层聚类是基于主成分分析的分层聚类，属于非经典多元数据分析方法范畴。非经典多元统计方法与经典方法的统计思想相同，但要通过计算程序来改进结果，主要特点是分析结果的可视化，强调的是几何图形的直观演示，特别是二维图形的演示。无论数据是高维的还是分层分群的，都尽量用图形把它们的关系直观地展示出来，因为图形比其背后的数字更能给人留下深刻印象。所有图形所基于的数据都可以输出，但由于数据复杂、关系也复杂，输出所有结果的数据量一般会很大，因此这里只给出部分图形的输出结果，读者可以根据需要输出其他结果。

之所以采用基于主成分分析的分层聚类方法是因为直接聚类的结果往往不太好，其原因是具有复杂关系的高维数据一般有各种噪声干扰。如果先通过主成分分析对数据降维，再对降维后的数据进行聚类分析，结果可能会得到改进。

例 6.7 美国生产数据的聚类分析。这是美国 48 个州在 1970～1986 年的经济数据，变量包括州名(state)、年份(year)、私人资本(pcap)、道路(hwy)、上下水系统(water)、其他公共设施(util)、公共资本(pc)、州生产总值(gsp)、非农就业(emp)、失业率(unemp)。该数据集来源于 Munnel(1990)及 Baltagi and Pinnoi(1995)，为程序包 Ecdat 的数据。这里只用各州 17 年数据的平均值。

用相应的 R 程序代码进行计算，先求各年的平均值，创造一个新的数据集(z)，然后做主成分分析，在主成分分析的基础上进行聚类分析，结果如图 6.7、图 6.8 和图 6.9 所示。图 6.7 是美国生产数据的待选聚类数目的分层聚类树状图，其右上角小图为特征向量的条形图。图 6.8 是美国生产数据在两个主成分平面上的三维树状图。图 6.9 为美国生产数据在主成分平面上标明的自动分出的三个类。

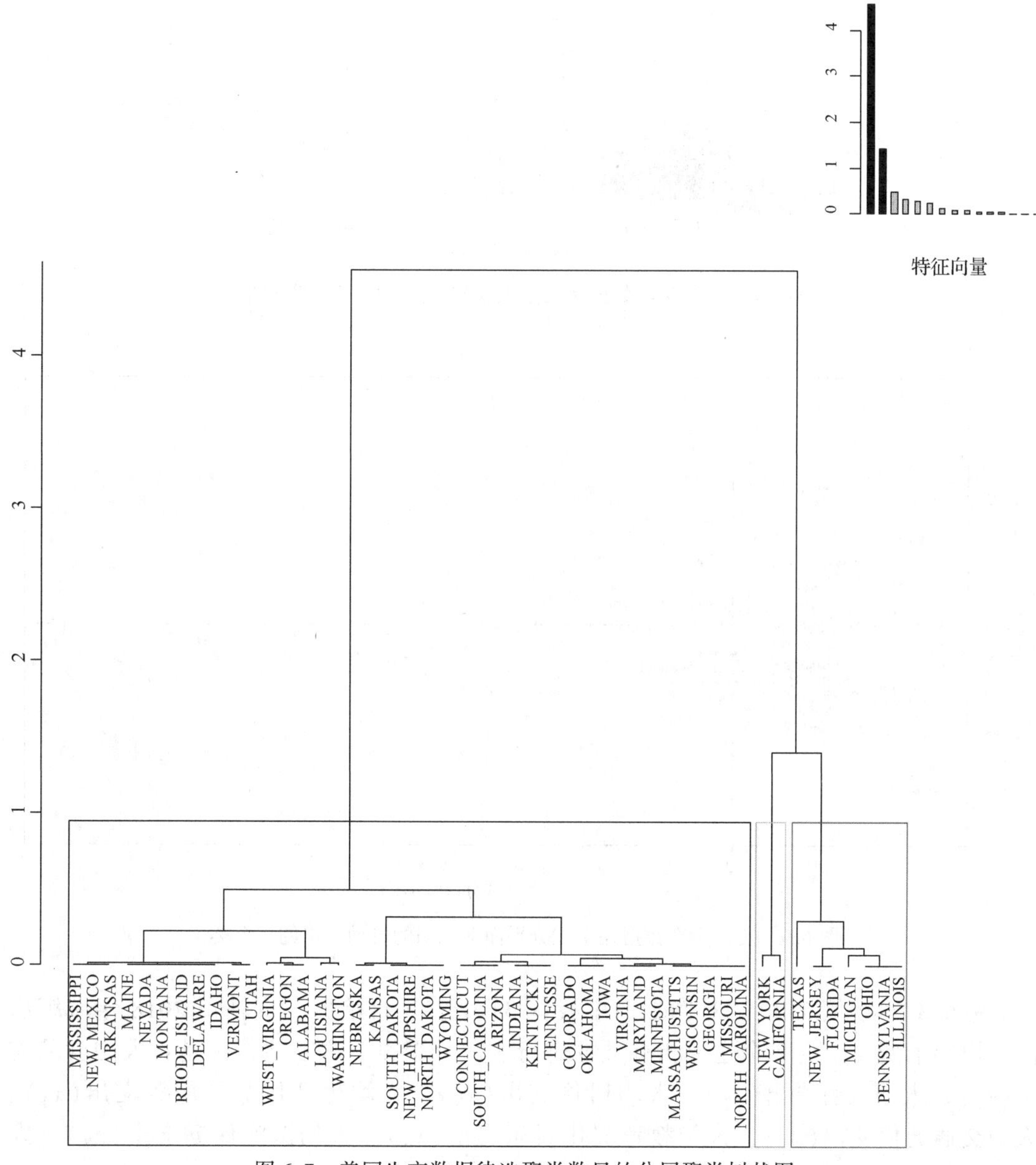

图 6.7 美国生产数据待选聚类数目的分层聚类树状图

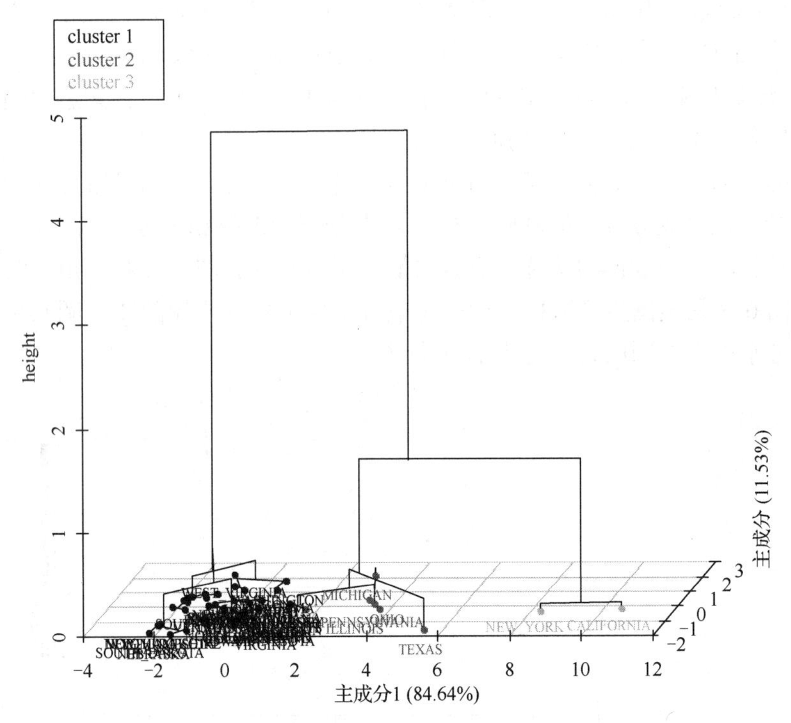

图 6.8　美国生产数据在两个主成分平面上的三维树状图

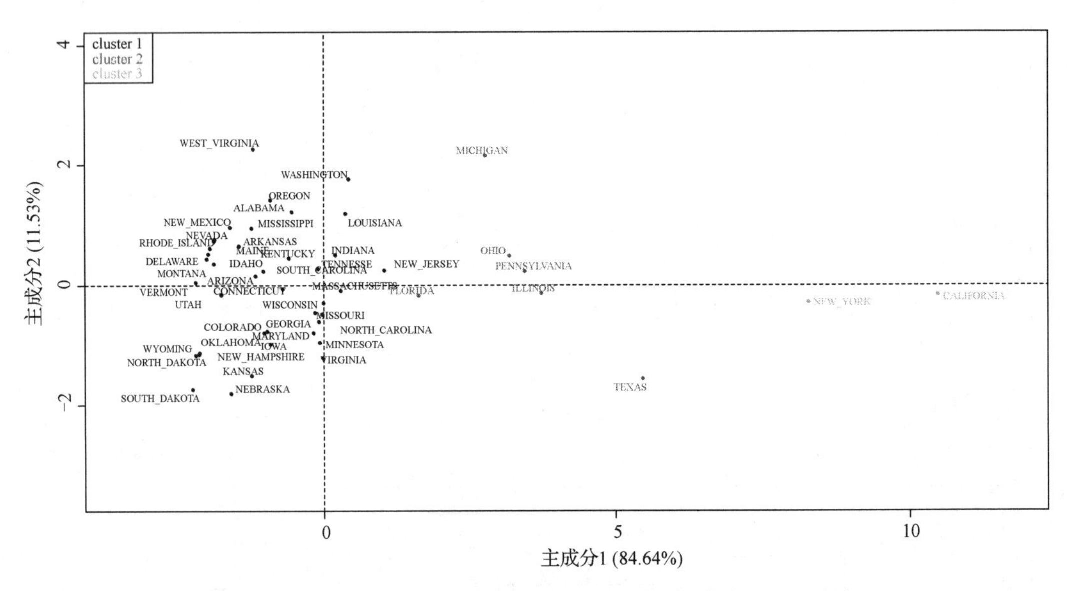

图 6.9　美国生产数据在主成分平面上标明的自动分出的三个类

例 6.8　(续例 5.3)试对例 5.3 中我国 31 个省、自治区、直辖市 2018 年城镇居民人均年消费支出的 8 个主要指标数据进行主成分聚类。这 8 项指标是：人均食品支出(x_1)、人均衣着支出(x_2)、人均居住支出(x_3)、人均生活用品及服务支出(x_4)、人均交通通信支出(x_5)、人均教育文化娱乐支出(x_6)、人均医疗保健支出(x_7)，人均其他用品及服务支出(x_8)数据见表 5.4。

用相应的 R 程序代码进行计算，结果如图 6.10、图 6.11 和图 6.12 所示。图 6.10 与图 6.7 类似，图 6.11 是城镇居民消费支出在两个主成分平面上的三维树状图，图 6.12 为城镇居民消费支出在主成分平面上标明的自动分出的四个类。与第 5 章例 5.3 用经典聚类方法得到的结果相比，可以看出，在主成分聚类中，已经把四个类分得较清楚了。

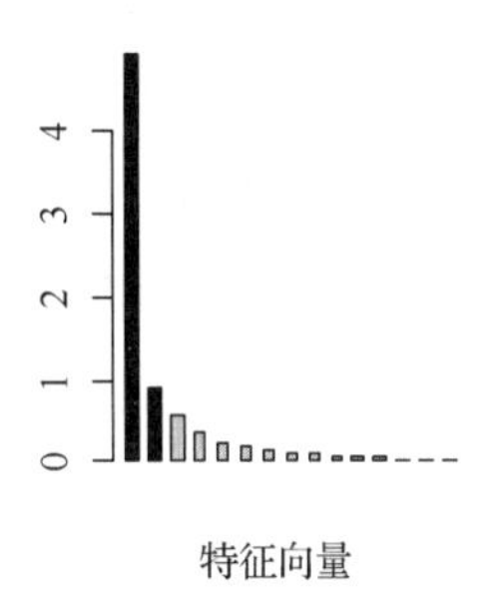

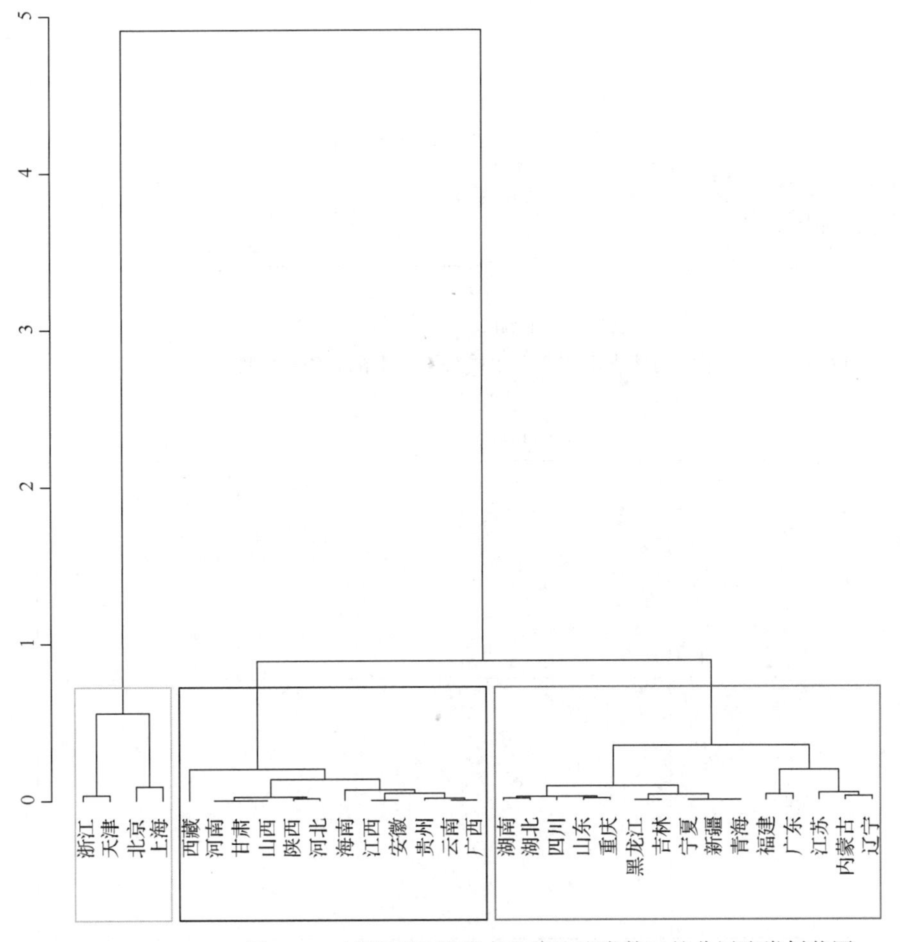

图 6.10　城镇居民消费支出待选聚类数目的分层聚类树状图

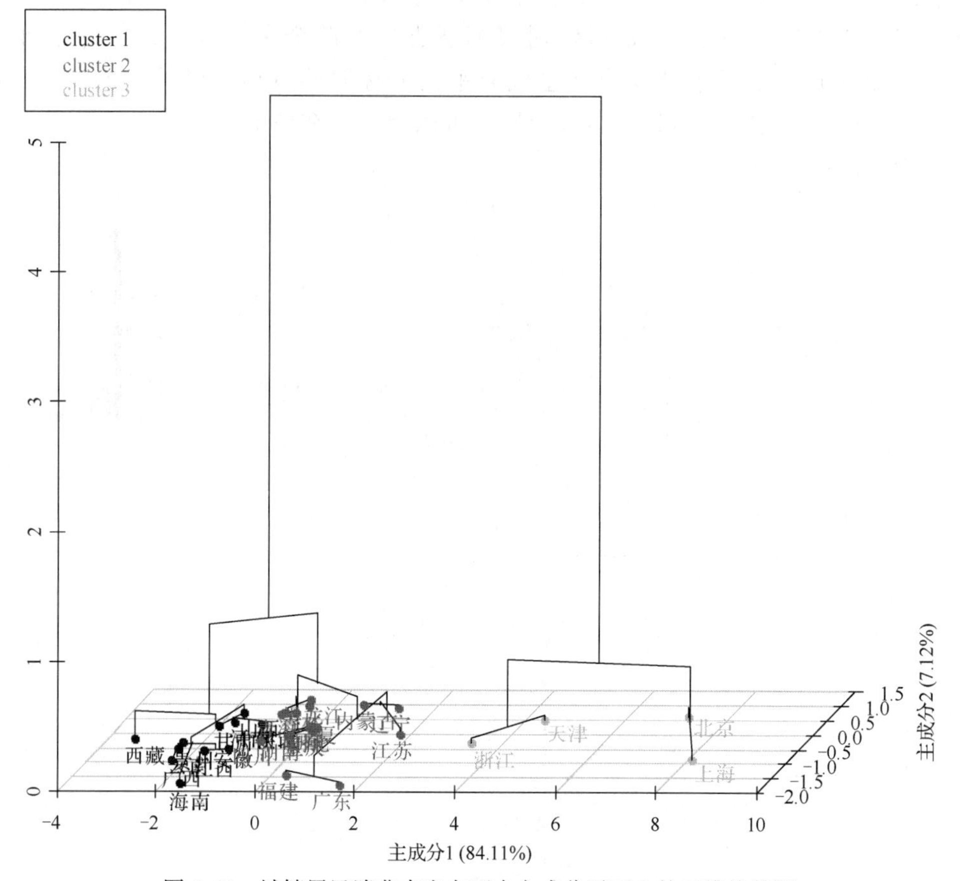

图 6. 11 城镇居民消费支出在两个主成分平面上的三维柱状图

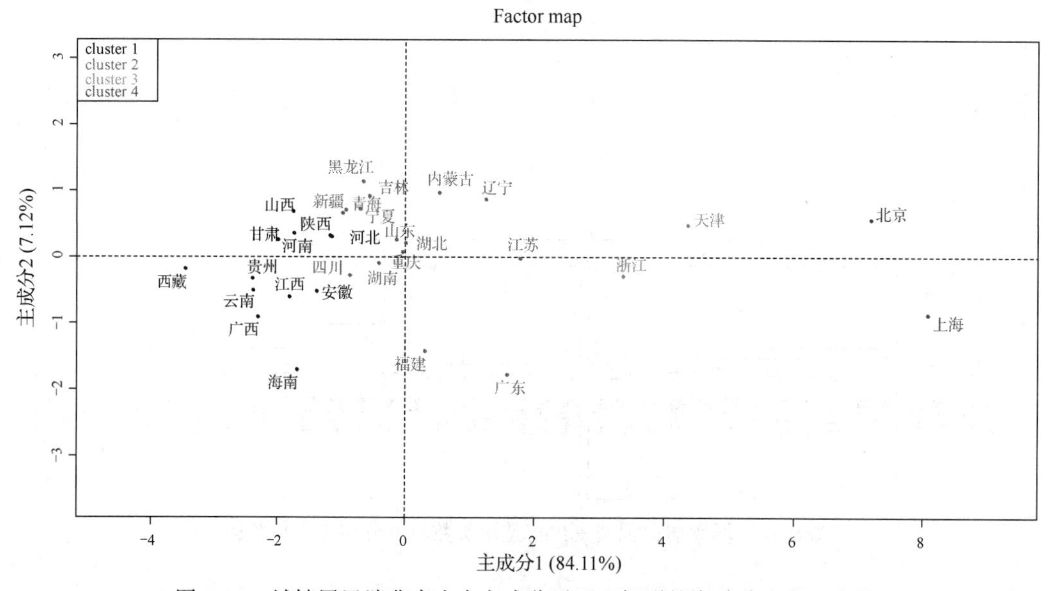

图 6. 12 城镇居民消费支出在主成分平面上标明的自动分出的四个类

本章例题的 R 程序及输出结果

例 6.2 的 R 程序及输出结果

R 程序代码：

```
#首先对表 6.4 中数据建立文本文件 biao6.4.txt
student<-read.table("biao6.4.txt",head=TRUE)    #读入数据文件
head(student)                                   #显示数据文件前 6 行
student.pr<-princomp(student,cor=TRUE)          #从样本相关矩阵出发做主成分分析
summary(student.pr,loadings=TRUE)               #显示分析结果
predict(student.pr)                             #进行预测,即计算主成分得分矩阵
biplot(student.pr)                              #画第一和第二主成分得分的散点图
```

输出结果：

```
summary(student.pr,loadings=TRUE)   #显示分析结果
Importance of components:
```

	Comp. 1	Comp. 2	Comp. 3	Comp. 4
Standard deviation	1.8817805	0.55980636	0.28179594	0.25711844
Proportion of Variance	0.8852745	0.07834579	0.01985224	0.01652747
Cumulative Proportion	0.8852745	0.96362029	0.98347253	1.00000000

```
Loadings:
```

	Comp. 1	Comp. 2	Comp. 3	Comp. 4
身高	0.497	0.543	-0.450	0.506
体重	0.515	0.210	0.462	0.691
胸围	0.481	-0.725	0.175	0.461
坐高	0.507	0.368	0.744	-0.232

```
predict(student.pr)    #进行预测,即计算主成分得分矩阵
```

	Comp. 1	Comp. 2	Comp. 3	Comp. 4
1	-0.06990950	-0.23813701	-0.35509248	-0.266120139
2	-1.59526340	-0.71847399	0.32813232	-0.118056646
3	2.84793151	0.38956679	-0.09731731	-0.279482487
4	-0.75996988	0.80604335	-0.04945722	-0.162949298
5	2.73966777	0.01718087	0.36012615	0.358653044
6	-2.10583168	0.32284393	0.18600422	-0.036456084
7	1.42105591	-0.06053165	0.21093321	-0.044223092
8	0.82583977	-0.78102576	-0.27557798	0.057288572

续表

	Comp. 1	Comp. 2	Comp. 3	Comp. 4
9	0.93464402	-0.58469242	-0.08814136	0.181037746
10	-2.36463820	-0.36532199	0.08840476	0.045520127
11	-2.83741916	0.34875841	0.03310423	-0.031146930
12	2.60851224	0.21278728	-0.33398037	0.210157574
13	2.44253342	-0.16769496	-0.46918095	-0.162987830
14	-1.86630669	0.05021384	0.37720280	-0.358821916
15	-2.81347421	-0.31790107	-0.03291329	-0.222035112
16	-0.06392983	0.20718448	0.04334340	0.703533624
17	1.55561022	-1.70439674	-0.33126406	0.007551879
18	-1.07392251	-0.06763418	0.02283648	0.048606680
19	2.52174212	0.97274301	0.12164633	-0.390667991
20	2.14072377	0.02217881	0.37410972	0.129548960
21	0.79624422	0.16307887	0.12781270	-0.294140762
22	-0.28708321	-0.35744666	-0.03962116	0.080991989
23	0.25151075	1.25555188	-0.55617325	0.109068939
24	-2.05706032	0.78894494	-0.26552109	0.388088643
25	3.08596855	-0.05775318	0.62110421	-0.218939612
26	0.16367555	0.04317932	0.24481850	0.560248997
27	-1.37265053	0.02220972	-0.23378320	-0.257399715
28	-2.16097778	0.13733233	0.35589739	0.093123683
29	-2.40434827	-0.48613137	-0.16154441	-0.007914021
30	-0.50287468	0.14734317	-0.20590831	-0.122078819

```
biplot(student.pr)  #画第一和第二主成分得分的散点图
#输出图 6.1
```

例 6.3 的 R 程序及输出结果

R 程序代码：

```
#首先对表 6.6 中数据建立文本文件 biao6.6.txt
R<-read.table("biao6.6.txt",head=TRUE)  #读入数据文件
head(R)  #显示数据文件前 6 行
R<-as.matrix(R)  #化 R 为矩阵形式
pr<-princomp(covmat=R)  #主成分分析
summary(pr)  #显示分析结果
load<-loadings(pr);load  #主成分载荷阵
plot(load[,1:2]); text(load[,1],load[,2],adj=c(-0.4,0.3))  #主成分载荷散点图
```

输出结果：

```
summary(pr)  #显示分析结果
Importance ofcomponents:
```

	Comp.1	Comp.2	Comp.3	Comp.4	Comp.5
Standard deviation	2.6526359	1.6167971	1.2775386	0.92171245	0.87634977
Proportion of Variance	0.4397798	0.1633770	0.1020066	0.05309711	0.04799931
Cumulative Proportion	0.4397798	0.6031569	0.7051634	0.75826055	0.80625986

	Comp.6	Comp.7	Comp.8	Comp.9	Comp.10
Standard deviation	0.80378035	0.68739238	0.67530228	0.59754650	0.55597508
Proportion of Variance	0.04037893	0.02953177	0.02850207	0.02231636	0.01931927
Cumulative Proportion	0.84663879	0.87617056	0.90467263	0.92698899	0.94630826

	Comp.11	Comp.12	Comp.13	Comp.14	Comp.15
Standard deviation	0.49017575	0.46660286	0.41121776	0.36755485	0.26073228
Proportion of Variance	0.01501702	0.01360739	0.01056875	0.00844354	0.00424883
Cumulative Proportion	0.96132528	0.97493267	0.98550142	0.99394496	0.99819379

```
load<-loadings(pr); load  #主成分载荷阵
Loadings(给出前5个主成分载荷)
```

	Comp.1	Comp.2	Comp.3	Comp.4	Comp.5
身高	-0.342	0.200		0.118	
坐高	-0.265	0.143		0.538	
胸围	-0.234	-0.329	0.140		0.330
头高	-0.344	0.181		0.101	-0.159
裤长	-0.326	0.200			-0.160
下裆	-0.286	0.270			0.234
手长	-0.295	0.192			0.263
领围	-0.189	-0.370	-0.150	-0.112	0.287
前胸			0.626	-0.171	0.385
后背	-0.154	-0.174	-0.528	-0.388	
肩厚		-0.348	-0.202	0.626	0.285
肩宽	-0.243		-0.315	-0.181	
袖长	-0.317	0.112		-0.221	
肋围	-0.180	-0.371	0.252		
腰围	-0.266	-0.271	0.135		-0.394
腿肚	-0.158	-0.363	0.243		-0.475

```
plot(load[,1:2]); text(load[,1],load[,2],adj=c(-0.4,0.3))  #主成分载荷散点图
#输出图 6.2
```

例 6.4 的 R 程序及输出结果

R 程序代码：

```
w=read.table("LA.Neighborhoods.txt",header=T)  #读入数据文件
head(w)  #查看前 6 个样品数据
w$density=w$Population/w$Area  #增加人口密度变量
u=w[,-c(12:15)]               #去掉人口数量、面积、经度、维度变量
X<-scale(u[-1])               #去掉第一列街区名字后,对数据标准化
PCA=princomp(X,cor=T)         #主成分分析
summary(PCA)                  #显示分析结果
PCA$loadings                  #主成分载荷
pc<-PCA$scores; pc            #主成分得分
#下面画贡献率图及累计贡献率图(见图 6.3)
a=eigen(cor(scale(u[-1])))              #求标准化后的数据的特征值与特征向量
ca=cumsum(a$va)/sum(a$va)               #累计贡献率
par(mfrow=c(1,2))                       #准备图板
plot(1:11,a$va,type="o",pch=17,col=4,main="Scree Plot",
xlab="Component Number",ylab="Eigen Value")                    #贡献率图
plot(1:11,ca,type="o",pch=17,col=4,main="Cumulative Contribution",
xlab="Component Number",ylab="Cumulative Contribution")  #累计贡献率图
#下面画主成分得分图(见图 6.4)
par(mfrow=c(1,2))                                              #准备图板
plot(pc[,1],pc[,2],type="n",xlab="Component 1",ylab="Component 2",
                                                       #前两个主成分得分图
xlim=c(-7,6),ylim=c(-6,6),main="Sample Principal Components")
text(pc[,1],pc[,2],u[,1],cex=.4);abline(v=0,col=2);abline(h=0,col=2)
plot(pc[,3],pc[,4],type="n",xlab="Component 3",ylab="Component 4",
                                                       #后两个主成分得分图
xlim=c(-7,6),ylim=c(-6,6),main="Sample Principal Components")
text(pc[,3],pc[,4],u[,1],cex=.4);abline(v=0,col=2);abline(h=0,col=2)
```

输出结果：

```
head(w)  #查看前 6 个样品数据
```

	LA_Nbhd	Income	Schools	Diversity	Age	Homes	Vets	Asian
1	Adams_Normandie	29606	691	0.6	26	0.26	0.05	0.05
2	Arleta	65649	719	0.4	29	0.29	0.07	0.11
3	Arlington_Heights	31423	687	0.8	31	0.31	0.05	0.13
4	Atwater_Village	53872	762	0.9	34	0.34	0.06	0.20
5	Baldwin_Hills	37948	656	0.4	36	0.36	0.10	0.05
6	Bel-Air	208861	924	0.2	46	0.46	0.13	0.08

续表

	LA_Nbhd	Black	Latino	White	Population	Area	Longitude	Latitude
1	Adams_Normandie	0.25	0.62	0.06	31068	0.8	-1118.30	34.03
2	Arleta	0.02	0.72	0.13	31068	3.1	-1118.43	34.24
3	Arlington_Heights	0.25	0.57	0.05	22106	1.0	-1118.32	34.04
4	Atwater_Village	0.01	0.51	0.22	14888	1.8	-1118.27	34.12
5	Baldwin_Hills	0.71	0.17	0.03	30123	3.0	-1118.37	34.02
6	Bel-Air	0.01	0.05	0.83	7928	6.6	-1118.46	34.10

```
summary(PCA)  #显示分析结果
Importance of components:
```

	Comp.1	Comp.2	Comp.3	Comp.4
Standard deviation	2.1663410	1.3481996	1.0811039	1.01339745
Proportion of Variance	0.4266394	0.1652402	0.1062532	0.09336131
Cumulative Proportion	0.4266394	0.5918796	0.6981328	0.79149411

	Comp.5	Comp.6	Comp.7	Comp.8
Standard deviation	0.89793907	0.74680724	0.64025684	0.49366720
Proportion of Variance	0.07329951	0.05070191	0.03726626	0.0221552
Cumulative Proportion	0.86479362	0.91549553	0.95276179	0.97491700

	Comp.9	Comp.10	Comp.11
Standard deviation	0.43250224	0.297131381	0.0238276129
Proportion of Variance	0.01700529	0.008026096	0.0000516141
Cumulative Proportion	0.99192229	0.999948386	1.0000000000

```
PCA$loadings  #主成分载荷
Loadings:
```

	Comp.1	Comp.2	Comp.3	Comp.4	Comp.5	Comp.6
Income	-0.409		0.205			0.115
Schools		-0.257		0.787	0.515	
Diversity		-0.502	-0.556			-0.232
Age	-0.427		-0.119	-0.176		
Homes	-0.316		-0.117	0.321	-0.320	0.695
Vets	-0.367	0.208	-0.334	0.134		
Asian		-0.637	-0.159	-0.192	-0.161	0.144
Black	0.146	0.467	-0.601		0.137	
Latino	0.384		0.229	0.223	-0.395	0.123
White	-0.404		0.247	-0.184	0.280	-0.160
density	0.283			-0.315	0.585	0.614

```
pc<-PCA$ scores;pc  #主成分得分
```

No.	Comp. 1	Comp. 2	Comp. 3	Comp. 4	Comp. 5
1	3.1601418	0.36354850	-0.162863825	-0.74766521	1.677814292
2	0.92688792	0.01068266	0.944457753	0.36005011	-0.805590983
3	1.99749971	-0.4894067	-0.868094923	-0.35534670	0.327741852
4	0.25784026	-1.71733777	-0.353476949	0.09130453	-0.580631469
5	0.05791522	2.43060591	-2.478676987	0.24127994	0.300852973
6	-5.81775024	0.78298467	1.240007945	0.65667750	0.491604935
7	-4.71626389	2.24785734	1.136930153	-3.28982336	-1.787514083
8	-1.54596641	0.38093908	1.407852274	-0.46263797	1.32567192
9	-2.75979303	0.49339775	1.231594964	0.15013010	1.046840393
10	2.89575106	0.85274109	2.190370666	0.38887295	-0.743227602
11	-3.14933216	0.51866043	1.430982971	0.37671126	0.714242589
12	2.39955199	1.49669110	-0.148988052	0.71925382	-0.910401744
13	0.74781982	-0.75279433	0.054411708	-0.12420003	-0.128828773
14	-0.87452657	-0.64473329	-0.086416928	-0.33513035	0.690199082
15	3.47569417	1.18578647	1.926107657	0.10797523	-0.201502043
16	-3.79697474	1.68024848	0.084955386	-3.46003343	-1.451215050
17	-2.79531944	-0.37147577	-0.240287906	0.05083379	-0.088647295
18	1.22812970	2.20034557	-1.600424764	-0.13343647	-0.239647980
19	-3.44066031	1.51696648	0.246427634	-3.29733312	-1.775484763

```
#画贡献率图及累计贡献率图(图 6.3)
#画主成分得分图(图 6.4)
```

例 6.5 的 R 程序及输出结果

R 程序代码:

```
#首先如例 5.3 将表 5.4 的文本文件 biao5.4.txt 读入数据框 X
X<-read.table("biao5.4.txt",head=TRUE)
PCA=princomp(X,cor=T)          #主成分分析
summary(PCA)                   #贡献率和累计贡献率
PCA $ loadings                 #主成分载荷
screeplot(PCA,type="lines")    #画碎石图
pc<-PCA $ scores; pc           #主成分得分
pc[,2]<--pc[,2]                #对第 2 个主成分得分做次序反向处理
row.names = c("北京","天津","河北","山西","内蒙古","辽宁","吉林","黑龙江","上海","江苏","浙江","安徽","福建","江西","山东","河南","湖北","湖南","广东","广西","海南","重庆","四川","贵州","云南","西藏","陕西","甘肃","青海","宁夏","新疆")
plot(pc[,1:2]);text(pc[,1],pc[,2],row.names,adj=c(0.2,-0.5))  #主成分得分散点图
pc1<-rank(-pc[,1]); pc1        #利用第一主成分得分对样品排序
```

输出结果：

```
summary(PCA)  #贡献率和累计贡献率
Importance of components:
```

	Comp.1	Comp.2	Comp.3	Comp.4
Standard deviation	2.5939818	0.75469983	0.54128307	0.39419343
Proportion of Variance	0.8410927	0.07119648	0.03662342	0.01942356
Cumulative Proportion	0.8410927	0.91228916	0.94891258	0.96833614

	Comp.5	Comp.6	Comp.7	Comp.8
Standard deviation	0.32083950	0.273504239	0.240576259	0.133009059
Proportion of Variance	0.01286725	0.009350571	0.007234617	0.002211426
Cumulative Proportion	0.98120339	0.990553957	0.997788574	1.000000000

```
PCA$loadings  #主成分载荷
```

	Comp.1	Comp.2	Comp.3	Comp.4	Comp.5
人均食品支出	-0.334	-0.551	-0.293	-0.480	
人均衣着支出	-0.320	0.603	-0.548		-0.298
人均生活用品及服务支出	-0.367		0.587	0.433	0.484
人均交通通信支出	-0.367		-0.310		0.424
人均教育文化娱乐支出	-0.364	-0.123	0.465	-0.135	
人均医疗保健支出	-0.336	0.494	0.514	-0.219	0.235
人均其他用品及服务支出	-0.377			-0.315	-0.373
人均居住支出	-0.360	-0.265	0.171	0.506	-0.582

```
pc<-PCA$scores; pc  #主成分得分
```

	Comp.1	Comp.2	Comp.3	Comp.4
北京	-7.200357138	0.56945048	0.40459292	1.158935984
天津	-4.377171506	0.48164800	-0.64078685	-0.638416480
河北	1.148724564	0.30734846	-0.04403697	0.494822863
山西	1.739299912	0.68447749	0.45183794	-0.007599307
内蒙古	-0.517845145	0.96846866	-0.67090061	-0.212113321
辽宁	-1.252039312	0.86617049	0.17525943	-0.581375533
吉林	0.558555675	0.91550568	0.39993928	-0.512030788
黑龙江	0.659140830	1.13183980	0.56795227	-0.680717972
上海	-8.089249476	-0.87026684	0.64914545	-0.368954148
江苏	-1.775902483	-0.01993592	-0.23310029	0.297110800
浙江	-3.367211514	-0.28895452	-0.87354377	0.032207370

续表

	Comp. 1	Comp. 2	Comp. 3	Comp. 4
安徽	1.381404439	-0.52067949	-0.18451593	0.08265506
福建	-0.299701128	-1.41806022	-0.62698427	-0.037276678
江西	1.811542256	-0.60286584	-0.12227545	0.335764922
山东	0.142791072	0.25702466	-0.27272024	0.527907639
河南	1.730658221	0.35111645	0.32559421	0.402200220
湖北	-0.003514162	0.21092409	0.18590592	0.005662764
湖南	0.417623779	-0.09654998	0.61621673	0.07198039
广东	-1.584687940	-1.77993113	-0.24784049	-0.244186489
广西	2.302969942	-0.91462209	0.83305093	0.124215516
海南	1.686978822	-1.70149241	0.68601281	-0.661973692
重庆	0.033932387	0.07967206	-0.49714287	-0.051764780
四川	0.867653310	-0.27108994	-0.31368423	-0.089757550
贵州	2.391250471	-0.32551234	0.01414824	0.344646553
云南	2.377861735	-0.50579676	0.53422196	0.22904242
西藏	3.435753662	-0.17527268	-1.59112577	0.058426057
陕西	1.172283040	0.32221776	0.55722376	0.333121066
甘肃	1.992911845	0.25369622	0.44707775	-0.038545002
青海	0.928964354	0.70818580	-0.15132888	-0.326970939
宁夏	0.706653628	0.72060641	-0.00247830	0.005590023
新疆	0.980725861	0.66267763	-0.37571469	-0.052606986

```
pc1<-rank(pc[,1]); pc1    #利用第一主成分得分对样品排序
```

北京	天津	河北	山西	内蒙古	辽宁	吉林	黑龙江	上海	江苏	浙江
2	3	20	25	8	7	14	15	1	5	4
安徽	福建	江西	山东	河南	湖北	湖南	广东	广西	海南	重庆
22	9	26	12	24	10	13	6	28	23	11
四川	贵州	云南	西藏	陕西	甘肃	青海	宁夏	新疆		
17	30	29	31	21	27	18	16	19		

```
pc<-rank(-2.5939818^2%*% pc[,1]-0.75469983^2* pc[,2]);pc   #综合排序
```

北京	天津	河北	山西	内蒙古	辽宁	吉林	黑龙江	上海	江苏	浙江
2	3	20	23	8	7	14	15	1	5	4
安徽	福建	江西	山东	河南	湖北	湖南	广东	广西	海南	重庆
22	9	26	12	24	10	13	6	28	25	11
四川	贵州	云南	西藏	陕西	甘肃	青海	宁夏	新疆		
18	29	30	31	21	27	17	16	19		

例 6.6 的 R 程序及输出结果

R 程序代码：

```
#用数据框的形式输入数据
conomy<-data.frame(
x1=c(149.3,161.2,171.5,175.5,180.8,190.7,202.1,212.4,226.1,231.9,239.0),
x2=c(4.2,4.1,3.1,3.1,1.1,2.2,2.1,5.6,5.0,5.1,0.7),
x3=c(108.1,114.8,123.2,126.9,132.1,137.7,146.0,154.1,162.3,164.3,167.6),
y=c(15.9,16.4,19.0,19.1,18.8,20.4,22.7,26.5,28.1,27.6,26.3))
#为了对比,首先做线性回归
lm.sol<-lm(y~x1+x2+x3,data=conomy)  #普通线性回归
summary(lm.sol)                     #结果展示
#做主成分回归分析
conomy.pr<-princomp(~x1+x2+x3,data=conomy,cor=T)  #主成分分析
summary(conomy.pr,loadings=TRUE)    #结果展示
pre<-predict(conomy.pr)             #预测样本主成分
conomy$z1<-pre[,1]                  #在数据文件 conomy 中添加第一主成分得分数据
conomy$z2<-pre[,2]                  #在数据文件 conomy 中添加第二主成分得分数据
lm.sol<-lm(y~z1+z2,data=conomy)     #以主成分得分为自变量做回归分析
summary(lm.sol)                     #结果展示
#做变换,得到原坐标下的关系表达式,程序如下
beta<-coef(lm.sol); A<-loadings(conomy.pr)
x.bar<-conomy.pr$center; x.sd<-conomy.pr$scale
coef<-(beta[2]* A[,1]+ beta[3]* A[,2])/x.sd
beta0<- beta[1]- sum(x.bar *coef)      c(beta0,coef)
```

输出结果：

```
summary(lm.sol)  #结果展示
lm(formula = y ~ x1 + x2 + x3,data =conomy)
Residuals:
    Min       1Q      Median       3Q        Max
-0.52367 -0.38953  0.05424   0.22644  0.78313
Coefficients:
             Estimate Std. Error tvalue Pr(>|t|)
(Intercept)  -10.12799     1.21216  -8.355    6.9e-05 * * *
x1           -0.05140     0.07028  -0.73     0.488344
x2            0.58695     0.09462   6.203     0.000444 * * *
x3            0.28685     0.10221   2.807     0.026277*
Signif. codes:  0 '* * *'  0.001 '* *'  0.01 '*'  0.05 '.'  0.1 ' ' 1
Residual standard error:0.4889 on 7 degrees of freedom
Multiple R-squared:  0.9919,    Adjusted R-squared:  0.9884
F-statistic:285.6 on 3 and 7 DF,  p-value:1.112e-07
```

```
summary(conomy.pr,loadings=TRUE)  #结果展示
```

	Comp. 1	Comp. 2	Comp. 3
Standard	deviation	1.413915	0.9990767
Proportion	of	Variance	0.666385
Cumulative	Proportion	0.666385	0.9991030

```
Importance of components:
Loadings:
```

	Comp. 1	Comp. 2	Comp. 3
x1	-0.706		0.707
x2		-0.999	
x3	-0.707		-0.707

```
summary(lm.sol)  #结果展示
lm(formula = y ~ z1 + z2,data =conomy)
Residuals:
    Min       1Q      Median      3Q       Max
-0.89838 -0.26050  0.08435  0.35677  0.66863
Coefficients:
            Estimate Std. Error tvalue Pr(> |t|)
(Intercept)  21.8909    0.1658 132.006 1.21e-14 * * *
z1           -2.9892    0.1173 -25.486 6.02e-09 * * *
z2           -0.8288    0.1660  -4.993  0.00106 * *
Signif. codes:  0 '* * * '  0.001 '* * '  0.01 '* '  0.05 '.'  0.1 ' ' 1
Residual standard error:0.55 on 8 degrees of freedom
Multiple R-squared:  0.9883,    Adjusted R-squared:  0.9853
F-statistic:337.2 on 2 and 8 DF,  p-value:1.888e-08
c(beta0,coef)
(Intercept)       x1          x2          x3
-9.13010782  0.07277981  0.60922012  0.10625939
```

例6.7的R程序及输出结果

R程序代码:

```
library(FactoMineR)              #基于主成分分析的分层聚类,在R3.5.2版本下安装
data(Produc,package="Ecdat") #读入软件包Ecdat中的数据文件Produc
aa=unique(Produc[,1]);z=NULL
for(i in 1:48)
z=rbind(z,apply(Produc[Produc[,1]==aa[i],-(1:2)],2,mean))
row.names(z)=aa
```

```
res.pca=PCA(z,ncp=5,scale.unit=TRUE,graph=FALSE)                #主成分分析
res.hcpc=HCPC(res. pca,nb.clust=-1,conso=-1,min=3,max=10)   #输出图形
#上面 nb. clust=-1 意味着自动选择聚类数目(若 nb. clust=0,则为手工选择)
```

输出结果：

```
res.hcpc=HCPC(res.pca,nb.clust=-1,conso=-1,min=3,max=10)   #输出图形
#输出图 6.7~图 6.9
```

例 6.8 的 R 程序及输出结果

R 程序代码：

```
#首先如例 5.3 将表 5.4 的文本文件 biao5.4.txt 读入 X
X<-read.table("biao5.4.txt",head=TRUE)
library("FactoMineR")  #基于主成分分析的分层聚类
rec.pca=PCA(X,ncp=5,scale.unit=TRUE,graph=FALSE)
res.hcpc=HCPC(rec. pca,nb.clust=-1,conso=0,min=3,max=10)  #输出图形
#上面 nb.clust=-1 意味着自动选择聚类数目(若 nb.clust=0,则为手工选择)
```

输出结果：

```
res.hcpc=HCPC(rec.pca,nb.clust=-1,conso=0,min=3,max=10)  #输出图形
#输出图 6.10~图 6.12
```

习题 6

6.1 设 $\boldsymbol{x}=(x_1,x_2)'$ 的协方差矩阵为 $\boldsymbol{\Sigma}=\begin{pmatrix}1 & 4\\ 4 & 100\end{pmatrix}$，试从协方差矩阵 $\boldsymbol{\Sigma}$ 和相关矩阵 $\boldsymbol{R}$ 出发求总体主成分，并加以比较。

6.2 设总体 $\boldsymbol{x}=(x_1,x_2,\cdots,x_p)'$ 的协方差矩阵为

$$\boldsymbol{\Sigma}=\sigma^2\begin{pmatrix}1 & \rho & \cdots & \rho\\ \rho & 1 & \cdots & \rho\\ \vdots & \vdots & & \vdots\\ \rho & \rho & \cdots & 1\end{pmatrix}\quad (0<\rho\leqslant 1)$$

(1) 试证明 $\boldsymbol{\Sigma}$ 的最大特征值为 $\lambda_1=\sigma^2[1+(p-1)\rho]$，第一主成分为 $z_1=\frac{1}{\sqrt{p}}\sum_{i=1}^{p}x_i$。

(2) 试求第一主成分的贡献率。

6.3 设总体 $\boldsymbol{x}=(x_1,x_2,x_3)'$ 的协方差矩阵为

$$\boldsymbol{\Sigma}=\sigma^2\begin{pmatrix}1 & \rho & 0\\ \rho & 1 & \rho\\ 0 & \rho & 1\end{pmatrix}\quad (0<|\rho|\leqslant 1/\sqrt{2})$$

试求总体主成分，并计算每个主成分解释方差的比例。

6.4　2018 年我国直辖市、省会级城市和计划单列市核心城市综合竞争力评价指标主要有：年末户籍人数 x_1(单位：万人)、地区生产总值 x_2(单位：亿元)、地方一般公共预算收入 x_3(单位：亿元)、地方一般公共预支出 x_4(单位：亿元)、住户存款余额 x_5(单位：亿元)、城镇单位在岗职工平均工资 x_6(单位：元)、社会消费品零售总额 x_7(单位：亿元)和货物进出口总额 x_8(单位：亿元)。表 6.15 列出 2018 年我国直辖市、省会级城市和计划单列市核心城市数据，试对该数据进行主成分分析，并对这些城市的综合竞争力进行排序和评价。

表 6.15　核心城市综合竞争力评价数据

城市	x_1	x_2	x_3	x_4	x_5	x_6	x_7	x_8
北京	1367	30320.0	5785.9	7471.4	34019.0	149843	11747.7	27185.5
天津	1082	18809.6	2106.2	3103.2	10746.2	103931	5533.0	8080.2
石家庄	982	6082.6	519.7	991.6	6473.2	75114	3274.4	915.5
太原	377	3884.5	373.2	542.5	4767.5	80825	1811.9	1089.9
呼和浩特	246	2903.5	204.7	356.7	2174.1	71387	1603.2	116.7
沈阳	746	6292.4	720.6	965.4	7288.1	82067	4051.2	984.3
大连	595	7668.5	704.0	1001.5	6040.0	87592	3880.1	4763.8
长春	751	7175.7	478.0	894.3	4993.2	80425	3003.6	1054.6
哈尔滨	952	6300.5	384.4	962.2	5394.3	71771	4125.1	209.7
上海	1462	32679.9	7108.2	8351.5	27071.7	142983	12668.7	34012.1
南京	697	12820.4	1470.0	1532.7	6914.8	111071	5832.5	4317.2
杭州	774	13509.2	1825.1	1717.1	9981.2	106709	5715.3	5245.3
宁波	603	10745.5	1379.7	1594.1	6561.3	102325	4154.9	8576.3
合肥	758	7822.9	712.5	1004.9	4003.4	89022	2976.7	308.13
福州	703	7856.8	680.4	924.8	5053.3	83175	4666.5	2512.2
厦门	243	4791.4	754.5	892.5	2610.2	85166	1542.4	6002.1
南昌	532	5274.7	461.7	752.4	3132.0	82672	2131.6	787.6
济南	656	7856.6	752.8	1018.3	5008.1	91651	4404.5	825.0
青岛	818	12001.5	1231.9	1559.8	5913.7	90840	4842.5	5316.1
郑州	864	10143.3	1152.1	1763.3	7157.3	80963	4268.1	4105.0
武汉	884	14847.3	1528.7	1929.3	7728.5	88327	6843.9	2148.4
长沙	729	11003.4	879.7	1300.8	5692.1	93293	4765.0	1283.3
广州	928	22895.3	1634.2	2506.2	16042.1	111839	9256.2	9811.6
深圳	455	24222.0	3538.4	4282.5	13478.9	111709	6168.9	29983.7
南宁	771	4026.9	359.0	698.0	3542.8	83452	2214.7	738.8
海口	178	1510.5	169.9	238.2	1706.5	77632	757.6	341.2

续表

城市	x_1	x_2	x_3	x_4	x_5	x_6	x_7	x_8
重庆	3404	20363. 2	2265. 5	4541. 0	15907. 2	81764	7977. 0	5221. 0
成都	1476	15342. 8	1424. 2	1837. 4	13141. 5	88011	6801. 8	4983. 2
贵阳	418	3798. 5	411. 3	624. 2	2835. 7	82685	1299. 5	230. 1
昆明	572	5206. 9	595. 6	756. 8	4882. 5	80253	2787. 4	870. 0
拉萨	55	540. 8	110. 1	300. 1	461. 4	126936	295. 4	41. 0
西安	987	8349. 9	684. 7	1151. 9	8360. 3	87125	4658. 7	3303. 2
兰州	328	2732. 9	253. 3	465. 6	3244. 1	85575	1352. 1	133. 2
西宁	207	1286. 4	92. 9	297. 5	1436. 8	84071	564. 4	31. 3
银川	193	1901. 5	173. 3	363. 3	1664. 8	87291	552. 7	168. 8
乌鲁木齐	222	3099. 8	458. 3	659. 8	2871. 1	85990	1354. 0	513. 5

6.5 对某地区的某类消费品的销售量 y 进行调查，它与下面 4 个变量有关：居民可支配收入 x_1、该类消费品评价价格指数 x_2、该产品的社会保有量 x_3、其他消费品评价价格指数 x_4。历史资料如表 6. 16 所示。试利用主成分回归建立销售量 y 与 4 个变量的回归方程。

表 6. 16 消费品的消售量及变量数据

y	x_1	x_2	x_3	x_4
8. 4	82. 9	92	17. 1	94
9. 6	88. 0	93	21. 3	96
10. 4	99. 9	96	25. 1	97
11. 4	105. 3	94	29. 0	97
12. 2	117. 7	100	34. 0	100
14. 2	131. 0	101	40. 0	101
15. 8	148. 2	105	44. 0	104
17. 9	161. 8	112	49. 0	109
19. 6	174. 2	112	51. 0	111
20. 8	184. 7	112	53. 0	111

第 7 章　因子分析

7.1　简介

因子分析是主成分分析的推广和发展，它是多元统计分析中另一种重要的降维方法。因子分析通过研究多元随机向量的协方差矩阵或相关矩阵的内部依赖关系，将多个变量表示为由少数几个公因子来驱动，以再现原始变量与公因子之间的结构关系。

因子分析起源于 20 世纪初，是皮尔逊和斯皮尔曼(Spearman)等学者为解决智力测验得分问题而提出的一种统计方法。此后，该方法在心理学、社会学、经济学等学科的一些问题上取得了成功应用。随着互联网、物联网技术的快速发展和普及，人们常常面临海量数据和超高维数据的处理问题。在高维数据统计方法的研究和应用中，因子模型可以实现降维的目的。

下面我们列举几个实际问题以说明如何应用因子分析来构造因子模型。

例 7.1　为了解学生的学习能力，观测了 n 个学生的 p 个科目学习成绩，用 $x_1,\cdots,x_p$ 表示 p 个科目(例如数学、语文、英语、政治、历史等)。现在要分析主要是哪些因素决定学生的学习能力。

通过对 n 个学生的 p 个科目的成绩资料进行归纳分析，可以看出各个科目(即变量)的成绩 x_i 由两部分组成

$$x_i=a_i f+\varepsilon_i,\ i=1,\cdots,p$$

其中 f 是对所有 $x_i(i=1,\cdots,p)$ 都起作用的公共因子(Common Factor)，它是表示“智能”高低的因子，系数 a_i 称为因子 f 的载荷(Loading)，ε_i 是只与科目 x_i 有关的特殊因子(Specific Factor)。这就是一个简单的因子模型。

例 7.2　考察人体的 5 项生理指标，即收缩压(x_1)、舒张压(x_2)、心跳间隔(x_3)、呼吸间隔(x_4)和舌下温度(x_5)，可以从这些指标考察人的健康情况。

从医学经验和生理学知识可知，这 5 项指标受自主神经支配，自主神经又可分为交感神经和副交感神经，因此这 5 项指标至少受到 2 个公共因子的影响，故我们可以用下列因子模型来处理

$$x_i=a_{i1}f_1+a_{i2}f_2+\varepsilon_i,\ i=1,\cdots,5$$

其中 f_1、f_2 是对所有 $x_i(i=1,\cdots,5)$ 都起作用的公共因子，它们分别是交感神经和副交感神经因子，系数 a_{ij} 是因子 f_j 的载荷，ε_i 是只与指标 x_i 有关的特殊因子。

例 7.3　林登(Linden)对第二次世界大战以来的奥林匹克运动会十项全能项目的得分进行研究，他收集了 160 组数据，以 $x_1,\cdots,x_{10}$ 分别表示十项全能的标准得分，这里十项全能依次是：100 米短跑、跳远、铅球、跳高、400 米跑、110 米跨栏、铁饼、撑杆跳高、标枪、1500 米跑。现在分析主要有哪些因素决定十项全能的得分。

通过对这十项全能得分情况的分析，基本上可以将决定因素归结为短跑速度、爆发性

臂力、爆发性腿力和耐力这 4 个方面，每一个方面的因素称为一个因子，因此该问题可以用下列因子模型来处理。

$$x_i = a_{i1} f_1 + a_{i2} f_2 + a_{i3} f_3 + a_{i4} f_4 + \varepsilon_i,\ i = 1, \cdots, 10$$

其中 f_1、f_2、f_3、f_4 分别是 4 个公因子，它们对所有变量 $x_i (i = 1, \cdots, 10)$ 起作用，而 ε_i 是只与变量 x_i 有关的特殊因子。

因子分析的主要应用有两个方面，一是寻求基本结构，将具有错综复杂关系的对象(变量)归结为少数几个潜变因子，以再现因子与原始变量之间的内在联系；二是对变量或样品进行分类，并对变量或样品进行排序或评估。

因子分析可以看成主成分分析的推广，但两者有所不同，主要有以下区别。

(1)主成分分析只涉及一般的变量变换，不需要用一个模型来描述；而因子分析需要构造一个因子模型，它构建了原始变量与公因子之间的内在关系。

(2)在主成分分析中，主成分表示为原始变量的线性组合，以实现对原始变量的降维；而在因子分析中，原始变量表示为公因子及特殊因子的线性组合，以实现对原始变量的精细刻画和降维。

(3)主成分分析力图用少数几个主成分来解释总方差，因子分析力图用少数几个公因子来描述协方差或相关关系。二者虽然有一些共同目标，但它们的数学原理和结果的精细程度有所不同。

(4)除了系数向量可能存在一个正负符号的差异外，主成分的解是唯一的。而由于潜变因子的不可观测性，故因子的解不唯一，可以对其进行旋转变换。这种灵活性使我们能够得到具有明晰含义的公因子，这是因子分析比主成分分析有更广泛应用的一个重要原因。

(5)主成分不会因提取的主成分个数的不同而改变，但因子会随着因子模型中因子个数的不同而变化。

7.2 正交因子模型

设 $\boldsymbol{x} = (x_1, \cdots, x_p)'$ 为可以观测的 p 维随机向量，其均值向量和协方差矩阵为 $\boldsymbol{\mu} = E(\boldsymbol{x})$，$\boldsymbol{\Sigma} = \mathrm{Var}(\boldsymbol{x})$。在因子分析中的数据一般都进行了中心标准化处理，因此在下面的讨论中，我们取 $\boldsymbol{\mu} = 0$，$\boldsymbol{\Sigma}$ 为相关矩阵 $\boldsymbol{R}$。因子模型的一般形式为

$$\begin{cases} x_1 = a_{11} f_1 + a_{12} f_2 + \cdots + a_{1m} f_m + \varepsilon_1 = \boldsymbol{a}'_{(1)} \boldsymbol{f} + \varepsilon_1, \\ x_2 = a_{21} f_1 + a_{22} f_2 + \cdots + a_{2m} f_m + \varepsilon_2 = \boldsymbol{a}'_{(2)} \boldsymbol{f} + \varepsilon_2, \\ \quad \vdots \\ x_p = a_{p1} f_1 + a_{p2} f_2 + \cdots + a_{pm} f_m + \varepsilon_p = \boldsymbol{a}'_{(p)} \boldsymbol{f} + \varepsilon_p \end{cases} \tag{7.1}$$

其中 $f_1, \cdots, f_m$ 为公因子，$\varepsilon_1, \cdots, \varepsilon_p$ 为特殊因子，它们都是不可观测的随机变量，$\boldsymbol{f} = (f_1, \cdots, f_m)'$ 为公因子向量。公因子 $f_1, \cdots, f_m$ 出现在每一个原始变量 x_i 的表达式中，可以将其理解为所有原始变量具有的公共因素，每个公因子 f_j 一般至少对两个原始变量起作用，否则将其归入特殊因子中。特殊因子 ε_i 仅出现在与之相应的第 i 个原始变量 x_i 中，故它只

对这个原始变量起作用，与其他原始变量无关。可将式(7.1)表示为下列矩阵形式

$$\boldsymbol{x}=\boldsymbol{A}\boldsymbol{f}+\boldsymbol{\varepsilon} \tag{7.2}$$

其中 $\boldsymbol{\varepsilon}=(\varepsilon_1,\cdots,\varepsilon_p)'$为特殊因子向量，$\boldsymbol{A}=(\boldsymbol{a}_{ij})_{p\times m}=(a_1,\cdots,a_m)=(\boldsymbol{a}_{(1)},\cdots,\boldsymbol{a}_{(p)})'$为因子载荷矩阵，这里 $\boldsymbol{a}_{(i)}=(a_{i1},\cdots,a_{im})'$是原始变量 $x_i=\boldsymbol{a}'_{(i)}\boldsymbol{f}+\varepsilon_i$ 的因子载荷向量。因子模型的基本假设为

$$E(\boldsymbol{f})=0,\ \mathrm{Var}(\boldsymbol{f})=I_m$$
$$\mathrm{Cov}(\boldsymbol{f},\varepsilon)=0,\ E(\boldsymbol{\varepsilon})=0$$
$$\mathrm{Var}(\boldsymbol{\varepsilon})=\boldsymbol{D}=\mathrm{diag}(\sigma_1^2,\cdots,\sigma_p^2) \tag{7.3}$$

由上述假设可以看出，公因子之间彼此不相关且具有单位方差，特殊因子之间互不相关，且特殊因子与公因子之间也不相关。满足上述假设的因子模型称为**正交因子模型**。

正交因子模型具有以下性质。

(1)协方差矩阵 $\boldsymbol{\Sigma}$ 具有分解形式

$$\boldsymbol{\Sigma}=\boldsymbol{A}\boldsymbol{A}'+\boldsymbol{D} \tag{7.4}$$

如果原始变量已中心标准化，则式(7.4)左边的矩阵 $\boldsymbol{\Sigma}$ 为相关矩阵 $\boldsymbol{R}$。式(7.4)可通过对式(7.2)两边求协方差得到，即有

$$\boldsymbol{\Sigma}=\mathrm{Var}(\boldsymbol{x})=\mathrm{Var}(\boldsymbol{A}\boldsymbol{f}+\boldsymbol{\varepsilon})=\boldsymbol{A}\mathrm{Var}(\boldsymbol{f})\boldsymbol{A}'+\mathrm{Var}(\boldsymbol{\varepsilon})=\boldsymbol{A}\boldsymbol{A}'+\boldsymbol{D}$$

(2)式(7.2)不受变量单位的影响。事实上，设 $\boldsymbol{C}$ 为可逆对角矩阵，则在变换 $\boldsymbol{x}^*=\boldsymbol{C}\boldsymbol{x}$ 下，得到下列正交因子模型

$$\boldsymbol{x}^*=\boldsymbol{A}^*\boldsymbol{f}+\boldsymbol{\varepsilon}^*$$

其中 $\boldsymbol{A}^*=\boldsymbol{C}\boldsymbol{A}$，$\boldsymbol{\varepsilon}^*=\boldsymbol{C}\boldsymbol{\varepsilon}$，该模型仍然满足基本假设(7.3)。

(3)因子载荷矩阵 $\boldsymbol{A}$ 不是唯一的。因为，若 $\boldsymbol{T}$ 是任一正交矩阵，令 $\boldsymbol{A}^*=\boldsymbol{A}\boldsymbol{T}$，$\boldsymbol{f}^*=\boldsymbol{T}'\boldsymbol{f}$，则模型(7.2)可等价地表示为

$$\boldsymbol{x}=\boldsymbol{A}^*\boldsymbol{f}^*+\boldsymbol{\varepsilon}$$

上述因子载荷矩阵 $\boldsymbol{A}$ 的不唯一性是一个很好的性质，利用此性质，通过因子载荷矩阵的旋转变换，可以获得具有清晰含义的公因子 $\boldsymbol{f}^*$ 的因子模型。

(4)因子载荷具有统计意义。由式(7.2)和式(7.3)容易知道

$$\mathrm{Cov}(\boldsymbol{x},\boldsymbol{f})=A,\ 或\ \mathrm{Cov}(x_i,\boldsymbol{f}_j)=\boldsymbol{a}_{ij} \tag{7.5}$$

因此，若 x_i 是标准化变量，则因子载荷 $\boldsymbol{a}_{ij}$就是第 i 个原始变量 x_i 与第 j 个公因子 $\boldsymbol{f}_j$ 之间的相关系数。

由于 $x_i=a'_{(i)}\boldsymbol{f}+\varepsilon_i$，其中 $\boldsymbol{a}_{(i)}=(a_{i1},a_{i2},\cdots,a_{im})'$是 x_i 中因子向量 $\boldsymbol{f}$ 的系数向量，所以系数 $a_{i1},a_{i2},\cdots,a_{im}$是用来衡量 x_i 可由因子 $f_1,\cdots,f_m$ 解释的程度。称

$$h_i^2=\boldsymbol{a}'_{(i)}\boldsymbol{a}_{(i)}=\sum_{j=1}^{m}\boldsymbol{a}_{ij}^2$$

为变量 x_i 的**共同度**，或称**共性方差**(Communality)，它反映了公因子 $f_1,\cdots,f_m$ 对原始变量 x_i 的影响，也可以看成公因子对 x_i 的方差贡献。可由式(7.4)的对角元素表示为

$$\sigma_{ii}=h_i^2+\sigma_i^2\quad(i=1,2,\cdots,p) \tag{7.6}$$

当 x_i 为标准化变量时，上式中的 $\sigma_{ii}=1$。因为 σ_i^2 是特殊因子 ε_i 对 x_i 的方差贡献，故称其为特殊方差(Specific Variance)。

矩阵 $\boldsymbol{A}$ 的第 j 列 $\boldsymbol{a}_j=(a_{1j},a_{2j},\cdots,a_{pj})'$的元素平方和 $g_j^2=\sum_{i=1}^{p}\boldsymbol{a}_{ij}^2$ 反映了公因子 $\boldsymbol{f}_j$ 对原始变量 $x_1,\cdots,x_p$ 的影响程度，是衡量公因子 $\boldsymbol{f}_j$ 重要性的一个尺度，可视为公因子 $\boldsymbol{f}_j$ 对变量 $x_1,\cdots,x_p$ 的方差贡献。对式(7.6)两边求和，可以得到

$$\sum_{i=1}^{p}\sigma_{ii}=\sum_{i=1}^{p}h_i^2+\sum_{i=1}^{p}\sigma_i^2=\sum_{j=1}^{m}g_j^2+\sum_{i=1}^{p}\sigma_i^2 \tag{7.7}$$

其中 $\sum_{i=1}^{p}h_i^2=\sum_{i=1}^{p}\sum_{j=1}^{m}a_{ij}^2=\sum_{j=1}^{m}\sum_{i=1}^{p}a_{ij}^2=\sum_{j=1}^{m}g_j^2$。

例 7.4 设随机向量 $\boldsymbol{x}=(x_1,\cdots,x_4)'$的协方差矩阵为

$$\boldsymbol{\Sigma}=\begin{pmatrix}6 & 6 & 2 & 12\\ 6 & 11 & 1 & 17\\ 2 & 1 & 6 & 8\\ 12 & 17 & 8 & 16\end{pmatrix}$$

试求满足式(7.4)的因子载荷矩阵 $\boldsymbol{A}$ 和特殊因子协方差矩阵 $\boldsymbol{D}$，并计算变量 x_3 的共同度 h_3^2 及公因子 f_2 对 $\boldsymbol{x}=(x_1,\cdots,x_4)'$的方差贡献 g_2^2。

解 $\boldsymbol{\Sigma}$ 可分解为

$$\boldsymbol{\Sigma}=\begin{pmatrix}2 & 0\\ 3 & -1\\ 1 & 2\\ 6 & 1\end{pmatrix}\begin{pmatrix}2 & 3 & 1 & 6\\ 0 & -1 & 2 & 1\end{pmatrix}+\begin{pmatrix}2 & 0 & 0 & 0\\ 0 & 1 & 0 & 0\\ 0 & 0 & 1 & 0\\ 0 & 0 & 0 & 3\end{pmatrix}$$

因此，载荷矩阵 $\boldsymbol{A}$ 和协方差矩阵 $\boldsymbol{D}$ 分别为

$$\boldsymbol{A}=\begin{pmatrix}2 & 0\\ 3 & -1\\ 1 & 2\\ 6 & 1\end{pmatrix},\quad \boldsymbol{D}=\begin{pmatrix}2 & 0 & 0 & 0\\ 0 & 1 & 0 & 0\\ 0 & 0 & 1 & 0\\ 0 & 0 & 0 & 3\end{pmatrix}$$

变量 x_3 的共同度为 $h_3^2=a_{31}^2+a_{32}^2=1^2+2^2=5$。公因子 f_2 对 $\boldsymbol{x}=(x_1,\cdots,x_4)'$的方差贡献为 $g_2^2=\sum_{i=1}^{4}a_{i2}^2=0^2+(-1)^2+2^2+1^2=6$。

7.3 因子载荷的估计

类似主成分分析，我们可以从协方差矩阵 $\boldsymbol{\Sigma}$ 或相关矩阵出发进行因子分析。但是在实际中，协方差矩阵 $\boldsymbol{\Sigma}$ 或相关矩阵往往是未知的，需要通过样本来估计。我们可以用样本协方差矩阵 $\boldsymbol{S}$ 作为总体协方差矩阵 $\boldsymbol{\Sigma}$ 的估计，用样本相关矩阵 $\boldsymbol{R}$ 作为总体相关矩阵的估计。下面考虑通过样本相关矩阵 $\boldsymbol{R}$ 的分解来估计因子载荷矩阵 $\boldsymbol{A}$ 和对角矩阵 $\boldsymbol{D}$。

7.3.1 主成分法

设 $\lambda_1\geqslant\lambda_2\geqslant\cdots\geqslant\lambda_p\geqslant0$ 为样本相关矩阵 $\boldsymbol{R}$ 的特征值，$\boldsymbol{u}_1,\boldsymbol{u}_2,\cdots,\boldsymbol{u}_p$ 为相应的单位正交

特征向量，则 $\boldsymbol{R}$ 有谱分解式

$$\boldsymbol{R}=\sum_{i=1}^{p}\lambda_i\boldsymbol{u}_i\boldsymbol{u}_i'=(\sqrt{\lambda_1}\boldsymbol{u}_1,\cdots,\sqrt{\lambda_p}\boldsymbol{u}_p)\begin{pmatrix}\sqrt{\lambda_1}\boldsymbol{u}_1'\\ \vdots\\ \sqrt{\lambda_p}\boldsymbol{u}_p'\end{pmatrix}$$

当 $\boldsymbol{R}$ 的最后 $p-m$ 个特征值较小时，它可近似分解为

$$\begin{aligned}\boldsymbol{R}&\approx(\sqrt{\lambda_1}\boldsymbol{u}_1,\cdots,\sqrt{\lambda_m}\boldsymbol{u}_m)\begin{pmatrix}\sqrt{\lambda_1}\boldsymbol{u}_1'\\ \vdots\\ \sqrt{\lambda_m}\boldsymbol{u}_m'\end{pmatrix}+\begin{pmatrix}\sigma_1^2 & & \\ & \ddots & \\ & & \sigma_p^2\end{pmatrix}\\&=\boldsymbol{AA}'+\boldsymbol{D}\end{aligned}\tag{7.8}$$

其中

$$\begin{aligned}&\boldsymbol{A}=(\sqrt{\lambda_1}\boldsymbol{u}_1,\cdots,\sqrt{\lambda_m}\boldsymbol{u}_m)=(\boldsymbol{a}_{ij})_{p\times m}\\&\sigma_i^2=1-\sum_{j=1}^{m}a_{ij}^2=1-h_i^2\quad(i=1,2,\cdots,p)\end{aligned}\tag{7.9}$$

式(7.8)给出的 $\boldsymbol{A}$ 和 $\boldsymbol{D}$ 就是因子模型的一个解，称为因子模型的**主成分解**。这里载荷矩阵 $\boldsymbol{A}$ 的第 j 列 $a_j=\sqrt{\lambda_j}\boldsymbol{u}_j$ 为第 j 个公因子 f_j 在变量 $x_1,\cdots,x_p$ 上的载荷，它与第 6 章中的第 j 个主成分 $z_j=\boldsymbol{u}_j'x$ 的系数向量 $\boldsymbol{u}_j$ 只相差一个倍数 $\sqrt{\lambda_j}$，故称这种解为主成分解。

若记 $E=\boldsymbol{R}-(\boldsymbol{AA}'+\boldsymbol{D})=(\varepsilon_{ij})_{p\times p}$ 为近似式(7.8)的误差矩阵，可以证明

$$Q(m)=\sum_{i=1}^{p}\sum_{j=1}^{p}\varepsilon_{ij}^2\leqslant\lambda_{m+1}^2+\cdots+\lambda_p^2$$

当公因子的个数 m 选择适当时，误差平方和 $Q(m)$ 可以很小。公因子个数 m 的确定方法与主成分个数的确定方法类似，即令 $\boldsymbol{R}$ 的前 m 个特征值的累计贡献率足够大。在应用中，m 的值也可根据实际问题的意义和专业知识来确定。

7.3.2　主因子法

下面从样本相关矩阵 $\boldsymbol{R}$ 出发，对主成分解做进一步改进或修正。设 $\boldsymbol{R}=\boldsymbol{AA}'+\boldsymbol{D}$，则 $\boldsymbol{R}^*=\boldsymbol{AA}'=\boldsymbol{R}-\boldsymbol{D}$ 称为**约相关矩阵**。如果我们已知特殊方差的初始估计 $\hat{\sigma}_i^{*2}$，则初始共同度的估计为 $h_i^{*2}=1-\hat{\sigma}_i^{*2}$，此时约相关矩阵 $\boldsymbol{R}^*=\boldsymbol{R}-\boldsymbol{D}$ 为

$$\boldsymbol{R}^*=\begin{pmatrix}h_1^{*2} & r_{12} & \cdots & r_{1p}\\ r_{21} & h_2^{*2} & \cdots & r_{2p}\\ \vdots & \vdots & & \vdots\\ r_{p1} & r_{p2} & \cdots & h_p^{*2}\end{pmatrix}$$

设 $\lambda_1^*\geqslant\lambda_2^*\geqslant\cdots\geqslant\lambda_m^*>0$ 为 $\boldsymbol{R}^*$ 的前 m 个特征值，其相应的单位正交特征向量为 $\boldsymbol{u}_1^*$，$\boldsymbol{u}_2^*$，…，$\boldsymbol{u}_m^*$，则有近似分解式

$$\boldsymbol{R}^*=(\sqrt{\lambda_1^*}\boldsymbol{u}_1^*,\cdots,\sqrt{\lambda_m^*}\boldsymbol{u}_m^*)\begin{pmatrix}\sqrt{\lambda_1^*}\boldsymbol{u}_1^{*\prime}\\ \vdots\\ \sqrt{\lambda_m^*}\boldsymbol{u}_m^{*\prime}\end{pmatrix}=\boldsymbol{AA}'$$

其中$\boldsymbol{A}=(\sqrt{\lambda_1^*}\boldsymbol{u}_1^*,\cdots,\sqrt{\lambda_m^*}\boldsymbol{u}_m^*)=(a_{ij})_{p\times m}$。令

$$\hat{\sigma}_i^2=1-\sum_{j=1}^{m}a_{ij}^2\quad(i=1,2,\cdots,p)$$

则$\boldsymbol{A}=(\sqrt{\lambda_1^*}\boldsymbol{u}_1^*,\cdots,\sqrt{\lambda_m^*}\boldsymbol{u}_m^*)$和$\hat{\boldsymbol{D}}=\mathrm{diag}(\hat{\sigma}_1^2,\cdots,\hat{\sigma}_p^2)$为因子模型的一个改进形式的解，这个解就是**主因子解**。

以上得到的解都是近似解。为了得到近似程度更高的解，常采用迭代主因子法，即利用上面得到的$\hat{\boldsymbol{D}}=\mathrm{diag}(\hat{\sigma}_1^2,\cdots,\hat{\sigma}_p^2)$作为特殊方差的初始估计，重复上述步骤，直到得到稳定的解为止。

由于$\sigma_i^2=1-h_i^2$，故对特殊方差σ_i^2的初始值的估计等价于对h_i^2的初始值的估计，下面介绍几个常用的估计方法。

(1)h_i^2取为第i个变量x_i与其他$p-1$个变量的复相关系数的平方，或取$h_i^2=1-1/r^{ii}$，其中r^{ii}是相关矩阵的逆矩阵R^{-1}的第i个对角元素。

(2)h_i^2取为第i个变量x_i与其他变量相关系数绝对值的最大值。

(3)$h_i^2=1$，这等价于求因子模型的主成分解。

7.3.3 极大似然法

设公因子$f\sim N_m(0,I_m)$，特殊因子$\varepsilon\sim N_p(0,D)$，且它们相互独立，则原始变量$\boldsymbol{x}$服从正态分布，即$\boldsymbol{x}\sim N_p(\boldsymbol{\mu},\boldsymbol{\Sigma})$。设$x_{(1)},\cdots,x_{(n)}$是来自总体$\boldsymbol{x}\sim N_p(\boldsymbol{\mu},\boldsymbol{\Sigma})$的随机样本，由该样本构造的似然函数为$L(\boldsymbol{\mu},\boldsymbol{\Sigma})$。

容易证明，$\boldsymbol{\mu}$的极大似然估计为样本均值$\hat{\boldsymbol{\mu}}=\bar{\boldsymbol{x}}$。在似然函数$L(\boldsymbol{\mu},\boldsymbol{\Sigma})$中取$\boldsymbol{\mu}=\bar{\boldsymbol{x}}$，$\boldsymbol{\Sigma}=\boldsymbol{AA}'+\boldsymbol{D}$，此时似然函数可表示为$L(\boldsymbol{A},\boldsymbol{D})$。可以证明使$L(\boldsymbol{A},\boldsymbol{D})$达到极大的解$\hat{\boldsymbol{A}}$、$\hat{\boldsymbol{D}}$满足下列式子

$$\begin{aligned}\boldsymbol{S}\hat{\boldsymbol{D}}^{-1}\hat{\boldsymbol{A}}&=\hat{\boldsymbol{A}}(I+\hat{\boldsymbol{A}}'\hat{\boldsymbol{D}}^{-1}\hat{\boldsymbol{A}})\\\hat{\boldsymbol{D}}&=\mathrm{diag}(\boldsymbol{S}-\hat{\boldsymbol{A}}\hat{\boldsymbol{A}}')\end{aligned}\tag{7.10}$$

其中$\boldsymbol{S}$为样本协方差矩阵。

式(7.10)的解不唯一，为了得到唯一的解，可附加$\hat{\boldsymbol{A}}'\hat{\boldsymbol{D}}^{-1}\hat{\boldsymbol{A}}$为对角矩阵的条件。一般采用迭代方法，由式(7.10)求得极大似然估计$\hat{\boldsymbol{A}}$和$\hat{\boldsymbol{D}}$。约瑞斯科(Joreskog)和劳利(Lawley)等人于1967年提出了一种较为实用的迭代方法，使极大似然法逐渐被人们采用。其基本思想是，先取一个初始矩阵

$$\boldsymbol{D}_0=\mathrm{diag}(\hat{\sigma}_1^2,\cdots,\hat{\sigma}_p^2)$$

接着计算$\boldsymbol{A}_0$。计算$\boldsymbol{A}_0$的方法是先求$\boldsymbol{D}_0^{-1/2}\boldsymbol{S}\boldsymbol{D}_0^{-1/2}$的特征值$\theta_1\geqslant\theta_2\geqslant\cdots\geqslant\theta_p$，及相应的单位正交特征向量$\boldsymbol{l}_1,\boldsymbol{l}_2,\cdots,\boldsymbol{l}_p$。令$\boldsymbol{\Theta}=\mathrm{diag}(\theta_1,\theta_2,\cdots,\theta_m)$，$L=(l_1,l_2,\cdots,l_m)$，且令

$$\boldsymbol{A}_0=\boldsymbol{D}_0^{1/2}L(\boldsymbol{\Theta}-I_m)^{1/2}$$

下一步由式(7.10)中的第二个等式得到$\boldsymbol{D}_1=\mathrm{diag}(\boldsymbol{S}-\boldsymbol{A}_0\boldsymbol{A}_0')$，再按上述方法得到$\boldsymbol{A}_1$，如此反复迭代，直到满足式(7.10)为止。

例 7.5　为研究某地区的综合发展状况，研究人员收集了该地区 20 年经济发展、社会状况等方面的统计数据，包括总人口数(x_1)、GDP(x_2)、社会固定资产投资额(x_3)、城市化水平(x_4)、人均居住面积(x_5)、客运量(x_6)，如表 7.1 所示。试对该数据资料分别利用主成分法、主因子法和极大似然法求因子载荷矩阵的估计值。

表 7.1　某地区 20 年综合发展数据

序号	x_1	x_2	x_3	x_4	x_5	x_6
1	7296.0	292.13	69.97	0.095	5.7	12208.0
2	7395.0	346.57	79.6	0.099	6.1	12682.0
3	7494.0	395.38	85.0	0.103	6.11	13109.0
4	7564.0	459.83	96.46	0.107	6.65	14839.0
5	7637.0	581.56	140.15	0.123	6.9	17309.0
6	7711.0	680.46	194.33	0.132	7.77	19772.0
7	7818.0	742.05	223.08	0.125	9.15	26459.0
8	7958.0	892.29	297.77	0.132	9.61	25209.0
9	8061.0	1117.66	369.82	0.162	9.96	29035.0
10	8160.0	1293.94	305.54	0.182	10.25	30718.0
11	8493.0	1511.19	335.66	0.186	10.05	29798.0
12	8570.0	1810.54	439.82	0.193	10.49	31931.0
13	8610.0	2196.53	601.5	0.205	10.8	33920.0
14	8642.0	2779.49	892.48	0.219	11.2	33634.0
15	8671.0	3872.18	1108.0	0.24	11.88	34467.0
16	8765.0	5002.34	1320.97	0.248	12.35	36425.0
17	8738.0	5960.42	1558.01	0.259	12.13	39199.0
18	8785.0	6650.02	1792.22	0.263	12.7	43218.0
19	8838.0	7162.2	2056.97	0.26	12.82	50558.0
20	8883.0	7662.1	2243.9	0.261	13.1	59350.0

解　首先利用主成分法分析确定因子个数 m。当 $m=1$ 时，累计贡献率为 0.93，当 $m=2$时，累计贡献率为 0.98。在本例的因子分析中我们取 $m=2$。下面分别利用三种方法求因子载荷矩阵的初始估计。

(1) 主成分法估计。用主成分法得到的因子载荷矩阵 $\boldsymbol{A}_1$ 和特殊因子方差矩阵 $\boldsymbol{D}_1$ 为

$$\boldsymbol{A}_1=\begin{pmatrix}0.96 & -0.27\\ 0.95 & 0.30\\ 0.95 & 0.30\\ 0.98 & -0.10\\ 0.97 & -0.22\\ 0.97 & 0.00\end{pmatrix},\quad \boldsymbol{D}_1=\begin{pmatrix}0.01 & 0 & 0 & 0 & 0 & 0\\ 0 & 0.00 & 0 & 0 & 0 & 0\\ 0 & 0 & 0.00 & 0 & 0 & 0\\ 0 & 0 & 0 & 0.03 & 0 & 0\\ 0 & 0 & 0 & 0 & 0.02 & 0\\ 0 & 0 & 0 & 0 & 0 & 0.06\end{pmatrix}$$

(2)主因子法估计。用主因子法得到因子载荷矩阵 $\boldsymbol{A}_2$ 和特殊因子方差矩阵 $\boldsymbol{D}_2$ 为

$$\boldsymbol{A}_2=\begin{pmatrix}0.95 & -0.27\\0.95 & 0.29\\0.95 & 0.30\\0.98 & -0.10\\0.96 & -0.21\\0.96 & -0.01\end{pmatrix},\quad \boldsymbol{D}_2=\begin{pmatrix}0.02 & 0 & 0 & 0 & 0 & 0\\0 & 0.01 & 0 & 0 & 0 & 0\\0 & 0 & 0.00 & 0 & 0 & 0\\0 & 0 & 0 & 0.03 & 0 & 0\\0 & 0 & 0 & 0 & 0.03 & 0\\0 & 0 & 0 & 0 & 0 & 0.08\end{pmatrix}$$

(3)极大似然法估计。用极大似然法得到的因子载荷矩阵 $\boldsymbol{A}_3$ 和特殊因子方差矩阵 $\boldsymbol{D}_3$ 为

$$\boldsymbol{A}_3=\begin{pmatrix}0.93 & 0.36\\0.98 & -0.21\\0.97 & -0.22\\0.97 & 0.19\\0.94 & 0.28\\0.95 & 0.00\end{pmatrix},\quad \boldsymbol{D}_3=\begin{pmatrix}0.005 & 0 & 0 & 0 & 0 & 0\\0 & 0.005 & 0 & 0 & 0 & 0\\0 & 0 & 0.005 & 0 & 0 & 0\\0 & 0 & 0 & 0.019 & 0 & 0\\0 & 0 & 0 & 0 & 0.045 & 0\\0 & 0 & 0 & 0 & 0 & 0.084\end{pmatrix}$$

由计算结果可知，主成分法估计和主因子法估计类似，极大似然法估计与前两个估计的第 2 个因子载荷向量有些差异。三种方法的因子方差、方差贡献率及方差累计贡献率如表 7.2 所示。

表 7.2　三种方法的因子方差、方差贡献率及方差累计贡献率

公因子	主成分法			主因子法			极大似然法		
	方差	方差贡献率	方差累计贡献率	方差	方差贡献率	方差累计贡献率	方差	方差贡献率	方差累计贡献率
1	5.57	0.93	0.93	5.54	0.92	0.92	5.500	0.917	0.917
2	0.31	0.05	0.98	0.30	0.05	0.97	0.338	0.056	0.973

7.4　因子正交旋转

因子分析的目的不仅是求公因子，更重要的是要知道每个因子的实际意义。因子的意义与因子载荷矩阵有关，利用前面介绍的估计方法得到的载荷矩阵可能不满足“简单结构准则”，即各个公因子的典型代表性不突出，其实际意义不清晰。为此必须对因子载荷矩阵实施旋转变换。因子旋转的方法有很多，有正交旋转和斜交旋转等。最常用的是最大方差正交旋转(Varimax)方法，就是要使因子载荷矩阵中因子载荷的绝对值向 0 和 1 两个方向分化，达到简化其结构的目的。

7.4.1　理论依据

由式(7.2)定义的因子模型为 $\boldsymbol{x}=\boldsymbol{A}\boldsymbol{f}+\boldsymbol{\varepsilon}$。设 $\boldsymbol{T}$ 是任意一个正交矩阵，令 $\boldsymbol{A}^*=\boldsymbol{AT}$，$\boldsymbol{f}^*=\boldsymbol{T}'\boldsymbol{f}$，则式(7.2)可等价地表示为

$$\boldsymbol{x}=\boldsymbol{A}^*\boldsymbol{f}^*+\boldsymbol{\varepsilon} \tag{7.11}$$

下面我们证明式(7.11)与式(7.2)等价。事实上，我们有

$$E(\boldsymbol{f}^*)=E(\boldsymbol{T}'\boldsymbol{f})=\boldsymbol{T}'E(\boldsymbol{f})=0$$

$$\mathrm{Var}(\boldsymbol{f}^*)=\mathrm{Var}(\boldsymbol{T}'\boldsymbol{f})=\boldsymbol{T}'\mathrm{Var}(\boldsymbol{f})\boldsymbol{T}=\boldsymbol{T}'\boldsymbol{T}=I_m$$

$$\mathrm{Cov}(\boldsymbol{f}^*,\boldsymbol{\varepsilon})=\mathrm{Cov}(\boldsymbol{T}'\boldsymbol{f},\boldsymbol{\varepsilon})=\boldsymbol{T}'\mathrm{Cov}(\boldsymbol{f},\boldsymbol{\varepsilon})=0$$

$$\begin{aligned}\mathrm{Var}(x)&=\mathrm{Var}(\boldsymbol{A}^*\boldsymbol{f}^*+\boldsymbol{\varepsilon})=\mathrm{Var}(\boldsymbol{A}^*\boldsymbol{f}^*)+\mathrm{Var}(\boldsymbol{\varepsilon})\\&=\boldsymbol{A}^*\mathrm{Var}(\boldsymbol{f}^*)\boldsymbol{A}^{*\prime}+\boldsymbol{D}=\boldsymbol{A}^*\boldsymbol{A}^{*\prime}+\boldsymbol{D}\end{aligned}$$

这说明式(7.11)满足式(7.2)的假设条件式(7.3)，即在本质上它们是等价的。因此若 $\boldsymbol{f}$ 是因子模型的公因子向量，则对于任一正交矩阵 $\boldsymbol{T}$，$\boldsymbol{f}^*=\boldsymbol{T}'\boldsymbol{f}$ 仍然是公因子向量。相应地，$\boldsymbol{A}^*=\boldsymbol{AT}$ 是公因子 $\boldsymbol{f}^*$ 的因子载荷矩阵。

利用此性质，在因子分析的实际计算中，当利用主成分法、主因子法或极大似然法求得初始因子载荷矩阵 $\boldsymbol{A}$ 后，可反复右乘正交矩阵 $\boldsymbol{T}$，使得 $\boldsymbol{AT}$ 的列向量的元素的绝对值向 0 和 1 两极分化，从而使相应的公因子具有更加明晰的实际意义。这种变换载荷矩阵的方法，称为因子轴的**正交旋转**。

7.4.2　因子载荷方差

$\boldsymbol{A}$ 的每一列元素越分散，相应的因子载荷向量的方差就越大。为消除 a_{ij} 符号不同的影响及各变量对公因子依赖程度不同的影响，令

$$d_{ij}^2=\frac{a_{ij}^2}{h_i^2},\quad \bar{d}_j=\frac{1}{p}\sum_{i=1}^{p}d_{ij}^2$$

其中 $h_i^2=\sum_{j=1}^{m}a_{ij}^2$ 为变量 x_i 的共同度。$\boldsymbol{A}$ 的第 j 列元素的相对方差可定义为

$$\boldsymbol{V}_j=\frac{1}{p}\sum_{i=1}^{p}(d_{ij}^2-\bar{d}_j)^2\quad(j=1,\cdots,m)$$

方差 $\boldsymbol{V}_j$ 越大，则 $\boldsymbol{A}$ 的第 j 个因子载荷向量的元素越分散，如果第 j 列的载荷绝对值接近 1 或 0，则相应的公因子 $\boldsymbol{f}_j$ 具有简化结构，其实际意义就比较明确。所谓方差最大旋转法，就是通过正交旋转变换使整个载荷矩阵 $\boldsymbol{A}$ 的总方差

$$\boldsymbol{V}=\sum_{j=1}^{m}\boldsymbol{V}_j$$

达到最大。

7.4.3 正交旋转法

下面介绍使 $\boldsymbol{A}=(\boldsymbol{a}_{ij})=(a_1,\cdots,a_m)$ 的每一列(即因子载荷向量)的方差最大化的正交旋转法。具体思想是每次旋转 $\boldsymbol{A}$ 的两个列 $\boldsymbol{a}_i$、$\boldsymbol{a}_j(i<j;i,j=1,\cdots,m)$。记

$$\boldsymbol{A}_{ij}=(\boldsymbol{a}_i,\boldsymbol{a}_j)=\begin{pmatrix} a_{1i} & a_{1j} \\ \vdots & \vdots \\ a_{pi} & a_{pj} \end{pmatrix},\quad \boldsymbol{\Gamma}_{ij}=\begin{pmatrix} \cos\phi_{ij} & -\sin\phi_{ij} \\ \sin\phi_{ij} & \cos\phi_{ij} \end{pmatrix}$$

其中 $\boldsymbol{\Gamma}_{ij}$是正交旋转矩阵，ϕ_{ij}是旋转角度。将 $\boldsymbol{A}_{ij}$正交旋转后得到

$$\boldsymbol{A}'_{ij}=(\boldsymbol{a}'_i,\boldsymbol{a}'_j)=\begin{pmatrix} a'_{1i} & a'_{1j} \\ \vdots & \vdots \\ a'_{pi} & a'_{pj} \end{pmatrix}=\boldsymbol{A}_{ij}\boldsymbol{\Gamma}_{ij}$$

$$=\begin{pmatrix} a_{1i}\cos\phi_{ij}+a_{1j}\sin\phi_{ij} & -a_{1i}\sin\phi_{ij}+a_{1j}\cos\phi_{ij} \\ \vdots & \vdots \\ a_{pi}\cos\phi_{ij}+a_{pj}\sin\phi_{ij} & -a_{pi}\sin\phi_{ij}+a_{pj}\cos\phi_{ij} \end{pmatrix}$$

这相当于将由 $\boldsymbol{f}_i$ 和 $\boldsymbol{f}_j$ 确定的因子平面旋转一个角度 ϕ_{ij}，此时 $\boldsymbol{A}'_{ij}$的两个列的方差为

$$\boldsymbol{V}'_t=\frac{1}{p}\sum_{k=1}^{p}(d'^2_{kt}-d'_t)^2 \quad (t=i,j)$$

其中

$$d'^2_{kt}=\frac{a'^2_{kt}}{h^2_k},\quad d_t=\frac{1}{p}\sum_{k=1}^{p}d'^2_{kt}$$

令$\frac{\partial}{\partial\phi_{ij}}(\boldsymbol{V}'_i+\boldsymbol{V}'_j)=0$，经整理后可知 ϕ_{ij}满足

$$\tan 4\phi_{ij}=\frac{d-2\alpha\beta/p}{c-(\alpha^2-\beta^2)/p} \tag{7.12}$$

其中

$$\alpha=\sum_{k=1}^{p}\mu_k,\quad \beta=\sum_{k=1}^{p}\gamma_k,\quad c=\sum_{k=1}^{p}(\mu_k^2-\gamma_k^2),\quad d=2\sum_{k=1}^{p}\mu_k\gamma_k$$

而

$$\mu_k=\left(\frac{a_{ki}}{h_k}\right)^2-\left(\frac{a_{kj}}{h_k}\right)^2,\quad \gamma_k=2\frac{a_{ki}a_{kj}}{h_k^2} \quad (k=1,2,\cdots,p)$$

可逐次对两个因子 $\boldsymbol{f}_i$、$\boldsymbol{f}_j$ 进行以上旋转，每次旋转都选择满足式(7.12)的正交旋转角度 ϕ_{ij}，即使这两个因子的方差之和达到最大。m 个因子的全部配对旋转共需要旋转 $C_m^2=m(m-1)/2$ 次，经过第一轮旋转后所得的因子载荷矩阵为矩阵 $\boldsymbol{A}$ 按照前后顺序右乘以上述正交矩阵 $\boldsymbol{\Gamma}_{ij}$。此时还不能认为因子载荷矩阵的方差已经达到最大，还需从第一轮旋转后得到的载荷矩阵出发，再进行第二轮、第三轮旋转，直到方差不能再增大为止。

7.5　因子得分

因子分析的主要目的是对高维数据进行压缩，通过因子模型建立高维数据变量与低维因子变量之间的内在关系。在这个过程中，通过因子旋转得到有清晰解释的公因子有着非常重要的实际意义。接下来可通过得到的公因子和因子载荷矩阵对原始数据进行分析，对每一个样品计算公因子的估计值，即所谓的因子得分。因子得分可用于模型的诊断，也可作为分析或评价原始数据的依据。下面介绍因子得分的两种常用方法。

7.5.1　加权最小二乘法

设 $\boldsymbol{x}$ 满足正交因子模型 $\boldsymbol{x}=\boldsymbol{Af}+\boldsymbol{\varepsilon}$。假定因子载荷矩阵 $\boldsymbol{A}$ 和特殊因子方差矩阵 $\boldsymbol{D}$ 已知，而把特殊因子 $\boldsymbol{\varepsilon}$ 视为模型的误差向量。因为方差 $\mathrm{Var}(\varepsilon_i)=\sigma_i^2(i=1,2,\cdots,p)$ 一般不相等，我们采用加权最小二乘法估计公因子 $\boldsymbol{f}$ 的值。

加权误差平方和为

$$Q(\boldsymbol{f})=\boldsymbol{\varepsilon}'\boldsymbol{D}^{-1}\boldsymbol{\varepsilon}=(\boldsymbol{x}-\boldsymbol{Af})'\boldsymbol{D}^{-1}(\boldsymbol{x}-\boldsymbol{Af}) \tag{7.13}$$

其中 $\boldsymbol{A}$、$\boldsymbol{D}$ 已知，$\boldsymbol{x}$ 为可观测的变量，其值也是已知的。由 $\frac{\partial Q(\boldsymbol{f})}{\partial \boldsymbol{f}}=0$，可得 $\boldsymbol{f}$ 的估计

$$\hat{\boldsymbol{f}}=(\boldsymbol{A}'\boldsymbol{D}^{-1}\boldsymbol{A})^{-1}\boldsymbol{A}'\boldsymbol{D}^{-1}\boldsymbol{x} \tag{7.14}$$

这就是因子得分的加权最小二乘估计。

若假定 $\boldsymbol{x}\sim N_p(\boldsymbol{Af},\boldsymbol{D})$，则 $\boldsymbol{x}$ 的对数似然函数为

$$L(\boldsymbol{f})=-\frac{1}{2}(\boldsymbol{x}-\boldsymbol{Af})'\boldsymbol{D}^{-1}(\boldsymbol{x}-\boldsymbol{Af})-\frac{1}{2}\ln|2\pi\boldsymbol{D}|$$

由此得到 $\boldsymbol{f}$ 的极大似然估计仍为式(7.14)，这个估计也称为 **Bartlett 因子得分**。

对于样品 $x_{(t)}$，其因子得分为

$$\hat{\boldsymbol{f}}_{(t)}=(\boldsymbol{A}'\boldsymbol{D}^{-1}\boldsymbol{A})^{-1}\boldsymbol{A}'\boldsymbol{D}^{-1}x_{(t)}\quad(t=1,2,\cdots,n)$$

数据矩阵 $\boldsymbol{X}_{n\times p}=(x_{(1)},\cdots,x_{(n)})'$的因子得分矩阵为

$$\boldsymbol{F}_{n\times m}=(\hat{\boldsymbol{f}}_{(1)},\cdots,\hat{\boldsymbol{f}}_{(n)})'=\boldsymbol{XD}^{-1}\boldsymbol{A}(\boldsymbol{A}'\boldsymbol{D}^{-1}\boldsymbol{A})^{-1}$$

如果我们用主成分法估计因子载荷矩阵，那么在计算因子得分估计时，通常采用一般最小二乘法，即极小化

$$Q(\boldsymbol{f})=\boldsymbol{\varepsilon}'\boldsymbol{\varepsilon}=(\boldsymbol{x}-\boldsymbol{Af})'(\boldsymbol{x}-\boldsymbol{Af})$$

由 $\frac{\partial Q(\boldsymbol{f})}{\partial \boldsymbol{f}}=0$，可得 $\boldsymbol{f}$ 的最小二乘估计值

$$\hat{\boldsymbol{f}}=(\boldsymbol{A}'\boldsymbol{A})^{-1}\boldsymbol{A}'\boldsymbol{x}$$

由主成分法估计得到的因子载荷矩阵为 $\boldsymbol{A}=\boldsymbol{U\Lambda}^{1/2}$，因此有

$$(\boldsymbol{A}'\boldsymbol{A})^{-1}\boldsymbol{A}'=\boldsymbol{\Lambda}^{-1}\boldsymbol{\Lambda}^{1/2}\boldsymbol{U}'=\boldsymbol{\Lambda}^{-1/2}\boldsymbol{U}'$$

其中 $\boldsymbol{U}=(u_1,\cdots,u_p)$，$\boldsymbol{\Lambda}=\mathrm{diag}(\lambda_1,\cdots,\lambda_p)$。对于样品 $x_{(t)}$，其因子得分为

$$\hat{\boldsymbol{f}}_{(t)}=(\boldsymbol{A}'\boldsymbol{A})^{-1}\boldsymbol{A}'x_{(t)}=\boldsymbol{\Lambda}^{-1/2}\boldsymbol{U}'x_{(t)}\quad(t=1,2,\cdots,n)$$

数据矩阵$\boldsymbol{X}_{n\times p}=(x_{(1)},\cdots,x_{(n)})'$的得分矩阵为

$$\boldsymbol{F}_{n\times m}=(\hat{\boldsymbol{f}}_{(1)},\cdots,\hat{\boldsymbol{f}}_{(n)})'=\boldsymbol{XA}\ (\boldsymbol{A}'\boldsymbol{A})^{-1}=\boldsymbol{XU\Lambda}^{-1/2}$$

对照第6章中的样本主成分，可以看到，因子得分$\hat{\boldsymbol{f}}_{(t)}=(\hat{f}_{t1},\cdots,\hat{f}_{tm})'$与主成分得分$\boldsymbol{z}_{(t)}=(z_{t1},\cdots,z_{tm})'$的元素仅相差一个常数，即

$$\hat{f}_{tj}=z_{tj}/\sqrt{\lambda_j}\quad(t=1,\cdots,n;\ j=1,\cdots,m)$$

7.5.2 回归法

在因子模型中，我们也可以反过来将公因子$\boldsymbol{f}=(f_1,\cdots,f_m)'$表示为原始变量$\boldsymbol{x}=(x_1,\cdots,x_p)'$的线性组合，即假设有下列回归模型

$$\boldsymbol{f}=\boldsymbol{Bx}+\boldsymbol{\varepsilon} \tag{7.15}$$

其中$\boldsymbol{\varepsilon}=(\varepsilon_1,\cdots,\varepsilon_m)'$，$\boldsymbol{B}=(b_{ij})_{m\times p}=(b_{(1)},\cdots,b_{(m)})'$，$\boldsymbol{b}_{(j)}=(b_{j1},\cdots,b_{jp})'(j=1,\cdots,m)$。以下我们考虑估计式(7.15)中的系数矩阵$\boldsymbol{B}$，为此将式(7.15)表示为

$$\boldsymbol{f}_j=\boldsymbol{b}'_{(j)}\boldsymbol{x}+\boldsymbol{\varepsilon}_j=\boldsymbol{b}_{j1}\boldsymbol{x}_1+\cdots+\boldsymbol{b}_{jp}\boldsymbol{x}_p+\boldsymbol{\varepsilon}_j(j=1,\cdots,m) \tag{7.16}$$

上述问题虽然是多元回归问题，但$f_1,\cdots,f_m$是不可观测的，即$\boldsymbol{f}_j$的值是待估的。现在我们仅知道由样本可得到因子载荷矩阵$\boldsymbol{A}=(a_{ij})_{p\times m}$。假定$\boldsymbol{x}=(x_1,\cdots,x_p)'$已经标准化，对于因子$\boldsymbol{f}_j$，由因子载荷矩阵的意义有

$$\begin{aligned}a_{ij}&=\mathrm{Cov}(\boldsymbol{x}_i,\boldsymbol{f}_j)=E[x_i(b_{j1}x_1+\cdots+b_{jp}x_p+\varepsilon_j)]\\&=b_{j1}r_{i1}+\cdots+b_{jp}r_{ip}\quad(i=1,\cdots,p;j=1,\cdots,m)\end{aligned} \tag{7.17}$$

式(7.17)的矩阵形式为

$$\boldsymbol{A}=\boldsymbol{RB}'$$

其中$\boldsymbol{R}=(\boldsymbol{r}_{ij})_{p\times p}$为相关矩阵，$\boldsymbol{B}=(\boldsymbol{b}_{ij})_{m\times p}$。因此可以用

$$\boldsymbol{B}=\boldsymbol{A}'\boldsymbol{R}^{-1}$$

作为式(7.15)中矩阵$\boldsymbol{B}$的估计值。将其代入式(7.15)得到$\boldsymbol{f}$的估计

$$\hat{\boldsymbol{f}}=\boldsymbol{Bx}=\boldsymbol{A}'\boldsymbol{R}^{-1}\boldsymbol{x} \tag{7.18}$$

对于样品$x_{(t)}$，其因子得分为

$$\hat{\boldsymbol{f}}_{(t)}=\boldsymbol{A}'\boldsymbol{R}^{-1}x_{(t)}\quad(t=1,2,\cdots,n) \tag{7.19}$$

数据矩阵$\boldsymbol{X}_{n\times p}=(x_{(1)},\cdots,x_{(n)})'$的得分矩阵为

$$\boldsymbol{F}_{n\times m}=(\hat{\boldsymbol{f}}_1,\cdots,\hat{\boldsymbol{f}}_m)=(\hat{\boldsymbol{f}}_{(1)},\cdots,\hat{\boldsymbol{f}}_{(n)})'=\boldsymbol{XR}^{-1}\boldsymbol{A} \tag{7.20}$$

计算因子得分的回归方法最早是由汤姆森(Thompson)提出，因此这种方法也称为汤姆森方法。

迄今为止，计算因子得分的两种方法到底哪一个好还没有定论。R软件中进行因子分析的函数 factanal( )可选择使用任意一种方法；当参数为 scores="regression"时，采用的是回归法；当参数为 scores="Bartlett"时，采用的是加权最小二乘法。

类似于主成分分析，也可以利用样品的因子得分对样品进行分类和排序。但是利用样品的因子得分对样品进行排序时与主成分分析所用的方法不尽相同。由于第一主成分的方差最大，因此一般采用第一主成分得分对样品进行排序。但是第一个因子的方差未必很大，因此这里与主成分分析所用的方法不同，一般不能仅利用第一个因子的得分向量$\hat{\boldsymbol{f}}_1$对

样品进行排序，而是要综合考虑样品在各个因子上的得分向量$\hat{\boldsymbol{f}}_1,\cdots,\hat{\boldsymbol{f}}_m$，对样品在各个因子方向上的得分进行排序或评估，并综合考虑这些次序来对样品进行多方位的评价。

这里介绍一种综合得分计算方法，该方法可计算各个因子得分的加权平均。在 m 个得分向量$\hat{\boldsymbol{f}}_1,\cdots,\hat{\boldsymbol{f}}_m$ 中，若第 i 个得分向量$\hat{\boldsymbol{f}}_i$ 的分量大小与样品之间存在逆序关系，即得分最小的分量对应于最“好”的样品，得分最大的分量对应于最“差”的样品，则令$\hat{\boldsymbol{f}}_i=-\hat{\boldsymbol{f}}_i$，直至$\hat{\boldsymbol{f}}_1$，$\cdots,\hat{\boldsymbol{f}}_m$ 中每个向量的分量大小与样品之间的关系全部为正序关系。此时的因子综合得分向量为

$$\hat{\boldsymbol{f}}_c=\omega_1\hat{\boldsymbol{f}}_1+\cdots+\omega_m\hat{\boldsymbol{f}}_m$$

其中 $\omega_i=\tau_i/(\tau_1+\cdots+\tau_m)$ 是因子 f_i 的方差贡献率，这里 τ_i 是因子 f_i 的方差贡献。可通过该综合得分向量$\hat{\boldsymbol{f}}_c$ 对样品进行排序。

下面通过几个例子来讨论因子模型的应用。

例 7.6　对例 7.5 中利用三种方法求出的因子载荷矩阵的初始估计进行方差最大化旋转，并根据旋转后的因子载荷解释每个因子的含义，通过因子载荷散点图对变量进行分类。给出基于前两种方法的因子得分函数表达式，并分别画出基于三种方法的前两个因子得分数据的散点图。

解　方差最大化旋转如下。

主成分估计 $\boldsymbol{A}_1$ 的旋转矩阵 $\boldsymbol{T}_1$ 和旋转后得到的因子载荷矩阵$\hat{\boldsymbol{A}}_1$ 为

$$\boldsymbol{T}_1=\begin{pmatrix}0.7278591 & 0.6857267\\ -0.6857267 & 0.7278591\end{pmatrix},\quad \hat{\boldsymbol{A}}_1=\begin{pmatrix}0.88 & 0.46\\ 0.49 & 0.87\\ 0.48 & 0.87\\ 0.78 & 0.60\\ 0.85 & 0.50\\ 0.71 & 0.67\end{pmatrix}$$

主因子估计 $\boldsymbol{A}_2$ 的旋转矩阵 $\boldsymbol{T}_2$ 和旋转后得到的因子载荷矩阵$\hat{\boldsymbol{A}}_2$ 为

$$\boldsymbol{T}_2=\begin{pmatrix}0.7281238 & 0.6854456\\ -0.6854456 & 0.7281238\end{pmatrix},\quad \hat{\boldsymbol{A}}_2=\begin{pmatrix}0.88 & 0.46\\ 0.50 & 0.86\\ 0.49 & 0.87\\ 0.78 & 0.60\\ 0.85 & 0.50\\ 0.70 & 0.65\end{pmatrix}$$

极大似然估计 $\boldsymbol{A}_3$ 的旋转矩阵 $\boldsymbol{T}_3$ 和旋转后得到的因子载荷矩阵$\hat{\boldsymbol{A}}_3$ 为

$$\boldsymbol{T}_3=\begin{pmatrix}0.7467324 & 0.6651245\\ -0.6651245 & 0.7467324\end{pmatrix},\quad \hat{\boldsymbol{A}}_3=\begin{pmatrix}0.89 & 0.46\\ 0.49 & 0.88\\ 0.49 & 0.87\\ 0.79 & 0.60\\ 0.83 & 0.50\\ 0.69 & 0.66\end{pmatrix}$$

表 7.3 为极大似然法估计各因子的方差、方差贡献率及方差累计贡献率。

表 7.3 极大似然法估计各因子的方差、方差贡献率及方差累计贡献率

公因子	旋转前			旋转后		
	方差	方差贡献率	方差累计贡献率	方差	方差贡献率	方差累计贡献率
1	5.500	0.917	0.917	3.050	0.508	0.508
2	0.338	0.056	0.973	2.787	0.465	0.973

由计算结果可知，三种初始估计得到的方差最大化旋转结果相似，尤其是前两种方法得到的结果几乎相同。因子旋转以后各个因子都有比较清晰的含义。变量 x_1(总人口数)、变量 x_5(人均居住面积)、变量 x_4(城市化水平)、变量 x_6(客运量)在第一个因子上的载荷较大，可以认为第一个因子是社会系统城市化发展的综合测度因子。变量 x_2(GDP)和变量 x_3(社会固定资产投资额)在第二个因子上的载荷较大，因此可以认为第二个因子是经济社会发展的综合测度因子。

通过因子载荷散点图可以对变量(指标)进行分类。图 7.1 为基于三种方法的因子载荷散点图，从该图可以清晰地看出：x_2 和 x_3 比较靠近，属于同一类，它们与第二个因子关系密切；其他变量属于另一类，它们与第一个因子关系密切。

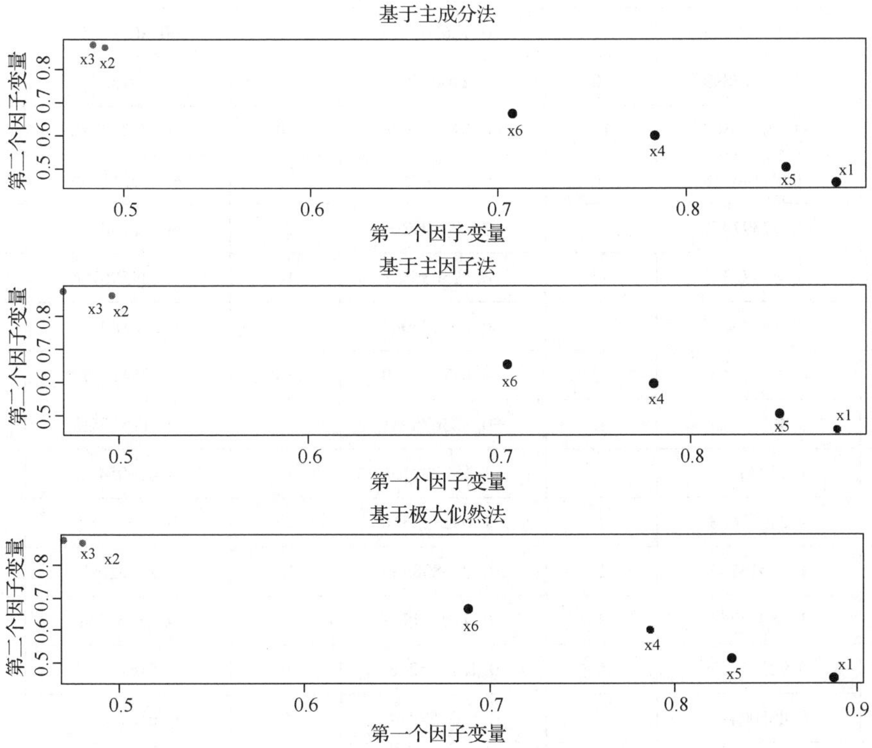

图 7.1 基于三种方法的因子载荷散点图

因子得分如下。

采用主成分法计算因子载荷矩阵的初始估计，并采用回归方法计算因子得分，得到的因子得分函数为

$$\hat{f}_1 = 0.72x_1 - 0.52x_2 - 0.54x_3 + 0.35x_4 + 0.61x_5 + 0.13x_6$$

$$\hat{f}_2 = -0.51x_1 + 0.81x_2 + 0.83x_3 - 0.11x_4 - 0.39x_5 + 0.12x_6$$

采用主因子法计算因子载荷矩阵的初始估计，并采用回归方法计算因子得分，得到的因子得分函数为

$$\hat{f}_1 = 0.84x_1 + 0.07x_2 - 1.04x_3 + 0.16x_4 + 0.58x_5 + 0.13x_6$$

$$\hat{f}_2 = -0.23x_1 - 0.13x_2 + 2.04x_3 - 0.44x_4 - 0.14x_5 - 0.36x_6$$

表 7.4 为极大似然法计算的各样品因子得分及排序，按照公式

$$\hat{f} = 0.508\hat{f}_1 + 0.465\hat{f}_2$$

计算的综合得分，其中系数 0.508 和 0.465 分别是第一个因子和第二个因子的方差贡献率。可以看出，各样品的综合得分次序与各变量的样品大小次序一致。这个例子说明了综合排序法的合理性，因为它对两个因子的方向进行了合理综合。

表 7.4　极大似然法样本的因子得分及排序

样品	因子 1 得分	次序	因子 2 得分	次序	综合得分	次序
1	−1. 83835746	20	−0. 002616359	7	−0. 93510220	20
2	−1. 58767444	19	−0. 126007919	8	−0. 86513230	19
3	−1. 35172899	18	−0. 246623604	9	−0. 80135830	18
4	−1. 16325508	17	−0. 327749626	10	−0. 74333716	17
5	−0. 97146558	16	−0. 364789535	11	−0. 66313165	16
6	−0. 77397976	15	−0. 404999209	12	−0. 58150635	15
7	−0. 49572413	14	−0. 525030538	14	−0. 49596706	14
8	−0. 19796727	13	−0. 605005063	15	−0. 38189473	13
9	0. 08152153	12	−0. 637014429	16	−0. 25479877	12
10	0. 40916225	8	−0. 823676551	17	−0. 17515517	11
11	1. 13933311	3	−1. 182207161	20	0. 02905489	10
12	1. 24955688	1	−1. 092735518	19	0. 12665288	9
13	1. 23015135	2	−0. 860838530	18	0. 22462697	8
14	1. 08012769	4	−0. 410897908	13	0. 35763734	7
15	0. 92341773	5	0. 101745226	6	0. 51640774	6
16	0. 86500417	6	0. 553757874	5	0. 69691953	5
17	0. 51395250	7	1. 160441791	4	0. 80069330	4
18	0. 40187861	9	1. 565807204	3	0. 93225469	3
19	0. 27680594	10	1. 961843771	2	1. 05287477	2
20	0. 20924094	11	2. 266596085	1	1. 16026158	1

图 7.2 为基于三种估计方法得到的因子得分散点图。从图 7.2 可以看出，三种方法得到的因子得分结果类似。

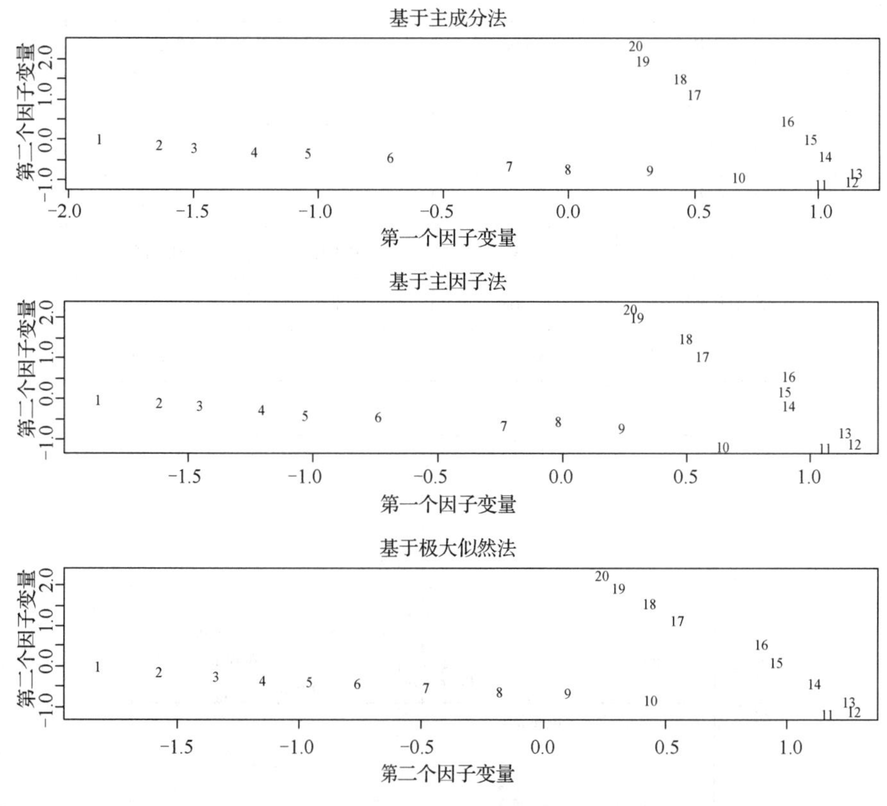

图 7.2 基于三种方法的因子得分散点图

例 7.7 试对例 5.6 和例 6.4 中的洛杉矶街区数据进行因子分析。

解 首先由例 6.4 可知，样本相关矩阵的前 4 个特征值的累计贡献率超过 79%，故在因子分析中取因子个数 $m=4$。由于类似性，我们仅通过极大似然法计算载荷矩阵的初始估计，并对其进行方差最大化旋转，得到因子载荷矩阵，各因子载荷见表 7.5，其中空位表示相应的载荷值接近 0。图 7.3 为洛杉矶街区数据的因子载荷图，由该图形可以大致观察到每个因子的含义，及各变量的分类。最后利用回归法计算因子得分。图 7.4 为洛杉矶街区数据的因子得分图。

表 7.5 洛杉矶街区数据 4 个因子在各变量上的载荷

原始变量	描述	主成分载荷			
		1	2	3	4
Income	收入中位数	0.643	0.493	0.274	−0.140
Schools	公立学校数			0.157	
Diversity	种族多样性				0.545
Age	年频中位数	0.661	0.651	0.109	0.117

续表

原始变量	描述	主成分载荷			
		1	2	3	4
Homes	有房家庭比例	0. 690	0. 162		
Vets	复员军人比例	0. 790	0. 379	-0. 205	-0. 126
Asian	亚裔比例			0. 324	0. 943
Black	非裔比例			-0. 986	
Latino	拉美裔比例	-0. 379	-0. 913	0. 116	
White	欧裔比例	0. 368	0. 806	0. 431	-0. 161
Density	人口密度	-0. 587	-0. 141	-0. 120	

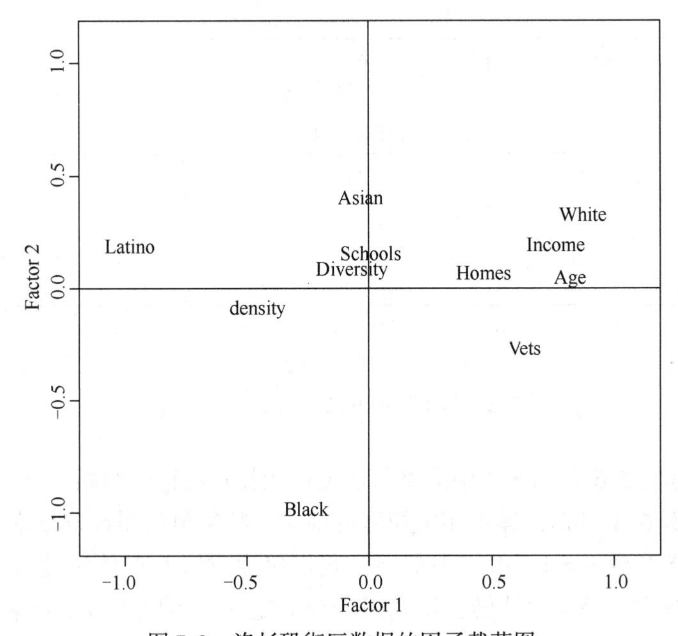

图 7. 3　洛杉矶街区数据的因子载荷图

由因子载荷可以看出，第一个因子载荷大(正向)对应于收入高、年龄大、有房产、欧裔及退伍军人居住的社区，相反方向则对应于人口密度高及拉丁美族裔多的社区，因此第一个因子为社会阶层因子。第二个因子载荷大对应于欧裔社区，相反方向对应于拉丁美族裔社区。第三个因子与第二个因子类似，载荷大对应于亚裔和欧裔社区，其相反方向代表非裔社区。故第二个和第三个因子为族裔因子。第四个因子载荷大对应于亚裔比例和种族多样性高的社区，故第四个因子主要代表具有种族多样性的亚裔族群，为亚裔族群因子。

样品的因子得分结果较长，这里我们画出洛杉矶街区数据的因子得分图，如图 7. 4 所示，图上英文字母是各街区的名字。该图形放大后，从中可以大致看出各街区在因子得分划分上的位置，从中也可以识别一些特殊的街区。

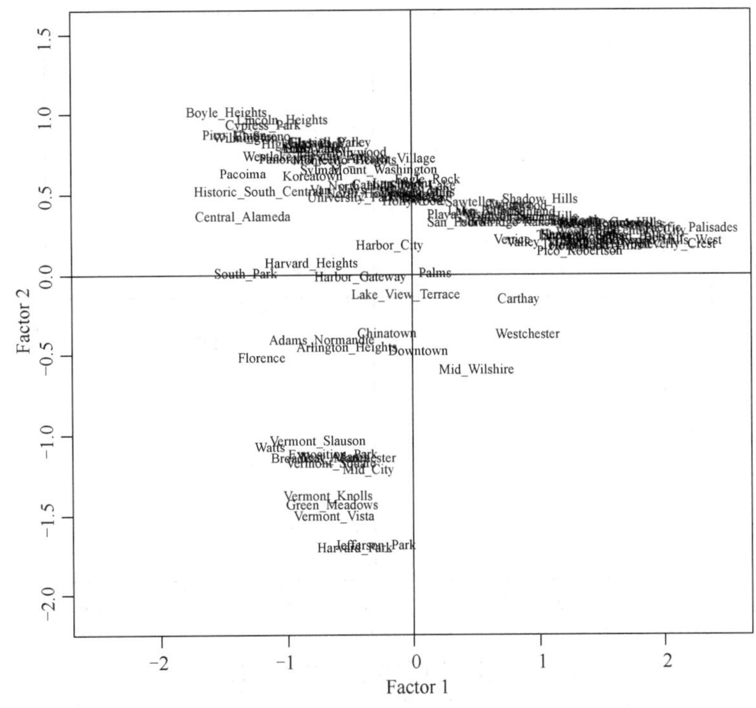

图 7.4　洛杉矶街区数据的因子得分图

例 7.8　试对例 5.3 和例 6.5 中我国 31 个省、自治区、直辖市 2018 年城镇居民人均年消费支出的 8 项主要指标(变量)数据进行因子分析。8 项指标是：人均食品支出(x_1)、人均衣着支出(x_2)、人均居住支出(x_3)、人均生活用品及服务支出(x_4)、人均交通通信支出(x_5)、人均教育文化娱乐支出(x_6)、人均医疗保健支出(x_7)和人均其他用品及服务支出(x_8)，数据见表 5.4。

解　首先，由例 6.5 可知，样本相关矩阵的前 2 个特征值的累计贡献率超过 91%，故在因子分析中取因子个数 $m=2$。我们通过极大似然法计算载荷矩阵的初始估计，并对其进行方差最大化旋转，得到因子载荷矩阵，各因子载荷见表 7.6。图 7.5 为城镇居民消费指标的因子荷载图，由该图形可以大致观察到每个因子的含义，及各指标的分类情况。最后利用回归法计算因子得分。图 7.6 为 2018 年城镇居民家庭消费水平因子得分图。

表 7.6　城镇居民消费指标的因子载荷

变量	x_1	x_2	x_3	x_4	x_5	x_6	x_7	x_8
因子 1	0.902	0.464	0.797	0.722	0.765	0.692	0.345	0.739
因子 2	0.289	0.683	0.495	0.588	0.547	0.644	0.936	0.643

由表 7.6 和图 7.5 可以看出，各项原始指标在两个因子上的载荷情况。第一个因子大的载荷对应的指标为人均食品支出(x_1)、人均居住支出(x_3)、人均生活用品及服务支出(x_4)、人均交通通信支出(x_5)和人均其他用品及服务支出(x_8)，因此第一个因子为居民的基本生活消费因素。第二个因子大的载荷对应的指标为人均医疗保健支出(x_7)、人均

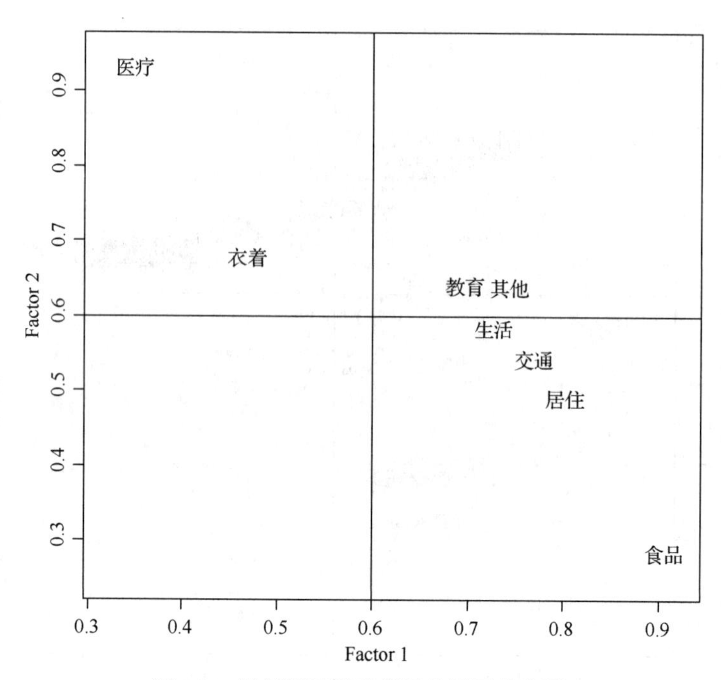

图 7.5　城镇居民消费指标的因子载荷图

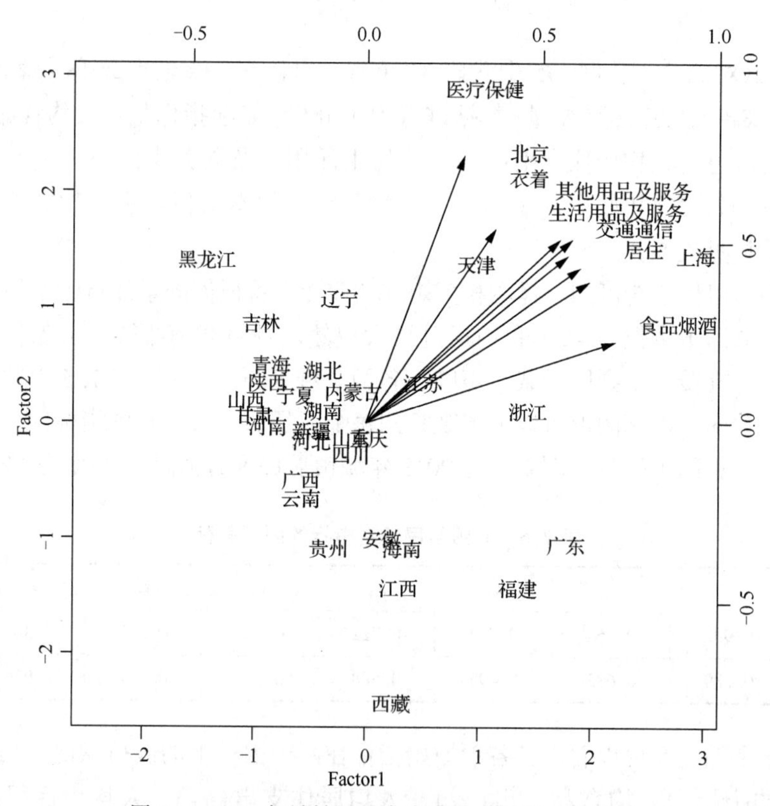

图 7.6　2018 年城镇居民家庭消费水平因子得分图

衣着支出(x_2)、人均教育文化娱乐支出(x_6)和人均其他用品及服务支出(x_8)，因此第二个因子是居民的高质量生活消费因素。

本例的因子得分图与例 6.5 中的前两个主成分得分图基本相似，从两种得分图可以大致对我国 31 个省、自治区、直辖市 2018 年城镇居民人均消费水平进行分类。处于右上方位置上的地区经济发展情况较好，相应地居民消费水平相对较高。从两个因子的得分来看，上海、北京、天津、浙江、广东、江苏和福建这 7 个地区的消费水平相对较高。

样品的第一、第二因子得分，第一、第二因子得分排序，以及综合排序的结果见表 7.7。

表 7.7 城镇居民消费指标的因子得分及排序

省、区、市	因子 1 得分	因子 2 得分	因子 1 排序	因子 2 排序	综合排序
北京	1.46777168	2.35126345	3	1	2
天津	1.00093429	1.39631784	6	4	3
河北	-0.50457896	-0.15756842	21	21	22
山西	-1.06532837	0.22259628	30	13	25
内蒙古	-0.11007045	0.27940475	13	11	9
辽宁	-0.23371536	1.07909053	16	5	7
吉林	-0.94716244	0.87621693	28	6	13
黑龙江	-1.42887623	1.44809819	31	3	14
上海	2.90950033	1.45265797	1	2	1
江苏	0.50103041	0.35350105	7	10	6
浙江	1.43017259	0.09748410	4	14	4
安徽	0.16227454	-0.98895501	11	25	23
福建	1.35552165	-1.41111421	5	29	8
江西	0.30780346	-1.44144733	9	30	24
山东	-0.12617281	-1.03598527	14	19	12
河南	-0.88121663	-0.02332464	26	17	26
湖北	-0.36896369	0.46301598	18	8	10
湖南	-0.38696332	0.09746437	19	15	15
广东	1.78501768	1.03598527	2	26	5
广西	-0.58414887	-0.47609613	23	23	28
海南	0.31731840	-1.04568792	8	27	19
重庆	0.02012754	-0.13763995	12	20	11
四川	-0.13984919	-0.25780958	15	22	16
贵州	-0.31488608	-1.06721274	17	28	30
云南	-0.57389721	-0.64493006	22	24	29
西藏	0.24541094	-2.41833987	10	31	31
陕西	-0.88775822	0.36139296	27	9	21

续表

省、区、市	因子 1 得分	因子 2 得分	因子 1 排序	因子 2 排序	综合排序
甘肃	-0.98604086	0.06740247	29	16	27
青海	-0.84948747	0.51506868	25	7	17
宁夏	-0.63202917	0.24159155	24	12	18
新疆	-0.48173819	-0.06525840	20	18	20

7.6　多重因子分析

本节内容属于非经典因子分析范畴，与经典因子分析的区别在于其演示内容更加丰富，以及增加了补充元素作为测试集。补充元素(变量或样品)不参加训练建模，但可以把补充的 x_{ij}代入已经训练好的公式中，以得到相应的坐标并标在图上，就像机器学习中的测试集一样。

这里的计算需要用到程序包为 FactoMineR，该程序包可在任何一个 R 镜像站下载。本节主要对各种图形进行展示以及对这些图形进行解释。

7.6.1　多重因子分析方法

多重因子分析(Multiple Factor Analysis)意在处理分群结构的数据。这些分群由不同的变量组成，变量可以是数值型变量，也可以是分类变量，它们都需要进行分析。这种数据会出现在许多场景，例如基因、传感数据、物理化学、代码的比较等。对结构的考虑使得每一群变量的影响得到平衡，考虑各组变量之间的联系，既给出传统的图形，又标出其特殊性。

多重因子分析对于每个主轴都输出其坐标、贡献及个体的方向余弦的平方，并输出因子和连续变量之间的相关系数；对每个分类变量，输出属于各水平(范畴)的个体重心坐标和有关的检验值。这里水平用重心代表，对每个范畴能够计算相应的重心相对于总贡献的百分比，称为贡献率。变量 k 对轴 s 的所有水平贡献率的和等于变量 k 与因子 s 的相关率。这里不展示这些数字，因为图形能够表明更多的含义。下面例 7.9 中的数据是属于分群的数据，使用函数 MFA( )处理。对于不分群的数据，如果既有分类变量，又有数值变量，可以简单地使用函数 AFDM( )处理，不必标明变量的类型。

例 7.9　葡萄酒数据的因子分析。这是程序包 FactoMineR 所带的数据，有 21 个观测值、31 个变量。第一个变量为酒的(三种)来源标签，第二个变量为土壤(四个水平)，其他的都是理化指标。

这个数据的变量是分组的，一共 6 组，各组的变量数目分别为 2、5、3、10、9、2。第一组为分类变量，其余 5 组为数值变量。用 R 程序包 FactorMineR 中的函数 MFA( )进行运算，输出结果为以下几个图形。

图 7.7 和图 7.8 是两个主因子的平面图，图 7.7 是个体及分类变量各水平在两个主因

子平面上的位置点图，图 7.8 是对图 7.7 的补充，即个体及分类变量各水平的位置以及对应于 4 个非补充群变量(分叉)的点图。图 7.9 为各个变量的点图(包括显示相关程度的单位圆)，但不包括补充群的变量。图 7.10 为 6 个群变量的前 5 个因子的分量在第一二因子平面中的地位图。

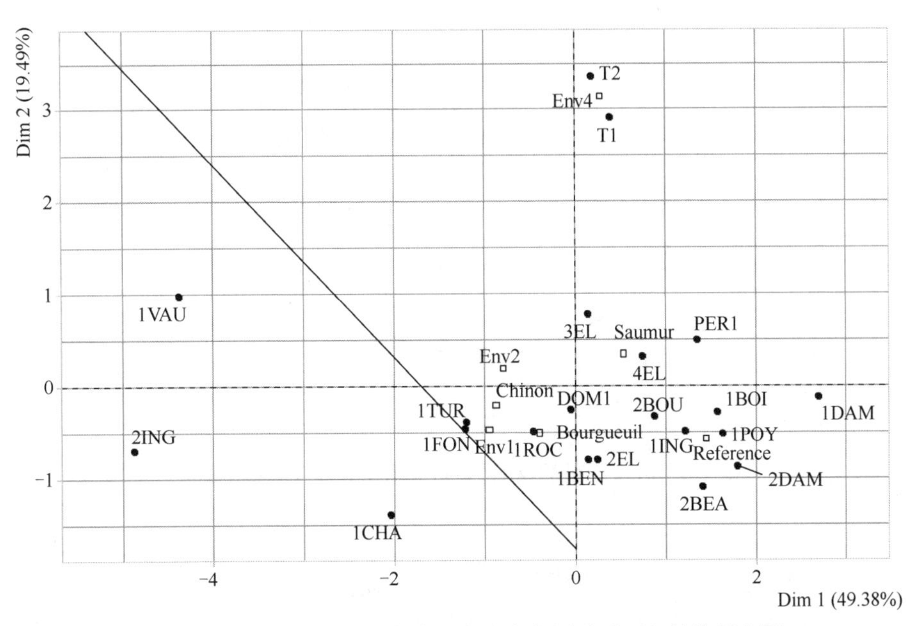

图 7.7　个体及分类变量各水平在两个主因子平面上的位置点图

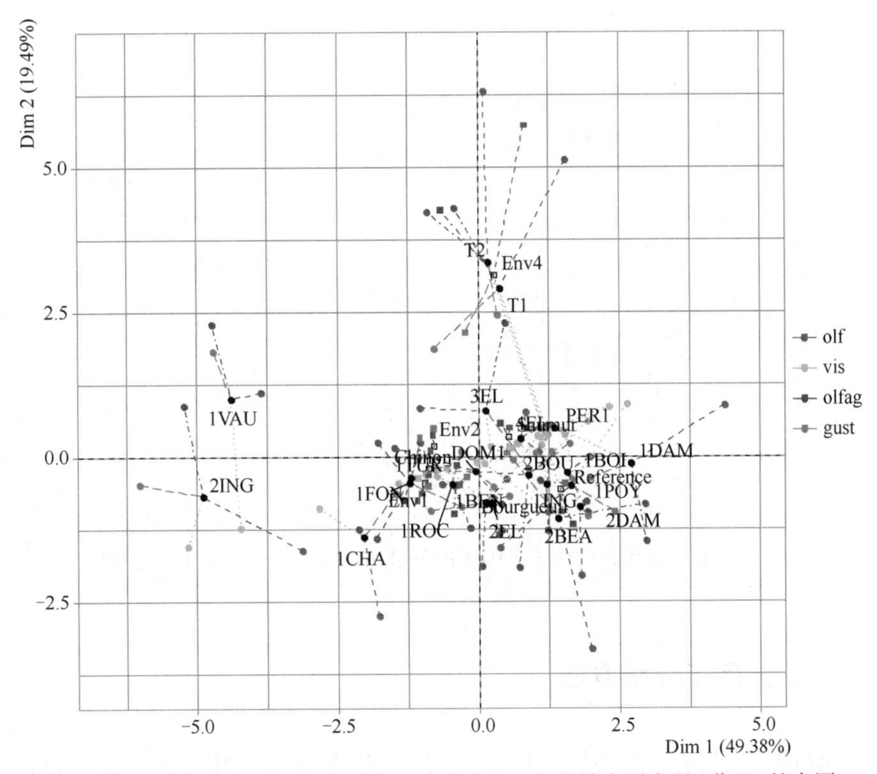

图 7.8　个体及分类变量各水平位置及对应于 4 个非补充群变量(分叉)的点图

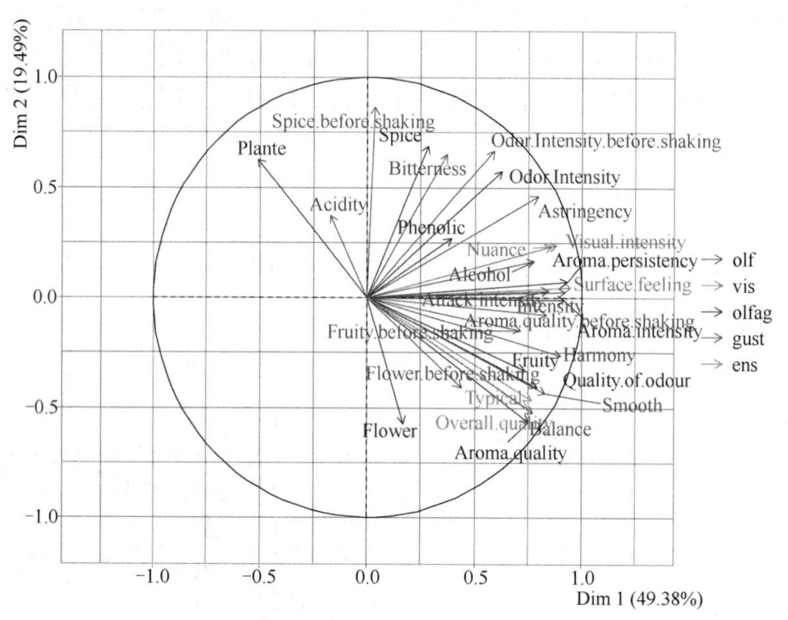

图 7.9　各个变量的点图(包括显示相关程度的单位圆)

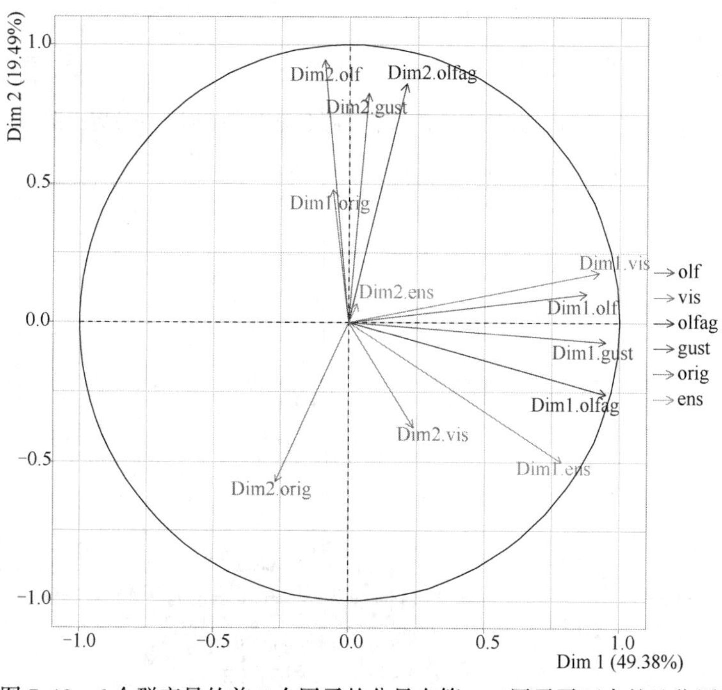

图 7.10　6 个群变量的前 5 个因子的分量在第一二因子平面中的地位图

7.6.2　分层因子分析方法

这里所谓的分层因子分析是指分层多重因子分析(Hierarchical Multiple Factor Analysis),实际上就是在上面的多重因子分析的各个群的基础上面又分了群。例如,在例

7.9 中，本来已经分了 6 组，而这 6 组如果再分成两个群，就成了分层多重因子分析。这里把那 6 组的前 4 组归为一个群，后 2 组归为另一个群。用 R 程序包 FactorMineR 中的函数 HMFA( )进行运算，在输出的图形中，L1 代表第一层(底层)，一共有 6 组，即 L1:G1，L1:G2，…，L1:G6;L2 代表第二层(高层)，一共有两组，即 L2:G1，L2:G2。运行结果产生一些图，除了上面多重因子分析时已经产生过的图形外，还产生了另外两个图，即图 7.11 和图 7.12。两张图都标明了个体以及分类变量各水平的位置，图 7.11 包括它们与两层总共 8 组变量之间的关系，图 7.12 仅包括它们与第二层的 2 组变量的直接关系。

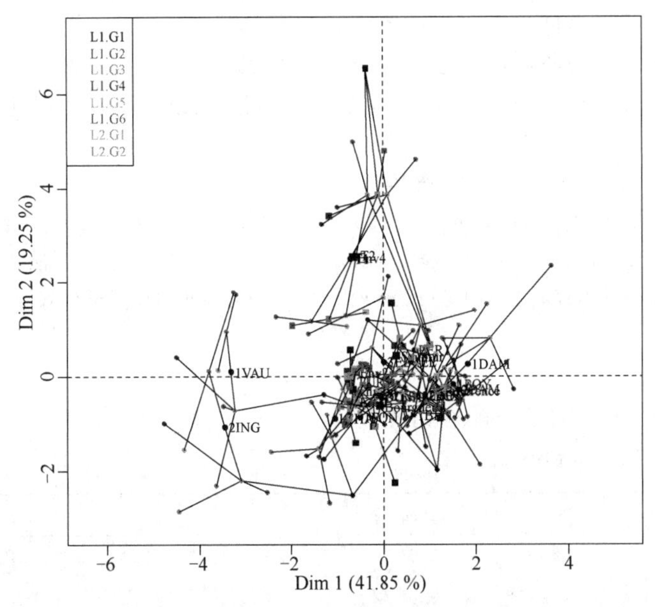

图 7.11　个体以及各类变量与两层总共 8 组变量之间的关系

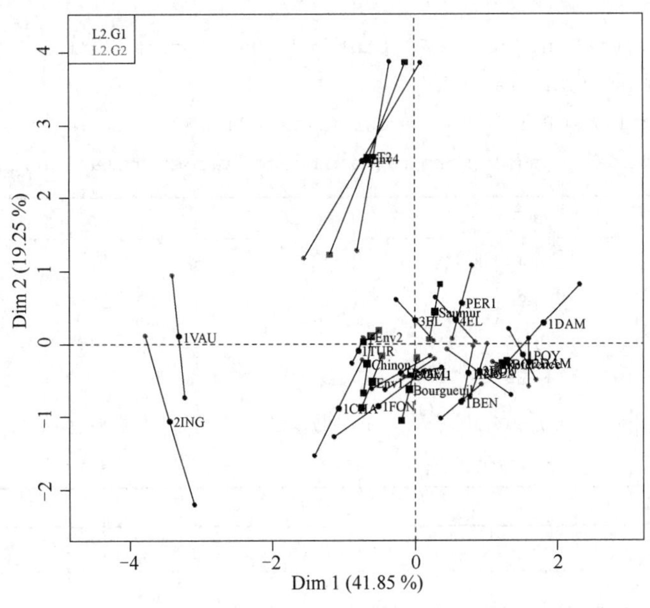

图 7.12　个体以及各类变量与第二层的 2 组变量之间的关系

本章例题的 R 程序及输出结果

例 7.5 的 R 程序及输出结果

R 程序代码:

```
#首先对表 7.1 中数据建立文本文件 EcoData.txt
EcoData<-read.table("EcoData.txt",head=TRUE)   #读入数据
pca<-princomp(EcoData,cor=TRUE)     #主成分分析
summary(pca)     #通过主成分确定因子个数
#前 2 个因子的方差累计贡献率达 98%,因此取因子个数为 m=2
install.packages("psych")  #计算主成分法和主因子法因子载荷的软件包 psych
library("psych")  #打开软件包 psych
R<-cor(EcoData)   #计算样本相关矩阵
pc<-principal(r=R,nfactors=2,rotate="none");pc   #主成分法估计因子载荷
fa<-fa(r=R,nfactors=2,fm="pa",rotate="none");fa   #主因子法估计因子载荷
f1<-factanal(EcoData,2,rot="none");f1   #极大似然估计因子载荷
```

输出结果:

```
summary(pca)   #通过主成分确定因子个数
Importance of components:
```

	Comp. 1	Comp. 2	Comp. 3	Comp. 4	Comp. 5	Comp. 6
Standard deviation	2. 3594	0. 5596	0. 2939	0. 1511	0. 0909	0. 0505
Proportion of Variance	0. 9278	0. 0522	0. 0144	0. 0038	0. 0014	0. 0004
Cumulative Proportion	0. 9278	0. 9800	0. 9944	0. 9982	0. 9996	1. 0000

```
pc<-principal(r=R,nfactors=2,rotate="none");pc   #主成分法估计因子载荷
Principal Components Analysis
Call:principal(r = R,nfactors = 2,rotate = "none")
Standardized loadings(pattern matrix)based upon correlation matrix
```

	PC1	PC2	h2	u2
X1	0. 96	−0. 27	0. 99	0. 0133
X2	0. 95	0. 30	1. 00	0. 0050
X3	0. 95	0. 30	1. 00	0. 0019
X4	0. 98	−0. 10	0. 97	0. 0257
X5	0. 97	−0. 22	0. 98	0. 0173
X6	0. 97	0. 00	0. 94	0. 0568

	PC1	PC2
SS loadings	5. 57	0. 31
Proportion Var	0. 93	0. 05

续表

	PC1	PC2
Cumulative Var	0.93	0.98
Proportion Explained	0.95	0.05
Cumulative Proportion	0.95	1.00

```
fa<-fa(r=R,nfactors=2,fm="pa",rotate="none");fa   #主因子法估计因子载荷
Standardized loadings(pattern matrix)based upon correlationmatrix
```

	PA1	PA2	h2	u2
X1	0.95	-0.27	0.98	0.0178
X2	0.95	0.29	0.99	0.0068
X3	0.95	0.30	1.00	-0.0013
X4	0.98	-0.10	0.97	0.0319
X5	0.96	-0.21	0.97	0.0255
X6	0.96	-0.01	0.92	0.0776

	PC1	PC2
SS loadings	5.54	0.30
Proportion Var	0.92	0.05
Cumulative Var	0.92	0.97
Proportion Explained	0.95	0.05
Cumulative Proportion	0.95	1.00

```
f1<-factanal(EcoData,2,rot="none");f1   #极大似然估计因子载荷
Call:
factanal(x = EcoData,factors = 2,rotation = "none")
Uniquenesses:
```

X1	X2	X3	X4	X5	X6
0.005	0.005	0.005	0.019	0.045	0.084

```
Loadings:
```

	Factor1	Factor2
X1	0.930	0.360
X2	0.976	-0.207
X3	0.974	-0.218
X4	0.973	0.187
X5	0.936	0.279
X6	0.954	

续表

	Factor1	Factor2
SS loadings	5.500	0.338
Proportion Var	0.917	0.056
Cumulative Var	0.917	0.973

说明：在上述输出结果中，PA1 和 PA2 是因子载荷矩阵的列，h2 的元素为各向量的共同度，u2 为特殊因子方差，h2+u2=1。SS loadings 为因子的方差贡献，Proportion Var 为方差贡献率(在所有因子的方差贡献中所占比率)，Cumulative Var 为方差累计贡献率，Proportion Explained 为在两个方差贡献中所占比率，Cumulative Proportion 为累计比率。

例 7.6 的 R 程序及输出结果

R 程序代码：

```
EcoData<-read.table("EcoData.txt",head=TRUE)  #读入数据
install.packages("psych")  #安装软件包 psych
library("psych")           #打开软件包 psych
R<-cor(EcoData)            #计算样本相关矩阵
#主成分法计算因子得分
pc<-principal(r=R,nfactors=2,rotate="varimax",scores=TRUE,method="regression")
pc$weight                  #主成分法的因子系数
pcFS<-as.matrix(scale(EcoData))%*% pc$weight  #主成分法因子得分
#主因子法计算因子得分
fa<-fa(r=R,nfactors=2,fm="pa",rotate="varimax",scores="regression")
fa$weight                  #主因子法的因子系数
faFS<-as.matrix(scale(EcoData))%*% fa$weight  #主因子法因子得分
#极大似然法因子得分
ft<-factanal(EcoData,factors=2,rotation="varimax",scores="regression")
ft$loadings                #极大似然法因子载荷
ft$scores                  #极大似然法样本的因子得分
0.508* ft$scores[,1]+0.465* ft$scores[,2]     #综合得分
par(mfrow=c(3,1))  #三种方法的因子载荷图
factor.plot(pc,label=rownames(pc$loadings))   #主成分法因子载荷图
factor.plot(fa,label=rownames(fa$loadings))   #主因子法因子载荷图
factor.plot(ft,label=rownames(ft$loadings))   #极大似然法因子载荷图
par(mfrow=c(3,1))  #三种方法的因子得分图
plot(pcFS,type="n",main="基于主成分法的因子得分",xlab="第1个因子变量",ylab="第2个因子变量")
text(pcFS[,1],pcFS[,2],labels=1:20,cex=.7)
plot(faFS,type="n",main="基于主因子法的因子得分",xlab="第1个因子变量",ylab="第2个因子变量")
text(faFS[,1],faFS[,2],labels=1:20,cex=.7)
plot(ft$scores[,1],ft$scores[,2],type="n",main="基于极大似然法的因子得分",xlab="第1个因子变量",ylab="第2个因子变量")
text(ft$scores[,1],ft$scores[,2],labels=1:20,cex=.7)
```

输出结果：

pc$ weight　#主成分法的因子系数

	PC1	PC2
X1	0.1716135	-0.868991906
X2	0.1710948	0.946425004
X3	0.1709232	0.972585602
X4	0.1763828	-0.321438531
X5	0.1736331	-0.702276409
X6	0.1744583	-0.002295438

fa $weight　#主因子法的因子系数

	PC1	PC2
X1	0.83964488	0.2280546
X2	0.07375969	-0.1307974
X3	-1.04133029	2.0397698
X4	0.15612472	-0.4422410
X5	0.58093682	-0.1366989
X6	0.13411299	-0.3588773

ft $loadings　#极大似然法因子载荷

	Factor1	Factor2
X1	0.887	0.455
X2	0.496	0.867
X3	0.485	0.872
X4	0.786	0.602
X5	0.831	0.514
X6	0.689	0.664
SS loadings	3.050	2.787
Proportion Var	0.508	0.465
Cumulative Var	0.508	0.973

ft $scores　#极大似然法样本的因子得分综合得分

样品	Factor1	Factor2	综合
1	-1.83835746	-0.002616359	-0.93510220
2	-1.58767444	-0.126007919	-0.86513230
3	-1.35172899	-0.246623604	-0.80135830
4	-1.16325508	-0.327749626	-0.74333716
5	-0.97146558	-0.364789535	-0.66313165

续表

样品	Factor1	Factor2	综合
6	-0.77397976	-0.404999209	-0.58150635
7	-0.49572413	-0.525030538	-0.49596706
8	-0.19796727	-0.605005063	-0.38189473
9	0.08152153	-0.637014429	-0.25479877
10	0.40916225	-0.823676551	-0.17515517
11	1.13933311	-1.182207161	0.02905489
12	1.24955688	-1.092735518	0.12665288
13	1.23015135	-0.860838530	0.22462697
14	1.08012769	-0.410897908	0.35763734
15	0.92341773	0.101745226	0.51640774
16	0.86500417	0.553757874	0.69691953
17	0.51395250	1.160441791	0.80069330
18	0.40187861	1.565807204	0.93225469
19	0.27680594	1.961843771	1.05287477
20	0.20924094	2.266596085	1.16026158

```
#三种方法的因子载荷图的输出结果为图 7.1
#三种方法的因子得分图的输出结果为图 7.2
```

例 7.7 的 R 程序及输出结果

R 程序代码：

```
w=read.table("LA.Neighborhoods.txt",header=T)  #读入洛杉矶街区数据
head(w)  #查看前几个数据
w$density=w$Population/w$Area  #增加人口密度变量
u=w[,-c(12:15)]  #去掉人口数量、面积、经度、维度变量
a=factanal(factors=4,scale(u[-1]),rotation="varimax",scores="regression")
a$loadings  #输出因子载荷
a$scores  #输出因子得分
#画因子载荷散点图
plot(a$loadings[,1:2],type="n",ylim=c(-1.1,1.1),xlim=c(-1.1,1.1),
xlab="Factor 1",ylab="Factor 2",main="Loadings")
abline(h=0); abline(v=0)
text(a$loadings[,1],a$loadings[,2],
labels=row.names(a$loadings),cex=1)
#画因子得分散点图
plot(a$scores[,1:2],type="n",ylim=c(-2.1,1.5),xlim=c(-2.5,2.5),
xlab="Factor 1",ylab="Factor 2",main="Factor Scores")
abline(h=0); abline(v=0)
text(a$scores[,1],a$scores[,2],labels=u[,1],cex=.7)
```

输出结果：

```
a $ loadings   #输出因子载荷
```

	Factor1	Factor2	Factor3	Factor4
Income	0.643	0.493	0.274	-0.140
Schools			0.157	
Diversity				0.545
Age	0.661	0.651	0.109	0.117
Homes	0.690	0.162		
Vets	0.790	0.379	0.205	0.126
Asian			0.324	0.943
Black			-0.986	
Latino	-0.379	-0.913	0.116	
White	0.368	0.806	0.431	-0.161
Density	-0.587	-0.141	-0.120	
SS loadings	2.587	2.349	1.454	1.286
Proportion Var	0.235	0.214	0.132	0.117
Cumulative Var	0.235	0.449	0.581	0.698

```
#因子得分 a$ scores 输出结果省略
#因子载荷散点图的输出结果为图 7.3
#因子得分散点图的输出结果为图 7.4
```

例 7.8 的 R 程序及输出结果

R 程序代码：

```
X<-read.table("biao5.4.txt",head=TRUE)        #读入数据
a=factanal(factors=2,scale(X),rotation="varimax",scores="regression")
                                              #因子分析
a $ loadings                                  #因子载荷
plot(a $ loadings[,1:2],type="n",xlim=c(0.32,0.92),ylim=c(0.25,0.95)    #因子载荷图
xlab="Factor 1",ylab="Factor 2",main="Loadings")
abline(h=0.60); abline(v=0.6)
text(a $ loadings[,1],a $ loadings[,2],
labels=row.names(a $ loadings),cex=1)         #因子载荷图
pa2<- a $ scores; pa2                         #因子得分
biplot(a $ scores,a $ loadings)               #因子得分图
p1<-rank(-pa2[,1]);p1                         #通过第一因子得分排序
p2<-rank(-pa2[,2]);p2                         #通过第二因子得分排序
p3<-rank(-0.489%*% pa2[,1]-0.393%*% pa2[,2])  #通过综合得分排序
cbind(pa2,p1,p2,p3)  #样品的因子得分及排序表
```

输出结果：

```
a $ loadings  #因子载荷
```

	Factor1	Factor2
人均食品支出	0.902	0.289
人均衣着支出	0.464	0.683
人均居住支出	0.797	0.495
人均生活用品及服务支出	0.722	0.588
人均交通通信支出	0.765	0.547
人均教育文化娱乐支出	0.692	0.644
人均医疗保健支出	0.345	0.936
人均其他用品及服务支出	0.739	0.643
SS loadings	3.916	3.145
Proportion Var	0.489	0.393
Cumulative Var	0.489	0.883

```
#因子载荷图的输出结果为图 7.5
#因子得分图的输出结果为图 7.6
#按第一因子得分排序 p1、第二因子得分排序 p2 和综合得分排序 p3 的结果由表 7.4 给出
```

例 7.9 的 R 程序：

```
    #本例数据的变量是分组的,一共 6 组,各组的变量数目分别为 2、5、3、10、9、2,对应于程序代码的选项 group=c(2,5,3,10,9,2),第一组为分类变量,其余 5 组为数值型变量,变量类型对应于代码的选项type=c("n",rep("s",5)),这 6 组变量的名字对应于代码 name.group=c("orig","olf","vis","olfag","gust","ens")。下面的代码给出若干图形(注意:代码标明第 1 和第 6 组为补充群)
    library(FactoMineR)  #首先装载程序包 FactoMineR
    data(wine)             #读入数据 wine
   aa<-MFA(wine,group=c(2,5,3,10,9,2),type=c("n",rep("s",5)),ncp=5,
    name.group=c("orig","olf","vis","olfag","gust","ens"),num.group.sup=c(1,6),graph=FALSE)
    #上面为多重因子分析函数,其中第 1 和第 6 组为补充组
    #画多重因子分析图
    plot(aa,choix="ind")  #图 7.7
    plot(aa,choix="ind",partial="all")       #图 7.8
    plot(aa,choix="var",habillage="group")  #图 7.9
    plot(aa,choix="axes")                    #图 7.10
    #画分层多重因子分析图
    hierar=list(c(2,5,3,10,9,2),c(4,2))      #图 7.11,图 7.12
    res.hmfa=HMFA(wine,H=hierar,type=c("n",rep("s",5)))
```

习题 7

7.1 试比较主成分分析与因子分析的关系，说明它们的相同之处和不同之处。

7.2 设标准化变量 $\boldsymbol{x}=(x_1,x_2,x_3)'$的相关矩阵为

$$\boldsymbol{R}=\begin{pmatrix} 1 & 0.48 & 0.76 \\ 0.48 & 1 & 0.23 \\ 0.76 & 0.23 & 1 \end{pmatrix}$$

$\boldsymbol{R}$ 的特征值和相应的单位正交特征向量为

$$\lambda_1=2.0131760,\ \boldsymbol{u}_1=(0.6624437,0.4498215,0.5990243)'$$

$$\lambda_2=0.7950835,\ \boldsymbol{u}_2=(0.1218358,-0.853693,0.5063243)'$$

$$\lambda_3=0.1917404,\ \boldsymbol{u}_3=(0.7391376,-0.2624289,-0.6203279)'$$

(1)取公因子个数为 $m=1$ 时，求因子模型的主成分解，并计算误差平方和 $Q(1)$。

(2)取公因子个数为 $m=2$ 时，求因子模型的主成分解，并计算误差平方和 $Q(2)$。

7.3 对于 7.2 题中的标准化变量 $\boldsymbol{x}=(x_1,x_2,x_3)'$和相关矩阵 $\boldsymbol{R}$，

(1)证明 $m=1$ 时有下列正交因子模型

$$\boldsymbol{x}=\boldsymbol{A}\boldsymbol{f}_1+\boldsymbol{\varepsilon}$$

其中

$$\boldsymbol{A}=\begin{pmatrix} 0.998 \\ 0.48 \\ 0.761 \end{pmatrix},\ \boldsymbol{D}=\mathrm{Var}(\boldsymbol{\varepsilon})=\begin{pmatrix} 0.004 & 0 & 0 \\ 0 & 0.77 & 0 \\ 0 & 0 & 0.42 \end{pmatrix}$$

即 $\boldsymbol{R}$ 可以写成 $R=\boldsymbol{AA}'+\boldsymbol{D}$ 形式。

(2)计算共同度 $h_i^2(i=1,2,3)$，并解释其意义。

(3)计算相关系数 $\mathrm{Cov}(x_i,f_1)(i=1,2,3)$，并说明哪个变量在公因子 f_1 上有最大的载荷。

7.4 因子分析在股价预报上的应用。为了验证因子分析的有效性，特意不区分行业，对上海证券交易所和深圳证券交易所的交易数据进行分层，然后把层内全部股票选入抽样框，进行随机抽样，得到 23 家企业在 2004 年 3 月 31 日的数据。数据指标如下：流动比率 x_1(<2 偏低)、速动比率 x_2(<1 偏低)、现金流动负债比 x_3(%)、每股收益 x_4(元)、每股未分配利润 x_5(元)、每股净资产 x_6(元)、每股资本公积金 x_7(元)、每股盈余公积金 x_8(元)、每股净资产增长率 x_9(%)、经营净利润率 x_{10}(%)、经营毛利率 x_{11}(%)、资产利润率 x_{12}(%)、资产净利率 x_{13}(%)、主营业务收入增长率 x_{14}(%)、净利润增长率 x_{15}(%)、总资产增长率 x_{16}(%)、营业利润增长率 x_{17}(%)、主营业务成本比例 x_{18}(%)、营业费用比例 x_{19}(%)、管理费用比例 x_{20}(%)、财务费用比率 x_{21}(%)。数据见表 7.8。

(1)确定因子个数，求方差最大化因子载荷矩阵，并解释因子的含义。

(2)计算因子得分，画出前两个因子得分图并进行解释。

(3)对 23 家上市企业的财务状况进行综合评价。

表 7.8 证券交易数据

企业	x_1	x_2	x_3	x_4	x_5	x_6	x_7	x_8	x_9	x_{10}	x_{11}	x_{12}	x_{13}	x_{14}	x_{15}	x_{16}	x_{17}	x_{18}	x_{19}	x_{20}	x_{21}
深深房 A	1.33	0.33	-1.44	-0.02	-0.92	1.11	0.95	0.12	11.10	-12.85	8.37	-0.67	-0.67	-16.66	23.64	-11.39	-40.31	89.76	3.43	15.80	6.61
同人华塑	0.76	0.73	-4.96	0.02	-1.42	1.57	1.86	0.12	-10.38	4.91	31.44	0.60	0.37	217.62	218.61	31.30	282.07	68.22	2.86	11.85	9.59
南开戈德	1.21	1.14	-4.72	-0.02	-0.72	1.03	0.53	0.23	-46.59	-28.03	0.47	-0.62	-0.64	133.02	56.28	-32.22	-46.59	98.70	1.87	10.94	13.27
ST 昌源	0.79	0.60	-0.19	-0.02	-1.96	0.03	0.86	0.11	-96.94	-993.95	40.57	-0.70	-0.70	-96.89	-1841.7	-33.45	-96.94	57.86	3.80	237.64	797.55
山东巨力	0.75	0.58	7.55	-0.35	-0.36	1.78	1.02	0.11	-28.02	0.24	7.59	0.11	0.07	-13.35	28.88	27.25	24.36	92.40	3.23	3.46	1.10
一汽夏利	1.11	1.01	7.27	0.01	-0.26	1.67	0.82	0.10	9.34	0.87	7.10	0.18	0.18	10.32	-76.29	-5.76	-48.34	88.59	3.94	4.05	2.03
闽东电力	1.19	1.01	-12.73	-0.03	-0.33	4.50	3.75	0.09	-7.01	-23.16	9.73	-0.32	-0.36	-33.57	-557.39	2.44	-88.61	89.73	0.57	44.33.	19.72
深本实 B	1.04	0.91	-17.41	-0.30	-0.30	1.78	0.49	0.52	-14.37	1.41	34.91	0.06	0.04	-21.27	4.25	6.11	-25.12	64.79	7.75	18.72	6.44
ST 啤酒花	0.22	0.16	0.15	-0.03	-3.28	-2.45	0.10	0.49	-253.8	-27.05	32.74	-1.23	-0.90	-71.06	-11.40	-47.84	-44.79	55.56	26.81	33.30	11.31
云大科技	1.57	1.18	-3.77	-0.08	-0.55	1.84	1.25	0.14	-30.63	-77.83	25.55	-1.58	-1.45	-63.56	-220.84	-9.97	-81.70	83.44	23.40	40.51	30.56
中天科技	1.98	1.28	-28.33	0.01	0.16	2.71	1.40	0.15	-1.39	2.27	19.20	0.23	0.16	18.01	-4.51	10.12	-2.53	80.80	9.44	6.43	1.60
爱建股份	1.36	0.82	7.47	0.05	-0.59	3.37	2.06	0.90	-13.76	6.38	17.26	1.65	0.75	491.52	311.79	-12.49	901.91	78.15	1.37	2.65	1.30
ST 轻骑	0.92	0.82	-4.03	0.00	-1.91	0.37	1.27	0.06	-122.27	0.83	8.91	0.01	0.11	38.85	229.36	86.90	-3.42	90.07	4.32	5.46	-0.30
张裕 A	4.03	3.49	49.27	0.24	1.31	5.27	2.48	0.48	-7.25	17.86	53.64	5.77	3.82	22.71	25.77	5.17	30.99	38.06	20.30	7.15	-0.74
阿继电器	1.95	1.43	-72.04	0.01	0.09	1.90	0.62	0.14	-38.3	6.50	37.67	0.36	0.33	-7.19	-35.42	5.78	-17.14	62.33	7.76	20.40	2.66
广州浪奇	1.91	1.38	-16.20	0.01	-0.47	1.71	0.72	0.45	0.60	0.29	14.50	0.11	0.10	61.50	-11.09	0.15	-5.12	85.04	8.99	5.61	-0.20
浙江震元	1.47	0.93	-3.68	0.02	0.45	3.56	1.84	0.26	3.44	1.04	13.19	0.40	0.25	19.88	-32.67	1.80	-25.33	86.48	4.37	6.87	0.29
四环生物	5.47	4.25	61.70	0.04	0.03	1.10	0.00	0.00	-47.48	32.85	46.64	4.54	3.28	10.59	99.30	18.05	38.88	52.27	0.70	10.12	0.97
深宝安 A	1.49	0.35	0.05	0.01	-0.59	1.19	0.70	0.35	-0.10	1.45	37.30	0.24	0.06	38.92	-32.20	4.71	28.60	59.93	13.26	15.48	10.20
深发展 A	0.78	0.78	1.58	0.11	0.20	2.15	0.81	0.08	6.57	11.20	36.78	0.11	0.11	41.47	39.82	30.79	80.33	0.00	26.38	0.00	0.00
数码网络	85.00	0.63	2.52	0.04	0.10	1.60	0.26	0.23	6.63	0.12	8.86	0.08	0.03	-10.08	111.57	1.41	8.52	91.06	2.84	4.65	1.50
中色建设	2.74	2.39	-27.90	0.02	0.21	2.61	1.31	0.14	9.92	11.38	13.70	0.38	0.39	5.08	260.93	22.84	9.92	85.97	2.95	26.44	2.29
东北制药	1.24	1.00	3.00	0.01	-0.02	2.92	1.92	0.02	1.25	0.67	21.45	0.16	0.11	-4.64	56.87	-11.21	-7.17	78.32	7.46	9.05	4.18

7.5 对第 6 章习题 6.5 中的数据进行因子分析，并通过样品的因子得分对 36 个城市的综合竞争力进行排序和评价。

7.6 现有 48 名求职者应聘某公司某职位，公司为这些求职者的 15 项指标打分。15 项指标是：求职信的形式 x_1(FL)、外貌 x_2(APP)、专业能力 x_3(AA)、讨人喜欢 x_4(LA)、自信心 x_5(SC)、洞察力 x_6(LC)、诚实 x_7(HON)、推销能力 x_8(SMS)、经验 x_9(EXP)、驾驶水平 x_{10}(DRV)、事业心 x_{11}(AMB)、理解能力 x_{12}(GSP)、潜在能力 x_{13}(POT)、交际能力 x_{14}(KJ)、适应性 x_{15}(SUIT)。48 名求职者的 15 项打分数据如表 7.9 所示。

表 7.9 应聘者打分数据

ID	x_1	x_2	x_3	x_4	x_5	x_6	x_7	x_8	x_9	x_{10}	x_{11}	x_{12}	x_{13}	x_{14}	x_{15}
1	6	7	2	5	8	7	8	8	3	8	9	7	5	7	10
2	9	10	56	8	10	9	9	10	5	9	9	8	8	8	10
3	7	8	3	6	9	8	9	7	4	9	9	8	6	8	10
4	5	6	8	5	6	5	9	2	8	4	5	8	7	6	5
5	6	8	8	8	4	4	9	5	8	5	5	8	8	7	7
6	7	7	7	6	8	7	10	5	9	6	5	8	6	6	6
7	9	9	8	8	8	8	8	8	10	8	10	8	9	8	10
8	9	9	9	8	9	9	8	8	10	9	10	9	9	9	10
9	9	9	7	8	8	8	8	5	9	8	9	8	8	8	10
10	4	7	10	2	10	10	7	10	3	10	10	10	9	3	10
11	4	7	10	0	10	8	3	9	5	9	10	8	10	2	5
12	4	7	10	4	10	10	7	8	2	8	8	10	10	3	7
13	6	9	8	10	5	4	9	4	4	4	5	4	7	6	8
14	8	9	8	9	6	3	8	2	5	2	6	6	7	5	6
15	4	8	8	7	5	4	10	2	7	5	3	6	6	4	6
16	6	9	6	7	8	9	8	9	8	8	7	6	8	6	10
17	8	7	7	7	9	5	8	6	6	7	8	6	6	7	8
18	6	8	8	4	8	8	6	4	3	3	6	7	2	6	4
19	6	7	8	4	7	8	5	4	4	2	6	8	3	5	4
20	4	8	7	8	8	9	10	5	2	6	7	9	8	8	9
21	3	8	6	8	8	8	10	5	3	6	7	8	8	5	8
22	9	8	7	8	9	10	10	10	3	10	8	10	8	10	8
23	7	10	7	9	9	9	10	10	3	9	9	10	9	10	8
24	9	8	7	10	8	10	10	10	2	9	7	9	9	10	8
25	6	9	7	7	4	5	9	3	2	4	4	4	4	5	4
26	7	8	7	8	5	4	8	2	3	4	5	6	5	5	6
27	2	10	7	9	8	9	10	5	3	5	6	7	6	4	5

续表

ID	x_1	x_2	x_3	x_4	x_5	x_6	x_7	x_8	x_9	x_{10}	x_{11}	x_{12}	x_{13}	x_{14}	x_{15}
28	6	3	5	3	5	3	5	0	0	3	3	0	0	5	0
29	4	3	4	3	3	0	0	0	0	4	4	0	0	5	0
30	4	6	5	6	9	4	10	3	1	3	3	2	2	7	3
31	5	5	4	7	8	4	10	3	2	5	5	3	4	8	3
32	3	3	5	7	7	9	10	3	2	5	3	7	5	5	2
33	2	3	5	7	7	9	10	3	2	2	3	6	4	5	2
34	3	4	6	4	3	3	8	1	1	3	3	3	2	5	2
35	6	7	4	3	3	0	9	0	1	0	2	3	1	5	3
36	9	8	5	5	6	6	8	2	2	2	4	5	6	6	3
37	4	9	6	4	10	8	8	9	1	3	9	7	5	3	2
38	4	9	6	6	9	9	7	9	1	2	10	8	5	5	2
39	10	6	9	10	9	10	10	10	10	10	8	10	10	10	10
40	10	6	9	10	9	10	10	10	10	10	10	10	10	10	10
41	10	7	8	0	2	1	2	0	10	2	0	3	0	0	10
42	10	3	8	0	1	1	0	0	10	0	0	0	0	0	10
43	3	4	9	8	2	4	5	3	6	2	1	3	3	3	8
44	7	7	7	6	9	8	8	6	8	8	10	8	8	6	5
45	9	6	10	9	7	7	10	2	1	5	5	7	8	4	5
46	9	8	10	10	7	9	10	3	1	5	7	9	9	4	4
47	7	0	10	3	5	0	10	0	0	2	2	0	0	0	0
48	0	6	10	1	5	0	10	0	0	2	2	0	0	0	0

(1)确定因子个数，求方差最大化因子载荷矩阵，并解释因子的含义。

(2)计算因子得分，画出前两个因子得分图并做出解释。

(3)公司准备录用 6 名求职者，试根据因子得分为公司做出选择。

第8章　对应分析

8.1　简介

对应分析(Correspondence Analysis)是在因子分析的基础上发展起来的一种视觉化的数据分析方法，目的是通过定位点图直观地揭示样品和变量之间的内在联系。因子分析根据研究对象的不同，可分为R型因子分析和Q型因子分析。R型因子分析是对变量(指标)进行因子分析，研究的是变量之间的相互关系；Q型因子分析是对样品做因子分析，研究的是样品之间的相互关系。但无论是R型或Q型因子分析都不能很好地揭示变量和样品之间的双重关系。而在许多领域的错综复杂的多维数据分析中，经常需要同时考虑三种关系，即变量之间的关系、样品之间的关系以及变量与样品之间的交互关系。

在进行数据处理时，常常先对变量做标准化处理，然而这种标准化处理对于变量和样品是非对称的，这给寻找R型和Q型因子分析之间的联系带来一定的困难。针对这个问题，法国学者本泽里(Benzecri)于1970年提出了对应分析，这个方法对原始数据采用适当的标度化处理，把R型和Q型因子分析结合起来，通过R型因子分析直接得到Q型因子分析的结果，同时把变量和样品反映到同一因子平面上，从而揭示所研究的样品和变量之间的内在联系。

对应分析是一种具有广泛用途的多元统计分析方法，使用起来直观、简单、方便，因此广泛应用于市场细分、产品定位、地质研究以及计算机工程等领域。例如，对某一行业所属企业进行经济效益评价时，不仅要考虑经济指标之间的关系、企业之间的关系，还要将企业按经济效益或经济指标进行分类，研究哪些企业与哪些经济效益指标的关系更密切一些。利用对应分析，就可以将每个企业和各项指标放在一起进行系统分析，通过分类和图形直观反映企业与经济指标之间的错综复杂的关系。

8.2　对应分析原理

在因子分析中，R型因子分析和Q型因子分析都是从分析观测数据矩阵出发的，它们反映一个整体的不同侧面，因而它们之间一定存在内在联系。对应分析就是通过某种特定的标准化变换后得到对应变换矩阵$\boldsymbol{Z}$，将两者有机地结合起来。

具体而言，就是首先给出变量的R型因子分析的协方差矩阵$\boldsymbol{S}_r=\boldsymbol{Z}'\boldsymbol{Z}$和样品的Q型因子分析的协方差矩阵$\boldsymbol{S}_q=\boldsymbol{Z}\boldsymbol{Z}'$。由于矩阵$\boldsymbol{Z}'\boldsymbol{Z}$和$\boldsymbol{Z}\boldsymbol{Z}'$有相同的非零特征值，记为$\lambda_1\geqslant\lambda_2\geqslant\cdots\geqslant\lambda_m>0$，如果$\boldsymbol{S}_r$的对应于特征值$\lambda_i$的标准化特征向量为$\boldsymbol{u}_i$，则容易证明，$\boldsymbol{S}_q$的对应于同一特征值$\lambda_i$的标准化特征向量为

$$v_i = \frac{1}{\sqrt{\lambda_i}} \boldsymbol{Z u}_i \quad (i=1,\cdots,m) \tag{8.1}$$

当样本容量 n 很大时，直接计算 $n \times n$ 阶矩阵 $\boldsymbol{S}_q = \boldsymbol{ZZ}'$ 的特征向量会占用相当大的容量，也会大大降低计算速度。利用式(8.1)，很容易由 $\boldsymbol{S}_r$ 的特征向量得到 $\boldsymbol{S}_q$ 的特征向量。并且由 $\boldsymbol{S}_r$ 的特征值和特征向量即可得到 R 型因子分析的因子载荷阵 $\boldsymbol{A}$ 和 Q 型因子分析的因子载荷阵 $\boldsymbol{B}$，即有

$$\boldsymbol{A} = (\sqrt{\lambda_1}\boldsymbol{u}_1, \sqrt{\lambda_2}\boldsymbol{u}_2, \cdots, \sqrt{\lambda_m}\boldsymbol{u}_m)$$

$$\begin{aligned}\boldsymbol{B} &= (\sqrt{\lambda_1}v_1, \sqrt{\lambda_2}v_2, \cdots, \sqrt{\lambda_m}v_m) \\ &= (\boldsymbol{Zu}_1, \boldsymbol{Zu}_2, \cdots, \boldsymbol{Zu}_m) = \boldsymbol{Z}(\boldsymbol{u}_1, \boldsymbol{u}_2, \cdots, \boldsymbol{u}_m)\end{aligned}$$

由于 $\boldsymbol{S}_r$ 和 $\boldsymbol{S}_q$ 具有相同的非零特征值，而这些特征值又是各个公因子的方差，因此可以用相同的因子轴同时表示变量点和样品点，即把变量点和样品点同时反映在具有相同坐标轴的一个因子平面上，以便对变量点和样本点一起考虑，进行更加细致的分类。

下面考虑如何构造对应变换矩阵 $\boldsymbol{Z}$。设观测数据矩阵为

$$\boldsymbol{X} = \begin{pmatrix} x_{11} & x_{12} & \cdots & x_{1p} \\ x_{21} & x_{22} & \cdots & x_{2p} \\ \vdots & \vdots & & \vdots \\ x_{n1} & x_{n2} & \cdots & x_{np} \end{pmatrix}$$

为了消除量纲或数量级别的差异，经常对变量进行标准化处理，如正交标准化变换、极差标准化变换等，这些变换对变量和样品是非对称的。这种非对称的变换是导致变量和样品之间关系复杂化的主要原因。在对应分析中，采用一种数据变换方法可以克服这种非对称性。为此，要求数据矩阵 $\boldsymbol{X}$ 所有的元素 $x_{ij}>0$，否则对所有数据同时加上一个适当的正数，以使它们满足以上要求。在对应分析中的数据变换方法如下。

数据矩阵 $\boldsymbol{X}$ 的列和、行和、总和分别记为 $x_{i.}$、$x_{.j}$、$x_{..}$，即

$$x_{i.} = \sum_{j=1}^{p} x_{ij},\ x_{.j} = \sum_{i=1}^{n} x_{ij},\ x_{..} = \sum_{i=1}^{n}\sum_{j=1}^{p} x_{ij}$$

将数据矩阵 $\boldsymbol{X}$ 规格化为概率矩阵 $\boldsymbol{P} = \boldsymbol{X}/x_{..}$，即

$$\boldsymbol{P} = (p_{ij})_{n\times p},\ p_{ij} = \frac{x_{ij}}{x_{..}} \quad (i=1,\cdots,n;j=1,\cdots,p) \tag{8.2}$$

不难看出 $0<p_{ij}\leqslant 1$，且

$$\sum_{i=1}^{n}\sum_{j=1}^{p} p_{ij} = 1$$

因而 p_{ij} 可理解为数据 x_{ij} 出现的概率。概率矩阵 $\boldsymbol{P}$ 可以表示为如下列联表形式

p_{11}	p_{12}	$\cdots$	p_{1p}	$p_{1.}$
p_{21}	p_{22}	$\cdots$	p_{2p}	$p_{2.}$
$\vdots$	$\vdots$		$\vdots$	$\vdots$
p_{n1}	p_{n2}	$\cdots$	p_{np}	$p_{n.}$
$p_{.1}$	$p_{.2}$	$\cdots$	$p_{.p}$	1

其中 $p_{i.}=\sum_{j=1}^{p}p_{ij}$ 可以理解为第 i 个样品的边缘概率，$p_{.j}=\sum_{i=1}^{n}p_{ij}$ 可以理解为第 j 个变量的边缘概率。

现在从概率矩阵 $\boldsymbol{P}$ 出发计算变量的协方差矩阵(考虑 R 型因子分析)，我们把矩阵 $\boldsymbol{P}$ 的 n 个行作为 p 维空间的 n 个样本点。为了消除各变量量纲不同的影响，把第 i 个样品点的坐标化为

$$\left(\frac{p_{i1}}{p_{i.}\sqrt{p_{.1}}},\frac{p_{i2}}{p_{i.}\sqrt{p_{.2}}},\cdots,\frac{p_{ip}}{p_{i.}\sqrt{p_{.p}}}\right)\quad(i=1,2,\cdots,n)$$

对上面的数据，以第 i 个样品点的概率 $p_{i.}$ 作为权重来计算第 j 个变量(即矩阵的第 j 列)的加权平均

$$\sum_{i=1}^{n}\frac{p_{ij}}{p_{i.}\sqrt{p_{.j}}}p_{i.}=\sum_{i=1}^{n}\frac{p_{ij}}{\sqrt{p_{.j}}}=\sqrt{p_{.j}}\quad(j=1,2,\cdots,p)$$

用加权方法计算第 i 个变量与第 j 个变量的协方差

$$\begin{aligned}s_{ij}&=\sum_{k=1}^{n}\left(\frac{p_{ki}}{p_{k.}\sqrt{p_{.i}}}-\sqrt{p_{.i}}\right)\left(\frac{p_{kj}}{p_{k.}\sqrt{p_{.j}}}-\sqrt{p_{.j}}\right)\cdot p_{k.}\\&=\sum_{k=1}^{n}\left(\frac{p_{ki}}{\sqrt{p_{k.}p_{.i}}}-\sqrt{p_{k.}p_{.i}}\right)\left(\frac{p_{kj}}{\sqrt{p_{k.}p_{.j}}}-\sqrt{p_{k.}p_{.j}}\right)\\&=\sum_{k=1}^{n}\frac{p_{ki}-p_{k.}p_{.i}}{\sqrt{p_{k.}p_{.i}}}\frac{p_{kj}-p_{k.}p_{.j}}{\sqrt{p_{k.}p_{.j}}}\\&\overset{def}{=\!=}\sum_{k=1}^{n}z_{ki}z_{kj}\quad(i,j=1,2,\cdots,p)\end{aligned}$$

其中

$$z_{ki}=\frac{p_{ki}-p_{k.}p_{.i}}{\sqrt{p_{k.}p_{.i}}}=\frac{x_{ki}-x_{k.}x_{.i}/x_{..}}{\sqrt{x_{k.}x_{.i}}}\quad(k=1,2,\cdots,n)\tag{8.3}$$

令 $\boldsymbol{Z}=(z_{ij})$ 为 $n\times p$ 矩阵，则变量间的协方差矩阵为

$$\boldsymbol{S}_r=\boldsymbol{Z}'\boldsymbol{Z}=(\boldsymbol{s}_{ij})_{p\times p}\tag{8.4}$$

类似地，从概率矩阵 $\boldsymbol{P}$ 出发计算样品间的协方差矩阵(考虑 Q 型因子分析)，可以得到样品间的协方差矩阵为

$$\boldsymbol{S}_q=\boldsymbol{Z}\boldsymbol{Z}'=(\tilde{\boldsymbol{s}}_{ij})_{n\times n}\tag{8.5}$$

式(8.3)是我们从同时研究 R 型和 Q 型因子分析的角度导出的数据对应变换公式，由式(8.3)得到的矩阵 $\boldsymbol{Z}=(z_{ij})_{n\times p}$ 可以看成由概率矩阵 $\boldsymbol{P}=(p_{ij})_{n\times p}$ 经过某种中心化和标准化变换后所得的矩阵。

记

$$m_{ij}=\frac{x_{i.}x_{.j}}{x_{..}}=x_{..}p_{i.}p_{.j}\quad(i=1,\cdots,n;j=1,\cdots,p)\tag{8.6}$$

m_{ij}是假定行与列两个属性变量不相关时在单元(i,j)上的期望频数值。设用于检验行与列两个属性变量是否相关的χ^2 检验统计量为

$$\chi^2 = \sum_{i=1}^{n}\sum_{j=1}^{p}\chi_{ij}^2 = \sum_{i=1}^{n}\sum_{j=1}^{p}\frac{(x_{ij}-m_{ij})^2}{m_{ij}} = x_{..}\sum_{i=1}^{n}\sum_{j=1}^{p}\frac{(p_{ij}-p_{i.}p_{.j})^2}{p_{i.}p_{.j}} \tag{8.7}$$

其中χ_{ij}^2表示第(i,j)单元在检验行与列两个属性变量是否相关时对总χ^2检验统计量的贡献。对照式(8.3)与式(8.6)可知

$$\chi_{ij}^2=\frac{(x_{ij}-m_{ij})^2}{m_{ij}}=x_{..}\frac{(p_{ij}-p_{i.}p_{.j})^2}{p_{i.}p_{.j}}=x_{..}z_{ij}^2$$

故

$$\chi^2 = x_{..}\sum_{i=1}^{n}\sum_{j=1}^{p}z_{ij}^2 = x_{..}\boldsymbol{Q} \tag{8.8}$$

其中

$$\boldsymbol{Q} = \sum_{i=1}^{n}\sum_{j=1}^{p}z_{ij}^2 = \mathrm{tr}(\boldsymbol{Z}'\boldsymbol{Z}) = \sum_{i=1}^{k}\lambda_i \tag{8.9}$$

称为**总惯量**，这里$\lambda_1,\cdots,\lambda_k$是矩阵$\boldsymbol{S}_r=\boldsymbol{Z}'\boldsymbol{Z}$的非零特征值。

8.3 对应分析的计算步骤

设有p个变量的n个样品观测矩阵$\boldsymbol{X}=(x_{ij})_{n\times p}$，这里要求$\boldsymbol{X}$的所有元素$x_{ij}>0$，否则对所有数据同时加上一个适当的正数，以使它们满足以上要求。对应分析的具体步骤如下。

(1)由数据矩阵$\boldsymbol{X}$计算概率矩阵$\boldsymbol{P}=\boldsymbol{X}/x_{..}$，即$\boldsymbol{P}=(p_{ij})_{n\times p}$，其中$\boldsymbol{p}_{ij}=x_{ij}/x_{..}$。

(2)计算对应变换矩阵$\boldsymbol{Z}=(z_{ij})_{n\times p}$，其中

$$z_{ij}=\frac{p_{ij}-p_{i.}p_{.j}}{\sqrt{p_{i.}p_{.j}}}=\frac{x_{ij}-x_{i.}x_{.j}/x_{..}}{\sqrt{x_{i.}x_{.j}}}$$

(3)进行因子分析。

①R 型因子分析。计算$\boldsymbol{S}_r=\boldsymbol{Z}'\boldsymbol{Z}$的特征值$\lambda_1\geqslant\lambda_2\geqslant\cdots\geqslant\lambda_p$，按照累计贡献率$\sum_{i=1}^{m}\lambda_i/\sum_{i=1}^{p}\lambda_i\geqslant 70\%$确定因子个数$m$，取前$m$个特征值$\lambda_1\geqslant\lambda_2\geqslant\cdots\geqslant\lambda_m>0$，并计算相应的单位正交特征向量$\boldsymbol{u}_1,\cdots,\boldsymbol{u}_m$，构造$p\times m$因子载荷矩阵

$$\boldsymbol{A}=(\sqrt{\lambda_1}\boldsymbol{u}_1,\sqrt{\lambda_2}\boldsymbol{u}_2,\cdots,\sqrt{\lambda_m}\boldsymbol{u}_m)=(a_1,a_2,\cdots,a_m)$$

②Q 型因子分析。$\boldsymbol{S}_q=\boldsymbol{Z}\boldsymbol{Z}'$的非零特征值与$\boldsymbol{S}_r=\boldsymbol{Z}'\boldsymbol{Z}$的非零特征值相同，与 R 型因子分析相同取前$m$个特征值$\lambda_1\geqslant\lambda_2\geqslant\cdots\geqslant\lambda_m>0$，并计算相应的单位正交特征向量$\boldsymbol{v}_1,\cdots,\boldsymbol{v}_m$，其中$\boldsymbol{v}_i=\boldsymbol{Z}\boldsymbol{u}_i/\sqrt{\lambda_i}$，$i=1,\cdots,m$，由此构造$n\times m$因子载荷矩阵

$$\boldsymbol{B}=(\boldsymbol{Z}\boldsymbol{u}_1,\boldsymbol{Z}\boldsymbol{u}_2,\cdots,\boldsymbol{Z}\boldsymbol{u}_m)=(b_1,b_2,\cdots,b_m)$$

(4)作变量点和样品点因子图。

用相同的因子轴同时表示变量点和样品点，即把变量点和样品点同时反映在具有相同坐标轴的一个因子平面上，然后进行综合分析。具体而言，分别分析(a_1,a_2)上变量之间的关系、(b_1,b_2)上样品之间的关系，并同时综合分析变量和样品之间的关系，对变量点和样本点一起考虑进行分类。

对应分析不仅适合用于定量数据，也适合定性数据。在定性数据下，对应变换矩阵 $\boldsymbol{Z}=(z_{ij})_{n\times p}$ 的元素可以通过概率矩阵 $\boldsymbol{P}=(p_{ij})_{n\times p}$ 计算，即

$$z_{ij}=\frac{p_{ij}-p_{i.}p_{.j}}{\sqrt{p_{i.}p_{.j}}}=\frac{n_{ij}-n_{i.}n_{.j}/n_{..}}{\sqrt{n_{i.}n_{.j}}}$$

其中 $n_{i.}$，$n_{.j}$ 和 $n_{..}$ 分别是 $n\times p$ 列联表的第 i 行频数之和、第 j 列频数之和及总频数之和。对于定性数据，在分析时往往通过列联表来表示它们之间的关系，并通过 χ^2 检验来分析它们之间的相关性。如果仅有两个变量，且每个变量的类别较少，列联表可将它们之间的关系表达清楚，但在每个变量划分为多个类别的情况下就很难通过列联表直观揭示变量之间的关系。对应分析方法的应用可有效地解决这些问题。

例 8.1 将由 $n=1660$ 个人组成的样本按人的心理健康与其父母社会经济地位进行交叉分类。心理健康程度分为：0(心理健康)、1(轻微症状)、2(中度症状)和 3(心理受损)共 4 个等级，父母社会经济地位按照高低分为 A、B、C、D、E 共 5 个等级。分类结果见表 8.1。试对该数据进行对应分析。

表 8.1 人的心理健康状况与其父母经济社会地位数据

心理健康状况	A	B	C	D	E
0(心理健康)	121	57	72	36	21
1(轻微症状)	188	105	141	97	71
2(中度症状)	112	65	77	54	54
3(心理受损)	86	60	94	78	71

解 经计算，因子个数为 $m=2$ 时，累计贡献率达到 99.83%。所有行点和列点的因子载荷矩阵分别为

$$\boldsymbol{A}=\begin{pmatrix}-1.6096 & 0.3578\\ -0.1826 & 0.6087\\ 0.0880 & -1.8863\\ 1.4710 & 0.5310\end{pmatrix},\quad \boldsymbol{B}=\begin{pmatrix}-1.1338 & -0.4185\\ -0.3659 & -0.6051\\ 0.0551 & 1.1415\\ 1.0253 & 1.1682\\ 1.7833 & -1.6685\end{pmatrix}$$

将各行点和列点置于同一坐标系中，构成对应分析图，如图 8.1 所示。

由图 8.1 可以看出，在第一维坐标上，0 既是行点的中心也是列点的中心，且行点和列点的散布程度一致，第二维坐标上的情况也是如此。在图 8.1 的第一维坐标上，从左到右的行点依次为 0、1、2、3，列点依次为 A、B、C、D、E。这种自然排序与行、列变量都是顺序变量有关。第一维坐标值实际上既反映了人的心理健康状况的好坏，也反映了其父母社会经济地位的高低。

由图 8.1 可以看到，1 和 2 具有相似的轮廓(两个行点接近)，0 和 3 的轮廓差异最大(两个行点远离)，B 和 C 的轮廓相似(两个列点接近)，A 和 E 的轮廓差异最大(两个列点远离)。综合行点与列点可见，彼此靠的近的点有：0 和 A，1 和 C，1 和 B，2 和 B，3 和 D，3 和 E。因此，我们可直接从对应分析图上看出，心理健康状况好(0)与父母社会经济地位高(A)相关联，心理健康状况受损(3)与父母社会经济地位低(D 和 E)相关联，其余点之间彼此关联。从对应分析图 8.1，我们可大致将行点和列点综合地分为三类。

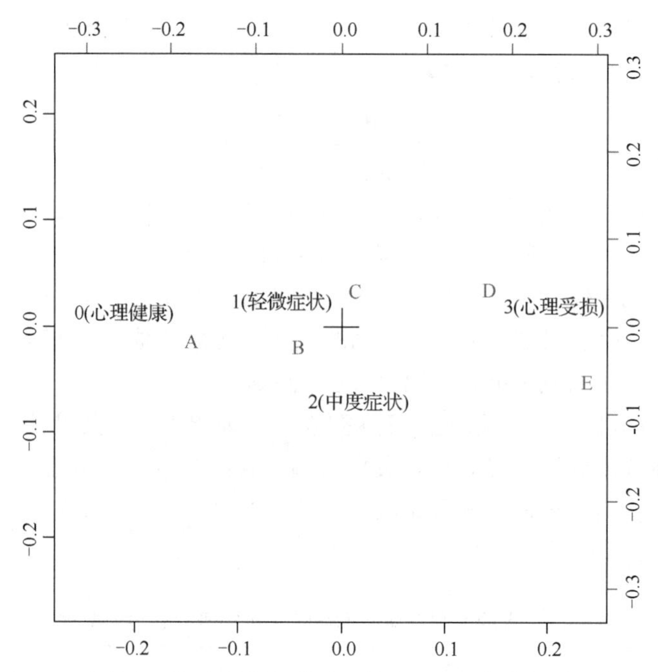

图 8.1　人的心理健康状况与其父母社会经济地位数据对应分析图

第一类：心理健康状况好(0)，父母社会经济地位高(A)。

第二类：心理健康状况受损(3)，父母社会经济地位低(D 和 E)。

第三类：心理有轻微或中度症状(1 和 2)，父母社会经济地位中等(B 和 C)。

例 8.2　表 8.2 中的数据是美国在 1973—1978 年授予 6 个学科博士学位的数目(美国人口调查局，1979)。试对该数据进行对应分析，解释所得结果。

表 8.2　美国 1973—1978 年授予 6 个学科博士学位的数目

学科	1973 年	1974 年	1975 年	1976 年	1977 年	1978 年
L(生命科学)	4489	4303	4402	4350	4266	4361
P(物理学)	4101	3800	3749	3572	3410	3234
S(社会学)	3354	3286	3344	3278	3137	3008
B(行为科学)	2444	2587	2749	2878	2960	3049
E(工程学)	3338	3144	2959	2791	2641	2432
M(数学)	1222	1196	1149	1003	959	959

解　经计算，因子个数为 $m=2$ 时，累计贡献率达到 99.99%。所有行点和列点的因子载荷矩阵分别为

$$\boldsymbol{A}=\begin{pmatrix}-0.4416 & -0.9407\\ 0.7061 & 0.2811\\ -0.0231 & 1.3259\\ -1.8820 & 0.1510\\ 1.2041 & 0.4265\\ 1.0939 & -2.6445\end{pmatrix},\quad \boldsymbol{B}=\begin{pmatrix}1.4376 & -0.3778\\ 0.8707 & -0.3414\\ 0.2536 & -0.0921\\ -0.4147 & 1.5017\\ -0.8768 & 0.9515\\ -1.4784 & -1.6585\end{pmatrix}$$

将各行点和列点置于同一坐标系中，构成对应分析图，如图 8.2 所示。该图上数字 x3、x4、…、x8 分别表示 1973 年、1974 年、…、1978 年，它们是各年度的列点。由该散布图可以看出，1973—1978 年的 x3、x4、…、x8 在第一坐标轴(横轴)方向上是逆序排成的，不过这并不是这次分析所要求的。

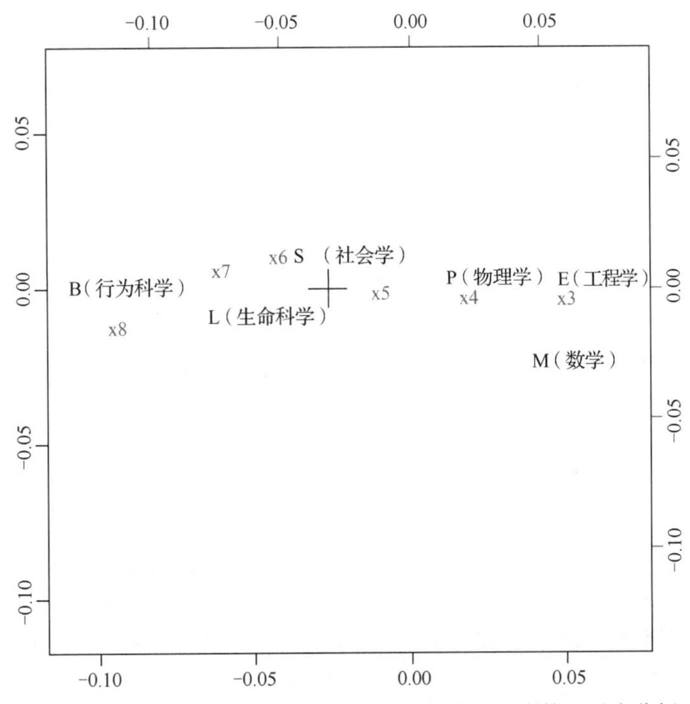

图 8.2 美国 1973—1978 年授予 6 个学科博士学位数目对应分析

从图 8.2 可以看出，6 个行点和 6 个列点大致可以分为三类：第一类包括“行为科学 B”，它在 1978 年授予的博士学位数目的比例最大；第二类包括“社会学 S”和“生命科学 L”，它们在 1975—1977 年授予的博士学位数目的比例都是逐年下降的；第三类包括“物理学 P”“工程学 E”和“数学 M”，它们在 1973 年和 1974 年这两年授予的博士学位数目的比例最大。

例 8.3 试对例 5.3 中我国 31 个省、自治区、直辖市(本数据不包含港、澳、台)2018 年城镇居民人均年消费支出的 8 个主要指标(变量)数据进行对应分析，并给出分类结果。数据见表 5.4。

解 首先，由例 6.5 可知，样本相关矩阵的前 2 个特征值的累计贡献率超过 91%，故在对应分析中取因子个数 $m=2$。数据表中列变量(食品、衣着、居住、生活用品及服务、交通通信、教育文化娱乐、医疗保健、其他用品及服务)是消费支出的几项指标，可理解为属性变量“消费支出”的几个水平(或类目)。数据表中的样品(行变量)是 31 个不同的地区(北京、天津、河北、山西、内蒙古、辽宁、吉林、黑龙江、上海、江苏、浙江、安徽、福建、江西、山东、河南、湖北、湖南、广东、广西、海南、重庆、四川、贵州、云南、西藏、陕西、甘肃、青海、宁夏、新疆)，可理解为属性变量“地区”的几个不同水平(或类目)。

通过 R 软件对该数据进行对应分析，将与因子载荷矩阵对应的各行点和列点置于同一坐标系中，构成对应分析图，如图 8.3 所示。

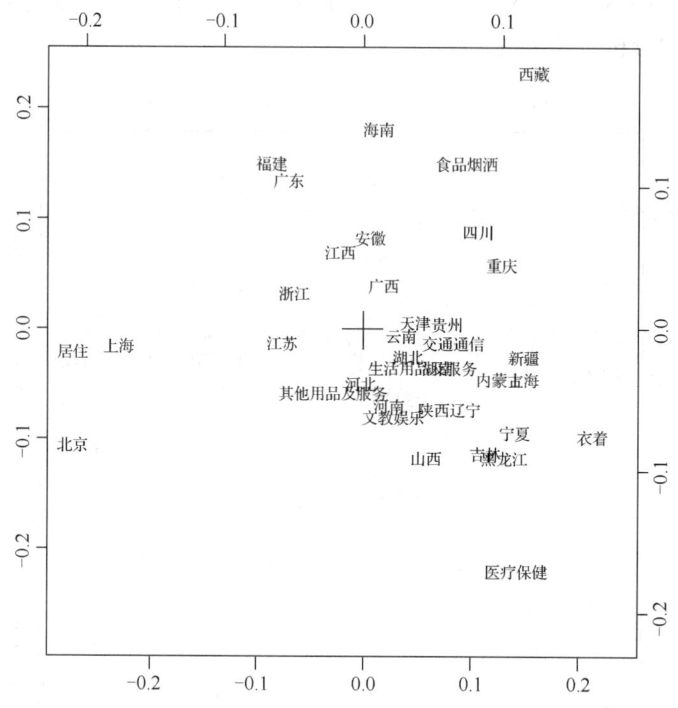

图 8.3　我国 31 地区 2018 年城镇居民人均年消费支出对应分析图

由图 8.3 可以看出，31 个行点和 8 个列点综合起来大致可以分为四个类：第一类包括“北京、上海”两个地区，与两个地区关联紧密的是消费指标“居住”，即这两个城市在居住上消费比例相对较大；第二类包括“福建、广东、海南”和“西藏”四个地区，与它们关联紧密的消费指标是“食品”，即这四个地区在食品上的消费比例相对较大；第三类包括“宁夏、吉林、黑龙江”和“山西”四个地区，它们在衣着和医疗保健方面的消费比例相对较高；第四类包括剩下的其他 21 个地区，它们在交通通信、生活用品及服务、其他用品及服务、教育文化娱乐方面的消费比例相对较高。当然，像“四川、重庆、安徽、江西、浙江、广西”这些地区的食品消费比例相对水平也不低，也可以把它们归为第二类。

通过对比可以看到，例 8.3 的分类结果与例 5.3 中用聚类分析方法得到的分类结果有所不同，这是由于对应分析与聚类分析的分类标准不同，因此两者的分类结果有所不同。

聚类分析是通过各指标观测值的综合评价来对样品进行分类的，即综合水平相近的样品归为同一类。对应分析除了考虑综合水平以外，还考虑了样品与某些共同指标的关联性。在对应分析中归为同一类的样品，可能是它们的综合水平相当，也可能是通过某些关联指标的“媒介”作用把它们归为同一类的。

对于例 5.3 和例 8.3 中的城镇居民消费的分类问题，由聚类分析方法划归为同一类的样品(区域)，其居民综合消费水平比较相近；而由对应分析方法划归为同一类的样品，可能是由于其综合消费水平相近，也可能是由于它们都与某些消费指标关联密切，这些地区居民的消费习惯或倾向在某些方面比较相似。

本章例题的 R 程序代码及输出结果

例 8.1 的 R 程序及输出结果

R 程序代码：

```
#首先对表 8.1 中数据建立文本文件 biao8.1.txt
X<-read.table("biao8.1.txt",head=TRUE)
library(MASS)
#确定因子个数
R=cor(X);
pc1<-princomp(x=R,cor=T)  #通过主成分分析确定因子个数
summary(pc1)
#做对应分析
ca1<-corresp(X,2); ca1  #取因子个数为 2
biplot(ca1)  #画对应分析图 8.1
```

输出结果：

```
summary(pc1)
Importance of components:
```

	Comp. 1	Comp. 2	Comp. 3	Comp. 4
Standard deviation	1. 858832	1. 2394095	0. 092785308	1. 155104e-08
Proportion of Variance	0. 691051	0. 3072272	0. 001721823	2. 668531e-17
Cumulative Proportion	0. 691051	0. 9982782	1. 000000000	1. 000000e+00

```
#做对应分析
ca1<-corresp(X,2); ca1  #取因子个数为 2
First canonical correlation(s):0. 16131842   0. 03708777
Row scores:
```

	[,1]	[,2]
0(心理健康)	-1. 60963036	0. 3578469
1(轻微症状)	-0. 18259493	0. 6086516
2(中度症状)	0. 08802881	-1. 8862612
3(心理受损)	1. 47098263	0. 5310007

```
Column scores:
```

	[,1]	[,2]
A	-1. 13377133	-0. 4184972
B	-0. 36589975	-0. 6051416
C	0. 05506891	1. 1414935
D	1. 02532006	1. 1682280
E	1. 78331343	-1. 6684803

```
biplot(ca1)  #输出对应分析图 8.1
```

例 8.2 的 R 程序及输出结果

R 程序代码：

```
#首先对表 8.2 中数据建立文本文件 biao8.2.txt
X<-read.table("biao8.2.txt",head=TRUE)
library(MASS)
#确定因子个数
R=cor(X);
pc2<-princomp(x=R,cor=T)  #通过主成分分析确定因子个数
summary(pc2)
#做对应分析
ca2<-corresp(X,2); ca2  #取因子个数为 2
biplot(ca2)             #画对应分析图 8.2
```

输出结果：

```
summary(pc2)
Importance of components:
```

	Comp. 1	Comp. 2	Comp. 3	Comp. 4
Standard deviation	2. 0117826	1. 3971797	2. 288312e-02	0. 0096033740
Proportion of Variance	0. 6745449	0. 3253518	8. 727284e-05	0. 0000153708
Cumulative Proportion	0. 6745449	0. 9998967	9. 999840e-01	0. 9999993452

```
#做对应分析
ca2<-corresp(X,2); ca2  #取因子个数为 2
Row scores:
```

	[,1]	[,2]
L(生命科学)	-0. 44161119	-0. 9406850
P(物理学)	0. 70611037	0. 2811495
S(社会学)	-0. 02312518	1. 3259163
B(行为科学)	-1. 88202045	0. 1509552
E(工程学)	1. 20407604	0. 4264787
M(数学)	1. 09394057	-2. 6444499

```
Column scores:
```

	[,1]	[,2]
X3	1. 4375724	-0. 37777944
X4	0. 8707006	-0. 34143862
X5	0. 2535958	-0. 09209639
X6	-0. 4147327	1. 50165779
X7	-0. 8767878	0. 95149997
X8	-1. 4783974	-1. 65850669

```
biplot(ca2)  #画对应分析图 8.2
```

例 8.3 的 R 程序及输出结果

R 程序代码：

```
X<-read.table("biao5.4.txt",head=TRUE)
library(MASS)
ca3<-corresp(X,2); ca3    #做对应分析,取因子个数为 2
biplot(ca3)               #画对应分析图,见图 8.3
```

输出结果：

```
ca3<-corresp(X,2); ca3    #做对应分析,取因子个数为 2
Row scores:
```

	[,1]	[,2]
北京	-2.263080865	-1.19046832
天津	0.345106818	0.10843349
河北	-0.052150313	-0.59462474
山西	0.441684477	-1.37072499
内蒙古	1.003373124	-0.52821270
辽宁	0.755611078	-0.84123466
吉林	0.907935309	-1.30758129
黑龙江	1.067000867	-1.36716432
上海	-1.924250903	-0.17267701
江苏	-0.668467751	-0.12603437
浙江	-0.569602733	0.42948598
安徽	0.006224006	1.01106454
福建	-0.747007725	1.81495749
江西	-0.210851448	0.87110550
山东	0.491471437	-0.31283903
河南	0.152252932	-0.81585944
湖北	0.268481392	-0.25128746
湖南	0.330865323	-0.32290565
广东	-0.627508520	1.64204414
广西	0.114725413	0.50455462
海南	0.078803789	2.18154271
重庆	0.999988289	0.71634894
四川	0.826045009	1.08885158
贵州	0.596829895	0.05634383
云南	0.243716769	-0.02430451
西藏	1.241501281	2.79037819

续表

	[,1]	[,2]
陕西	0.490618449	-0.88128339
甘肃	0.513979408	-0.40150044
青海	1.174476987	-0.52343218
宁夏	1.094059641	-1.07423608
新疆	1.179337223	-0.27268111

Column scores:

	[,1]	[,2]
食品	0.4732343	1.37845832
衣着	1.3160472	-0.85380835
居住	-1.7358673	-0.16689492
生活用品及服务	0.3589136	-0.28509242
交通通信	0.5237892	-0.07011831
教育文化娱乐	0.1662764	-0.71739797
医疗保健	0.8943694	-1.98291376
其他用品及服务	-0.1621664	-0.51769349

```
biplot(ca3)   #画对应分析图 8.3
```

习题 8

8.1　为分析媒体网站的定位，对中国媒体网站进行评价。根据 Alexa 网站提供的评价指标数据，选取了 5 项指标作为媒体网站评价的标准，评价数据如表 8.3 所示。试对该评价数据进行对应分析，并解释所得结果。

表 8.3　媒体网站评价数据

网站	流量	访问量	被连接数	速度	浏览页面数
天极网	3	4	8	1	2
太平洋电脑网	4	10	10	2	4
ZDNetChina	1	1	5	1	1
电脑之家	3	6	6	3	2
中关村在线	3	2	3	3	4
硅谷动力	3	4	3	4	3
搜狐	5	95	20	3	4

续表

网站	流量	访问量	被连接数	速度	浏览页面数
新浪	5	114	20	1	5
网易	5	84	20	2	5
Tom	4	44	4	1	5
中华网	4	14	10	2	5
21CN	4	25	8	2	3
CCTV	4	12	15	3	3
新华网	1	1	10	2	1
人民网	3	7	8	3	2
凤凰网	3	6	6	3	3
中国新闻网	2	2	6	3	2
千龙新闻网	4	6	4	1	4

8.2 表 8.4 所示数据是 2020 年第一季度我国 31 个省、自治区、直辖市(本数据不含港、澳、台)的 6 项经济指标的统计值(单位：元)。这 6 项指标是：居民人均可支配收入(x_1)、城镇居民人均可支配收入(x_2)、农村居民人均可支配收入(x_3)、居民人均消费支出(x_4)、城镇居民人均消费支出(x_5)、农村居民人均消费支出(x_6)。试对该数据做对应分析。

表 8.4　经济指标统计值　　单位：元

省、区、市	x_1	x_2	x_3	x_4	x_5	x_6
北京	17874	19349	8477	10003	10680	5690
天津	12081	13188	6887	7048	7615	4385
河北	6548	9047	4068	4225	5301	3158
山西	6014	8373	3328	3812	4807	2678
内蒙古	7844	10069	4539	4723	5688	3289
辽宁	8706	10197	5795	5020	6074	2962
吉林	7035	8405	5329	3941	4952	2682
黑龙江	6620	7577	5292	3952	4777	2805
上海	19621	20646	10726	10410	10926	5928
江苏	13588	16090	8790	6413	7466	4394
浙江	15575	18545	9860	7891	9004	5750
安徽	7625	10449	4856	4733	5651	3833
福建	10357	13777	4888	6320	7656	4184
江西	6931	9717	4111	4213	5171	3243
山东	8880	11699	5325	4887	6282	3128

续表

省、区、市	x_1	x_2	x_3	x_4	x_5	x_6
河南	6286	9088	3940	3842	4896	2959
湖北	7072	9412	4085	4736	5673	3540
湖南	7718	10988	4451	5096	6547	3646
广东	10956	13487	5326	6886	8078	4235
广西	6561	9515	4072	3846	4906	2952
海南	7094	9650	3964	4626	5839	3141
重庆	8482	11158	4423	5115	6321	3285
四川	6945	9898	4377	4487	5952	3212
贵州	5301	9281	2600	3653	5128	2652
云南	5561	9281	2937	3667	5278	2531
西藏	3818	9517	1812	3022	6344	1852
陕西	6566	9377	3517	4023	5081	2875
甘肃	5190	8616	2746	3512	5113	2369
青海	5939	8797	3129	4086	5344	2849
宁夏	5676	7997	2986	4023	5314	2526
新疆	4912	8606	1721	3825	5636	2261

8.3　试对第 6 章习题 6.5 数据做对应分析。

8.4　2017 年我国 31 个省、自治区、直辖市(本数据不含港、澳、台)各种经济类型资产占总资产比重(%)数据如表 8.5 所示，试对该数据做对应分析。

表 8.5　我国各种经济类型资产占总资产比重　　单位：%

省、区、市	国有经济	集体经济	联营经济	股份经济	外商投资	港澳台投资
北京	0.64923	0.09978	0.009169	0.03123	0.15355	0.05502
天津	0.54626	0.08076	0.011522	0.04887	0.24337	0.06123
河北	0.65573	0.17008	0.002342	0.05744	0.06067	0.04545
山西	0.79696	0.13875	0.001196	0.03047	0.01855	0.01345
内蒙古	0.7867	0.09146	0.001896	0.0536	0.03487	0.02444
辽宁	0.67643	0.11246	0.004802	0.06851	0.09581	0.03172
吉林	0.77543	0.08899	0.00099	0.06603	0.05136	0.014
黑龙江	0.76705	0.08891	0.000881	0.08034	0.03967	0.02081
上海	0.47414	0.07972	0.024211	0.12517	0.23227	0.06449
江苏	0.38035	0.31643	0.015731	0.07001	0.12828	0.07804
浙江	0.35546	0.37345	0.007622	0.10307	0.09272	0.05471
安徽	0.54807	0.18217	0.002694	0.18416	0.05111	0.01623

续表

省、区、市	国有经济	集体经济	联营经济	股份经济	外商投资	港澳台投资
福建	0. 33717	0. 09201	0. 011277	0. 06552	0. 15525	0. 32642
江西	0. 75864	0. 13878	0. 003087	0. 0263	0. 05508	0. 01289
山东	0. 55759	0. 23873	0. 002097	0. 06747	0. 09376	0. 0357
河南	0. 64351	0. 17826	0. 00278	0. 09127	0. 03278	0. 04217
湖北	0. 61639	0. 14863	0. 005496	0. 13431	0. 07068	0. 02252
湖南	0. 73401	0. 16534	0. 000837	0. 03505	0. 04075	0. 01622
广东	0. 29	0. 14267	0. 010985	0. 07634	0. 16066	0. 31467
广西	0. 65484	0. 16093	0. 003532	0. 06972	0. 07865	0. 02689
海南	0. 50979	0. 02691	0. 009083	0. 18364	0. 13156	0. 12736
重庆	0. 67535	0. 1273	0. 002224	0. 08733	0. 07155	0. 02794
四川	0. 6601	0. 13463	0. 002953	0. 14922	0. 02797	0. 01456
贵州	0. 82825	0. 0866	0. 00834	0. 04125	0. 01913	0. 01309
云南	0. 76543	0. 11113	0. 002751	0. 07372	0. 0264	0. 01811
西藏	0. 77082	0. 10634	0. 046613	0. 02476	0. 02379	0. 02282
陕西	0. 80185	0. 08742	0. 002488	0. 04096	0. 03394	0. 03149
甘肃	0. 82696	0. 09909	0. 000988	0. 04503	0. 01443	0. 01264
青海	0. 89509	0. 03964	0. 001087	0. 05235	0. 00281	0. 00642
宁夏	0. 76352	0. 08235	0. 002085	0. 07933	0. 06075	0. 00885
新疆	0. 84105	0. 08384	0. 004328	0. 03146	0. 01157	0. 02458

第9章　典型相关分析

9.1　简介

典型相关分析(Canonical Correlation Analysis)是用于分析两组随机变量之间相关程度的一种多元统计分析方法，它能够有效地揭示两组随机变量之间的相互线性依赖关系，这一方法由霍特林于1935年首先提出。

在实际中，经常需要研究一组变量$(x_1,x_2,\cdots,x_p)$与另一组变量$(y_1,y_2,\cdots,y_q)$之间的相关关系。例如，在商业与经济研究中，研究一组价格指数与另一组价格指数之间的相关性；在体育训练中，研究运动员的身体各项指标与各种训练项目之间的相关性；在工厂里，研究原材料的主要质量指标与产品的质量指标之间的相关性；在教育学中，研究高三学生在高考中的各科考试成绩与高二时各科成绩之间的相关性等。

一般地，假设有两组随机变量组成的随机向量$\boldsymbol{x}=(x_1,x_2,\cdots,x_p)'$和$\boldsymbol{y}=(y_1,y_2,\cdots,y_q)'$，我们要研究它们之间的相关关系。当$p=q=1$时，就是要研究随机变量$\boldsymbol{x}$与随机变量$\boldsymbol{y}$之间的相关关系。我们可以用简单相关系数

$$\rho_{xy}=\frac{\operatorname{cov}(\boldsymbol{x},\boldsymbol{y})}{\sqrt{\operatorname{var}(\boldsymbol{x})\operatorname{var}(\boldsymbol{y})}}$$

来度量$\boldsymbol{x}$与$\boldsymbol{y}$的相关性。当$p>1$，$q=1$时，用$\boldsymbol{x}=(x_1,x_2,\cdots,x_p)'$与$y$的复相关系数

$$\rho_{xy}=\sqrt{\frac{\boldsymbol{\Sigma}_{yx}\boldsymbol{\Sigma}_{xx}^{-1}\boldsymbol{\Sigma}_{xy}}{\boldsymbol{\sigma}_{yy}}}$$

来度量它们之间的相关程度，这里

$$\operatorname{Var}\begin{pmatrix}\boldsymbol{x}\\\boldsymbol{y}\end{pmatrix}=\boldsymbol{\Sigma}=\begin{pmatrix}\boldsymbol{\Sigma}_{xx} & \boldsymbol{\Sigma}_{xy}\\\boldsymbol{\Sigma}_{yx} & \boldsymbol{\sigma}_{yy}\end{pmatrix}$$

当$p,q>1$时，我们考虑利用主成分分析的思想，把两个随机向量$\boldsymbol{x}=(x_1,x_2,\cdots,x_p)'$和$\boldsymbol{y}=(y_1,y_2,\cdots,y_q)'$的相关性研究化为两个综合变量$\boldsymbol{u}$和$\boldsymbol{v}$之间的相关性研究。也就是求系数向量$\boldsymbol{a}=(a_1,a_2,\cdots,a_p)'$和$\boldsymbol{b}=(b_1,b_2,\cdots,b_q)'$，使得

$$\boldsymbol{u}=\boldsymbol{a}'\boldsymbol{x}=a_1x_1+a_2x_2+\cdots+a_px_p$$

$$\boldsymbol{v}=\boldsymbol{b}'\boldsymbol{y}=b_1y_1+b_2y_2+\cdots+b_qy_q$$

之间的相关性达到最大。若这两个综合变量不足以代表两组原始变量的相关性，还可以继续在每一组中找出第二线性组合，使它们各自在与第一线性组合不相关的线性组合中，相互之间具有最大的相关性，如此下去，这就是典型相关分析的基本思想。

9.2 典型相关分析原理

9.2.1 总体典型相关

假设有两组变量 $\boldsymbol{x}=(x_1,x_2,\cdots,x_p)'$ 和 $\boldsymbol{y}=(y_1,y_2,\cdots,y_q)'$，不妨假设 $p\leqslant q$。$\boldsymbol{x}$ 与 $\boldsymbol{y}$ 的协方差矩阵为

$$\boldsymbol{\Sigma}=\mathrm{Var}\begin{pmatrix}\boldsymbol{x}\\ \boldsymbol{y}\end{pmatrix}=\begin{pmatrix}\mathrm{Var}(\boldsymbol{x}) & \mathrm{Cov}(\boldsymbol{x},\boldsymbol{y})\\ \mathrm{Cov}(\boldsymbol{y},\boldsymbol{x}) & \mathrm{Var}(\boldsymbol{y})\end{pmatrix}=\begin{pmatrix}\boldsymbol{\Sigma}_{11} & \boldsymbol{\Sigma}_{12}\\ \boldsymbol{\Sigma}_{21} & \boldsymbol{\Sigma}_{22}\end{pmatrix} \tag{9.1}$$

我们考虑用 $\boldsymbol{x}$ 与 $\boldsymbol{y}$ 的线性组合 $\boldsymbol{u}=\boldsymbol{a}'\boldsymbol{x}$ 与 $\boldsymbol{v}=\boldsymbol{b}'\boldsymbol{y}$ 之间的相关性来研究 $\boldsymbol{x}$ 与 $\boldsymbol{y}$ 的相关性。我们希望找到系数向量 $\boldsymbol{a}$ 和 $\boldsymbol{b}$，使得 $\boldsymbol{u}=\boldsymbol{a}'\boldsymbol{x}$ 与 $\boldsymbol{v}=\boldsymbol{b}'\boldsymbol{y}$ 之间的相关系数 $\rho(\boldsymbol{u},\boldsymbol{v})=\rho(\boldsymbol{a}'\boldsymbol{x},\boldsymbol{b}'\boldsymbol{y})$ 达到最大。由相关系数定义

$$\rho(\boldsymbol{a}'\boldsymbol{x},\boldsymbol{b}'\boldsymbol{y})=\frac{\mathrm{Cov}(\boldsymbol{a}'\boldsymbol{x},\boldsymbol{b}'\boldsymbol{y})}{\sqrt{\mathrm{Var}(\boldsymbol{a}'\boldsymbol{x})\mathrm{Var}(\boldsymbol{b}'\boldsymbol{y})}}=\frac{\boldsymbol{a}'\boldsymbol{\Sigma}_{12}\boldsymbol{b}}{\sqrt{\boldsymbol{a}'\boldsymbol{\Sigma}_{11}\boldsymbol{a}\boldsymbol{b}'\boldsymbol{\Sigma}_{22}\boldsymbol{b}}}$$

容易证明，对任意常数 $c>0$ 和 $d>0$，有

$$\rho(\boldsymbol{a}'\boldsymbol{x},\boldsymbol{b}'\boldsymbol{y})=\rho(c\boldsymbol{a}'\boldsymbol{x},d\boldsymbol{b}'\boldsymbol{y})$$

这说明使相关系数 $\rho(\boldsymbol{a}'\boldsymbol{x},\boldsymbol{b}'\boldsymbol{y})$ 达到最大的向量 $\boldsymbol{a}$ 和 $\boldsymbol{b}$ 并不唯一。为了得到具有唯一性的解，我们对 $\boldsymbol{a}$ 和 $\boldsymbol{b}$ 附加下列条件

$$\mathrm{Var}(\boldsymbol{a}'\boldsymbol{x})=\boldsymbol{a}'\boldsymbol{\Sigma}_{11}\boldsymbol{a}=1,\quad \mathrm{Var}(\boldsymbol{b}'\boldsymbol{y})=\boldsymbol{b}'\boldsymbol{\Sigma}_{22}\boldsymbol{b}=1 \tag{9.2}$$

下面在上述条件下求 $\boldsymbol{a}$ 和 $\boldsymbol{b}$，使得 $\rho(\boldsymbol{u},\boldsymbol{v})=\rho(\boldsymbol{a}'\boldsymbol{x},\boldsymbol{b}'\boldsymbol{y})$ 达到最大。为此，采用拉格朗日乘子法，构造函数

$$f(\boldsymbol{a},\boldsymbol{b},\lambda_1,\lambda_2)=\boldsymbol{a}'\boldsymbol{\Sigma}_{12}\boldsymbol{b}-\frac{1}{2}\lambda_1(\boldsymbol{a}'\boldsymbol{\Sigma}_{11}\boldsymbol{a}-1)-\frac{1}{2}(\boldsymbol{b}'\boldsymbol{\Sigma}_{22}\boldsymbol{b}-1)$$

其中 λ_1、λ_2 为拉格朗日乘子。为求 f 的极大值，对上式分别关于 $\boldsymbol{a}$ 和 $\boldsymbol{b}$ 求偏导数并令其等于零，我们得

$$\begin{cases}\dfrac{\partial f}{\partial \boldsymbol{a}}=\boldsymbol{\Sigma}_{12}\boldsymbol{b}-\lambda_1\boldsymbol{\Sigma}_{11}\boldsymbol{a}=0,\\[2ex] \dfrac{\partial f}{\partial \boldsymbol{b}}=\boldsymbol{\Sigma}_{21}\boldsymbol{a}-\lambda_2\boldsymbol{\Sigma}_{22}\boldsymbol{b}=0\end{cases} \tag{9.3}$$

以 $\boldsymbol{a}'$ 和 $\boldsymbol{b}'$ 分别左乘式(9.3)中两个方程得

$$\begin{cases}\boldsymbol{a}'\boldsymbol{\Sigma}_{12}\boldsymbol{b}=\lambda_1\boldsymbol{a}'\boldsymbol{\Sigma}_{11}\boldsymbol{a}=\lambda_1,\\ \boldsymbol{b}'\boldsymbol{\Sigma}_{21}\boldsymbol{a}=\lambda_2\boldsymbol{b}'\boldsymbol{\Sigma}_{22}\boldsymbol{b}=\lambda_2\end{cases}$$

由于 $\boldsymbol{a}'\boldsymbol{\Sigma}_{12}\boldsymbol{b}=\boldsymbol{b}'\boldsymbol{\Sigma}_{21}\boldsymbol{a}$，可知有 $\lambda_1=\lambda_2=\lambda$，且 $\lambda=\boldsymbol{a}'\boldsymbol{\Sigma}_{12}\boldsymbol{b}=\rho(\boldsymbol{u},\boldsymbol{v})$，而式(9.3)变为

$$\begin{cases}\boldsymbol{\Sigma}_{12}\boldsymbol{b}-\lambda\boldsymbol{\Sigma}_{11}\boldsymbol{a}=0,\\ \boldsymbol{\Sigma}_{21}\boldsymbol{a}-\lambda\boldsymbol{\Sigma}_{22}\boldsymbol{b}=0\end{cases} \tag{9.4}$$

由式(9.4)中第二个等式得 $\lambda\boldsymbol{b}=\boldsymbol{\Sigma}_{22}^{-1}\boldsymbol{\Sigma}_{21}\boldsymbol{a}$，由式(9.4)中第一个等式得 $\boldsymbol{\Sigma}_{12}\lambda\boldsymbol{b}-\lambda^2\boldsymbol{\Sigma}_{11}\boldsymbol{a}=0$，于是我们有

$$\boldsymbol{\Sigma}_{12}\boldsymbol{\Sigma}_{22}^{-1}\boldsymbol{\Sigma}_{21}\boldsymbol{a}-\lambda^2\boldsymbol{\Sigma}_{11}\boldsymbol{a}=0$$

$$\boldsymbol{\Sigma}_{11}^{-1}\boldsymbol{\Sigma}_{12}\boldsymbol{\Sigma}_{22}^{-1}\boldsymbol{\Sigma}_{21}\boldsymbol{a}-\lambda^2\boldsymbol{a}=0$$

类似地有 $\boldsymbol{\Sigma}_{22}^{-1}\boldsymbol{\Sigma}_{21}\boldsymbol{\Sigma}_{11}^{-1}\boldsymbol{\Sigma}_{12}\boldsymbol{b}-\lambda^2\boldsymbol{b}=0$。

记

$$\boldsymbol{M}_1=\boldsymbol{\Sigma}_{11}^{-1}\boldsymbol{\Sigma}_{12}\boldsymbol{\Sigma}_{22}^{-1}\boldsymbol{\Sigma}_{21},\ \boldsymbol{M}_2=\boldsymbol{\Sigma}_{22}^{-1}\boldsymbol{\Sigma}_{21}\boldsymbol{\Sigma}_{11}^{-1}\boldsymbol{\Sigma}_{12} \tag{9.5}$$

则有

$$\begin{cases}\boldsymbol{M}_1\boldsymbol{a}=\lambda^2\boldsymbol{a},\\ \boldsymbol{M}_2\boldsymbol{b}=\lambda^2\boldsymbol{b}\end{cases} \tag{9.6}$$

由式(9.6)可知，λ^2 既是 $\boldsymbol{M}_1$ 的特征值也是 $\boldsymbol{M}_2$ 的特征值，$\boldsymbol{a}$ 和 $\boldsymbol{b}$ 分别是 $\boldsymbol{M}_1$ 和 $\boldsymbol{M}_2$ 的对应于特征值 λ^2 的特征向量。于是求向量 $\boldsymbol{a}$ 和 $\boldsymbol{b}$ 的问题就转化为求矩阵 $\boldsymbol{M}_1$ 和 $\boldsymbol{M}_2$ 的特征值和特征向量的问题。

设 $\boldsymbol{M}_1$ 和 $\boldsymbol{M}_2$ 的非零特征值为 $\lambda_1^2\geqslant\lambda_2^2\geqslant\cdots\geqslant\lambda_m^2>0$，称 $\lambda_1\geqslant\lambda_2\geqslant\cdots\geqslant\lambda_m>0$ 为**典型相关系数**。设 $\boldsymbol{a}_i$、$\boldsymbol{b}_i$ 为式(9.6)的对应于 λ_i^2 且满足 $\boldsymbol{a}_i'\boldsymbol{\Sigma}_{11}\boldsymbol{a}_i=1$，$\boldsymbol{b}_i'\boldsymbol{\Sigma}_{22}\boldsymbol{b}_i=1$ 的解。令 $(\boldsymbol{u}_i,\boldsymbol{v}_i)=(\boldsymbol{a}_i'\boldsymbol{x},\boldsymbol{b}_i'\boldsymbol{y})\ (i=1,2,\cdots,m)$，则称 $(\boldsymbol{u}_i,\boldsymbol{v}_i)$ 为第 i 对**典型相关变量**，而 $\rho(\boldsymbol{u}_i,\boldsymbol{v}_i)=\boldsymbol{a}_i'\boldsymbol{\Sigma}_{12}\boldsymbol{b}_i=\lambda_i$ 为第 i 个典型相关系数。

我们可以从式(9.6)出发直接求两组变量的典型相关变量及典型相关系数。但要注意的是，由于特征向量的不唯一性，从式(9.6)得到的典型相关变量 $\boldsymbol{a}_i$，$\boldsymbol{b}_i$ 可能不满足规范化条件 $\boldsymbol{a}_i'\boldsymbol{\Sigma}_{11}\boldsymbol{a}_i=1$，$\boldsymbol{b}_i'\boldsymbol{\Sigma}_{22}\boldsymbol{b}_i=1$，因此需要进行规范化处理。

例 9.1　已知标准化变量 $\boldsymbol{x}=(x_1,x_2)'$ 和 $\boldsymbol{y}=(y_1,y_2)'$ 的相关矩阵为 $\boldsymbol{R}=\begin{pmatrix}\boldsymbol{R}_{11} & \boldsymbol{R}_{12}\\ \boldsymbol{R}_{21} & \boldsymbol{R}_{22}\end{pmatrix}$，其中 $\boldsymbol{R}_{11}=\begin{pmatrix}1 & \alpha\\ \alpha & 1\end{pmatrix}$，$\boldsymbol{R}_{22}=\begin{pmatrix}1 & \gamma\\ \gamma & 1\end{pmatrix}$，$\boldsymbol{R}_{12}=\begin{pmatrix}\beta & \beta\\ \beta & \beta\end{pmatrix}$，$\boldsymbol{R}_{21}=\boldsymbol{R}_{12}'\ (0<\beta<1)$。试求 x、y 的典型相关变量和典型相关系数。

解　由已知的相关矩阵 $\boldsymbol{R}$ 可求出

$$\boldsymbol{R}_{11}^{-1}=\frac{1}{1-\alpha^2}\begin{pmatrix}1 & -\alpha\\ -\alpha & 1\end{pmatrix},\ \boldsymbol{R}_{22}^{-1}=\frac{1}{1-\gamma^2}\begin{pmatrix}1 & -\gamma\\ -\gamma & 1\end{pmatrix}$$

$$\boldsymbol{M}_1^*=\boldsymbol{R}_{11}^{-1}\boldsymbol{R}_{12}\boldsymbol{R}_{22}^{-1}\boldsymbol{R}_{21}=\frac{2\beta^2}{(1+\alpha)(1+\gamma)}\begin{pmatrix}1 & 1\\ 1 & 1\end{pmatrix}$$

由于 $\boldsymbol{J}=\begin{pmatrix}1 & 1\\ 1 & 1\end{pmatrix}$ 的特征值为 2 和 0，故 $\boldsymbol{M}_1^*$ 的特征值为

$$\lambda_1^2=\frac{4\beta^2}{(1+\alpha)(1+\gamma)},\ \lambda_2^2=0$$

故 $\boldsymbol{M}_1^*$ 的对应于 λ_1^2 的特征向量为 $(1/\sqrt{2},1/\sqrt{2})'$，而满足条件 $\boldsymbol{a}_1'\boldsymbol{R}_{11}\boldsymbol{a}_1=1$ 的特征向量为

$$\boldsymbol{a}_1=\frac{1}{\sqrt{2(1+\alpha)}}\begin{pmatrix}1\\ 1\end{pmatrix}$$

类似地可得，$\boldsymbol{M}_2^*=\boldsymbol{R}_{22}^{-1}\boldsymbol{R}_{21}\boldsymbol{R}_{11}^{-1}\boldsymbol{R}_{12}$ 的对应于特征值 λ_1^2，且满足条件 $\boldsymbol{b}_1'\boldsymbol{R}_{22}\boldsymbol{b}_1=1$ 的特征向量为

$$\boldsymbol{b}_1=\frac{1}{\sqrt{2(1+\gamma)}}\begin{pmatrix}1\\1\end{pmatrix}$$

所以第一对典型相关变量为

$$u_1=\boldsymbol{a}_1'\boldsymbol{x}=\frac{1}{\sqrt{2(1+\boldsymbol{\alpha})}}(x_1+x_2),\quad v_1=\boldsymbol{b}_1'\boldsymbol{y}=\frac{1}{\sqrt{2(1+\gamma)}}(y_1+y_2)$$

而第一个典型相关系数为

$$\lambda_1=\rho(\boldsymbol{u}_1,\boldsymbol{v}_1)=\frac{2\beta}{\sqrt{(1+\boldsymbol{\alpha})(1+\gamma)}}\quad(0<\lambda_1<1)$$

因$|\alpha|<1$，$|\gamma|<1$，显然有$\lambda_1>\beta$，这表明第一个典型相关系数一般大于两组原始变量之间的相关系数。

9.2.2 典型相关变量的性质

下面首先讨论典型相关变量的系数向量$\boldsymbol{a}_i$、$\boldsymbol{b}_i$的另一种求法。

记$\boldsymbol{T}=\boldsymbol{\Sigma}_{11}^{-1/2}\boldsymbol{\Sigma}_{12}\boldsymbol{\Sigma}_{22}^{-1/2}$，由矩阵的性质可知，$\boldsymbol{TT}'$、$\boldsymbol{T}'\boldsymbol{T}$、$\boldsymbol{M}_1$、$\boldsymbol{M}_2$有相同的非零特征值，因此$\boldsymbol{TT}'$的非零特征值为$\lambda_1^2,\lambda_2^2,\cdots,\lambda_m^2$。设$\boldsymbol{TT}'$的与特征值$\lambda_i^2$对应的标准正交特征向量为$\boldsymbol{\alpha}_i$，令

$$\beta_i=\lambda_i^{-1}\boldsymbol{\Sigma}_{22}^{-1/2}\boldsymbol{\Sigma}_{21}\boldsymbol{\Sigma}_{11}^{-1/2}\boldsymbol{\alpha}_i\quad(i=1,2,\cdots,m)$$

可以证明$\boldsymbol{\beta}_i$是$\boldsymbol{T}'\boldsymbol{T}$的与特征值$\lambda_i^2$对应的标准正交特征向量。事实上，我们有

$$\boldsymbol{T}'\boldsymbol{T}\boldsymbol{\beta}_i=\lambda_i^{-1}\boldsymbol{\Sigma}_{22}^{-1/2}\boldsymbol{\Sigma}_{21}\boldsymbol{\Sigma}_{11}^{-1/2}\boldsymbol{TT}'\boldsymbol{\alpha}_i=\lambda_i\boldsymbol{\Sigma}_{22}^{-1/2}\boldsymbol{\Sigma}_{21}\boldsymbol{\Sigma}_{11}^{-1/2}\boldsymbol{\alpha}_i=\lambda_i^2\boldsymbol{\beta}_i$$

这说明$\boldsymbol{\beta}_i$是$\boldsymbol{T}'\boldsymbol{T}$的与特征值$\lambda_i^2$对应的特征向量。关于标准正交性，我们有

$$\begin{aligned}\boldsymbol{\beta}_i'\boldsymbol{\beta}_k&=\lambda_i^{-2}\boldsymbol{\alpha}_i'\boldsymbol{\Sigma}_{11}^{-1/2}\boldsymbol{\Sigma}_{12}\boldsymbol{\Sigma}_{22}^{-1}\boldsymbol{\Sigma}_{21}\boldsymbol{\Sigma}_{11}^{-1/2}\boldsymbol{\alpha}_k\\&=\lambda_i^{-2}\boldsymbol{\alpha}_i'\boldsymbol{TT}'\boldsymbol{\alpha}_k=\boldsymbol{\alpha}_i'\boldsymbol{\alpha}_k=\begin{cases}1&(i=k)\\0&(i\neq k)\end{cases}\end{aligned}$$

令

$$\boldsymbol{a}_i=\boldsymbol{\Sigma}_{11}^{-1/2}\boldsymbol{\alpha}_i,\quad \boldsymbol{b}_i=\boldsymbol{\Sigma}_{22}^{-1/2}\boldsymbol{\beta}_i=\lambda_i^{-1}\boldsymbol{\Sigma}_{22}^{-1}\boldsymbol{\Sigma}_{21}\boldsymbol{a}_i\quad(i=1,2,\cdots,m)\tag{9.7}$$

则$(\boldsymbol{u}_i,\boldsymbol{v}_i)=(\boldsymbol{a}_i'\boldsymbol{x},\boldsymbol{b}_i'\boldsymbol{y})$为$\boldsymbol{x}$和$\boldsymbol{y}$的第$i$对典型相关变量，$\lambda_i$为第$i$个典型相关系数，即$\rho(\boldsymbol{u}_i,\boldsymbol{v}_i)=\boldsymbol{a}_i'\boldsymbol{\Sigma}_{12}\boldsymbol{b}_i=\lambda_i(i=1,2,\cdots,m)$。因此可以利用上述方法求两组变量的典型相关系数及典型相关变量。

可以证明，上述典型相关变量$\boldsymbol{u}_i,\boldsymbol{v}_i$具有下列性质。

性质 1 $\boldsymbol{u}_i,\boldsymbol{v}_i$的方差为

$$\mathrm{Var}(\boldsymbol{u}_i)=\boldsymbol{a}_i'\boldsymbol{\Sigma}_{11}\boldsymbol{a}_i=\boldsymbol{\alpha}_i'\boldsymbol{\alpha}_i=1$$

$$\mathrm{Var}(\boldsymbol{v}_i)=\boldsymbol{b}_i'\boldsymbol{\Sigma}_{22}\boldsymbol{b}_i=\boldsymbol{\beta}_i'\boldsymbol{\beta}_i=1$$

性质 2 当$i\neq k$时，$\boldsymbol{u}_i$和$\boldsymbol{u}_k$，$\boldsymbol{v}_i$和$\boldsymbol{v}_k$的协方差分别为

$$\mathrm{Cov}(\boldsymbol{u}_i,\boldsymbol{u}_k)=\boldsymbol{a}_i'\boldsymbol{\Sigma}_{11}\boldsymbol{a}_k=\boldsymbol{\alpha}_i'\boldsymbol{\alpha}_k=0$$

$$\mathrm{Cov}(\boldsymbol{v}_i,\boldsymbol{v}_k)=\boldsymbol{b}_i'\boldsymbol{\Sigma}_{22}\boldsymbol{b}_k=\boldsymbol{\beta}_i'\boldsymbol{\beta}_k=0$$

性质 3 当$i\neq k$时，$\boldsymbol{u}_i$和$\boldsymbol{v}_k$的协方差为

$$\mathrm{Cov}(u_i,v_k)=\boldsymbol{a}_i'\boldsymbol{\Sigma}_{12}\boldsymbol{b}_k=\boldsymbol{\alpha}_i'\boldsymbol{\Sigma}_{11}^{-1/2}\boldsymbol{\Sigma}_{12}\boldsymbol{\Sigma}_{22}^{-1/2}\boldsymbol{\beta}_k=\lambda_i\boldsymbol{\beta}_i'\boldsymbol{\beta}_k=0$$

性质 4　记 $\boldsymbol{A}_{p\times m}=(\boldsymbol{a}_1,\boldsymbol{a}_2,\cdots,\boldsymbol{a}_m)$，$\boldsymbol{B}_{q\times m}=(\boldsymbol{b}_1,\boldsymbol{b}_2,\cdots,\boldsymbol{b}_m)$。设典型相关向量为

$$\boldsymbol{u}=(u_1,\cdots,u_m)'=\boldsymbol{A}'\boldsymbol{x},\ \boldsymbol{v}=(v_1,v_2,\cdots,v_m)'=\boldsymbol{B}'\boldsymbol{y} \tag{9.8}$$

则有

$$\begin{aligned}&\mathrm{Cov}(\boldsymbol{x},\boldsymbol{u})=\boldsymbol{\Sigma}_{11}\boldsymbol{A},\ \mathrm{Cov}(\boldsymbol{x},\boldsymbol{v})=\boldsymbol{\Sigma}_{12}\boldsymbol{B}\\&\mathrm{Cov}(\boldsymbol{y},\boldsymbol{u})=\boldsymbol{\Sigma}_{21}\boldsymbol{A},\ \mathrm{Cov}(\boldsymbol{y},\boldsymbol{v})=\boldsymbol{\Sigma}_{22}\boldsymbol{B}\end{aligned} \tag{9.9}$$

式(9.9)给出了原始变量与典型相关变量之间的协方差矩阵。若原始变量均为标准化变量，则原始变量与典型相关变量的协方差矩阵就是它们的相关系数矩阵。

性质 5　设 $\boldsymbol{x}$ 和 $\boldsymbol{y}$ 分别是 p 维和 q 维随机向量，令 $\boldsymbol{x}^*=\boldsymbol{C}'\boldsymbol{x}+\boldsymbol{c}$，$\boldsymbol{y}^*=G'\boldsymbol{y}+g$，其中 $\boldsymbol{C}$ 为 $p\times p$ 非退化矩阵，$\boldsymbol{c}$ 为 p 维常数向量，$\boldsymbol{G}$ 为 $q\times q$ 非退化矩阵，$\boldsymbol{g}$ 为 q 维常数向量，则

(1)$\boldsymbol{x}^*$ 和 $\boldsymbol{y}^*$ 的典型相关变量为 $\boldsymbol{a}_i^{*\prime}\boldsymbol{x}^*$ 和 $\boldsymbol{b}_i^{*\prime}\boldsymbol{y}^*$，其中 $\boldsymbol{a}_i^*=\boldsymbol{C}^{-1}\boldsymbol{a}_i$，$\boldsymbol{b}_i^*=\boldsymbol{G}^{-1}\boldsymbol{b}_i(i=1,2,\cdots,p)$，这里 $\boldsymbol{a}_i$、$\boldsymbol{b}_i$ 是 $\boldsymbol{x}$、$\boldsymbol{y}$ 的第 i 对典型相关变量的系数向量。

(2)$\rho(\boldsymbol{a}_i^{*\prime}\boldsymbol{x}^*,\boldsymbol{b}_i^{*\prime}\boldsymbol{y}^*)=\rho(\boldsymbol{a}_i'\boldsymbol{x},\boldsymbol{b}_i'\boldsymbol{y})$，即线性变换不改变典型相关性。

例 9.2　已知 p 维随机向量 $\boldsymbol{x}$ 和 q 维随机向量 $\boldsymbol{y}$ 的协方差矩阵分别为 $\boldsymbol{\Sigma}_{11}$ 和 $\boldsymbol{\Sigma}_{22}$，试从 $\boldsymbol{z}=(\boldsymbol{x}',\boldsymbol{y}')'$的相关矩阵 $\boldsymbol{R}$ 出发求典型相关变量和典型相关系数。

解　取

$$\boldsymbol{C}=(\mathrm{diag}(\boldsymbol{\Sigma}_{11}))^{-1/2},\ \boldsymbol{G}=(\mathrm{diag}(\boldsymbol{\Sigma}_{22}))^{-1/2}$$

设 $\boldsymbol{z}=(\boldsymbol{x}',\boldsymbol{y}')'$的相关矩阵为 $\boldsymbol{R}=\begin{pmatrix}\boldsymbol{R}_{11}&\boldsymbol{R}_{12}\\\boldsymbol{R}_{21}&\boldsymbol{R}_{22}\end{pmatrix}$，令 $\boldsymbol{x}^*=\boldsymbol{C}\boldsymbol{x}$，$\boldsymbol{y}^*=\boldsymbol{G}\boldsymbol{y}$。线性变换后的向量 $\boldsymbol{z}^*=(\boldsymbol{x}^{*\prime},\boldsymbol{y}^{*\prime})'$的协方差矩阵就是 $\boldsymbol{z}=(\boldsymbol{x}',\boldsymbol{y}')'$的相关矩阵 $\boldsymbol{R}$。

如果已知 $\boldsymbol{R}$，欲求 $\boldsymbol{x}$、$\boldsymbol{y}$ 的典型相关变量和典型相关系数时，可以从 $\boldsymbol{R}$ 出发，求 $\boldsymbol{T}^*\boldsymbol{T}^{*\prime}$和 $\boldsymbol{T}^{*\prime}\boldsymbol{T}^*$ 的特征值和单位正交特征向量(这里 $\boldsymbol{T}^*=\boldsymbol{R}_{11}^{-1/2}\boldsymbol{R}_{12}\boldsymbol{R}_{22}^{-1/2}$)，从而得 $\boldsymbol{x}^*$、$\boldsymbol{y}^*$ 的满足条件 $\boldsymbol{a}_i^{*\prime}\boldsymbol{R}_{11}\boldsymbol{a}_i^*=1$、$\boldsymbol{b}_i^{*\prime}\boldsymbol{R}_{22}\boldsymbol{b}_i^*=1$ 的典型相关变量 $\boldsymbol{a}_i^{*\prime}\boldsymbol{x}^*$ 和 $\boldsymbol{b}_i^{*\prime}\boldsymbol{y}^*$ 及典型相关系数 $\lambda_i(i=1,2,\cdots,p)$。令

$$\boldsymbol{a}_i=\boldsymbol{C}\boldsymbol{a}_i^*,\ \boldsymbol{b}_i=\boldsymbol{G}\boldsymbol{b}_i^*\quad(i=1,2,\cdots,p)$$

则 $\boldsymbol{a}_i'\boldsymbol{x}$ 和 $\boldsymbol{b}_i'\boldsymbol{y}$ 即为 $\boldsymbol{x}$、$\boldsymbol{y}$ 的第 i 对典型相关变量，它们的相关系数为 $\lambda_i(i=1,2,\cdots,p)$。

9.3　样本典型相关

9.3.1　样本典型相关变量的计算

假定 $p+q$ 维随机向量 $\boldsymbol{z}=(\boldsymbol{x}_1,\cdots,\boldsymbol{x}_p,\boldsymbol{y}_1,\cdots,\boldsymbol{y}_q)$的 n 次观测值组成的数据矩阵为

$$\boldsymbol{Z}=(\boldsymbol{X},\boldsymbol{Y})=\begin{pmatrix}x_{11}&x_{12}&\cdots&x_{1p}&y_{11}&y_{12}&\cdots&y_{1q}\\x_{21}&x_{22}&\cdots&x_{2p}&y_{21}&y_{22}&\cdots&y_{2q}\\\vdots&\vdots&&\vdots&\vdots&\vdots&&\vdots\\x_{n1}&x_{n2}&\cdots&x_{np}&y_{n1}&y_{n2}&\cdots&y_{nq}\end{pmatrix}=\begin{pmatrix}\boldsymbol{z}_{(1)}'\\\boldsymbol{z}_{(2)}'\\\vdots\\\boldsymbol{z}_{(n)}'\end{pmatrix}$$

若假定 $\boldsymbol{z}\sim N_{p+q}(\boldsymbol{\mu},\boldsymbol{\Sigma})$，则协方差矩阵 $\boldsymbol{\Sigma}$ 的无偏估计为

$$\boldsymbol{S}=\frac{1}{n-1}\sum_{i=1}^{n}(\boldsymbol{z}_{(i)}-\bar{\boldsymbol{z}})(\boldsymbol{z}_{(i)}-\bar{\boldsymbol{z}})'$$

其中 $\bar{\boldsymbol{z}}=\frac{1}{n}\sum_{i=1}^{n}\boldsymbol{z}_{(i)}$。称矩阵 $\boldsymbol{S}$ 为样本协方差矩阵。

设 $\boldsymbol{\Sigma}=\begin{pmatrix}\boldsymbol{\Sigma}_{11} & \boldsymbol{\Sigma}_{12}\\ \boldsymbol{\Sigma}_{21} & \boldsymbol{\Sigma}_{22}\end{pmatrix}$，其中 $\boldsymbol{\Sigma}_{11}$ 为 $p\times p$ 方阵，$\boldsymbol{\Sigma}_{22}$ 为 $q\times q$ 方阵。将样本协方差矩阵 $\boldsymbol{S}$ 同样分块为 $\boldsymbol{S}=\begin{pmatrix}\boldsymbol{S}_{11} & \boldsymbol{S}_{12}\\ \boldsymbol{S}_{21} & \boldsymbol{S}_{22}\end{pmatrix}$，则 $\boldsymbol{S}_{ij}(i,j=1,2)$ 是 $\boldsymbol{\Sigma}_{ij}$ 的无偏估计。下面我们从样本协方差矩阵或样本相关矩阵出发来讨论如何求样本典型相关变量。

与总体典型相关变量及典型相关系数的求法类似，我们可以用两种方法求样本典型相关变量 $\hat{\boldsymbol{a}}_i$、$\hat{\boldsymbol{b}}_i$ 和样本典型相关系数 $\hat{\lambda}_i(i=1,2,\cdots,m)$。第一种方法是直接解方程组

$$\begin{cases}\hat{\boldsymbol{M}}_1\hat{\boldsymbol{a}}_i=\hat{\lambda}_i^2\hat{\boldsymbol{a}}_i\\ \hat{\boldsymbol{M}}_2\hat{\boldsymbol{b}}_i=\hat{\lambda}_i^2\hat{\boldsymbol{b}}_i\end{cases}\quad(i=1,2,\cdots,m)$$

其中 $\hat{\boldsymbol{M}}_1=\boldsymbol{S}_{11}^{-1}\boldsymbol{S}_{12}\boldsymbol{S}_{22}^{-1}\boldsymbol{S}_{21}$，$\hat{\boldsymbol{M}}_2=\boldsymbol{S}_{22}^{-1}\boldsymbol{S}_{21}\boldsymbol{S}_{11}^{-1}\boldsymbol{S}_{12}$。另一种方法是记矩阵 $\hat{\boldsymbol{T}}=\boldsymbol{S}_{11}^{-1/2}\boldsymbol{S}_{12}\boldsymbol{S}_{22}^{-1/2}$，并设 $\hat{\boldsymbol{T}}\hat{\boldsymbol{T}}'$ 的非零特征值为 $\hat{\lambda}_1^2\geqslant\hat{\lambda}_2^2\geqslant\cdots\geqslant\hat{\lambda}_m^2>0$。设 $\hat{\boldsymbol{\alpha}}_i$ 为 $\hat{\boldsymbol{T}}\hat{\boldsymbol{T}}'$ 的与特征值 $\hat{\lambda}_i^2$ 对应的单位正交特征向量，记

$$\hat{\boldsymbol{a}}_i=\boldsymbol{S}_{11}^{-1/2}\hat{\boldsymbol{\alpha}}_i,\ \hat{\boldsymbol{b}}_i=\hat{\lambda}_i^{-1}\boldsymbol{S}_{22}^{-1}\boldsymbol{S}_{21}\hat{\boldsymbol{a}}_i\quad(i=1,2,\cdots,m)\tag{9.10}$$

则 $(\hat{\boldsymbol{u}}_i,\hat{\boldsymbol{v}}_i)=(\hat{\boldsymbol{a}}_i'\boldsymbol{x},\hat{\boldsymbol{b}}_i'\boldsymbol{y})$ 为 $\boldsymbol{x}$ 和 $\boldsymbol{y}$ 的第 i 对样本典型相关变量，$\hat{\lambda}_i$ 为第 i 个样本典型相关系数，即 $\hat{\rho}(\hat{\boldsymbol{u}}_i,\hat{\boldsymbol{v}}_i)=\hat{\boldsymbol{a}}_i'\boldsymbol{S}_{12}\hat{\boldsymbol{b}}_i=\hat{\lambda}_i(i=1,2,\cdots,m)$。

若记 $\hat{\boldsymbol{A}}_{p\times m}=(\hat{\boldsymbol{a}}_1,\hat{\boldsymbol{a}}_2,\cdots,\hat{\boldsymbol{a}}_m)$，$\hat{\boldsymbol{B}}_{q\times m}=(\hat{\boldsymbol{b}}_1,\hat{\boldsymbol{b}}_2,\cdots,\hat{\boldsymbol{b}}_m)$，则样本数据矩阵 $\boldsymbol{X}_{n\times p}$ 和 $\boldsymbol{Y}_{n\times q}$ 在典型相关变量下的得分矩阵分别为 $\boldsymbol{U}_{n\times m}=\boldsymbol{X}_{n\times p}\hat{\boldsymbol{A}}_{p\times m}$，$\boldsymbol{V}_{n\times m}=\boldsymbol{Y}_{n\times q}\hat{\boldsymbol{B}}_{q\times m}$。

以上是从样本协方差矩阵 $\boldsymbol{S}=(s_{ij})_{p\times p}$ 出发给出的样本典型相关变量和样本典型相关系数。在实际中往往首先对数据进行中心标准化处理，下面我们从样本相关阵 $\boldsymbol{R}$ 出发给出样本典型相关变量。

假设原始随机向量 $\boldsymbol{x}$ 和 $\boldsymbol{y}$ 的各分量都标准化后得到的随机向量为 $\boldsymbol{x}^*$ 和 $\boldsymbol{y}^*$，我们讨论如何求 $\boldsymbol{x}^*$ 和 $\boldsymbol{y}^*$ 的典型相关变量 $\boldsymbol{a}_i'\boldsymbol{x}^*$ 和 $\boldsymbol{b}_i'\boldsymbol{y}^*(i=1,2,\cdots,m)$。

设样本相关矩阵为 $\boldsymbol{R}=(r_{ij})_{p\times p}$，其中 $r_{ij}=s_{ij}/\sqrt{s_{ii}s_{jj}}$。类似 $\boldsymbol{\Sigma}$ 和 $\boldsymbol{S}$ 的分块，将 $\boldsymbol{R}$ 分块为 $\boldsymbol{R}=\begin{pmatrix}\boldsymbol{R}_{11} & \boldsymbol{R}_{12}\\ \boldsymbol{R}_{21} & \boldsymbol{R}_{22}\end{pmatrix}$。记

$$\boldsymbol{D}_1=\mathrm{diag}(\sqrt{s_{11}},\cdots,\sqrt{s_{pp}}),\ \boldsymbol{D}_2=\mathrm{diag}(\sqrt{s_{p+1,p+1}},\cdots,\sqrt{s_{p+q,p+q}})$$

为两个对角矩阵，则

$$\boldsymbol{S}_{11}=\boldsymbol{D}_1\boldsymbol{R}_{11}\boldsymbol{D}_1,\ \boldsymbol{S}_{12}=\boldsymbol{D}_1\boldsymbol{R}_{12}\boldsymbol{D}_2,\ \boldsymbol{S}_{21}=\boldsymbol{D}_2\boldsymbol{R}_{21}\boldsymbol{D}_1,\ \boldsymbol{S}_{22}=\boldsymbol{D}_2\boldsymbol{R}_{22}\boldsymbol{D}_2$$

记

$$\boldsymbol{M}_1'=\boldsymbol{R}_{11}^{-1}\boldsymbol{R}_{12}\boldsymbol{R}_{22}^{-1}\boldsymbol{R}_{21},\ \boldsymbol{M}_2'=\boldsymbol{R}_{22}^{-1}\boldsymbol{R}_{21}\boldsymbol{R}_{11}^{-1}\boldsymbol{R}_{12}$$

则有

$$\begin{aligned} \boldsymbol{M}_1' &= \boldsymbol{D}_1 \boldsymbol{S}_{11}^{-1} \boldsymbol{S}_{12} \boldsymbol{S}_{22}^{-1} \boldsymbol{S}_{21} \boldsymbol{D}_1^{-1} = \boldsymbol{D}_1 \hat{\boldsymbol{M}}_1 \boldsymbol{D}_1^{-1} \\ \boldsymbol{M}_2' &= \boldsymbol{D}_2 \boldsymbol{S}_{22}^{-1} \boldsymbol{S}_{21} \boldsymbol{S}_{11}^{-1} \boldsymbol{S}_{12} \boldsymbol{D}_2^{-1} = \boldsymbol{D}_2 \hat{\boldsymbol{M}}_2 \boldsymbol{D}_2^{-1} \end{aligned} \tag{9.11}$$

这说明 $\boldsymbol{M}_1'$，$\boldsymbol{M}_2'$与$\hat{\boldsymbol{M}}_1$，$\hat{\boldsymbol{M}}_2$ 的非零特征值相同，即$\hat{\lambda}_1^2 \geqslant \hat{\lambda}_2^2 \geqslant \cdots \geqslant \hat{\lambda}_m^2 > 0$。由于$\hat{\boldsymbol{a}}_i$ 和$\hat{\boldsymbol{b}}_i$ 分别是$\hat{\boldsymbol{M}}_1$ 和$\hat{\boldsymbol{M}}_2$ 的对应于特征值$\hat{\lambda}_i^2$ 的特征向量，因此有

$$\hat{\boldsymbol{M}}_1 \hat{\boldsymbol{a}}_i = \hat{\lambda}_i^2 \hat{\boldsymbol{a}}_i,\ \hat{\boldsymbol{M}}_2 \hat{\boldsymbol{b}}_i = \hat{\lambda}_i^2 \hat{\boldsymbol{b}}_i \quad (i=1,2,\cdots,m) \tag{9.12}$$

式(9.12)中第一个等式左乘 $\boldsymbol{D}_1$、第二个等式左乘 $\boldsymbol{D}_2$ 得

$$\boldsymbol{D}_1 \hat{\boldsymbol{M}}_1 \boldsymbol{D}_1^{-1} \boldsymbol{D}_1 \hat{\boldsymbol{a}}_i = \hat{\lambda}_i^2 \boldsymbol{D}_1 \hat{\boldsymbol{a}}_i,\ \boldsymbol{D}_2 \hat{\boldsymbol{M}}_2 \boldsymbol{D}_2^{-1} \boldsymbol{D}_2 \hat{\boldsymbol{b}}_i = \hat{\lambda}_i^2 \boldsymbol{D}_2 \hat{\boldsymbol{b}}_i$$

即

$$\widetilde{\boldsymbol{M}}_1 \boldsymbol{a}_i = \hat{\lambda}_i^2 \boldsymbol{a}_i,\ \widetilde{\boldsymbol{M}}_2 \boldsymbol{b}_i = \hat{\lambda}_i^2 \boldsymbol{b}_i \quad (i=1,2,\cdots,m) \tag{9.13}$$

其中

$$\boldsymbol{a}_i = \boldsymbol{D}_1 \hat{\boldsymbol{a}}_i,\ \boldsymbol{b}_i = \boldsymbol{D}_2 \hat{\boldsymbol{b}}_i \quad (i=1,2,\cdots,m) \tag{9.14}$$

这说明 $\boldsymbol{a}_i$ 和 $\boldsymbol{b}_i$ 分别是 $\boldsymbol{M}_1'$和 $\boldsymbol{M}_2'$的对应于特征值$\hat{\lambda}_i^2$ 的特征向量，并且有 $\boldsymbol{a}_i'\boldsymbol{R}_{11}\boldsymbol{a}_i = \hat{\boldsymbol{a}}_i'\boldsymbol{S}_{11}\hat{\boldsymbol{a}}_i = 1$，$\boldsymbol{b}_i'\boldsymbol{R}_{22}\boldsymbol{b}_i = \hat{\boldsymbol{b}}_i'\boldsymbol{S}_{22}\hat{\boldsymbol{b}}_i = 1$。由此可见，$\boldsymbol{u}_i = \boldsymbol{a}_i'\boldsymbol{x}^*$、$\boldsymbol{v}_i = \boldsymbol{b}_i'\boldsymbol{y}^*$ 为 $\boldsymbol{x}^*$ 和 $\boldsymbol{y}^*$ 的第 i 对典型相关变量，其第 i 个典型相关系数仍为$\hat{\lambda}_i$，它在标准化变换下具有不变性。

由于

$$\boldsymbol{u}_i = \boldsymbol{a}_i'\boldsymbol{x}^* = \hat{\boldsymbol{a}}_i'\boldsymbol{D}_1\boldsymbol{D}_1^{-1}(\boldsymbol{x}-\boldsymbol{\mu}_1) = \hat{\boldsymbol{a}}_i'\boldsymbol{x} - \hat{\boldsymbol{a}}_i'\boldsymbol{\mu}_1 = \hat{\boldsymbol{u}}_i - \hat{\boldsymbol{a}}_i'\boldsymbol{\mu}_1$$

$$\boldsymbol{v}_i = \boldsymbol{b}_i'\boldsymbol{y}^* = \hat{\boldsymbol{b}}_i'\boldsymbol{D}_2\boldsymbol{D}_2^{-1}(\boldsymbol{y}-\boldsymbol{\mu}_2) = \hat{\boldsymbol{b}}_i'\boldsymbol{y} - \hat{\boldsymbol{b}}_i'\boldsymbol{\mu}_2 = \hat{\boldsymbol{v}}_i - \hat{\boldsymbol{b}}_i'\boldsymbol{\mu}_2$$

故 $\boldsymbol{x}^*$ 和 $\boldsymbol{y}^*$ 的第 i 对典型相关变量 $\boldsymbol{u}_i = \boldsymbol{a}_i'\boldsymbol{x}^*$、$\boldsymbol{v}_i = \boldsymbol{b}_i'\boldsymbol{y}^*$ 为原始变量 $\boldsymbol{x}$ 和 $\boldsymbol{y}$ 的第 i 对典型相关变量 $\hat{\boldsymbol{u}}_i = \hat{\boldsymbol{a}}_i'\boldsymbol{x}$，$\hat{\boldsymbol{v}}_i = \hat{\boldsymbol{b}}_i'\boldsymbol{y}$ 的中心化值，自然都具有零均值。

需要指出的是，典型相关变量 $\boldsymbol{u}_i = \boldsymbol{a}_i'\boldsymbol{x}^*$ 和 $\boldsymbol{v}_i = \boldsymbol{b}_i'\boldsymbol{y}^*$ 之间的相关性不会因为它们的系数向量 $\boldsymbol{a}_i$ 和 $\boldsymbol{b}_i$ 的长度或方向的改变而改变，在实际计算中，不同的软件给出的系数向量的长度和方向可能有所不同，但典型相关变量 $\boldsymbol{u}_i$ 和 $\boldsymbol{v}_i$ 之间的相关系数$\hat{\lambda}_i$ 不会因为这种改变而改变。

例 9.3　某康复俱乐部对 20 名中年人测量了三个生理指标：体重(x_1)、腰围(x_2)、脉搏(x_3)，以及三个训练指标：引体向上(y_1)、起坐次数(y_2)、跳跃次数(y_3)。测量数据见表 9.1。试从样本相关矩阵出发计算典型相关系数及典型相关变量。

表 9.1　某康复俱乐部生理指标和训练指标数据

编号	x_1	x_2	x_3	y_1	y_2	y_3
1	191	36	50	5	162	60
2	189	37	52	2	110	60
3	193	38	58	12	101	101
4	162	35	62	12	105	37
5	189	35	46	13	155	58
6	182	36	56	4	101	42

续表

编号	x_1	x_2	x_3	y_1	y_2	y_3
7	211	38	56	8	101	38
8	167	34	60	6	125	40
9	176	31	74	15	200	40
10	154	33	56	17	251	250
11	169	34	50	17	120	38
12	166	33	52	13	210	115
13	154	34	64	14	215	105
14	247	46	50	1	50	50
15	193	36	46	6	70	31
16	202	37	62	12	210	120
17	176	37	54	4	60	25
18	157	32	42	11	230	80
19	156	33	54	15	225	73
20	138	33	68	2	110	43

解　在此例中 $p=q=3$，$n=20$，经计算，样本相关矩阵为

$$R_{11}=\begin{pmatrix}1.000 & 0.870 & -0.366\\ 0.870 & 1.000 & -0.353\\ -0.366 & -0.353 & 1.000\end{pmatrix},\ R_{22}=\begin{pmatrix}1.000 & 0.696 & 0.496\\ 0.696 & 1.000 & 0.669\\ 0.496 & 0.669 & 1.000\end{pmatrix}$$

$$R_{12}=R_{21}'=\begin{pmatrix}-0.390 & -0.493 & -0.226\\ -0.552 & -0.646 & -0.192\\ 0.151 & 0.225 & 0.035\end{pmatrix}$$

$M_1=R_{11}^{-1}R_{12}R_{22}^{-1}R_{21}$ 的特征值为 $\lambda_1^2=0.633$，$\lambda_2^2=0.0402$，$\lambda_3^2=0.0053$，于是三个样本的典型相关系数为

$$\lambda_1=0.79561,\ \lambda_2=0.20056,\ \lambda_3=0.07257$$

利用 R 软件的典型相关分析函数 cancor( )计算，得到相应的 x^* 和 y^* 的样本典型相关变量的系数向量分别为

$$a_1=\begin{pmatrix}-0.178\\ 0.362\\ -0.014\end{pmatrix},\ a_2=\begin{pmatrix}-0.432\\ 0.271\\ -0.053\end{pmatrix},\ a_3=\begin{pmatrix}0.044\\ -0.116\\ -0.241\end{pmatrix}$$

$$b_1=\begin{pmatrix}-0.080\\ -0.242\\ 0.164\end{pmatrix},\ b_2=\begin{pmatrix}-0.086\\ 0.028\\ 0.244\end{pmatrix},\ b_3=\begin{pmatrix}0.297\\ -0.284\\ 0.096\end{pmatrix}$$

上述典型相关变量的系数向量不满足条件 $a_i'R_{11}a_i=1$，$b_i'R_{22}b_i=1$。

下面是经过规范化处理的满足上述条件的系数向量

$$a_1=\begin{pmatrix}-0.775\\ 1.579\\ -0.059\end{pmatrix},\ a_2=\begin{pmatrix}-1.844\\ 1.181\\ -0.231\end{pmatrix},\ a_3=\begin{pmatrix}0.191\\ -0.506\\ -1.051\end{pmatrix}$$

$$b_1=\begin{pmatrix}-0.350\\-1.054\\0.716\end{pmatrix},\quad b_2=\begin{pmatrix}-0.376\\0.124\\1.062\end{pmatrix},\quad b_3=\begin{pmatrix}1.297\\-1.237\\0.419\end{pmatrix}$$

因此，第一对样本典型相关变量为

$$u_1=a_1'x^*=-0.775x_1^*+1.579x_2^*-0.059x_3^*$$

$$v_1=b_1'y^*=-0.350y_1^*-1.054y_2^*+0.716y_3^*$$

第二对样本典型相关变量为

$$u_2=a_2'x^*=-1.844x_1^*+1.181x_2^*-0.231x_3^*$$

$$v_2=b_2'y^*=-0.376y_1^*+0.124y_2^*+1.062y_3^*$$

典型相关变量与原始变量之间的相关系数为

$$\rho(u_1,x_1)=0.6206,\ \rho(u_1,x_2)=0.9254,\ \rho(u_1,x_3)=-0.3328$$

$$\rho(v_1,y_1)=-0.7276,\ \rho(v_1,y_2)=-0.8177,\ \rho(v_1,y_3)=-0.1622$$

下面计算样本数据在样本典型相关变量下的得分。记 $A=(a_1,a_2,a_3)$，$B=(b_1,b_2,b_3)$，由 $U=(U_1,U_2,U_3)=XA$，$V=(V_1,V_2,V_3)=YB$ 计算得分矩阵。图 9.1 为典型相关变量的样本数据得分图。其中左图为由第一对典型相关变量的得分 (U_1,V_1) 绘制的散点图，右图为由第二对典型相关变量的得分 (U_2,V_2) 绘制的散点图。显然，左图中的点几乎在一条直线附近，而右图中的点比较分散。这是因为第一对典型相关变量的相关性较大，第一典型相关系数为 0.79561，所以散点图呈现较显著的线性关系。第二典型相关系数较小，所以散点图中的点没有明显的线性关系。

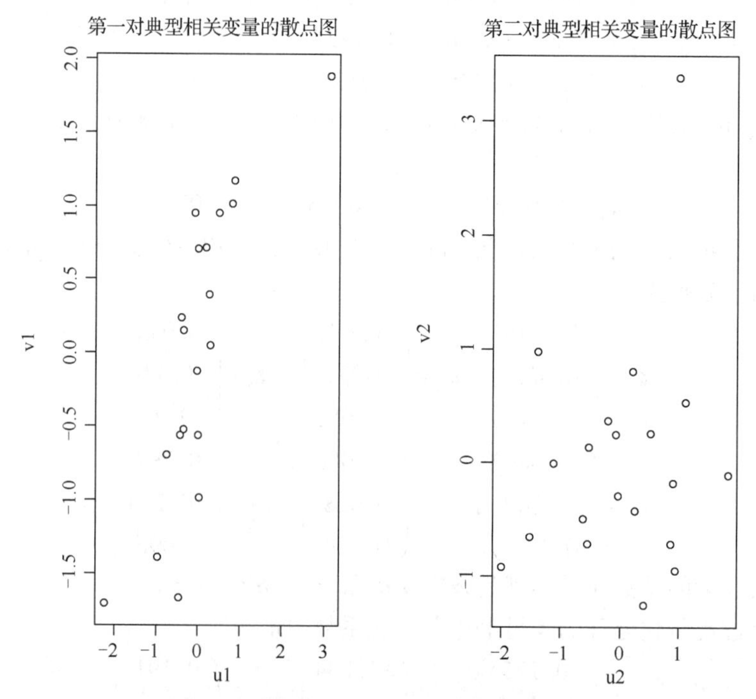

图 9.1　典型相关变量的样本数据得分图

9.3.2 典型相关系数的显著性检验

对两组变量进行典型相关分析的初衷与主成分分析和因子分析的类似，都是利用降维方法来处理数据，从而达到简化数据的目的。这里同样存在着一个问题，即在典型相关分析中，需要选择多少对典型相关变量。要回答这一问题，就需要对典型相关系数做显著性检验。若检验结果认为 $\lambda_k=0$，则不必考虑第 k 对典型相关变量。

1. 全部典型相关系数为零的检验

设

$$z=\begin{pmatrix}\boldsymbol{x}\\ \boldsymbol{y}\end{pmatrix}\sim N_{p+q}(\boldsymbol{\mu},\boldsymbol{\Sigma}),\ \boldsymbol{\mu}=\begin{pmatrix}\boldsymbol{\mu}_1\\ \boldsymbol{\mu}_2\end{pmatrix},\ \boldsymbol{\Sigma}=\begin{pmatrix}\boldsymbol{\Sigma}_{11} & \boldsymbol{\Sigma}_{12}\\ \boldsymbol{\Sigma}_{21} & \boldsymbol{\Sigma}_{22}\end{pmatrix}$$

假设有 n 次观测，且 $n>p+q$，$\boldsymbol{S}$ 为样本协方差矩阵。考虑假设检验问题

$$H_0:\ \lambda_1=\lambda_2=\cdots=\lambda_m=0,\ H_1:\ \lambda_1,\lambda_2,\cdots,\lambda_m \tag{9.15}$$

中至少有一个不为零，其中 $m=\min\{p,q\}$。若检验结果接受原假设 H_0，即认为两组变量不相关，此时再讨论两组变量 $\boldsymbol{x}$ 和 $\boldsymbol{y}$ 的典型相关性就没有意义。若检验结果拒绝 H_0，则至少认为第一对典型变量是显著相关的。事实上，式(9.15)等价于下列假设检验问题

$$H_0:\ \boldsymbol{\Sigma}_{12}=0,\ H_1:\ \boldsymbol{\Sigma}_{12}\neq 0 \tag{9.16}$$

用似然比方法导出的检验 H_0 的似然比统计量为

$$\Lambda_1=\frac{|\boldsymbol{S}|}{|\boldsymbol{S}_{11}|\,|\boldsymbol{S}_{22}|} \tag{9.17}$$

其中 $\boldsymbol{S}=\begin{pmatrix}\boldsymbol{S}_{11} & \boldsymbol{S}_{12}\\ \boldsymbol{S}_{21} & \boldsymbol{S}_{22}\end{pmatrix}$ 与 $\boldsymbol{\Sigma}$ 有相同的分块，即 $\boldsymbol{S}$、$\boldsymbol{S}_{11}$、$\boldsymbol{S}_{22}$ 分别为 $\boldsymbol{\Sigma}$、$\boldsymbol{\Sigma}_{11}$、$\boldsymbol{\Sigma}_{22}$ 的极大似然估计。利用矩阵行列式及其分块行列式的关系，可得出

$$\begin{aligned}|\boldsymbol{S}|&=|\boldsymbol{S}_{22}|\cdot|\boldsymbol{S}_{11}-\boldsymbol{S}_{12}\boldsymbol{S}_{22}^{-1}\boldsymbol{S}_{21}|\\ &=|\boldsymbol{S}_{22}|\cdot|\boldsymbol{S}_{11}|\cdot|\boldsymbol{I}_p-\boldsymbol{S}_{11}^{-1}\boldsymbol{S}_{12}\boldsymbol{S}_{22}^{-1}\boldsymbol{S}_{21}|\end{aligned}$$

故可将似然比统计量式(9.17)化为

$$\Lambda_1=|\boldsymbol{I}_p-\boldsymbol{S}_{11}^{-1}\boldsymbol{S}_{12}\boldsymbol{S}_{22}^{-1}\boldsymbol{S}_{21}|=\prod_{i=1}^{m}(1-\hat{\lambda}_i^2) \tag{9.18}$$

其中 $\hat{\lambda}_i^2$ 是 $\hat{\boldsymbol{T}}\hat{\boldsymbol{T}}'$ 的特征值，这里 $\hat{\boldsymbol{T}}=\boldsymbol{S}_{11}^{-1/2}\boldsymbol{S}_{12}\boldsymbol{S}_{22}^{-1/2}$。由于 $\hat{\boldsymbol{T}}\hat{\boldsymbol{T}}'$ 与 $\hat{\boldsymbol{M}}_1=\boldsymbol{S}_{11}^{-1}\boldsymbol{S}_{12}\boldsymbol{S}_{22}^{-1}\boldsymbol{S}_{21}$ 和 $\hat{\boldsymbol{M}}_2=\boldsymbol{S}_{22}^{-1}\boldsymbol{S}_{21}\boldsymbol{S}_{11}^{-1}\boldsymbol{S}_{12}$ 有相同的非零特征值。故 $\hat{\lambda}_1\geqslant\hat{\lambda}_2\geqslant\cdots\geqslant\hat{\lambda}_m>0$ 为样本典型相关系数。由博克斯(Box)于 1949 年给出的结论可知，对于充分大的 n，当假设 H_0 成立时，统计量

$$Q_1=-\left[n-\frac{1}{2}(p+q+3)\right]\ln\Lambda_1 \tag{9.19}$$

近似地服从自由度为 $f_1=pq$ 的 χ^2 分布。在给定显著性水平 α 下，若 $Q_1\geqslant\chi_\alpha^2(f_1)$，则拒绝原假设 H_0，即认为典型相关变量 $\boldsymbol{u}_1$ 与 $\boldsymbol{v}_1$ 之间的相关性显著；否则认为第一对典型相关变量不相关，此时就没有必要继续做典型相关分析了。

在例 9.1 中，假设数据来自多元正态总体，欲检验假设

$$H_0:\ \lambda_1=\lambda_2=\lambda_3=0,\ H_1:\ \lambda_1\neq 0$$

似然比检验统计量为

$$\Lambda_1 = (1-\lambda_1^2)(1-\lambda_2^2)(1-\lambda_3^2)$$
$$= (1-0.663)(1-0.0402)(1-0.0053) = 0.3504$$
$$Q_1 = -\left[20-\frac{1}{2}(3+3+3)\right]\ln\Lambda_1 = -15.5\times\ln(0.3504) = 16.255$$

取显著水平 $\alpha=0.1$，自由度为 $f_1=pq=9$，查 χ^2 分布表得 $\chi^2_{0.1}(9)=14.684$，即在显著性水平 $\alpha=0.1$ 下拒绝原假设 H_0，即认为至少第一对典型变量是相关的。事实上，该假设检验的 p 值为 $p=0.062$，即若取显著水平 $\alpha=0.05$，则检验结果应接受原假设 H_0。

2. 部分典型相关系数为零的检验

现在假设前 k 个典型相关系数是显著的，即假设前 k 对典型相关变量是显著相关的，要检验第 $k+1$ 个典型相关系数是否显著，即检验下列假设

$$H_0: \lambda_{k+1}=\lambda_{k+2}=\cdots=\lambda_m=0,\ H_1: \lambda_{k+1},\lambda_{k+2},\cdots,\lambda_m \tag{9.20}$$

中至少一个不为零。其似然比检验统计量为

$$\Lambda_{k+1} = \prod_{i=k+1}^{m}(1-\hat{\lambda}_i^2)$$

由博克斯给出的结论可知，对于充分大的 n，当假设 H_0 成立时，统计量

$$Q_{k+1} = -\left[n-k-\frac{1}{2}(p+q+3)+\sum_{i=1}^{k}\lambda_i^{-2}\right]\ln\Lambda_{k+1} \tag{9.21}$$

近似地服从自由度为 $f_{k+1}=(p-k)(q-k)$ 的 χ^2 分布。在给定显著性水平 α 下，若 $Q_{k+1}\geqslant\chi^2_\alpha(f_{k+1})$，则拒绝原假设 H_0，即认为典型相关变量 $\boldsymbol{u}_{k+1}$ 与 $\boldsymbol{v}_{k+1}$ 之间的相关性显著；否则认为第 $k+1$ 对典型相关变量不相关，此时典型相关变量只取到第 k 对为止。

R 软件中没有自带的典型相关系数检验函数，本章给出典型相关系数检验的 R 程序（程序名为 corcoef.test.R）。对于例 9.1 的典型相关系数，利用上面的检验函数做检验，结果为只保留第一对典型变量。

例 9.4　欲研究儿童形态与肺通气功能的关系，测得某小学 40 名 8~12 岁健康儿童形态指标数据，如身高（x_1）、体重（x_2）、胸围（x_3）与肺通气功能指标数据，如肺活量（y_1）、静息通气量（y_2）、每分钟最大通气量（y_3），数据见表 9.2。试分析儿童形态与肺通气功能指标的相关性，确定典型相关变量对数。

表 9.2　儿童形态及肺通气功能指标数据

序号	x_1	x_2	x_3	y_1	y_2	y_3
1	140.6	43.7	77.9	2.67	7.00	108.0
2	135.7	39.5	63.9	2.08	6.98	91.7
3	140.2	48.0	75.0	2.62	6.17	101.8
4	152.1	52.3	88.1	2.89	10.42	112.5
5	132.2	36.7	62.4	2.14	7.47	97.5
6	147.1	45.2	78.9	2.86	9.25	92.4
7	147.5	47.4	76.2	3.14	8.78	95.4
8	130.6	38.4	61.8	2.03	5.31	77.2

续表

序号	x_1	x_2	x_3	y_1	y_2	y_3
9	154.9	48.2	87.2	2.91	10.69	80.8
10	142.4	42.6	74.1	2.33	11.15	76.7
11	136.5	38.4	69.6	1.98	7.77	49.9
12	162.0	58.7	95.6	3.29	3.35	58.0
13	148.9	42.4	80.6	2.74	10.11	82.4
14	136.3	33.1	68.3	2.44	7.82	76.5
15	159.5	49.1	87.7	2.98	11.77	88.1
16	165.9	55.7	93.5	3.17	13.14	110.3
17	134.5	41.6	61.9	2.25	8.75	75.1
18	152.5	53.4	83.2	2.96	6.60	71.5
19	138.2	35.5	66.1	2.13	6.62	105.4
20	144.2	42.0	76.2	2.52	5.59	82.0
21	128.1	37.3	57.0	1.92	5.81	92.7
22	127.5	32.0	57.9	2.02	6.42	78.2
23	140.7	44.7	73.7	2.64	8.00	89.1
24	150.4	49.7	82.4	2.87	9.09	61.8
25	151.5	48.5	81.3	2.71	10.20	98.9
26	151.3	47.2	84.3	2.92	6.16	83.7
27	150.2	48.1	85.8	2.79	9.50	84.0
28	139.4	33.6	67.0	2.27	8.92	71.0
29	150.8	45.6	84.9	2.86	12.03	125.4
30	140.6	46.7	67.9	2.67	7.00	108.0
31	135.7	47.5	57.9	2.38	6.98	91.7
32	140.2	48.0	71.0	2.62	6.17	101.8
33	152.1	50.3	88.1	2.89	10.42	112.5
34	132.2	43.7	62.4	2.14	7.47	97.5
35	147.1	41.2	78.9	2.66	9.25	92.4
36	147.5	45.4	76.2	2.75	8.78	95.4
37	130.6	38.4	65.8	2.13	5.31	77.2
38	154.9	48.2	91.2	2.91	10.69	80.8
39	142.4	42.6	83.1	2.63	11.15	76.7
40	136.5	40.4	69.6	2.01	7.77	49.9

解 在此例中 $p=q=3$，$n=40$。经计算，样本相关矩阵为

$$\boldsymbol{R}_{11}=\begin{pmatrix}1.000 & 0.807 & 0.947\\ 0.807 & 1.000 & 0.762\\ 0.947 & 0.762 & 1.000\end{pmatrix},\quad \boldsymbol{R}_{22}=\begin{pmatrix}1.000 & 0.395 & 0.248\\ 0.395 & 1.000 & 0.270\\ 0.248 & 0.270 & 1.000\end{pmatrix},$$

$$\boldsymbol{R}_{12}=\boldsymbol{R}_{21}'=\begin{pmatrix}0.911 & 0.523 & 0.136\\ 0.833 & 0.243 & 0.199\\ 0.881 & 0.504 & 0.097\end{pmatrix}$$

三个样本典型相关系数为

$$\lambda_1=0.9423286,\ \lambda_2=0.4754312,\ \lambda_3=0.1041348$$

利用 R 软件的典型相关分析函数 cancor( ) 计算，得到相应的 $\boldsymbol{x}^*$ 和 $\boldsymbol{y}^*$ 的样本典型相关变量的系数向量分别为

$$\boldsymbol{a}_1=\begin{pmatrix}-0.1050\\-0.0214\\-0.0389\end{pmatrix},\ \boldsymbol{a}_2=\begin{pmatrix}0.1927\\-0.2702\\0.0392\end{pmatrix},\ \boldsymbol{a}_3=\begin{pmatrix}0.5051\\-0.0257\\-0.4971\end{pmatrix}$$

$$\boldsymbol{b}_1=\begin{pmatrix}-0.1499\\-0.0314\\0.0219\end{pmatrix},\ \boldsymbol{b}_2=\begin{pmatrix}-0.0788\\0.1673\\-0.0758\end{pmatrix},\ \boldsymbol{b}_3=\begin{pmatrix}-0.0499\\0.0508\\0.1489\end{pmatrix}$$

下面是经过规范化处理，满足条件 $\boldsymbol{a}_i'\boldsymbol{R}_{11}\boldsymbol{a}_i=1$，$\boldsymbol{b}_i'\boldsymbol{R}_{22}\boldsymbol{b}_i=1$，$i=1,2,3$ 的系数向量

$$\boldsymbol{a}_1=\begin{pmatrix}-0.6559\\-0.1335\\-0.2429\end{pmatrix},\ \boldsymbol{a}_2=\begin{pmatrix}1.2033\\-1.6873\\0.2448\end{pmatrix},\ \boldsymbol{a}_3=\begin{pmatrix}3.1544\\-0.1606\\-3.1047\end{pmatrix}$$

$$\boldsymbol{b}_1=\begin{pmatrix}-0.9361\\-0.1958\\0.1370\end{pmatrix},\ \boldsymbol{b}_2=\begin{pmatrix}-0.4922\\1.0450\\-0.4733\end{pmatrix},\ \boldsymbol{b}_3=\begin{pmatrix}-0.3118\\0.3174\\0.9300\end{pmatrix}$$

因此，第一对样本典型相关变量为

$$\boldsymbol{u}_1=\boldsymbol{a}_1'\boldsymbol{x}^*=-0.6559x_1^*-0.1335x_2^*-0.2429x_3^*$$

$$\boldsymbol{v}_1=\boldsymbol{b}_1'\boldsymbol{y}^*=-0.9361y_1^*-0.1958y_2^*+0.1370y_3^*$$

第二对样本典型相关变量为

$$\boldsymbol{u}_2=\boldsymbol{a}_2'\boldsymbol{x}^*=1.2033x_1^*-1.6873x_2^*+0.2448x_3^*$$

$$\boldsymbol{v}_2=\boldsymbol{b}_2'\boldsymbol{y}^*=-0.4922y_1^*+1.0450y_2^*-0.4733y_3^*$$

第一对典型相关变量与原始变量的相关系数为

$$\rho(\boldsymbol{u}_1,\boldsymbol{x}_1)=-0.9940,\ \rho(\boldsymbol{u}_1,\boldsymbol{x}_2)=-0.8490,\ \rho(\boldsymbol{u}_1,\boldsymbol{x}_3)=-0.9660$$

$$\rho(\boldsymbol{v}_1,\boldsymbol{y}_1)=-0.9794,\ \rho(\boldsymbol{v}_1,\boldsymbol{y}_2)=-0.5284,\ \rho(\boldsymbol{v}_1,\boldsymbol{y}_3)=-0.1481$$

下面计算样本数据在典型相关变量下的得分。记 $\boldsymbol{A}=(\boldsymbol{a}_1,\boldsymbol{a}_2,\boldsymbol{a}_3)$，$\boldsymbol{B}=(\boldsymbol{b}_1,\boldsymbol{b}_2,\boldsymbol{b}_3)$，由 $\boldsymbol{U}=(\boldsymbol{U}_1,\boldsymbol{U}_2,\boldsymbol{U}_3)=\boldsymbol{XA}$，$\boldsymbol{V}=(\boldsymbol{V}_1,\boldsymbol{V}_2,\boldsymbol{V}_3)=\boldsymbol{YB}$ 计算得分矩阵。图 9.2 为典型相关变量的样本数据得分图。其中左图为由第一对典型相关变量的得分 $(\boldsymbol{U}_1,\boldsymbol{V}_1)$ 绘制的散点图，右图为由第二对典型相关变量的得分 $(\boldsymbol{U}_2,\boldsymbol{V}_2)$ 绘制的散点图。显然，左图中的点基本在一条直线附近，而右图中的点比较分散，但也有一定的线性趋势。这是因为第一典型相关系数为 0.9423286，接近 1，所以第一对典型相关变量的相关性较大，其散点图中的点几乎集中在一条直线上；而第二典型相关系数为 0.4754312，也不算小。

对典型相关系数的显著性检验结果为，前两个典型相关系数显著，即应保留两对典型相关变量，这与前面的分析结果一致。事实上，由于 $Q_1=87.19645>16.919=\chi^2_{0.05}(9)$，因此在显著性水平 $\alpha=0.05$ 下拒绝假设 H_0：$\lambda_1=\lambda_2=\lambda_3=0$，即至少第一对相关变量显著相关。又由于 $Q_2=9.517>9.4877=\chi^2_{0.05}(4)$，因此在显著性水平 $\alpha=0.05$ 的情况下拒绝假设 H_0：$\lambda_2=\lambda_3=0$，即第二对相关变量显著相关。又 $Q_3=0.437<2.7055=\chi^2_{0.1}(1)$，因此在显

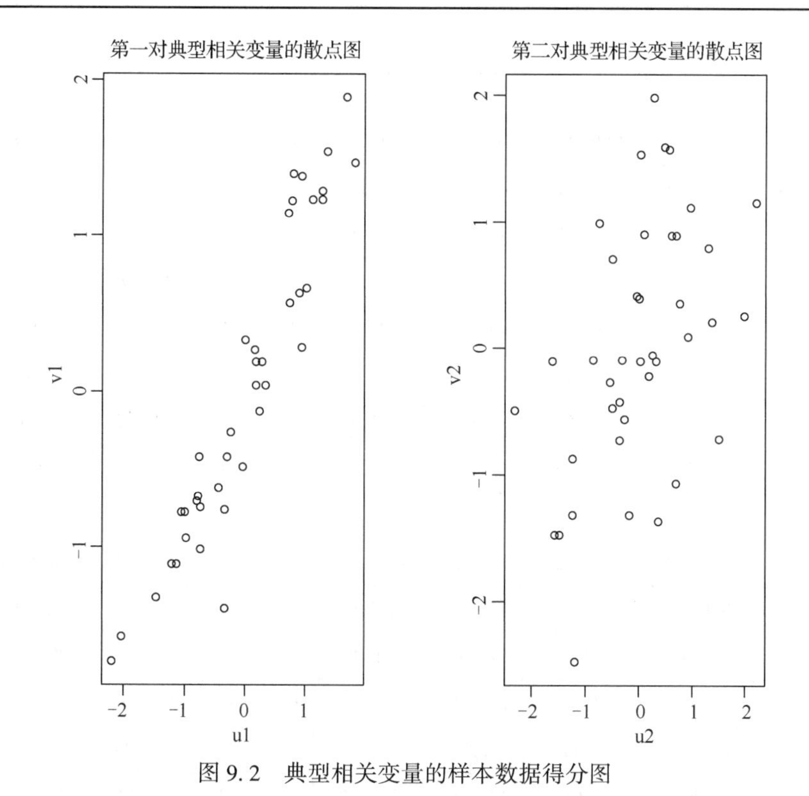

图 9.2　典型相关变量的样本数据得分图

著性水平 $\alpha=0.1$ 的情况下接受假设 H_0：$\lambda_3=0$，即第三对相关变量不显著相关。

例 9.5　各类投资资金与三大产业相关关系分析。根据固定资产投资的资金来源、理论框架及现有的数据资料，选取五项指标，如国家预算内资金(x_1)、国内贷款(x_2)、利用外资(x_3)、自筹资金(x_4)、其他资金来源(x_5)作为第一组变量来衡量投资资金的变化。对反映各产业生产总值的变化，选用三项指标，如第一产业国内生产总值(y_1)、第二产业国内生产总值(y_2)、第三产业国内生产总值(y_3)作为第二组变量来衡量。采用某年我国31个省、自治区、直辖市(本数据不含港、澳、台)的观测数据，如表 9.3 所示。试分析各类投资资金与三大产业的相关性，确定典型相关变量对数。

表 9.3　某年我国各地区各类投资资金与三大产业产值数据

省、区、市	x_1	x_2	x_3	x_4	x_5	y_1	y_2	y_3
北京	105.4	1316.28	76.18	1523.354	1825.407	98.04	2191.43	5580.81
天津	22.785	527.754	152.978	1181.86	397.2549	118.23	2488.29	1752.63
河北	98.79	637.992	76.956	4247.016	600.3358	1606.48	6115.01	3938.94
山西	81.81	474.045	29.216	1504.403	263.9455	276.77	2748.33	1727.44
内蒙古	149.208	400.924	21.826	2514.238	207.271	649.62	2327.44	1814.42
辽宁	271.519	742.465	132.42	4184.75	695.6324	976.37	4729.5	3545.28
吉林	83.019	264.945	60.079	1852.62	316.0915	672.76	1915.29	1687.07
黑龙江	119.629	222.51	30.269	1560.439	328.2232	737.59	3365.31	2086
上海	74.284	1157.02	270.436	2241.892	1178.676	93.8	5028.37	5244.2

续表

省、区、市	x_1	x_2	x_3	x_4	x_5	y_1	y_2	y_3
江苏	66. 594	1445. 17	874. 809	6797. 45	1591. 382	1545. 01	12250. 84	7849. 23
浙江	130. 364	1564. 62	387. 513	4795. 7	1567. 89	925. 1	8509. 57	6307. 85
安徽	181. 111	618. 053	58. 786	2311. 116	536. 4159	1028. 66	2648. 13	2471. 94
福建	140. 835	763. 568	143. 843	1585. 739	791. 8706	896. 17	3743. 71	2974. 67
江西	202. 941	327. 589	95. 489	1721. 177	394. 7676	786. 14	2320. 74	1563. 65
山东	207. 475	1206. 71	483. 372	8333. 063	1269. 343	2138. 9	12751. 2	7187. 26
河南	124. 844	705. 281	77. 365	4647. 426	755. 7844	2049. 92	6724. 61	3721. 44
湖北	295. 328	681. 666	69. 342	2055. 822	475. 9111	1140. 41	3365. 08	3075. 83
湖南	133. 206	524. 13	94. 446	2168. 955	482. 2184	1332. 23	3151. 7	3084. 96
广东	105. 304	1647. 42	865. 527	4595. 452	1924. 468	1577. 12	13431. 82	11195. 53
广西	144. 572	395. 376	49. 332	1213. 429	470. 6592	1032. 47	1878. 56	1917. 47
海南	32. 315	96. 572	67. 596	171. 908	76. 9117	344. 48	287. 86	420. 51
重庆	137. 902	679. 379	28. 148	1123. 78	624. 7488	425. 81	1500. 97	1564. 79
四川	151. 035	784. 609	79. 991	2976. 095	786. 6742	1595. 48	3775. 19	3267. 14
贵州	60. 578	336. 656	14. 436	696. 0706	178. 3472	393. 17	980. 78	908. 05
云南	163. 984	625. 904	18. 355	1009. 425	362. 6347	749. 81	1712. 6	1544. 31
西藏	108. 257	4. 714	0	67. 1147	63. 5951	50. 9	80. 1	160. 01
陕西	217. 588	502. 398	24. 17	1463. 966	333. 0334	488. 48	2440. 5	1594. 76
甘肃	97. 887	185. 576	15. 29	557. 8153	154. 34	333. 35	1043. 19	900. 16
青海	59. 104	66. 343	2. 028	179. 3632	83. 2438	69. 64	331. 16	240. 78
宁夏	45. 658	91. 047	8. 937	238. 4096	70. 5825	79. 54	349. 83	281. 39
新疆	211. 925	185. 451	8. 867	925. 0658	246. 0867	527. 8	1459. 3	1058. 16

解　本例中 $p=5$，$q=3$，$n=31$。经计算，样本相关矩阵为

$$\boldsymbol{R}_{11}=\begin{pmatrix} 1.000 & 0.110 & -0.090 & 0.243 & 0.044 \\ 0.110 & 1.000 & 0.786 & 0.735 & 0.965 \\ -0.090 & 0.786 & 1.000 & 0.735 & 0.785 \\ 0.234 & 0.735 & 0.735 & 1.000 & 0.690 \\ 0.044 & 0.965 & 0.785 & 0.690 & 1.000 \end{pmatrix}$$

$$\boldsymbol{R}_{21}=\boldsymbol{R}_{12}'=\begin{pmatrix} 0.373 & 0.478 & 0.485 & 0.811 & 0.439 \\ 0.108 & 0.825 & 0.901 & 0.926 & 0.796 \\ 0.078 & 0.933 & 0.888 & 0.803 & 0.938 \end{pmatrix}$$

$$\boldsymbol{R}_{22}=\begin{pmatrix} 1.000 & 0.733 & 0.595 \\ 0.733 & 1.000 & 0.927 \\ 0.595 & 0.927 & 1.000 \end{pmatrix}$$

三个样本典型相关系数为

$$\lambda_1=0.9837805,\ \lambda_2=0.920231,\ \lambda_3=0.5732748$$

利用 R 软件的典型相关分析函数 cancor( )计算，得到相应的 $\boldsymbol{x}^*$ 和 $\boldsymbol{y}^*$ 的样本典型相关变量的系数向量分别为

$$\boldsymbol{a}_1=\begin{pmatrix}0.0012\\0.0196\\0.0810\\0.0684\\0.0312\end{pmatrix},\ \boldsymbol{a}_2=\begin{pmatrix}-0.0063\\-0.0151\\0.0294\\0.2190\\-0.2388\end{pmatrix},\ \boldsymbol{a}_3=\begin{pmatrix}0.0947\\-0.1909\\-0.2126\\0.1112\\0.2986\end{pmatrix}$$

$$\boldsymbol{b}_1=\begin{pmatrix}-0.0142\\0.1318\\0.0636\end{pmatrix},\ \boldsymbol{b}_2=\begin{pmatrix}0.0582\\0.3900\\-0.4360\end{pmatrix},\ \boldsymbol{b}_3=\begin{pmatrix}0.2779\\-0.4495\\0.2687\end{pmatrix}$$

下面是经过规范化处理，满足条件 $\boldsymbol{a}_i'\boldsymbol{R}_{11}\boldsymbol{a}_i=1$，$\boldsymbol{b}_i'\boldsymbol{R}_{22}\boldsymbol{b}_i=1$ $(i=1,2,3)$的系数向量

$$\boldsymbol{a}_1=\begin{pmatrix}0.0068\\0.1074\\0.4434\\0.3748\\0.1710\end{pmatrix},\ \boldsymbol{a}_2=\begin{pmatrix}-0.0344\\-0.0826\\0.1608\\1.1997\\-1.3077\end{pmatrix},\ \boldsymbol{a}_3=\begin{pmatrix}0.5185\\-1.0455\\-1.1646\\0.6092\\1.6352\end{pmatrix}$$

$$\boldsymbol{b}_1=\begin{pmatrix}-0.0778\\0.7217\\0.3485\end{pmatrix},\ \boldsymbol{b}_2=\begin{pmatrix}0.3185\\2.1359\\-2.3882\end{pmatrix},\ \boldsymbol{b}_3=\begin{pmatrix}1.5221\\-2.4621\\1.4720\end{pmatrix}$$

因此，第一对样本典型相关变量为

$$\boldsymbol{u}_1=\boldsymbol{a}_1'\boldsymbol{x}^*=0.0068x_1^*+0.1074x_2^*+0.4434x_3^*+0.3748x_4^*+0.171x_5^*$$

$$\boldsymbol{v}_1=\boldsymbol{b}_1'\boldsymbol{y}^*=-0.0778y_1^*+0.7217y_2^*+0.3485y_3^*$$

第二对样本典型相关变量为

$$\boldsymbol{u}_2=\boldsymbol{a}_2'\boldsymbol{x}^*=-0.0344x_1^*-0.0826x_2^*+0.1608x_3^*+1.1997x_4^*-1.3077x_5^*$$

$$\boldsymbol{v}_2=\boldsymbol{b}_2'\boldsymbol{y}^*=0.3185y_1^*+2.1359y_2^*-2.3882y_3^*$$

第三对样本典型相关变量为

$$\boldsymbol{u}_3=\boldsymbol{a}_3'\boldsymbol{x}^*=0.5185x_1^*-1.0455x_2^*-1.1646x_3^*+0.6092x_4^*+1.6352x_5^*$$

$$\boldsymbol{v}_3=\boldsymbol{b}_3'\boldsymbol{y}^*=1.5221y_1^*-2.4621y_2^*+1.472y_3^*$$

由相关性最大的第一对典型相关变量的结构可以看出，在代表各类投资资金的典型变量 $\boldsymbol{u}_1$ 中，利用外资(x_3)和自筹资金(x_4)有较大的载荷；在代表三大产业国内生产总值的典型变量 $\boldsymbol{v}_1$ 中，第二产业国内生产总值(y_2)和第三产业国内生产总值(y_3)有较大的载荷。因此可以认为，利用外资和自筹资金对第二、第三产业有较大的影响。

我们也可以从相关系数的角度来解释典型相关变量，原始变量与典型相关变量间的相关系数可根据式(9.9)计算。本例中，原始变量与第一对典型相关变量的相关系数见表 9.4。

表 9.4　原始变量与典型相关变量的相关系数

原始变量 x	典型相关变量 u_1	典型相关变量 v_1	原始变量 y	典型相关变量 u_1	典型相关变量 v_1
x_1	0.07748079	0.07622409	y_1	0.6478216	0.6585022
x_2	0.89738126	0.88282614	y_2	0.9716953	0.9877156
x_3	0.93688311	0.92168730	y_3	0.9554708	0.9712236
x_4	0.89921217	0.88462736			
x_5	0.88141136	0.86711528			

下面计算样本数据在典型相关变量下的得分。记 $\boldsymbol{A}=(\boldsymbol{a}_1,\boldsymbol{a}_2,\boldsymbol{a}_3)$，$\boldsymbol{B}=(\boldsymbol{b}_1,\boldsymbol{b}_2,\boldsymbol{b}_3)$，由 $\boldsymbol{U}=(\boldsymbol{U}_1,\boldsymbol{U}_2,\boldsymbol{U}_3)=\boldsymbol{XA}$，$\boldsymbol{V}=(\boldsymbol{V}_1,\boldsymbol{V}_2,\boldsymbol{V}_3)=\boldsymbol{YB}$ 计算得分矩阵。图 9.3 为典型相关变量的样本数据得分图。其中上图为由第一对典型相关变量的得分$(\boldsymbol{U}_1,\boldsymbol{V}_1)$绘制的散点图，中图为由第二对典型相关变量的得分$(\boldsymbol{U}_2,\boldsymbol{V}_2)$绘制的散点图，下图为由第三对典型相关变量的得分$(\boldsymbol{U}_3,\boldsymbol{V}_3)$绘制的散点图。显然，上图和中图中的点基本集中在一条直线附近，下图中的点有些分散，但也有一定的线性趋势。这是因为第一典型相关系数为 0.9837805，接近 1，所以第一对典型相关变量的相关性较大，其散点图中的点几乎集中在一条直线上；第二典型相关系数为 0.920231，接近 1，所以第二对典型相关变量的相关性也较大，其散点图中的点也几乎集中在一条直线上；而第三典型相关系数为 0.5732748，也不算小，其散点图中的点也有一些集中在一条直线上。

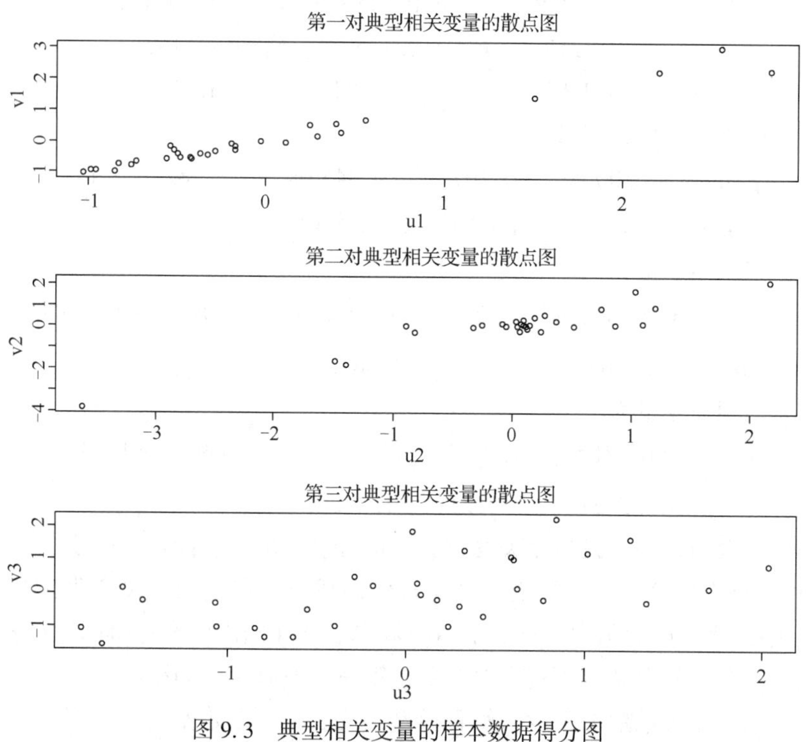

图 9.3　典型相关变量的样本数据得分图

对典型相关系数的显著性检验结果为，三个典型相关系数全部显著，即应保留三对典型相关变量。事实上，由于 $Q_1=145.635>24.996=\chi^2_{0.05}(15)$，因此在显著性水平 $\alpha=0.05$

下拒绝假设 H_0：$\lambda_1=\lambda_2=\lambda_3=0$，即至少第一对相关变量显著相关。又由于 $Q_2=58.079>15.507=\chi^2_{0.05}(8)$，因此在显著性水平 $\alpha=0.05$ 下拒绝假设 H_0：$\lambda_2=\lambda_3=0$，即第二对相关变量显著相关。又 $Q_3=10.246>7.815=\chi^2_{0.05}(3)$，因此在显著性水平 $\alpha=0.05$ 下拒绝假设 H_0：$\lambda_3=0$，即三对相关变量均显著相关。

本章例题的 R 程序及输出结果

典型相关系数检验的 R 程序代码：

下面给出典型相关系数显著性检验的 R 程序，由此程序可自动确定典型相关变量对数（程序名：corcoef.test.R）：

```
corcoef.test<-function(r,n,p,q,alpha=0.1){
m<-length(r); Q<-rep(0,m); lambda <- 1
for(k in m:1){
lambda<-lambda*(1-r[k]^2);
Q[k]<- -log(lambda)}
s<-0; i<-m
for(k in 1:m){
Q[k]<-(n-k+1-1/2*(p+q+3)+s)*Q[k]
chi<-1-pchisq(Q[k],(p-k+1)*(q-k+1))
if(chi>alpha){
i<-k-1; break
}
s<-s+1/r[k]^2}
i}
```

例 9.3 的 R 程序及输出结果

R 程序代码：

```
#首先对表 9.1 中数据建立文本文件 biao9.1.txt
X<-read.table("biao9.1.txt",head=TRUE)  #读入数据
R<-cor(X[,2:7]);R  #计算样本相关矩阵
test<-scale(X[,2:7])  #对数据规范化
can1<-cancor(test[,1:3],test[,4:6]);can1  #对规范化数据进行典型相关分析
can1$cor  #输出典型相关系数
A<-can1$xcoef; B<-can1$ycoef
A;B  #输出典型变量的系数矩阵
R11<-R[1:3,1:3]; R12<-R[1:3,6:8]  #变量 x 和 y 的自相关系数矩阵
R21<-R[4:6,1:3]; R22<-R[4:6,4:6]
#下面求规范化的典型变量系数矩阵
for(i in 1:3){ai<-sqrt(t(A[,i])%*%R11%*%A[,i])
A[,i]<-(1/ai)%*%A[,i]}
for(i in 1:3){bi<-sqrt(t(B[,i])%*%R22%*%B[,i])
B[,i]<-(1/bi)%*%B[,i]}
```

```
A;B  #输出规范化的典型变量系数矩阵
covxu1<-R11%*% A[,1]; covxu1  #典型相关变量与原始变量的相关系数
covyv1<-R22%*% B[,1]; covyv1  #典型相关变量与原始变量的相关系数
U<-as.matrix(test[,1:3])%*% A  #样本数据在典型相关变量下的得分
V<-as.matrix(test[,4:6])%*% B  #样本数据在典型相关变量下的得分
par(mfrow=c(1,2))  #输出图 9.1
plot(U[,1],V[,1],main="第一对典型相关变量的散点图",xlab="u1",ylab="v1")
plot(U[,2],V[,2],main="第二对典型相关变量的散点图",xlab="u2",ylab="v2")
par(mfrow=c(1,1))
```

输出结果：

```
R<-cor(X[,2:7]);R
```

	x1	x2	x3	y1	y2	y3
x1	1.0000000	0.8702435	-0.36576203	-0.3896937	-0.4930836	-0.22629556
x2	0.8702435	1.0000000	-0.35289213	-0.5522321	-0.6455980	-0.19149937
x3	-0.3657620	-0.3528921	1.00000000	0.1506480	0.2250381	0.03493306
y1	-0.3896937	-0.5522321	0.15064802	1.0000000	0.6957274	0.49576018
y2	-0.4930836	-0.6455980	0.22503808	0.6957274	1.0000000	0.66920608
y3	-0.2262956	-0.1914994	0.03493306	0.4957602	0.6692061	1.00000000

```
can1<-cancor(test[,1:3],test[,4:6]);can1
$cor
[1] 0.79560815 0.20055604 0.07257029
$xcoef
```

	[,1]	[,2]	[,3]
x1	-0.17788841	-0.43230348	0.04381432
x2	0.36232695	0.27085764	-0.11608883
x3	-0.01356309	-0.05301954	-0.24106633

```
$ycoef
```

	[,1]	[,2]	[,3]
y1	-0.08018009	-0.08615561	0.29745900
y2	-0.24180670	0.02833066	-0.28373986
y3	0.16435956	0.24367781	0.09608099

```
$xcenter
x1             x2             x3
2.289835e-16  4.315992e-16  -1.778959e-16
```

```
$ycenter
y1            y2             y3
1.471046e-16  -1.776357e-16  4.996004e-17
A;B  #输出规范化的典型变量系数矩阵
```

	[,1]	[,2]	[,3]
x1	-0.77539761	-1.8843672	0.1909822
x2	1.57934657	1.1806411	-0.5060195
x3	-0.05912012	-0.2311068	-1.0507838

	[,1]	[,2]	[,3]
y1	-0.3494969	-0.3755436	1.2965937
y2	-1.0540110	0.1234905	-1.2367934
y3	0.7164267	1.0621670	0.4188073

```
covxu1<-R11%*% A[,1]; covxu1  #典型相关变量 u1 与原始变量 x 的相关系数
x1  0.6206424
x2  0.9254249
x3  -0.3328481
covyv1<-R22%*% B[,1]; covyv1  #典型相关变量 v1 与原始变量 y 的相关系数
y1  -0.7276254
y2  -0.8177285
y3  -0.1621905
```

例 9.4 的 R 程序及输出结果

R 程序代码：

```
#首先对表 9.2 中数据建立文本文件 biao9.2.txt
X<-read.table("biao9.2.txt",head=TRUE)  #读入数据
R<-cor(X[,2:7]);R     #相关系数矩阵
test<-scale(X[,2:7]) #数据标准化
can2<-cancor(test[,1:3],test[,4:6]);can2  #典型相关分析
R11<-R[1:3,1:3]; R22<-R[4:6,4:6]             #自相关系数矩阵
A<-can2 $ xcoef; B<-can2 $ycoef
A;B                          #典型相关变量的系数矩阵
for(i in 1:3){ai<-sqrt(t(A[,i])%*% R11%*% A[,i])
A[,i]<-(1/ai)%*% A[,i]}
for(i in 1:3){bi<-sqrt(t(B[,i])%*% R22%*% B[,i])
B[,i]<-(1/bi)%*% B[,i]}
A;B  #输出规范化的典型变量系数矩阵
covxu1<-R11%*% A[,1]; covxu1  #典型相关变量与原始变量的相关系数
```

```
covyv1<-R22%*% B[,1]; covyv1      #典型相关变量与原始变量的相关系数
source("corcoef.test.R") #将文件 corcoef.test.R)放在工作目录，或首先执行该程序
corcoef.test(r=can2$cor,n=40,p=3,q=3)  #相关系数的显著性检验
U<-as.matrix(test[,1:3])%*% A  #样本数据在典型相关变量下的得分
V<-as.matrix(test[,4:6])%*% B  #样本数据在典型相关变量下的得分
par(mfrow=c(1,2))                 #输出图 9.2
plot(U[,1],V[,1],main="第一对典型相关变量的散点图",xlab="u1",ylab="v1")
plot(U[,2],V[,2],main="第二对典型相关变量的散点图",xlab="u2",ylab="v2")
```

输出结果：

```
R<-cor(X[,2:7]);R
```

	x1	x2	x3	y1	y2	y3
x1	1.0000000	0.8086302	0.94734746	0.9111800	0.5231244	0.13637466
x2	0.8086302	1.0000000	0.76186130	0.8330908	0.2425573	0.19940149
x3	0.9473475	0.7618613	1.00000000	0.8812095	0.5040151	0.09677467
y1	0.9111800	0.8330908	0.88120947	1.0000000	0.3949082	0.24797806
y2	0.5231244	0.2425573	0.50401514	0.3949082	1.0000000	0.27044792
y3	0.1363747	0.1994015	0.09677467	0.2479781	0.2704479	1.00000000

```
can2<-cancor(test[,1:3],test[,4:6]);can2
$cor
[1] 0.9423286 0.4754312 0.1041348
$xcoef
```

	[,1]	[,2]	[,3]
x1	-0.10502476	0.19267543	0.50511550
x2	-0.02138126	-0.27018470	-0.02572324
x3	-0.03890247	0.03919275	-0.49714264

```
$ycoef
```

	[,1]	[,2]	[,3]
y1	-0.14989226	-0.07881515	-0.04993308
y2	-0.03135175	0.16732902	0.05082013
y3	0.02193016	-0.07578247	0.02193016

```
$xcenter
  x1            x2            x3
3.880576e-16  3.420875e-16  4.373238e-16
$ycenter
```

```
        y1            y2            y3
1.623701e-16  -5.412337e-17  8.309325e-17
A;B
```

	[,1]	[,2]	[,3]
x1	-0.6558794	1.2032577	3.1544453
x2	-0.1335259	-1.6873029	-0.1606416
x3	-0.2429459	0.2447587	-3.1046548

	[,1]	[,2]	[,3]
y1	-0.9360769	-0.4922004	-0.3118320
y2	-0.1957916	1.0449694	0.3173716
y3	0.1369538	-0.4732614	0.9297241

```
corcoef.test(r=can2$cor,n=40,p=3,q=3)
[1]  2
```

例 9.5 的 R 程序及输出结果

R 程序代码:

```
#首先对表 9.3 中数据建立文本文件 biao9.3.txt
X<-read.table("biao9.3.txt",head=TRUE)  #读入数据
R<-cor(X[,2:9]);R        #计算样本相关矩阵
test<-scale(X[,2:9])  #数据规范化
can3<-cancor(test[,1:5],test[,6:8]);can3  #典型相关分析
R11<-R[1:5,1:5]; R12<-R[1:5,6:8]            #计算相关和自相关矩阵
R21<-R[6:8,1:5]; R22<-R[6:8,6:8]
A<-can3$xcoef; B<-can3 $ycoef
A;B  #输出典型变量的系数矩阵
for(i in 1:5){ai<-sqrt(t(A[,i])%*%R11%*%A[,i])
A[,i]<-(1/ai)%*%A[,i]}
for(i in 1:3){bi<-sqrt(t(B[,i])%*%R22%*%B[,i])
B[,i]<-(1/bi)%*%B[,i]}
A;B  #输出规范化典型变量的系数矩阵
covxu1<-R11%*%A[,1]; covxu1                 #典型变量与原始变量的相关系数
covxv1<-R12%*%B[,1]; covxv1
covyu1<-R21%*%A[,1]; covyu1
covyv1<-R22%*%B[,1]; covyv1
U<-as.matrix(test[,1:5])%*%A
V<-as.matrix(test[,6:8])%*%B
source("corcoef.test.R")                    #相关性检验
corcoef.test(r=can3$cor,n=31,p=5,q=3)
```

```
par(mfrow=c(3,1))   #输出图 9.3
plot(U[,1],V[,1],main="第一对典型相关变量的散点图",xlab="u1",ylab="v1")
plot(U[,2],V[,2],main="第二对典型相关变量的散点图",xlab="u2",ylab="v2")
plot(U[,3],V[,3],main="第三对典型相关变量的散点图",xlab="u3",ylab="v3")
par(mfrow=c(1,1))
```

输出结果：

```
R<-cor(X[,2:9]);R
```

	x1	x2	x3	x4
x1	1.00000000	0.1097905	-0.08952845	0.2430757
x2	0.10979046	1.0000000	0.78638981	0.7351342
x3	-0.08952845	0.7863898	1.00000000	0.7350313
x4	0.24307565	0.7351342	0.73503128	1.0000000
x5	0.04387601	0.9654759	0.78476710	0.6897778
y1	0.37302719	0.4781173	0.48470665	0.8112515
y2	0.10799694	0.8245958	0.90074443	0.9257555
y3	0.07837609	0.9325058	0.88779633	0.8025617

	x5	y1	y2	y3
x1	0.04387601	0.3730272	0.1079969	0.07837609
x2	0.96547589	0.4781173	0.8245958	0.93250579
x3	0.78476710	0.4847067	0.9007444	0.88779633
x4	0.68977779	0.8112515	0.9257555	0.80256168
x5	1.00000000	0.4386048	0.7958874	0.93805153
y1	0.43860481	1.0000000	0.7328473	0.59529942
y2	0.79588743	0.7328473	1.0000000	0.92713081
y3	0.93805153	0.5952994	0.9271308	1.00000000

```
can3<-cancor(test[,1:5],test[,6:8]);can3
$cor
[1] 0.9837805 0.9202310 0.5732748
$xcoef
```

	[,1]	[,2]	[,3]	[,4]	[,5]
x1	0.001239972	-0.006275298	0.09466387	0.18767333	0.01234686
x2	0.019599526	-0.015089304	-0.19087815	-0.02220249	-0.74324612
x3	0.080958055	0.029365553	-0.21262371	0.25714124	0.08376711
x4	0.068425995	0.219032956	0.11122239	-0.18369781	0.04887957
x5	0.031213738	-0.238755847	0.29855173	-0.07980945	0.61672156

$ycoef

	[,1]	[,2]	[,3]
y1	-0.01420588	0.05815775	0.2778871
y2	0.13175705	0.38996301	-0.4495228
y3	0.06362108	-0.43601657	0.2687450

```
$xcenter
x1              x2              x3              x4              x5
-5.422410e-17   -8.248330e-17   -1.869025e-17   6.446456e-17    -3.894734e-17
$ycenter
  y1              y2              y3
-8.807919e-17   -5.039092e-17   -7.755893e-17
A;B
```

	[,1]	[,2]	[,3]	[,4]	[,5]
x1	0.006791607	-0.03437122	0.5184954	1.0279292	0.06762652
x2	0.107351027	-0.08264752	-1.0454827	-0.1216080	-4.07092665
x3	0.443425527	0.16084176	-1.1645880	1.4084206	0.45881138
x4	0.374784608	1.19969291	0.6091901	-1.0061544	0.26772443
x5	0.170964686	-1.30771963	1.6352351	-0.4371343	3.37792311

	[,1]	[,2]	[,3]
y1	-0.0778088	0.3185431	1.522050
y2	0.7216631	2.1359154	-2.462138
y3	0.3484670	-2.3881611	1.471977

```
covxu1<-R11%*% A[, 1]; covxu1
```

x1	0.07748079
x2	0.89738126
x3	0.93688311
x4	0.89921217
x5	0.88141136

```
covxv1<-R12%*% B[,1]; covxv1
```

x1	0.07622409
x2	0.88282614
x3	0.92168730
x4	0.88462736
x5	0.86711528

```
covyu1<-R21%*% A[,1]; covyu1
```

y1	0.6478216
y2	0.9716953
y3	0.9554708

```
covyv1<-R22%*% B[,1]; covyv1
```

y1	0.6585022
y2	0.9877156

```
corcoef.test(r=can3$cor,n=31,p=5,q=3)
[1]  3
```

习题 9

9.1 对 $n=140$ 名初一学生进行四项测试：阅读速度 x_1、阅读能力 x_2、数学运算速度 y_1、数学运算能力 y_2。这四项测试成绩的样本相关矩阵为

$$\boldsymbol{R}=\begin{pmatrix}\boldsymbol{R}_{11} & \boldsymbol{R}_{12}\\ \boldsymbol{R}_{21} & \boldsymbol{R}_{22}\end{pmatrix}=\begin{pmatrix}1.0000 & 0.6328 & 0.2412 & 0.0586\\ 0.6238 & 1.0000 & -0.0553 & 0.0655\\ 0.2412 & -0.0553 & 1.0000 & 0.4248\\ 0.0586 & 0.0655 & 0.4248 & 1.0000\end{pmatrix}$$

试对阅读与数学测试成绩之间的相关性进行典型相关分析。

9.2 表 9.5 为 25 个家庭的成年长子与次子的头长和头宽数据，其中指标变量为长子头长(x_1)、长子头宽(x_2)、次子头长(y_1)、次子头宽(y_2)。试对长子和次子身体指标之间的相关性做典型相关分析。

表 9.5 长子与次子的头长和头宽数据 单位：mm

编号	x_1	x_2	y_1	y_2	编号	x_1	x_2	y_1	y_2
1	191	155	179	145	10	192	150	187	151
2	195	149	201	152	11	179	158	186	148
3	181	148	185	149	12	183	147	174	147
4	183	153	188	149	13	174	150	185	152
5	176	144	171	142	14	190	159	195	157
6	208	157	192	152	15	188	151	187	158
7	189	150	190	149	16	163	137	161	130
8	197	159	189	152	17	195	155	183	158
9	188	152	197	159	18	186	153	173	148

续表

编号	x_1	x_2	y_1	y_2
19	181	145	182	146
20	175	140	165	137
21	192	154	185	152
22	174	143	178	147
23	176	139	176	143
24	197	167	200	158
25	190	163	187	150

9.3 某学校为研究学生的体质与运动能力之间的关系，对 38 名学生的体质情况每人测试了 7 项指标：反复横荡的次数(x_1)、纵跳高度(x_2)、背力(x_3)、握力(x_4)、踏台升降指数(x_5)、立姿上体前屈(x_6)、卧姿上体后仰(x_7)。对运动能力情况每人测试了 5 项指标：50 米跑(y_1)、1000 米跑(y_2)、投掷(y_3)、悬垂次数(y_4)、持久走(y_5)。7 项体质数据和 5 项运动数据见表 9.6。试对这两组数据做典型相关分析。

表 9.6　学生体质与运动能力数据

编号	x_1	x_2	x_3	x_4	x_5	x_6	x_7	y_1	y_2	y_3	y_4	y_5
1	46	55	126	51	75.5	25	72	6.8	489	27	8	360
2	52	55	95	42	81.2	18	50	7.2	464	30	5	348
3	46	69	107	38	98.0	18	74	6.8	430	32	9	386
4	49	50	105	48	97.6	16	60	6.8	362	26	6	331
5	42	55	90	46	66.5	2	68	7.2	453	23	11	391
6	48	61	106	43	78.0	25	58	7.0	405	29	7	389
7	49	60	100	49	90.6	15	60	7.0	420	21	10	379
8	48	63	122	52	56.0	17	68	7.0	466	28	2	362
9	45	55	105	48	76.0	15	61	6.8	415	24	6	386
10	48	64	120	38	60.2	20	62	7.0	413	28	7	398
11	49	52	100	42	53.4	6	42	7.4	404	23	6	400
12	47	62	100	34	61.2	10	62	7.2	427	25	7	407
13	41	51	101	53	62.4	5	60	8.0	372	25	3	409
14	52	55	125	43	86.3	5	62	6.8	496	30	10	350
15	45	52	94	50	51.4	20	65	7.6	394	24	3	399
16	49	57	110	47	72.3	19	45	7.0	446	30	11	337
17	53	65	112	47	90.4	15	75	6.6	420	30	12	357
18	47	57	95	47	72.3	9	64	6.6	447	25	4	447
19	48	60	120	47	86.4	12	62	6.8	398	28	11	381
20	49	55	113	41	84.1	15	60	7.0	398	27	4	387
21	48	69	128	42	47.9	20	63	7.0	485	30	7	350
22	42	57	122	46	54.2	15	63	7.2	400	28	6	388
23	54	64	155	51	71.4	19	61	6.9	511	33	12	298
24	53	63	120	42	56.6	8	53	7.5	430	29	4	353
25	42	71	138	44	65.2	17	55	7.0	487	29	9	370

续表

编号	x_1	x_2	x_3	x_4	x_5	x_6	x_7	y_1	y_2	y_3	y_4	y_5
26	46	66	120	45	62.2	22	68	7.4	470	28	7	360
27	45	56	91	29	66.2	18	51	7.9	380	26	5	358
28	50	60	120	42	56.6	8	57	6.8	460	32	5	348
29	42	51	126	50	50.0	13	57	7.7	398	27	2	383
30	48	50	115	41	52.9	6	39	7.4	415	28	6	314
31	42	52	140	48	56.3	15	60	6.9	470	27	11	348
32	48	67	105	39	69.2	23	60	7.6	450	28	10	326
33	49	74	151	49	54.2	20	58	7.0	500	30	12	330
34	47	55	113	40	71.4	19	64	7.6	410	29	7	331
35	49	74	120	53	54.5	22	59	6.9	500	33	21	348
36	44	52	110	37	54.9	14	57	7.5	400	29	2	421
37	52	66	130	47	45.9	14	45	6.8	505	28	11	355
38	48	68	100	45	53.6	23	70	7.2	522	28	9	352

9.4　农村居民收入和支出的典型相关分析。对某年我国 31 省、自治区、直辖市(本数据不含港、澳、台)农民收入来源选取 4 项指标：工资性收入(x_1)、家庭经营收入(x_2)、财产性收入(x_3)、转移性收入(x_4)。在反映农村居民支出方面选取 5 项指标：生活消费(y_1)、家庭经营支出(y_2)、购置生产性固定资产支出(y_3)、财产性支出(y_4)、转移性支出(y_5)。上述指标的观测数据如表 9.7 所示，试对这两组数据做典型相关分析。

表 9.7　农村居民收入和支出数据　　单位：元

x_1	x_2	x_3	x_4	y_1	y_2	y_3	y_4	y_5
4524.25	3203.01	588.04	540.30	5315.71	1268.61	82.18	9.42	437.00
2720.85	4455.45	152.88	130.52	3035.96	1624.18	60.91	7.51	199.31
1293.50	3415.40	93.74	183.32	2165.72	1242.76	95.29	13.29	167.99
1177.94	2268.66	62.70	118.99	1877.70	626.78	45.62	7.72	153.50
504.46	4557.20	73.05	211.21	2466.17	2084.79	284.06	46.75	216.13
1212.20	4379.64	113.24	323.24	2805.94	2061.15	238.45	37.05	521.76
510.96	4205.50	148.35	289.37	2305.98	1591.76	353.40	124.37	280.98
464.31	5148.66	230.63	199.30	2544.65	2591.15	410.19	157.25	440.59
6159.70	1351.67	457.52	991.54	7277.94	533.57	92.82	27.92	777.75
2786.11	3470.59	150.44	275.17	3567.11	1185.12	141.36	6.09	346.93
3238.77	4792.83	278.92	494.53	5432.95	1750.32	192.91	99.99	540.49
1010.05	2471.25	44.91	142.79	2196.23	861.60	108.21	2.59	176.46
1650.65	3333.85	98.73	416.03	3292.63	857.78	64.03	12.21	279.91
1227.94	2805.01	25.78	153.06	2483.70	931.69	110.60	9.56	222.77
1437.57	3956.95	102.80	179.66	2735.77	1496.03	117.14	17.55	159.11

续表

x_1	x_2	x_3	x_4	y_1	y_2	y_3	y_4	y_5
853.95	2965.64	35.85	90.24	1891.57	944.69	128.94	4.95	133.65
941.64	3167.26	16.81	96.11	2430.19	1038.11	78.05	10.88	105.99
1228.79	2908.53	42.05	310.07	2756.43	1106.04	94.26	8.79	196.79
2562.39	2944.16	167.25	284.02	3707.73	1154.16	31.28	10.59	169.70
907.36	2710.92	18.30	80.94	2349.60	1125.78	108.28	6.26	100.18
473.06	3433.84	55.58	167.08	1969.09	984.90	57.00	3.79	107.66
1088.80	2441.54	30.69	221.96	2142.12	838.96	69.72	2.23	213.31
954.89	2970.72	41.59	190.98	2274.17	1188.20	67.53	1.67	197.69
583.28	1894.42	35.51	147.67	1552.39	675.68	84.15	2.33	172.08
348.31	2652.55	75.52	102.77	1789.00	1015.40	101.59	22.20	83.00
565.18	1973.82	217.22	113.64	1723.76	447.59	175.05	1.80	36.56
756.71	2071.09	56.92	152.23	1896.48	858.51	140.66	7.23	200.51
586.71	2159.36	20.57	121.33	1819.58	790.73	115.53	3.86	93.06
560.52	2129.22	61.99	190.37	1976.03	643.17	145.29	41.01	155.81
702.10	3200.77	48.62	228.17	2094.48	1418.44	316.97	1.26	287.87
195.51	4252.96	33.9	122.56	1924.41	1928.63	258.55	60.7	115.37

9.5 关于人对吸烟的渴望和心理及身体状态的数据分析。该数据从 $n=110$ 个试验对象收集而来，包括对 12 个问题(变量)的回答。对吸烟的渴望有关的四个变量为吸烟 1(第一措辞)(x_1)、吸烟 2(第二措辞)(x_2)、吸烟 3(第三措辞)(x_3)、吸烟 4(第四措辞)(x_4)。与心理及身体状态有关的八个变量为集中力(y_1)、烦恼(y_2)、睡眠(y_3)、紧张(y_4)、警惕(y_5)、急躁(y_6)、疲劳(y_7)、满意(y_8)。由观测数据得到的样本相关矩阵为 $\boldsymbol{R}=\begin{pmatrix}\boldsymbol{R}_{11} & \boldsymbol{R}_{12}\\ \boldsymbol{R}_{21} & \boldsymbol{R}_{22}\end{pmatrix}$，其中 $\boldsymbol{R}_{21}=\boldsymbol{R}_{12}'$，而

$$\boldsymbol{R}_{11}=\begin{pmatrix}1.000 & 0.785 & 0.810 & 0.775\\ 0.785 & 1.000 & 0.816 & 0.813\\ 0.810 & 0.816 & 1.000 & 0.845\\ 0.775 & 0.813 & 0.845 & 1.000\end{pmatrix}$$

$$\boldsymbol{R}_{22}=\begin{pmatrix}1.000 & 0.562 & 0.457 & 0.579 & 0.802 & 0.595 & 0.512 & 0.492\\ 0.562 & 1.000 & 0.360 & 0.705 & 0.578 & 0.796 & 0.413 & 0.739\\ 0.457 & 0.360 & 1.000 & 0.273 & 0.606 & 0.337 & 0.798 & 0.240\\ 0.579 & 0.705 & 0.273 & 1.000 & 0.549 & 0.725 & 0.364 & 0.711\\ 0.802 & 0.578 & 0.606 & 0.594 & 1.000 & 0.605 & 0.698 & 0.605\\ 0.595 & 0.796 & 0.337 & 0.725 & 0.605 & 1.000 & 0.428 & 0.697\\ 0.512 & 0.413 & 0.798 & 0.364 & 0.698 & 0.428 & 1.000 & 0.394\\ 0.492 & 0.739 & 0.240 & 0.711 & 0.605 & 0.697 & 0.394 & 1.000\end{pmatrix}$$

$$
\boldsymbol{R}_{12}=\begin{pmatrix}
0.086 & 0.144 & 0.140 & 0.222 & 0.101 & 0.189 & 0.199 & 0.239 \\
0.200 & 0.119 & 0.211 & 0.301 & 0.223 & 0.221 & 0.274 & 0.235 \\
0.041 & 0.060 & 0.126 & 0.120 & 0.039 & 0.108 & 0.139 & 0.100 \\
0.228 & 0.122 & 0.277 & 0.214 & 0.201 & 0.156 & 0.271 & 0.171
\end{pmatrix}
$$

试对人对吸烟的渴望和心理及身体状态之间的相关性做典型相关分析。

附录 A　t 分布上侧分位数表

设 T 服从自由度为 n 的 t 分布，本表列出满足 $P(T>t_n(\alpha))=\alpha$ 的 $t_n(\alpha)$。

n	α							
	0.10	0.05	0.025	0.01	0.005	0.0025	0.001	0.0005
1	3.078	6.314	12.71	31.82	63.66	127.3	318.3	636.6
2	1.886	2.920	4.303	6.965	9.925	14.09	22.33	31.60
3	1.638	2.353	3.182	4.541	5.841	7.453	10.21	12.92
4	1.533	2.132	2.776	3.747	4.604	5.598	7.173	8.610
5	1.476	2.015	2.571	3.365	4.032	4.773	5.894	6.869
6	1.440	1.943	2.447	3.143	3.707	4.317	5.208	5.959
7	1.415	1.895	2.365	2.998	3.499	4.029	4.785	5.408
8	1.397	1.860	2.306	2.896	3.355	3.833	4.501	5.041
9	1.383	1.833	2.262	2.821	3.250	3.690	4.297	4.781
10	1.372	1.812	2.228	2.764	3.169	3.581	4.144	4.587
11	1.363	1.796	2.201	2.718	3.106	3.497	4.025	4.437
12	1.356	1.782	2.179	2.681	3.055	3.428	3.930	4.318
13	1.350	1.771	2.160	2.650	3.012	3.372	3.852	4.221
14	1.345	1.761	2.145	2.624	2.977	3.326	3.787	4.140
15	1.341	1.753	2.131	2.602	2.947	3.286	3.733	4.073
16	1.337	1.746	2.120	2.583	2.921	3.252	3.686	4.015
17	1.333	1.740	2.110	2.567	2.898	3.222	3.646	3.965
18	1.330	1.734	2.101	2.552	2.878	3.197	3.610	3.922
19	1.328	1.729	2.093	2.539	2.861	3.174	3.579	3.883
20	1.325	1.725	2.086	2.528	2.845	3.153	3.552	3.850
21	1.323	1.721	2.080	2.518	2.831	3.135	3.527	3.819
22	1.321	1.717	2.074	2.508	2.819	3.119	3.505	3.792
23	1.319	1.714	2.069	2.500	2.807	3.104	3.485	3.768
24	1.318	1.711	2.064	2.492	2.797	3.091	3.467	3.745
25	1.316	1.708	2.060	2.485	2.787	3.078	3.450	3.725
26	1.315	1.706	2.056	2.479	2.779	3.067	3.435	3.707
27	1.314	1.703	2.052	2.473	2.771	3.057	3.421	3.689
28	1.313	1.701	2.048	2.467	2.763	3.047	3.408	3.674
29	1.311	1.699	2.045	2.462	2.756	3.038	3.396	3.660
30	1.310	1.697	2.042	2.457	2.750	3.030	3.385	3.646
40	1.303	1.684	2.021	2.423	2.704	2.971	3.307	3.551
60	1.296	1.671	2.000	2.390	2.660	2.915	3.232	3.460
100	1.290	1.660	1.984	2.364	2.626	2.871	3.174	3.390
∞	1.282	1.645	1.960	2.326	2.576	2.807	3.090	3.290

附录 B　χ^2 分布上侧分位数表

设χ^2 服从自由度为 n 的χ^2 分布，本表列出满足 $P(\chi^2>\chi_n^2(\alpha))=\alpha$ 的$\chi_n^2(\alpha)$。

n	α									
	0. 995	0. 99	0. 975	0. 95	0. 9	0. 1	0. 05	0. 025	0. 01	0. 005
1	0. 000	0. 000	0. 001	0. 004	0. 016	2. 706	3. 841	5. 024	6. 635	7. 879
2	0. 010	0. 020	0. 051	0. 103	0. 211	4. 605	5. 991	7. 378	9. 210	10. 597
3	0. 072	0. 115	0. 216	0. 352	0. 584	6. 251	7. 815	9. 348	11. 345	12. 838
4	0. 207	0. 297	0. 484	0. 711	1. 064	7. 779	9. 488	11. 143	13. 277	14. 860
5	0. 412	0. 554	0. 831	1. 145	1. 610	9. 236	11. 070	12. 832	15. 086	16. 750
6	0. 676	0. 872	1. 237	1. 635	2. 204	10. 645	12. 592	14. 449	16. 812	18. 548
7	0. 989	1. 239	1. 690	2. 167	2. 833	12. 017	14. 067	16. 013	18. 475	20. 278
8	1. 344	1. 647	2. 180	2. 733	3. 490	13. 362	15. 507	17. 535	20. 090	21. 955
9	1. 735	2. 088	2. 700	3. 325	4. 168	14. 684	16. 919	19. 023	21. 666	23. 589
10	2. 156	2. 558	3. 247	3. 940	4. 865	15. 987	18. 307	20. 483	23. 209	25. 188
11	2. 603	3. 053	3. 816	4. 575	5. 578	17. 275	19. 675	21. 920	24. 725	26. 757
12	3. 074	3. 571	4. 404	5. 226	6. 304	18. 549	21. 026	23. 337	26. 217	28. 300
13	3. 565	4. 107	5. 009	5. 892	7. 041	19. 812	22. 362	24. 736	27. 688	29. 819
14	4. 075	4. 660	5. 629	6. 571	7. 790	21. 064	23. 685	26. 119	29. 141	31. 319
15	4. 601	5. 229	6. 262	7. 261	8. 547	22. 307	24. 996	27. 488	30. 578	32. 801
16	5. 142	5. 812	6. 908	7. 962	9. 312	23. 542	26. 296	28. 845	32. 000	34. 267
17	5. 697	6. 408	7. 564	8. 672	10. 085	24. 769	27. 587	30. 191	33. 409	35. 718
18	6. 265	7. 015	8. 231	9. 390	10. 865	25. 989	28. 869	31. 526	34. 805	37. 156
19	6. 844	7. 633	8. 907	10. 117	11. 651	27. 204	30. 144	32. 852	36. 191	38. 582
20	7. 434	8. 260	9. 591	10. 851	12. 443	28. 412	31. 410	34. 170	37. 566	39. 997
21	8. 034	8. 897	10. 283	11. 591	13. 240	29. 615	32. 671	35. 479	38. 932	41. 401
22	8. 643	9. 542	10. 982	12. 338	14. 041	30. 813	33. 924	36. 781	40. 289	42. 796
23	9. 260	10. 196	11. 689	13. 091	14. 848	32. 007	35. 172	38. 076	41. 638	44. 181
24	9. 886	10. 856	12. 401	13. 848	15. 659	33. 196	36. 415	39. 364	42. 980	45. 558
25	10. 520	11. 524	13. 120	14. 611	16. 473	34. 382	37. 652	40. 646	44. 314	46. 928
30	13. 787	14. 953	16. 791	18. 493	20. 599	40. 256	43. 773	46. 979	50. 892	53. 672

附录C　F分布上侧分位数表

设 F 服从自由度为 m，n 的 F 分布，本表列出满足 $P(F>F_{m,n}(\alpha))=\alpha$ 的 $F_{m,n}(\alpha)$。

(α=0.1)

n	m								n
	1	2	3	4	5	6	7	8	
1	39.864	49.500	53.593	55.833	57.240	58.204	58.906	59.439	1
2	8.526	9.000	9.162	9.243	9.293	9.326	9.349	9.367	2
3	5.538	5.462	5.391	5.343	5.309	5.285	5.266	5.252	3
4	4.545	4.325	4.191	4.107	4.051	4.010	3.979	3.955	4
5	4.060	3.780	3.619	3.520	3.453	3.405	3.368	3.339	5
6	3.776	3.463	3.289	3.181	3.108	3.055	3.014	2.983	6
7	3.589	3.257	3.074	2.961	2.883	2.827	2.785	2.752	7
8	3.458	3.113	2.924	2.806	2.726	2.668	2.624	2.589	8
9	3.360	3.006	2.813	2.693	2.611	2.551	2.505	2.469	9
10	3.285	2.924	2.728	2.605	2.522	2.461	2.414	2.377	10
11	3.225	2.860	2.660	2.536	2.451	2.389	2.342	2.304	11
12	3.177	2.807	2.606	2.480	2.394	2.331	2.283	2.245	12
13	3.136	2.763	2.560	2.434	2.347	2.283	2.234	2.195	13
14	3.102	2.726	2.522	2.395	2.307	2.243	2.193	2.154	14
15	3.073	2.695	2.490	2.361	2.273	2.208	2.158	2.119	15
16	3.048	2.668	2.462	2.333	2.244	2.178	2.128	2.088	16

n	m								n
	9	10	11	12	13	14	15	16	
1	59.857	60.195	60.473	60.705	60.902	61.073	61.220	61.350	1
2	9.381	9.392	9.401	9.408	9.415	9.420	9.425	9.429	2
3	5.240	5.230	5.222	5.216	5.210	5.205	5.200	5.196	3
4	3.936	3.920	3.907	3.896	3.886	3.878	3.870	3.864	4
5	3.316	3.297	3.282	3.268	3.257	3.247	3.238	3.230	5
6	2.958	2.937	2.920	2.905	2.892	2.881	2.871	2.863	6
7	2.725	2.703	2.684	2.668	2.654	2.643	2.632	2.623	7
8	2.561	2.538	2.519	2.502	2.488	2.475	2.464	2.454	8
9	2.440	2.416	2.396	2.379	2.364	2.351	2.340	2.330	9
10	2.347	2.323	2.302	2.284	2.269	2.255	2.244	2.233	10
11	2.274	2.248	2.227	2.209	2.193	2.179	2.167	2.156	11
12	2.214	2.188	2.166	2.147	2.131	2.117	2.105	2.094	12
13	2.164	2.138	2.116	2.097	2.080	2.066	2.053	2.042	13
14	2.122	2.095	2.073	2.054	2.037	2.022	2.010	1.998	14
15	2.086	2.059	2.037	2.017	2.000	1.985	1.972	1.961	15
16	2.055	2.028	2.005	1.985	1.968	1.953	1.940	1.928	16

($\alpha=0.05$)

n	m								n
	1	2	3	4	5	6	7	8	
1	161.446	199.499	215.707	224.583	230.160	233.988	236.767	238.884	1
2	18.513	19.000	19.164	19.247	19.296	19.329	19.353	19.371	2
3	10.128	9.552	9.277	9.117	9.013	8.941	8.887	8.845	3
4	7.709	6.944	6.591	6.388	6.256	6.163	6.094	6.041	4
5	6.608	5.786	5.409	5.192	5.050	4.950	4.876	4.818	5
6	5.987	5.143	4.757	4.534	4.387	4.284	4.207	4.147	6
7	5.591	4.737	4.347	4.120	3.972	3.866	3.787	3.726	7
8	5.318	4.459	4.066	3.838	3.688	3.581	3.500	3.438	8
9	5.117	4.256	3.863	3.633	3.482	3.374	3.293	3.230	9
10	4.965	4.103	3.708	3.478	3.326	3.217	3.135	3.072	10
11	4.844	3.982	3.587	3.357	3.204	3.095	3.012	2.948	11
12	4.747	3.885	3.490	3.259	3.106	2.996	2.913	2.849	12
13	4.667	3.806	3.411	3.179	3.025	2.915	2.832	2.767	13
14	4.600	3.739	3.344	3.112	2.958	2.848	2.764	2.699	14
15	4.543	3.682	3.287	3.056	2.901	2.790	2.707	2.641	15
16	4.494	3.634	3.239	3.007	2.852	2.741	2.657	2.591	16

n	m								n
	9	10	11	12	13	14	15	16	
1	240.543	241.882	242.981	243.905	244.690	245.363	245.949	246.466	1
2	19.385	19.396	19.405	19.412	19.419	19.424	19.429	19.433	2
3	8.812	8.785	8.763	8.745	8.729	8.715	8.703	8.692	3
4	5.999	5.964	5.936	5.912	5.891	5.873	5.858	5.844	4
5	4.772	4.735	4.704	4.678	4.655	4.636	4.619	4.604	5
6	4.099	4.060	4.027	4.000	3.976	3.956	3.938	3.922	6
7	3.677	3.637	3.603	3.575	3.550	3.529	3.511	3.494	7
8	3.388	3.347	3.313	3.284	3.259	3.237	3.218	3.202	8
9	3.179	3.137	3.102	3.073	3.048	3.025	3.006	2.989	9
10	3.020	2.978	2.943	2.913	2.887	2.865	2.845	2.828	10
11	2.896	2.854	2.818	2.788	2.761	2.739	2.719	2.701	11
12	2.796	2.753	2.717	2.687	2.660	2.637	2.617	2.599	12
13	2.714	2.671	2.635	2.604	2.577	2.554	2.533	2.515	13
14	2.646	2.602	2.565	2.534	2.507	2.484	2.463	2.445	14
15	2.588	2.544	2.507	2.475	2.448	2.424	2.403	2.385	15
16	2.538	2.494	2.456	2.425	2.397	2.373	2.352	2.333	16

($\alpha=0.025$)

n	m 1	2	3	4	5	6	7	8	n
1	647.793	799.482	864.151	899.599	921.835	937.114	948.203	956.643	1
2	38.506	39.000	39.166	39.248	39.298	39.331	39.356	39.373	2
3	17.443	16.044	15.439	15.101	14.885	14.735	14.624	14.540	3
4	12.218	10.649	9.979	9.604	9.364	9.197	9.074	8.980	4
5	10.007	8.434	7.764	7.388	7.146	6.978	6.853	6.757	5
6	8.813	7.260	6.599	6.227	5.988	5.820	5.695	5.600	6
7	8.073	6.542	5.890	5.523	5.285	5.119	4.995	4.899	7
8	7.571	6.059	5.416	5.053	4.817	4.652	4.529	4.433	8
9	7.209	5.715	5.078	4.718	4.484	4.320	4.197	4.102	9
10	6.937	5.456	4.826	4.468	4.236	4.072	3.950	3.855	10
11	6.724	5.256	4.630	4.275	4.044	3.881	3.759	3.664	11
12	6.554	5.096	4.474	4.121	3.891	3.728	3.607	3.512	12
13	6.414	4.965	4.347	3.996	3.767	3.604	3.483	3.388	13
14	6.298	4.857	4.242	3.892	3.663	3.501	3.380	3.285	14
15	6.200	4.765	4.153	3.804	3.576	3.415	3.293	3.199	15
16	6.115	4.687	4.077	3.729	3.502	3.341	3.219	3.125	16

n	m 9	10	11	12	13	14	15	16	n
1	963.279	968.634	973.028	976.725	979.839	982.545	984.874	986.911	1
2	39.387	39.398	39.407	39.415	39.421	39.427	39.431	39.436	2
3	14.473	14.419	14.374	14.337	14.305	14.277	14.253	14.232	3
4	8.905	8.844	8.794	8.751	8.715	8.684	8.657	8.633	4
5	6.681	6.619	6.568	6.525	6.488	6.456	6.428	6.403	5
6	5.523	5.461	5.410	5.366	5.329	5.297	5.269	5.244	6
7	4.823	4.761	4.709	4.666	4.628	4.596	4.568	4.543	7
8	4.357	4.295	4.243	4.200	4.162	4.130	4.101	4.076	8
9	4.026	3.964	3.912	3.868	3.831	3.798	3.769	3.744	9
10	3.779	3.717	3.665	3.621	3.583	3.550	3.522	3.496	10
11	3.588	3.526	3.474	3.430	3.392	3.359	3.330	3.304	11
12	3.436	3.374	3.321	3.277	3.239	3.206	3.177	3.152	12
13	3.312	3.250	3.197	3.153	3.115	3.082	3.053	3.027	13
14	3.209	3.147	3.095	3.050	3.012	2.979	2.949	2.923	14
15	3.123	3.060	3.008	2.963	2.925	2.891	2.862	2.836	15
16	3.049	2.986	2.934	2.889	2.851	2.817	2.788	2.761	16

($\alpha=0.01$)

n	m								n
	1	2	3	4	5	6	7	8	
1	4052. 185	4999. 340	5403. 534	5624. 257	5763. 955	5858. 950	5928. 334	5980. 954	1
2	98. 502	99. 000	99. 164	99. 251	99. 302	99. 331	99. 357	99. 375	2
3	34. 116	30. 816	29. 457	28. 710	28. 237	27. 911	27. 671	27. 489	3
4	21. 198	18. 000	16. 694	15. 977	15. 522	15. 207	14. 976	14. 799	4
5	16. 258	13. 274	12. 060	11. 392	10. 967	10. 672	10. 456	10. 289	5
6	13. 745	10. 925	9. 780	9. 148	8. 746	8. 466	8. 260	8. 102	6
7	12. 246	9. 547	8. 451	7. 847	7. 460	7. 191	6. 993	6. 840	7
8	11. 259	8. 649	7. 591	7. 006	6. 632	6. 371	6. 178	6. 029	8
9	10. 562	8. 022	6. 992	6. 422	6. 057	5. 802	5. 613	5. 467	9
10	10. 044	7. 559	6. 552	5. 994	5. 636	5. 386	5. 200	5. 057	10
11	9. 646	7. 206	6. 217	5. 668	5. 316	5. 069	4. 886	4. 744	11
12	9. 330	6. 927	5. 953	5. 412	5. 064	4. 821	4. 640	4. 499	12
13	9. 074	6. 701	5. 739	5. 205	4. 862	4. 620	4. 441	4. 302	13
14	8. 862	6. 515	5. 564	5. 035	4. 695	4. 456	4. 278	4. 140	14
15	8. 683	6. 359	5. 417	4. 893	4. 556	4. 318	4. 142	4. 004	15
16	8. 531	6. 226	5. 292	4. 773	4. 437	4. 202	4. 026	3. 890	16

n	m								n
	9	10	11	12	13	14	15	16	
1	6022. 397	6055. 925	6083. 399	6106. 682	6125. 774	6143. 004	6156. 974	6170. 012	1
2	99. 390	99. 397	99. 408	99. 419	99. 422	99. 426	99. 433	99. 437	2
3	27. 345	27. 228	27. 132	27. 052	26. 983	26. 924	26. 872	26. 826	3
4	14. 659	14. 546	14. 452	14. 374	14. 306	14. 249	14. 198	14. 154	4
5	10. 158	10. 051	9. 963	9. 888	9. 825	9. 770	9. 722	9. 680	5
6	7. 976	7. 874	7. 790	7. 718	7. 657	7. 605	7. 559	7. 519	6
7	6. 719	6. 620	6. 538	6. 469	6. 410	6. 359	6. 314	6. 275	7
8	5. 911	5. 814	5. 734	5. 667	5. 609	5. 559	5. 515	5. 477	8
9	5. 351	5. 257	5. 178	5. 111	5. 055	5. 005	4. 962	4. 924	9
10	4. 942	4. 849	4. 772	4. 706	4. 650	4. 601	4. 558	4. 520	10
11	4. 632	4. 539	4. 462	4. 397	4. 342	4. 293	4. 251	4. 213	11
12	4. 388	4. 296	4. 220	4. 155	4. 100	4. 052	4. 010	3. 972	12
13	4. 191	4. 100	4. 025	3. 960	3. 905	3. 857	3. 815	3. 778	13
14	4. 030	3. 939	3. 864	3. 800	3. 745	3. 698	3. 656	3. 619	14
15	3. 895	3. 805	3. 730	3. 666	3. 612	3. 564	3. 522	3. 485	15
16	3. 780	3. 691	3. 616	3. 553	3. 498	3. 451	3. 409	3. 372	16

($\alpha=0.005$)

n	m								n
	1	2	3	4	5	6	7	8	
1	16212. 463	19997. 358	21614. 134	22500. 753	23055. 822	23439. 527	23715. 198	23923. 814	1
2	198. 503	199. 012	199. 158	199. 245	199. 303	199. 332	199. 361	199. 376	2
3	55. 552	49. 800	47. 468	46. 195	45. 391	44. 838	44. 434	44. 125	3
4	31. 332	26. 284	24. 260	23. 154	22. 456	21. 975	21. 622	21. 352	4
5	22. 785	18. 314	16. 530	15. 556	14. 939	14. 513	14. 200	13. 961	5
6	18. 635	14. 544	12. 917	12. 028	11. 464	11. 073	10. 786	10. 566	6
7	16. 235	12. 404	10. 883	10. 050	9. 522	9. 155	8. 885	8. 678	7
8	14. 688	11. 043	9. 597	8. 805	8. 302	7. 952	7. 694	7. 496	8
9	13. 614	10. 107	8. 717	7. 956	7. 471	7. 134	6. 885	6. 693	9
10	12. 827	9. 427	8. 081	7. 343	6. 872	6. 545	6. 303	6. 116	10
11	12. 226	8. 912	7. 600	6. 881	6. 422	6. 102	5. 865	5. 682	11
12	11. 754	8. 510	7. 226	6. 521	6. 071	5. 757	5. 524	5. 345	12
13	11. 374	8. 186	6. 926	6. 233	5. 791	5. 482	5. 253	5. 076	13
14	11. 060	7. 922	6. 680	5. 998	5. 562	5. 257	5. 031	4. 857	14
15	10. 798	7. 701	6. 476	5. 803	5. 372	5. 071	4. 847	4. 674	15
16	10. 576	7. 514	6. 303	5. 638	5. 212	4. 913	4. 692	4. 521	16

n	m								n
	9	10	11	12	13	14	15	16	
1	24091. 452	24221. 838	24333. 596	24426. 728	24504. 960	24572. 015	24631. 619	24683. 774	1
2	199. 390	199. 390	199. 419	199. 419	199. 419	199. 419	199. 434	199. 449	2
3	43. 881	43. 685	43. 525	43. 387	43. 270	43. 172	43. 085	43. 008	3
4	21. 138	20. 967	20. 824	20. 705	20. 603	20. 515	20. 438	20. 371	4
5	13. 772	13. 618	13. 491	13. 385	13. 293	13. 215	13. 146	13. 086	5
6	10. 391	10. 250	10. 133	10. 034	9. 950	9. 878	9. 814	9. 758	6
7	8. 514	8. 380	8. 270	8. 176	8. 097	8. 028	7. 968	7. 915	7
8	7. 339	7. 211	7. 105	7. 015	6. 938	6. 872	6. 814	6. 763	8
9	6. 541	6. 417	6. 314	6. 227	6. 153	6. 089	6. 032	5. 983	9
10	5. 968	5. 847	5. 746	5. 661	5. 589	5. 526	5. 471	5. 422	10
11	5. 537	5. 418	5. 320	5. 236	5. 165	5. 103	5. 049	5. 001	11
12	5. 202	5. 085	4. 988	4. 906	4. 836	4. 775	4. 721	4. 674	12
13	4. 935	4. 820	4. 724	4. 643	4. 573	4. 513	4. 460	4. 413	13
14	4. 717	4. 603	4. 508	4. 428	4. 359	4. 299	4. 247	4. 201	14
15	4. 536	4. 424	4. 329	4. 250	4. 181	4. 122	4. 070	4. 024	15
16	4. 384	4. 272	4. 179	4. 099	4. 031	3. 972	3. 920	3. 875	16

参考文献

[1] 高惠旋. 应用多元统计分析[M]. 北京：北京大学出版社，2016.

[2] 王斌会. 多元统计分析及R语言建模[M]. 4版. 广州：暨南大学出版社，2016.

[3] 王学民. 应用多元统计分析[M]. 上海：上海财经大学出版社，2017.

[4] 吴喜之. 复杂数据统计方法：基于R的应用[M]. 北京：中国人民大学出版社，2013.

[5] 薛毅，陈立萍. 统计建模与R软件[M]. 北京：清华大学出版社，2007.

[6] 王静龙. 多元统计分析[M]. 北京：科学出版社，2008.

[7] 张润楚. 多元统计分析[M]. 北京：科学出版社，2006.

[8] 刘金山. Wishart分布引论[M]. 北京：科学出版社，2005.

[9] 张尧庭，方开泰. 多元统计分析引论[M]. 北京：科学出版社，2003.

[10] 王学仁，王松桂. 实用多元统计分析[M]. 上海：上海科学技术出版社，1990.

[11] 方开泰. 实用多元统计分析[M]. 上海：华东师范大学出版社，1989.